让 我 们 中国意义 一 起 追 寻

Originally published in France as:
Le crépuscule d'une idole : l'affabulation freudienne by Michel Onfray
© Éditions Grasset & Fasquelle, 2010.
Current Chinese translation rights arranged through Divas International, Paris
巴黎迪法国际版权代理

一个偶像的黄昏
弗洛伊德的谎言

Michel Onfray
［法］米歇尔·翁福雷 著
王 甦 译

社会科学文献出版社
SOCIAL SCIENCES ACADEMIC PRESS (CHINA)

人们之所以半信半疑、半嘲笑地看待哲学家，并不是因为频频发现他们多么无知，多么频繁和容易犯错误，并迷失道路，一句话，多么孩子气，多么幼稚；而是因为他们是如此不诚实，以至于哪怕以最隐晦的方式提出关乎他们的真诚的问题，也会立即遭到他们异口同声和义正词严的大声抗议。他们全都摆出一个姿态，似乎他们真是通过纯粹的、冷酷的、绝对不偏不倚的辩证法的自发活动发现且获得了自己的那些观点（这与各式各样的神秘主义者不同，他们光明正大而傻里傻气地谈论"神的启示"）；然而，他们的观点却通常不过是专横断言，是一种突发奇想或"直觉"，又或者是一个他们十分珍视而精心提炼和审视过的个人意愿，而且他们还总是用事后才杜撰出的论据为自己辩护。他们无一例外地，全都是自己偏见的鼓吹者，甚至还常常是狡诈的辩护者，他们是受自己"真理"洗礼的人。

尼采，《善恶的彼岸》，第一部分，第 5 节

献给锡诺帕的第欧根尼

无稽之谈（affabulation，阴性名词），20 世纪中期获得了新的词义，指对事实进行阐述和引证时采用了不合实际，甚至是捏造的方式。

皮埃尔·吉贝尔，《当代字典》，
罗伯特工具书，1980 年

目 录

前言　弗洛伊德的明信片沙龙 / 001

第一部分　症状学
心怀邪念者可拒

论点一：精神分析拒绝哲学，但它正是一门哲学。

第一章　焚烧传记作家 / 029
第二章　他说，毁掉尼采…… / 037
第三章　弗洛伊德主义，某种尼采主义？/ 052
第四章　成为哥白尼、达尔文，否则什么都不是…… / 064
第五章　怎样暗杀哲学？/ 072

第二部分　谱系学
孩子弗洛伊德的脑门

论点二：精神分析不属于科学，而是哲学自传。

第六章　"十分严重的精神性神经官能症"…… / 083
第七章　母亲、金子和西格蒙德的肠子 / 102
第八章　俄狄浦斯，卧铺车厢中的蜃景 / 122
第九章　炽热的乱伦激情 / 137

第十章　取名、命名、决定未来…… / 157

第十一章　在癔症标识下出生 / 170

第十二章　俄狄浦斯式人生 / 179

第十三章　"科学神话"的真相 / 187

第十四章　除了弑父，还是弑父 / 197

第十五章　贞洁殉道的安提戈涅 / 221

第三部分　方法论
不现实的美梦

论点三：精神分析不是科学连续体，而是存在的七拼八凑。

第十六章　弗洛伊德的奇迹之地 / 241

第十七章　狩猎变态的父亲们 / 264

第十八章　模糊光亮中的征服者 / 276

第十九章　无意识的施行式虚构 / 288

第二十章　怎样拒绝身体？ / 308

第四部分　治疗奇术
治疗躺椅的内部弹簧机制

论点四：精神分析术属于魔法思维。

第二十一章　弗洛伊德梦游仙境 / 331

第二十二章　魔法因果的国度 / 345

第二十三章　分析躺椅，一张由笑气驱动的飞毯 / 369

第二十四章　只在纸上存在的大量治愈案例 / 392

第二十五章　弗洛伊德没有发明精神分析 / 419

第二十六章　用诡辩来封锁 / 435

第五部分　意识形态
保守的革命

论点五：精神分析并非自由主义的，而是保守主义的。

第二十七章　坏事肯定会成真 / 455

第二十八章　见不得光的性解放 / 466

第二十九章　手淫，弗洛伊德主义笔下的儿童疾病 / 474

第三十章　　女性那发育不良的阴茎 / 482

第三十一章　弗洛伊德对独裁者们的"致敬" / 494

第三十二章　弗洛伊德的超人和原始部落 / 509

结　论

辩证的幻觉 / 527

参考文献 / 552

索　引 / 588

前言　弗洛伊德的明信片沙龙

我和弗洛伊德相遇在阿让唐（Argentan，奥恩省）的区政府市场上，那时我大约15岁……他是一个被印在纸上的人，出现在署着他名字的老旧著作上。这些著作是我以低价从一位女书商那里购得的，虽然这位女书商很可能没有意识到，对我而言她其实是我那悲伤的青春岁月中的幸运精灵。时至今日，对我而言，当时得到《性学三论》的情景还宛若昨天。这本书有着伽利玛出版社"思想"书系（Idées-Gallimard）口袋书的黑紫色封面——我一直保存着这本珍贵的书，它的扉页上用铅笔书写的价格至今依然清晰可见。

这位女书商的摊子夹在两个摊子之间，一个在向赶集的丰满农妇售卖胸罩、肉色紧身衣、框衬和篷布，另一个则是向从莫泊桑小说中走出来的丈夫们贩卖铜铁器皿和五金制品小玩意。然而，就是在这里，这位如今早已无迹可寻的短发女士，在当时以低得可怜的价格卖给了我一大堆书。我如饥似渴地读着那些书，如同一个灵魂在无序和混乱中寻求着光明。

实际上，当时的我刚刚告别了慈幼会教士孤儿院为期四年的生活。那是一所有着恋童癖教士的孤儿院，是一个你永远不知道明天是不是还会向卑鄙下流再坠一层的地狱。不过，这些书在当时就已经把我从那个地狱中拯救了出来。从10岁开始直到14岁重新回归正常生活，我一直都是那个堕落炼狱中的住客。1973年读高中一年级时，我常常在课间时分到市场上去，用书包装回各种诗人和作家的著作，还有各种人物传记，以及社会学、心理学和哲学书籍。

正是在那些年中，我发现了安德烈·布勒东的《超现实主义宣言》，狂热迷恋上了自动写作、精致尸体接龙游戏①、街头诗歌、狂喜文风和艺术家们的极端自由主义精神。兰波支配了我的思想，波德莱尔也如此，而超现实主义作家的热烈生活让我从他们的炽热火山中把自己那摇曳虚弱的希望之光点燃。

在这些为了凑钱买新书买了又卖的经手书籍中，我发现了三块散落的金子：尼采、马克思和弗洛伊德。当时的我还不知道，著名人物米歇尔·福柯在1964年罗伊奥蒙特的名为"尼采"的研讨会上，就已经把这三个思想家的名字作为他的演讲题目。我当时还不知道的是，在这优美的思想三角下隐藏着当代哲学之火的巨大前景。当时的我仍旧在这个已经亮起路标的世界中盲目前行。

这堆零乱的书中有几本实在不是好书，但有三部哲学作品让我一见钟情：尼采的《敌基督者》、马克思的《共产党宣言》和弗洛伊德的《性学三论》。它们是划过我后孤儿院生活黑色天空的三道闪电，点燃了我至今还在体验的一种热忱。第一本书告诉我基督教并非天命，世间还存在比它更早的别样生活，而且我们还可以大踏步地去迎接后基督教时代；第二本书教导我，资本主义并非人类无法超越的地平线，世间还存在另

---

① 一个集体造句游戏。——译者注（如无特殊说明，本书中的脚注均为译者注）

一个美丽事物——社会主义，它预见的是不同于资本主义的另一种世界；第三本书让我发现，性也能够在无关道德的解剖学中正大光明地被思考，其间，我们不用考虑上帝或魔鬼，也没有基督教道德抑制机制造成的威胁、畏惧和害怕。于是，我在十五六岁时，就已经存储了为数可观的用以炸毁天主教道德、破坏资本主义机器、消除犹太-基督教对性的道德压抑的思想炸弹。这让哲学于我而言变成了一场持久狂欢！

于是我明白了，哲学首先是一种思考生命并且在生活中实践自我思考的艺术，是一种用来驾驶自身存在性小舟的实践性真理。从这个角度看，哲学作为一门学科，是对哲学小世界中空说理论、晦涩暗示、为了评论而评论、卖弄学识的喋喋不休以及种种对琐事的纠缠的超越。我，这个曾经感到基督教猛兽在脖颈边喘气的小男孩；我，这个父亲是农业工人，母亲是家庭清洁工的小男孩——我的双亲虽然辛劳工作，薪水却仅够维持一家人生计，这让我体验过家庭贫困的滋味；我，这个不得不在告解座上把自己与同龄人相比没什么特别的性经历全部说出来的小男孩；我，这个被人们告知手淫会导致自己身受地狱烈焰的小男孩——我，这个有着以上经历的小男孩，自然而然会把尼采、马克思和弗洛伊德三人当成**朋友**……

读者可以自己判断：《敌基督者》以宣告"反基督教法则"来结束全书！读到它，真是一种幸运……在五条针对未来的法则中，第一条就是："一切的反自然都是恶。最堕落的人就是教士：他**教授**一切反自然之事。我们已经无法用理性去反对教士，我们能为他准备的只有监狱。"我想握住这个强有力的人的手，他让我这个尊严险遭剥夺的孩子再次获得了尊严。尼采的另一个主张是：把梵蒂冈夷为平地，在这毁坏之地上豢养狠毒的蛇。还有另一条法则宣布说："关于贞洁的预言是一种公然的反自然挑唆。蔑视性生活，把性当作一个**不洁**概念来玷污，这是反对生活之良好精神的实实在在的罪行。"说这些话的人，显然会成为我的朋友，而且**他一直是我的朋友**。

马克思的言辞也让我感到同样亲近，他在《共产党宣言》中解释说阶级斗争从古到今都是历史的动力。社会出版社（Les Éditions sociales）出版的这本橙色小册子里遍布我用铅笔勾画的痕迹：在自由民和奴隶之间，在古罗马贵族和平民之间，在领主和农奴之间，在行会师傅和帮工之间，一句话，在压迫者和被压迫者之间具有辩证关系。我不但眼中读到了这些句子，而且发自内心地明白它们的正确性，因为我对此有着切身体验。在家中，父母那微薄的工资仅够维持父亲继续工作时所需的体力，他日复一日地工作以勉强维持他自己及全家人的生计。

没有假期，从来不出门消遣，没有电影、戏剧或音乐会，我们当然也不会光顾博物馆或餐馆；没有浴室，一家四口挤在一间房中，厕所位于地下室；除了一本字典和一本从祖父母手中传下来的食谱之外，家里再无其他书籍；我们很少请客，父母仅有的那两三个朋友也和他们一样贫穷；我知道马克思说的都是真的，父亲的老板拥有一家乳品厂和一座资产阶级大宅，我母亲就是到那间宅子里去打扫和做清洁。我知道住在那间大宅里的人与我父母过着截然不同的生活，我从马克思那里知道了，在一些人拥有一切或者说拥有很多，总之是太多东西的同时，另一些人却一无所有、缺衣少食，这种情况并非天命眷顾或命定不幸……

阅读马克思的书使我变成了一个**社会主义者**——直到现在我依然是。不过很快，我就发现，除了马克思之外，还有作为社会主义者的其他路径，普遍而言是具有无政府主义倾向的作者，特殊来讲是蒲鲁东的方式。通过在高中最后学年里对《什么是财产？》的阅读，我明白了极端自由主义的社会主义还有未被挖掘的潜力，因此它在如今这个马克思主义者能够质疑马克思卓越性的世界中具有惊人的前瞻性。我一直相信蒲鲁东有着非凡的创造力，但我同时也没有忘记给我带来第一股政治之风的还是马克思。

接着就是弗洛伊德！我起初是从一些十分差劲的书中知道他名字的——说到这里，我们还真需要对这些书在生产弗洛伊德传奇及向知识最贫乏的社会阶层宣传弗洛伊德传奇或神话过程中起到的作用进行研究：这里我指的是皮埃尔·达科（Pierre Daco）那本名为《精神分析的胜利》的书，它已经接近于政治领域的意识形态宣传。我也买了《色情幽默的精神分析》一书，不过这本书的色情笑话部分比其精神分析部分精彩得多……可我依然从这些书里得知了"精神分析"一词，它散发着违禁品特有的危险气味，一下子就吸引了我。

我觉得直接读弗洛伊德的著作会更好些。弗洛伊德信奉者的文章、弗洛伊德注疏者的著作以及对弗洛伊德的各种评论，大量出现在那位女书商的货架上，然而它们全是让人远离弗洛伊德思想核心的糟粕。《性学三论》是我读的弗洛伊德的第一本书，也是我与这个看起来可以与我内心进行对话之人的第一次交流：儿童也有性欲，手淫是一个人心理演进过程中的必要过程，（异性恋）性身份建构过程中存在双重性，其间会有偶发的同性性体验。这些观点一扫天主教多年的浊气，也将每个星期坐在忏悔室木网格后面，为了听到有关手淫或拨弄身体的招供而对600名孩子不断盘问的教士们的那一身酒气和满嘴口臭一扫而空。

重新翻开我收藏的弗洛伊德的书时，还能看见书页边上蓝色铅笔的划痕，它们同书一起见证了我的隐私："父母之间的争吵以及婚姻的不幸极有可能在孩子身上引起性发展障碍或神经官能症……"我们是不是永远无法衡量出一个哲学家的思想会对年轻读者的未来产生怎样的影响？弗洛伊德洗净了我多年的思想积垢。他的书消除了某种污点。这些书页消除了原欲之夜给我们大部分人带来的那种淹溺窒息感。不过，这些书页也告诉我们，害怕被罚入天主教地狱这种恐惧的终结并不代表从此以后可以完全无所畏惧，因为还有一种属于精神性质的惩罚在继续……

就这样，尼采、马克思和弗洛伊德成了我那精神苦恼但又奔腾不止的青春期大海中的三座灯塔，他们是无尽黑夜中的三颗明星，是让我走出地狱的三条道路。我终生都在阅读尼采；直到今天，我依然会对当时在页边记下的心声会心一笑：由于无法同女性讲话而厌恶女性的哲学家，颂扬筋疲力尽之人表现出的力量，一个温柔之人在战斗警句中表达的激昂，关于诗意生活和新存在方式的英雄赞歌。今天的我视尼采为一位拥有存在性智慧的大师，他像所有配得上哲学家这一称谓的人一样，换言之，像所有言行真诚的哲学家一样，心中想的全是如何拯救自己。

今天的我已经将马克思放在一边，转向了极端自由主义的社会主义者，尤其是法国那些。马克思对国际社会主义的掌控；他同弗洛伊德及其追随者的相似性——他们都拥有把自己的法则加诸全球的才能，即使这意味着要以丧失尊严为代价；他对自己的社会主义以外的其他社会主义形式不屑一顾，以至于人们可以把他的社会主义同最离奇的荒诞乌托邦混到一起；他对农民及农业世界的憎恨；他对具有前卫思想的无产阶级精英主义，以及对蒲鲁东推崇的人民的厌恶；种种这些都让我比起马克思更偏爱极端自由主义社会主义。不过，直到今天我还是不会忘记，正是马克思让我发现了这幅美丽的拼贴画——各种社会主义派别。

我个人的阅读是未被规训且孤独的，是贪婪而疯狂的，是混乱和依靠直觉的，这种阅读方式在一定时期里与哲学班那种有序的、集体性的、学校式的、态度专注的、学习性质的和被规定的阅读方式有所交叉。高三老师在学年开始时就宣布了他的评分标准：他会一如既往地在六月最后一次课上把最用功的学生所记的最好的笔记抽出来，留到下一学年作为课堂听写笔记的模板。我们的课堂是循规蹈矩的，尽管在这期间偶尔会有思想灵光掠取我们充满忧虑的灵魂。

弗洛伊德也在教学大纲中：这是一份由概念和作者组成的知识清单，它在《公报》上公布，由教育部门决定，被认为是学习哲学的学生需要作为基础来掌握的知识。获得高中毕业文凭——这个初级阶段文凭，这个拿破仑设定的敲门砖，这个社会护身符——意味着要有能力根据修辞理性写出作文或完成评论文章。弗洛伊德的文章每年都会在推荐给备考者的文章节选中……

这份清单是由国家教育系统拟定的，具体而言是由督学及其同僚下属，由教育部的"向导们"及其技术人员，以及由在教学方法方面的领军人物——他们因为顺从以及在为社会培养人才方面所具备的卓越能力而脱颖而出——共同制作的，在这份清单里，我们看到了西格蒙德·弗洛伊德的名字，教育部从以柏拉图为代表的古代时期到以福柯为代表的后现代时期之间选出了一些哲学家，弗洛伊德就属于他们中的一员。

也就是说，我作为行动指南来阅读的弗洛伊德**也被法兰西共和国教育部视为哲学世界的遗产**，他因此被从25个世纪的思想长河和成千上万的名字里挑选出来推荐给学生们。如此这般，他怎么可能不卓越呢？

在为学生开列的阅读书单上，老师写下了下面这些书名：柏拉图的《理想国》，笛卡儿的《方法论》，卢梭的《社会契约论》和《论人类不平等的起源和基础》，康德的《道德形而上学基础》，弗洛伊德的《图腾与禁忌》和《精神分析学引论》。时间离我们最近的是巴什拉的《科学精神的形成》。哲学班的第一堂课教的是：同柏拉图、笛卡儿和卢梭一样，**弗洛伊德是一名哲学家**。

我读了这些规定要读的书。除了书单推荐的那几本弗洛伊德的书外，我还读了他的其他书：《诙谐及其与无意识的关系》《梦的解析》《形而上学》。这些阅读给我的感觉是，我们或许可以在不成为马克思主义者的情况下去读马克思，在不是斯宾诺莎主义者的情况下去读斯宾诺莎，在不是柏拉图主义者的情况下去读柏拉图。但读弗洛伊德时却没有选择，我们无法选择要不要成为弗洛伊德主义者，因为精神分析让人觉得它就是一个具有普世性和决定性的确定事实。因为它是自然科学的一个具有决定意义的进步，因为就像今天不会有人去怀疑日心说一样，精神分析被说成一种共有之物，一种普遍性真理，它没有被介绍成弗洛伊德的个人假设或是一种哲学假想。精神分析被看成一种发现，就如同克里斯托弗·哥伦布发现美洲大陆一样：这门学科毛举缕析地解释了世界整体；它还是一种治疗方法，这没有可质疑之处，只是它还有治愈人的能力——精神分析能治愈疾病，弗洛伊德是这么说的，是这么写的，他的信奉者同其他很多严肃作家也都是这么认为的！学院机构赞同这种说法，出版界也是，人们通过答出关于这一让人仰慕的确定事实的问题来通过高考、获得高中文凭……

我于1976年10月进入卡昂大学，时年17岁。当我年迈的导师吕西安·热法尼翁（Lucien Jerphagnon）在课堂上讲解卢克莱修的时候，我经历了哲学世界里的一次一见钟情：我发现了整整一个世界——古代哲学的世界，特别是看到了一本名为《物性论》的著作，这本书呈现的是一种严格的伦理，一种严肃的道德，一种享乐主义的苦行，无关上帝的众多美德，一种既是唯物论又是感觉论（sensualiste）的思想，一种对诸神漠不关心的世界观，一种实践的智慧，一个不需要神学拐杖和超验性就能实践的生命救赎。那是一种不以魔鬼和地狱相威胁，也不以天堂为许诺就可以被行使的美德。

学分制让我们不能只注册哲学课程。因此我也选修了艺术史和古代考古课程，随后还去上了古代史课程，这都是为了更加接近俘获我心的古代世界。在哲学系，一位追随马克思-列宁主义的年轻老师曾经把精神分析当作资产阶级的科学加以斥责。我上了他一年的课。一个长假过后，这位老师在回到课堂时，却皈依了拉康一派。这一年对那些被他用拉康思想洗刷的左派作者而言，实属不易，何况他在批评中还掺杂了一勺萨德①的思想和一小撮乔治·巴塔耶的哲学，这两位可都是想要颠覆告解座的人……今天，这位新近投靠了圣保罗派的老师又改为吹嘘自己新宗派的种种成就，还在里面拌了现象学的调料……不过，卢克莱修让他的读者们不要惧怕神，他在当时就让我对这种在拉康面前的卑躬屈膝有了免疫力。

1979 年，我修了一门精神分析学的课。教室里满满的都是人。这堂课的老师每周来给我们上两个小时的课，不过后来他与一位法国共产党中央委员会的老斯大林主义者一起重新安排了课程时间，从此，他与这位老师每两周轮流来上一次课，每节课四个小时不间断：他们中的一位教授精神分析学的重要概念，另一位则为我们讲解马克思的天才和蒲鲁东的贫乏！那位共产主义者两次中就有一次会忘记来上课，而且每次来上课的时候，他都会把一部分时间挪用在复印资料上，并且在以赶火车为由提前下课之前再把一部分时间用在抽烟休息上……

不过，有关精神分析的课程还是相当精彩：这位老师通过讲解弗洛伊德《精神分析五讲》中的案例活灵活现地把这门学科的基本概念呈现了出来。我们的学年就是这样同杜拉、小汉斯、狼人、鼠人和法官施雷伯一起度过的，他们分别对应着癔症、恐惧症、幼儿神经症、强迫症和妄想症。弗洛伊德说他不但治疗而且治好了这些隐藏在化名背后的真人，这一成果被人们谈论、被书写记下、被体面的出版社编辑出版，

---

① 萨德（Sade，1740~1814），因描写情色幻想和其社会丑闻而出名，他的姓氏被用来指称性虐（sadisme）。

它在法国和纳瓦拉的所有哲学班级中都被教授，学生们通过记下这些被弗洛伊德揭示的真理去取得高中文凭。它甚至还进入了官方的大学教学框架，这种情况下，学生可借此取得哲学学士学位……

除了阅读有关这五个精神分析案例的书籍外，这一时期的我还读了弗洛伊德的其他一些书：《文明及其缺憾》《日常生活心理病理学》《一个幻觉的未来》。然后我又读了迪迪埃·安齐厄（Didier Anzieu）付出很多精力写出的博士论文——《弗洛伊德的自我分析》。因此，当我成为技术型高中的哲学老师时，我其实已经阅读了差不多2500页的弗洛伊德著作，此后我又按照包含了弗洛伊德学说在内的哲学教学大纲授课。在20年的教书生涯中，我在改高考试卷时也不止一次地碰到学生对弗洛伊德的著述所写的评论。

怎么可能在不提到精神分析和弗洛伊德的潜意识概念的情况下，讲解大纲中列出的诸如"意识"（la Conscience）这类概念？又或者，怎么可能在这些精神分析学论点的沉默中，去讲解大纲中的"理性""自然""宗教""自由""历史"及其他首字母大写的官方体系中的崇高概念？如果我在人们规定让我上的课堂上、在国家出钱让我教授的哲学课上把弗洛伊德、弗洛伊德主义和精神分析撇到一边不讲，我又能用什么理由来为自己的这种行为开脱辩护呢？以严肃著称的出版界、国家教育部、官方制定的高三课程大纲、大学哲学课程以及高中文凭对弗洛伊德相关知识的规定，这一切的一切都让人根本无法对精神分析的科学性产生怀疑。

于是，在这20年间，我在哲学课堂上讲授了那些我认真学来的知识：儿童从口欲期，经由肛欲期，再到生殖期的性欲演变过程；在这一发展过程中可能出现的种种固着（fixation）和创伤（traumatisme）；无可避免的俄狄浦斯情结；神经症的性因说；精神机制的两个拓比；压抑和升华之间的关系；躺椅治疗术；抑制的意识化和症状的消失；以及各种治疗方式。我在讲授这些东西时所采用的方法，同我讲授斯宾诺莎的被动的自然和主动的自然或者在讲授柏拉图著名的洞穴譬喻时用的方法是一样的……

然而，我的学生们却不是这样感受的，因为一堂讲解康德"绝对命令"或尼采"超人理论"的课在学生那里永远不会取得一堂讲精神分析的课的效果。当我讲到同性恋性别认同的构成或俄狄浦斯关系模式时，当我讲到童年时期创伤和力比多紊乱之间的联系时，当我讲到女性性欲要从阴蒂区转向阴道区才能算是真正的女性性欲时，当我讲到所有反常状态时，当我提到谁对精神分析话语进行抵抗谁就该躺在治疗躺椅上接受治疗时，我不是在教授国家教育部大纲规定的抽象而模糊的概念，而是在讲解触及每个学生自身经历和存在性某些方面的具体问题。被**理论地**讲授的精神分析学**具体地**变成了对每个学生的精神分析学，即对年轻男女的精神进行的分析。我很清楚，弗洛伊德的思想里存在一种需要极端小心地去掌控的蛊惑人心的力量。它让我有可能变成治疗师，即魔术师、巫师、精神导师，这种状况让我局促不安：我们这些老师被要求去向易燃的灵魂讲授一门极其易燃的学科。我因而对精神分析师的危险权力有了些许认识。这让我出自本能、发自肺腑地对精神分析拥有的那种圣职般高位和教士般权力产生了不信任感……

不过，随着教学的推进，我们的课堂又重新找回了更加宁静、少受干扰、更加安详的哲学空间：自然状态同卢梭社会契约之必要性之间的衔接，伊壁鸠鲁的自然且必要的欲望与自然但不必要的欲望之间的区别……这些理论产生的紊乱都没有讲弗洛伊德的时候多。弗洛伊德在我学生的生活中出现过，又消失了。他再次出现时是以需要他们写评论文章的考题形式，一旦学生们通过了高考，他会再次消失——剩下的只有那些激发过、轻掠过和触碰过学生们脆弱灵魂的东西。我一直都对谈论这些阴暗领域心存顾虑，我害怕因为自己的讲授而让一些学生加速地滑向这个魔法世界的阴暗一边，对于这些正在形成的年轻性格而言，魔法世界拥有足够的不理性和紊乱，充满着诱惑……

因此，我做了一些被我称为"弗洛伊德的明信片"的东西。什么是哲学层面的明信片呢？它是一种极端简化得来的模板，是与圣像画差不多的标志物，如同一张简单而有效的照片，它在表现一个地方或一个时刻的真相时所采用的方式是舞台布景、剪切现实，或者人为给活生生的整体加上框架以取景。一张明信片，是对鲜活现实的一次生硬截取，是一个藏好了后台的舞台布景，是一个凝固了最好面目以示人的世界的片段，是做成了标本的动物，是一种伪装……

明信片把复杂世界的种种信息都集中在一张简单的画片上，那么在哲学里，它对应的是什么呢？它对应的是对哲学思想的节略、总结和缩写。它要么以轶事的形式呈现：苏格拉底盛有毒药的双耳爵，犬儒主义者装死人的瓮，柏拉图指向天空的食指，亚里士多德朝向大地的手指，或者十字架上的耶稣基督；要么以理论的方式进行：苏格拉底的"认识你自己"、第欧根尼遵循了自然概念的生活方式、柏拉图的心智世界等。弗洛伊德同样没有逃过被摆上哲学陈列架的命运。

大部分人光看弗洛伊德明信片就满足了。只有很少的人会通过辩证阅读弗洛伊德全集、明白其整体世界观的方式,来力图把握其思想的完整演变过程。高中最后一年的哲学课和大学讲堂都只是在机械地制造明信片:它们瞄准那些容易被教授的、便于被评论的、对传播一种"思想"而言属于基础知识的内容。大学中做的注解和对注解的再注解则是在制造明信片的明信片,它们大规模、长时间地制造出了数目可观的印刷模板……

那么,这些弗洛伊德的明信片是怎么样的呢?在此我只展示 10 个例子,实际上我还能列出一个更长的表单来。

一号明信片:
  弗洛伊德极富胆识和勇气,他在**自我分析**的帮助下独自发现了**无意识**。

二号明信片:
  口误、无心之失、俏皮话、对专有名词的遗忘、误解,这些都是患有**精神病症**的证据,通过分析它们,我们能够进入无意识。

三号明信片:
  梦是可以解析的:它作为**被抑制的欲望**的乔装,是通向无意识的康庄大道。

四号明信片:
  精神分析学包含临床观察,它是一门科学。

五号明信片：

弗洛伊德发现了一种技术，让他通过**治疗**和**治疗躺椅**就能治疗且治愈精神疾病。

六号明信片：

在**分析**中对**抑制**进行意识化，就能让症状消失。

七号明信片：

俄狄浦斯情结，根据其原则，儿童会对父母中与自己性别不同的那方抱有性欲望，会把与自己性别相同的那方视为需要在象征意义上施以谋杀的对手。俄狄浦斯情结是所有人都有的普遍情结。

八号明信片：

抵制精神分析这一行为本身就足以证明抵制主体患有某种**神经症**。

九号明信片：

精神分析学是一门解放人的学科。

十号明信片：

弗洛伊德延续并体现了以启蒙哲学为标志的批判理性。

这些明信片构成了高中和大学老师们的教案。它们被大部分知识分子精英异口同声地讲述，被意识形态机器交相传播，而且随着由上至下的逐步传播，其特点被不断夸大，直到成为孩子们手中捧着的圣经，上面写着这样的句子："以精神分析为理论，弗洛伊德终于一窥人类的心理机制，在这一机制中，决定且影响一切的是普遍意义上的力比多，尤其是俄狄浦斯情结……以精神分析为实践，弗洛伊德创立了一种可以治疗且治愈精神疾病的技术。"然而，从另一个意义上讲，这些明信片制造出了一些陈词滥调：要知道，错误因重复、再重复，以及陈词滥调的喋喋不休而变成了真理。

2006 年，我开始思考弗洛伊德在我《哲学的反历史》一书中的位置。自 2002 年以来，我就和一些朋友一起，在我花精力建立的民众大学（Université populaire）中讲授被遗忘的那些哲学的历史，它不同于那种唯心主义的、唯灵论的、二元论的，或者更进一步说，具有广泛基础的作为欧洲主要宗教的天主教的历史。而要编写一部涵盖长达 25 个世纪的边缘哲学的历史，就不可能不去考虑弗洛伊德主义的位置问题。

在这所学校里，我讲授的东西与其他老师有所不同——尽管他们的课也很好——我把讲课时间花在介绍那些被人们遗忘了的思想家身上（从雅典的安提丰到罗伯特·欧文，以及时间位于这两者之间的诸如迦坡加德或本特维格纳·德·古比奥这样的思想家），不然就是从更新颖的角度去谈论知名思想家（伊壁鸠鲁花园中的享乐主义政治团体，没有被蒙田写出来而是口述出来的《随笔集》内容，从尼采对超人的构建中理解的尼采的存在智慧）。至于弗洛伊德，他当然属于第二种情况。基于我个人的阅读经验，我本就想把他解读为一位在沿袭叔本华和尼采思想谱系时发展出自己理论的**活力论哲学家**，而叔本华和尼采对弗洛伊德的影响是如此之大，以至于他以一种可疑的强烈态度否认自己受到了这两位思想家的影响。但对《形而上学》和《超越快乐原则》的阅读还是让我肯定了弗洛伊德是活力论哲学家这一假设。

准备民众大学的课时我的方法很简单：毫无删减地（in extenso）通读弗洛伊德全集。因为绝大多数的明信片的形成都是人们思想上的怠惰造成的：既然靠长时间重复"圣经"（拉丁文：Vulgate）就能挣得公务员工资或者如期履行出版合同——换句话说就是让自己继续在知识分子圈子里混下去——为什么还要花精力去阅读全集呢？如果不用费什么力气、以很少的工作成果就能达到自己的目的，还有什么理由拼命呢？

于是，我买来了法国大学出版社（PUF）的弗洛伊德全集，并有意识地按照时间顺序阅读。我研究了弗洛伊德的书信，这对了解弗洛伊德的工作内情必不可少。我还读了他的传记，这不但对整理串联所有事件十分管用，而且还让我得以将他的作品与他的生活、家庭、时代及机遇等背景结合起来理解。我向来无法苟同脱离背景的结构主义阅读方式。比如，抛开历史背景一味崇信宗教典籍，或把书页当作纯精神书写而不去考虑作者的生平。

我在写《哲学的尼采式历史》一书时，时刻想的都是尼采在《快乐的知识》中关于方法的一段论说，在我看来，这段话构成了《快乐的知识》前言的核心内容。我常常引用这段话，请允许我在这里再次引用它，至少让我从一大段美妙论述中抽取下面这个句子："所有在客观性、思想、纯粹理智的面具下对心理需要进行的潜意识伪装都有可能达到骇人听闻的程度——我常常扪心自问，事实上，到现在为止哲学会不会完全就是由对身体的阐释和误解构成的。"

因此，我在此的建议是去做一个有关**弗洛伊德**、有关**弗洛伊德主义**和有关**精神分析学的尼采式历史**：它讲述弗洛伊德如何乔装**无意识**（这是尼采的词……）的历史；它解说弗洛伊德个人的本能和生理需要如何被转换成一个吸引了西方文明的学说；它介绍那个让弗洛伊德得以把个人自传中十分主观的内容以客观科学方式表现出来的无中生有的机制——简言之，我想在本书中对弗洛伊德的身体做个简略阐释……

民众大学的听众，有时候有上千人之多，他们之中不乏见多识广之人。我每次的上课时间是两个小时，第一个小时由我主讲——为了准备这部分的课，我通常会花将近30个小时的时间；第二个小时是问答时间，是对所有问题不设限制地直接回答。听众中的一些人显然是有备而来，他们十分懂行且相当专业，甚至到了有时候给我设套的地步，这让我感到高兴：因为如果没有做好准备，我也不会上台去讲哲学；既然做足了准备，就没什么好害怕的。

因此，我必须阅读所有资料，而且需要在细节上下功夫。由于知道会有反对精神分析的人在课堂上发言，所以我阅读了批判历史学家的作品。我刚开始阅读这些作品时，脑子里还存在一些错误想法，这些想法来自我阅读过的精神分析一派历史学家的书籍，这些人声称自己坚守学术操守，他们在一些本应值得信赖的刊物上发表过我认为算得上严肃的书评。这些弗洛伊德传奇的守护者排斥一切与他们思想对立的文章，他们把这些文章看成"修正主义的"、反犹主义的、反动的和与极右派臭味相投的。因为他们，当时的我并没有马上去读那些被说成是在思想上最好不要打交道的人的作品。

但我终究还是读了那些人的书，而且发现他们说的全都是真的……这个发现给我带来的震撼可想而知：第一，我发现这些作者一点儿都不仇视犹太人；第二，他们被歪曲说成了"修正主义者"（révisionniste），他们的政治立场，即便（或许）不能说是左派的，但也没有到支持极右派事业的活跃分子的程度！"修正主义者"这个评价总是被写在精神分析一派历史学家的作品中。而在它们的页面底端又总会出现一个相应的注脚：这里的"révisionniste"当然不是那个指代否认杀犹历史和纳粹瓦斯毒气室存在之人的"révisionniste"，这两个词同形不同义……这两者之间也的确扯不上关系。既然如此，又何必要去用这个词呢？使用这个词，轻则会让意思含混不清，重则会让评论精神分析的历史学家因以可核实的历史论据反对了弗洛伊德而被误读为是在否认杀犹事实。

于是，我在这中间发现了一场歇斯底里者对抗历史人的战争，在这场对抗中，**历史学家的理性武器**显然没有**歇斯底里者的狂热信仰**有效，因为后者会毫不犹豫地动用最为卑劣的侮辱手段（比如暗示对手与希特勒有思想默契！），通过对基本文化背景进行种种利用，他们力图让对手威信扫地，并以此避开真正的思想争论、观点交换、堂堂正正的思想交锋和有理有据的严肃讨论。

那么，避开对批判历史学家作品的细节讨论，我们能从他们的著作中读出哪些论点呢？我们能读到的是：弗洛伊德为了营造自己的传奇撒了很多谎，他掩盖了很多真相，做了很多手脚；他销毁信件，这是他在去世前和门徒及女儿都热衷于干的一件事；此后，这种行为又被他的追随者广泛实施并愈演愈烈，直至今天；弗洛伊德试图让某些信件永远消失，特别是他同弗利斯（Fliess）的那些通信，因为这些信件显示出弗洛伊德是崇信数秘术、心灵感应和玄奥主义等荒诞理论的信徒；弗洛伊德的书信被按照传奇的要求进行删改或重写，并且在很长时期内只有唯一一个过度美化的版本能够得到传播——直到最近（2006年10月），弗洛伊德信件的完整版本才第一次出版，这个新版本让我们明白了原来那个版本对原文的篡改达到了怎样广泛的程度；弗洛伊德的信奉者们蔑视历史和历史学家，他们无情封存了大量的档案资料，让公众和学者在长得离谱的时间里都无法看到这些档案——其中有些资料要到2057年才会被解禁；剩下的那些可以被研究人员借阅的资料，也必须在通过委员会审核后才能借阅，而委员会要在确认借阅者是对弗洛伊德虔诚的圣徒传记作家时才会同意……

我们还发现弗洛伊德篡改试验结果、虚构病人、以子虚乌有的临床案例得出所谓的理论发现并销毁自己做假的证据；我们发现，他曾极力维护可卡因理论，然而当这一理论被科学家们公开说明不成立后，他就开始否认自己有过这种想法，而且在不断否认后，他变得要么对此只字不提，要么就虚构编造有关此事的情节来让其符合自己英雄形象的要求。

除此之外还要加上一点，即精神分析学从来就没有治愈过安娜·欧（Anna O.），即便弗洛伊德在其一生中不断确认自己治愈了这个人；精神分析也同样没有治愈被说成是精神分析典型案例的那5个人。而且对其中的一些人而言，精神分析甚至还加重了病症……为此我们可以去读谢尔盖·潘克耶夫（Sergeï Pankejeff）吐露的实情，潘克耶夫就是著名的狼人，弗洛伊德声称治好了他，而到他于1979年在92岁的年龄去世时，他已经先后被10个精神分析学家分析了足足70个年头……

在阅读批判历史学家的作品的过程中，我们发现，弗洛伊德还建构了一个说自己是靠一己天才单独发明精神分析学的神话，事实上他只是一个秉持机会主义的抄袭者，他借鉴了众多如今寂寂无闻的作者的论点，他把默默无闻的科学家的发现说成是自己的发现；与传奇版本和过度美化的传记版本显示的弗洛伊德相反，西格蒙德·弗洛伊德的思想有其自身的历史和理论渊源——只不过，从他那个时代直到今天，他和他的信徒们一直在采取一切手段阻止人们对他作品的诞生、对他概念的生产和对他学科的谱系进行**历史性解读**。

现在，我们知道了这些足以摧毁弗洛伊德传奇的历史信息，我们该怎样做呢？是把弗洛伊德的著作一本不留地全部摧毁或全部束之高阁？还是相反，将之全部保留，转而侮辱所有批判弗洛伊德的人、否认这些历史证据、拒绝与批判研究者对话讨论？现在很多事情已被证实，我们有了无可否认的历史铁证，加上真实性毋庸置疑的档案，再考虑到弗洛伊德一派封锁档案这种欲盖弥彰的做法，他们真的还能继续在长时间里装作什么都没有发生一样吗？他们真的还能继续仅仅因为历史学家提供了不被弗洛伊德金色传说维持者们接受的历史证据，就去对历史学家横加侮辱并暗示他们与希特勒同属一丘之貉吗？

弗洛伊德主义者应该去读弗洛伊德自己的话。他曾在《自述》中抱怨说，他的对手们居然反对他的论点，对他的论点进行抵制，不相信他的理论，并且进一步产生亵渎的想法，认为精神分析是"（他）思辨幻想的产物"（XVII.96）[①]，而他

[①] 罗马数字表示引用出自法国大学出版社《弗洛伊德全集》的哪一册，阿拉伯数字则表示第几页。当只有阿拉伯数字的时候，表示引用出自这个版本尚未重新翻译过的著作的页数。被引用的翻译文字都在每一册最后的参考书目中。

一直都要求把精神分析看作长期和需要耐心的科学工作。可以用一句话来总结弗洛伊德针对对手的言论,他说,他们重新采用了"传统的抵制手法,即为了让自己看不见正在反对的东西而别把眼睛放在显微镜上"(XVII.96)——弗洛伊德的这个隐喻,与克雷莫尼尼(Cremonini)拒绝用伽利略的望远镜进行观测,以避免接触到能够证实日心说的证据是一样的道理。今天,轮到弗洛伊德主义者去拒绝使用历史的望远镜观测,就像梵蒂冈的教士们害怕把宗教经典放到科学证据下去审视一样。

就我个人而言,透过弗洛伊德的眼镜,我先验地看到了弗洛伊德认为我们能够从中发现的那些东西。我并没有抱任何偏见去做这件事,通过我上面的论述,大家应该已经清楚地看到了这点:我在很长时间内对弗洛伊德的施行式(performatif)言论抱有赞同态度……不过,我也通过门上的猫眼看到了足够多的外部世界,这让我有能力把在我墙上钉了很久的弗洛伊德明信片撕碎。我因此得到了下面这些反明信片:

一号反明信片:
 弗洛伊德是在19世纪的历史背景中,在读了众多书籍后——尤其是哲学书籍(其中,叔本华和尼采最为重要),也不乏科学书籍——才形成了有关无意识的假设。

二号反明信片:
 日常生活中的各种与精神病理学相关的意外事件的确具有意义,但它们从严格意义上根本不属于力比多抑制,就更别提更加特殊的俄狄浦斯抑制了。

三号反明信片：

梦的确有含义，但与二号明信片一样，力比多或俄狄浦斯完全构不成诠释梦境真正含义的有效角度。

四号反明信片：

精神分析是一门属于文学心理学的学科，它源自发明它的那个人的人生经历，它为他而设，而且仅仅是为理解他一个人而量身定做。

五号反明信片：

分析疗法展现的是魔法思维的分支，它仅仅靠安慰剂作用治疗人。

六号反明信片：

抑制的意识化从来就不会导致症状自动消失，更不会让患者自动被治愈。

七号反明信片：

俄狄浦斯情结远不是普遍情结，它表现的只是西格蒙德·弗洛伊德个人的儿时愿望。

八号反明信片：

对这种魔法思维的拒绝并不意味着需要把自己的命运交到巫师手上。

39　　九号反明信片：

以解放为幌子，精神分析去除了心理主义（psychologisme）构成的禁忌，它也不过是模仿宗教的世俗宗教。

十号反明信片：

弗洛伊德体现的是在历史启蒙运动时期被称为"反哲学"的那一派的思想，即以哲学的方式否定和反对理性主义哲学。

弗洛伊德讨厌哲学和哲学家。他实实在在地追随着尼采的思想却对此矢口否认，他主张把思想家们的无意识想法都暴露出来，以视他们的思想创造过程为**他们对自己身体的阐释过程**！既然如此，现在就让我们也尝试把弗洛伊德在《精神分析的意义》（Ⅻ.113）中提出的书写"心理传记"的方法用到他自己身上。这么做的目的何在？不是为了摧毁弗洛伊德、战胜他、让他失去价值、对他盖棺论定、蔑视他、嘲笑他，而是为了揭示弗洛伊德的学说到底不过是一次严格个人意义上的自传式的存在性冒险：是仅为他一个人准备的存在方式，是一种让他可以忍受自身众多生命苦恼的本体论方法……

精神分析，**是这本书的论题**，但它只在涉及弗洛伊德一个人的情况下才算得上是一门真实合理的学科。弗洛伊德那数不胜数的概念首先是用来让他思考自己的生活，让他为自己的存在理出头绪：潜忆（cryptomnésie）、自我分析、梦的解析、对精神疾病的研究、俄狄浦斯情结、家庭罗曼史、记忆屏障（souvenir-écran）、原始部落、弑父、神经官能症性因说、升华，这些概念同其他许多概念一起直接构成了自传式的众多理论时刻。弗洛伊德主义因此同斯宾诺莎主义、尼采主义、柏拉图主义、笛卡儿主义、奥古斯丁主义或康德主义一样，它们都是追求普遍性的个人世界观。精神分析只是一个人的自传，这个人自己虚构了一个世界来存放自己的幻想——就像不论哪个哲学家都会做的一样……

我将以尼采《敌基督者》中的一句话来总结这一对弗洛伊德所做的尼采式分析，因为尼采的这句话已经在不知不觉中给出了"拿精神分析学来干什么？"这个问题的答案。对于回答这个问题而言，这是一句幽默实用的话。查拉图斯特拉之父这样写道："事实上，世间仅有一个基督徒，而他已经死在了十字架上。"……于是，我们可以同尼采一起大笑着说："事实上，世间仅有一个弗洛伊德主义者，而他已经于1939年9月23日死在了自己的床上。"如果耶稣或弗洛伊德没有那么多追随者，他们的宗教不在全世界蔓延，那么有关他们的一切都不会是什么大不了的事……话已至此，希望大家已经明白了我的意思：这本书将以一个名为"精神分析"的事物去重现我在《无神论》（*Traité d'athéologie*）中的姿态。

第一部分

症状学

心怀邪念者可拒[*]

---

[*] 此处为作者的文字游戏,由格言"心怀邪念者可耻"变化而来。此处指所有对弗洛伊德美好形象存有异议的人都会被拒绝。

论点一：

　　精神分析拒绝哲学，但它正是一门哲学。

第一章　焚烧传记作家

> 传记的真相是无法触及的。即便我们触及了,也无法将它陈述出来。
>
> ——弗洛伊德,给玛尔塔·贝尔奈斯(Martha Bernays)的信,1896 年 5 月 18 日

> 精神分析成了我的人生内容。
>
> ——弗洛伊德,《自述》(XVII. 119)

我们要当心这样的哲学家:他们安排自己的身后之名,提防传记作家,惧怕传记作家的探究,并对此预先做准备,鼓励某些方面的探究,让自己的心腹出来用圣徒传记的叙事方式撰写自己传记的开头部分,毁坏信件,消除痕迹,烧毁文档,他们在活着的时候就书写自己的神话并认为以此就能让好奇之人满意,他们在自己周围维系了一群由门徒——这些人在出版、印刷和传播精心塑造的神圣形象上很是拿手——组成的贴身保镖,他们让聚光灯投向自己选好的地方并以此编纂一部自传,因为他们清楚这样就能让人们不去聚焦自己的阴暗面——在那里,纠结缠绕的蝰蛇微微作响地在几近寂静的阴暗中毒害着他们的存在。

弗洛伊德就属于这种败类(engeance),这类人希望获得

名望的好处却拒绝名望带来的麻烦：他热忱地憧憬人们谈论他，但谈的又必须是他的好，而且还必须用由他亲自选好的字眼来谈论。什么才是这位精神分析发明者的炽热激情呢？是把一生都用来让自己符合母亲眼中的那个自己，那个作为世界第八大奇迹化身的自己。几乎从不会平淡的现实却让神话作者们感到无聊，因为他们更喜欢叹为观止的叙事，让想象、心愿和梦想充斥其中。比起可怜的真实生活，他们更喜欢虚假美丽的故事。作假者将事情美化粉饰、润色修改，抹去左右其人生的种种阴暗情绪：欲求、妒忌、恶毒、野心、仇恨、残忍、傲慢。

《我的一生和精神分析》的作者弗洛伊德，从未期望人们能通过他的人生去解释他的作品，通过他的生平去理解他的思想，通过他的存在去明白他的观念。像大多数哲学家一样，他也是理想主义偏执思想的牺牲品。根据这种偏执，思想都是从天而降，都由心智的九霄云外来到人间，就像上帝恩泽普照而让选中的人灵光乍现。弗洛伊德想要人们完全赞同他的叙事：他声称自己是科学家，既没有身体也没有情绪，就像纯粹理性的神秘主义者一样，他只需要到需要观察的地方就可以发现暗藏的真金——对于天才而言，那不过是小儿科……

然而，就像所有人一样，弗洛伊德当然也是通过阅读、交流、会面和朋友——他的朋友通常会在一段时间后变为他的敌人——而成为弗洛伊德的；他也在大学里跟班上过课；他也在雇主责任制的实验室里工作过；他大量阅读，却很少引用别人，也极少对别人表示敬重，他通常更喜欢中伤诋毁别人；他写了些东西，又写了与之矛盾的其他东西，也写了些其他的文字；他也与女人们交往，并与其中一个结了婚，同时还谨慎地与另一个女人隐藏了乱伦的关系，显而易见，他也有了孩子，建立了家庭……

1885 年，在他 29 岁生日前几天，他写了一封奇特的信给未婚妻玛尔塔·贝尔奈斯，在信中他坦言自己因为毁掉了 14 年来工作、思考和沉思的所有痕迹而感到万分欣喜；他将自己的日记、笔记、信件以及一切记录了他科学评论的文档都付之一炬；他将自己当时尚且为数不多的手稿也投入了火中；什么也没有剩下，他高兴极了……

这一次微型燔祭为子孙后代——因此也就是永远地——消除了他人性的证据，这些被烧毁的东西都表现了他作为人的一面，但在他眼中，对于一个从幼年开始就决定用可以颠覆人类的大发现一鸣惊人的人而言，它们很可能过于人性了。什么样的大发现？当时的他对此毫无头绪，但他毫不怀疑自己将成为那个人：这把圣火常驻其心且照亮了他的道路。在实现这一切之前，这位未来的伟人，想象着他的传记作家们（他没有用"传记作家"，而是用了复数"传记作家们"，尽管当时的他还一文不名，却丝毫没有怀疑以后会为自己立传的作家数量）发现他干的好事后脸上将出现的表情，他因为使坏而开怀无比！他把这些都明确写了出来。

此时此刻，这个对未来传记作家使坏且嘲笑他们的男人还没有什么能拿出来说的值得纪念的事情：他 1856 年 5 月 6 日出生于弗莱堡，是羊毛商雅各布·弗洛伊德和阿玛利亚之子；他双亲的犹太籍；他幼年的名字，西吉斯蒙德（Sigismund）；他的割礼；他平凡的童年；他寻常的高中学习；他优哉游哉、毫无目标地探索深造方向的学医生涯；他对鳗鱼性征的研究；他针对七鳃鳗幼虫中枢神经系统发表的研究文章；他服的兵

45

役;他对斯图亚特·穆勒一些著作的翻译;他与未婚妻的结
识;他在毫无成果的可卡因研究中的波折,尤其是他对这种自
己消费了十来年之久的毒品发表的那些表面科学实则夸大其词
的种种论断;他用电疗法治疗他的病人……对传记作家们而
言,这些经历都没什么出彩的地方。就这样,弗洛伊德迎来了
他的28岁,除了期望尽可能地以最快速度获得世界性声誉但
又实在不知怎样才能做到这点外,他最操心的还是如何快速拥
有良好的经济条件,以便迎娶未婚妻,在维也纳的某个高雅街
区安顿下来,建立一个美好的大家庭。看,这便是他投入火中
烧毁的经历证据和他自以为能给未来传记作家们捣的乱……

有关可卡因的人生插曲或许能够部分解释他的行为。为名
望着魔的他,一下子抓住了研究这一毒品的工作机会。他马上
行动了起来,只对一个案例做了试验,那个案例就是他自己的
一个朋友。他声称能够用可卡因治愈这个朋友的吗啡瘾,结
果,他没有治愈对方,而是把对方从吗啡瘾君子变成了可卡因
瘾君子。他所观察到的可卡因产生的效果与他自己所设想的完
全不一样,尽管如此,他还是不顾事实地肯定了可卡因,他把
自己的结论匆匆写成文章并发表在一本杂志上,他把这种毒品
介绍成了一种几乎可以解决人类一切问题的良药。而这只是因
为当时可卡因治疗了他的焦虑,让他的思想能力和性能力倍
增,而且还能令他平静下来。在这件事情上,他的研究方法得
到了集中的体现:从自己的个案外推出一个所谓的普遍学说。
我们还可以用更平凡的言辞来形容他的方法:**把自己的情况作
为一种普遍存在**。

弗洛伊德与弗利斯之间的书信是被长期隐藏过的重要档

案。起先，只有其中的一些片段被发表了出来，这些片段都是因为不带夸张的理论立场才被挑选出来发表的。对他们之间书信的解读展示了一个与明信片上形象完全相反的弗洛伊德。弗洛伊德在明信片上的形象是一个万事重试验的学者，他的人生轨迹笔直通向那些他不可能错过的发现，因为他自命有注定干出大事的学者趋向。

我们从书信中看见的是一个摸索前行的弗洛伊德、一个犹豫不定的弗洛伊德、一个断言一件事后又反过来肯定相反一面的弗洛伊德，他时而因为自己发现了一种科学的心理学而喜不自禁，时而又烧掉头天还认为是天才的和革命性的发现，因为第二天的他突然觉得头天的成果都是些毫无价值的文字。我们从书信中看见的是一个把精神问题躯体化的弗洛伊德，从阴囊的疖子到反复出现的偏头痛，从心肌炎到疯狂的烟瘾，从性功能障碍到肠紊乱，从神经官能症到阴郁，从不胜酒力到惯于吸食可卡因，从火车恐惧症到对粮食缺乏的焦虑不安，从惧怕死亡到林林总总的病态迷信。

最后，我们还从书信中观察到了一种必须成功、变富和成名的强迫心理，这种自我强迫在日常生活中吞噬着他的灵魂：怎么做才能成为一个有名的科学家呢？1900 年 6 月 12 日他对弗利斯这样写道："你是否真的相信，有朝一日，人们会在这座房子前的大理石板上读到：1895 年 7 月 24 日，弗洛伊德医生得到了梦境系统的启示？"从中，我们明白了下面两件事：其一，想要出名的幻想折磨着他；其二，他认为自己的理论会来源于上天的**启示**，而不是来源于阅读、研究、思考、与其他研究者的理论假设的交叉比较、对相关文学文本批判性的吸收、推断、临床观察、通过耐心的试验来积累……

这就是他在方法论上的绝对必须。我们知道，正是这点驱使他在1885年第一次焚烧文档：他要抹去一切显示如何获得这一成果的历史材料，他要消除一切让学科内在谱系可能存在的证据，除了弗洛伊德首肯和指定的版本外不允许其他任何说法的存在：弗洛伊德不是一个历史发展过程，而是一种神话般的显灵。正如在同样情况下通常会发生的那样，神话总是始于一个奇迹般的诞生。精神分析学？它是从一位名叫西格蒙德·弗洛伊德的朱庇特神的大腿里拿出来的，这位大神全副武装，盔甲护头，在世纪末的维也纳阳光下熠熠生辉。

这种不想让传记作家对他的历险内幕有所探究的意愿，驱使他从理论上坚持任何真实传记都是不可能的这种观点。在给未婚妻的信中，他在对那些还没有出生的传记作家将遭遇到何等尴尬加以嘲笑后，又详细地为自己辩护了一番："人们是不可能在名誉不受损害的情况下成为传记作家的，他们必然受到谎言、隐瞒、虚伪、奉承的影响，遑论他们还必须对那些自己不理解的地方进行伪装。传记的真相是无法触及的。即便我们触到了，我们也无法将它陈述出来。"（1896年5月18日）看，一切都清楚了：传记本身就是一项不可能完成的任务，既然如此也正因如此，让我们令它在事实上也变得不可能吧！之后，他的话中又包含这样一种暧昧不明：这项任务是不可能完成的，不过即便它成为可能，我们也是无法将它陈述出来的。出于怎样的理由而无法陈述呢？当涉及为威尔逊总统立传的时候，弗洛伊德不也没有禁止自己涉足传记吗？

传记作家的确与他的对象保持着一种独特的关系，而且通常还是一种认同的关系；关于一个人的一生，这个话题本身就够错综复杂的了；有些人也的确对线索大肆隐瞒和干扰；一些人也的确从生前就开始书写自己的神话,企图以此来搅浑自己的历史;未亡人的证言也的确会编织出梦幻、想象、期望和变质的回忆;那些有朝一日会被请来当见证人的最忠诚的**朋友**身上也的确存在羡慕和嫉妒这些情绪;自传文本也的确经常如同陷阱,它会十分有效地把人们的注意力吸引到次要的事情上,而让重要的根本远离人们的视线;完成传记也的确不易,几乎总是只能求得近似,这是毋庸置疑的事实。但任务本身的困难并没有阻止人们去发挥主动性。鼓励人们对哲学家进行精神分析的弗洛伊德禁止别人以同样的方式对待他,却让他人遭受他自己不愿意接受的(分析)"剂量",比任何人都更用心险恶。尽管他并非第一个这么做的人……弗洛伊德、弗洛伊德主义和精神分析学并不属于神话显灵,传记作家的工作能够且必须展示这点。

弗洛伊德的确在有意弄乱事情的条理,在故意混淆线索,在有意抹掉痕迹,他把立传说成是理论上的不可能,他伪造自己的发现,并几乎次次都以科学为借口去隐藏自己玩弄文辞的事实,而且他还烧毁信件,试图买回那些对他的神话光芒而言最危险的信件,然而,这些行为反倒让为他立传的任务变得有趣起来:弗洛伊德的思想传记与显然涵盖了精神分析思想传记的弗洛伊德主义思想传记混同了起来。

弗洛伊德在给他未婚妻的信中谈到了谎言、隐瞒和虚伪。这封信就像一份难以伪装的供认书,供出他——西格蒙德·弗洛伊德的所作所为。因为圣徒传记作家们强加于世的神话——这些神话中,最具代表性的当属欧内斯特·琼斯和他那本长达1500页的《西格蒙德·弗洛伊德的生活与工作》——注定不可能成为传记,因为这位维也纳医生为了强加自己的神话、传奇、文学性的叙事、传说和幻想，做了如此多的事情。这本传记被众多其他传记当作模板来使用，而所有的传记又都不断复制出弗洛伊德陈列架上的那些明信片。

我认为圣徒传记与疾病志差别不大，前者建议人们去浇灌辉煌，后者建议人们拔除毒草。越过这些弗洛伊德明信片我想要展现的是：**精神分析是弗洛伊德最精心设计的梦**——它是一个梦，因此也是一种无稽之谈，一种幻想，一种文学造物，一件艺术品，一个词源学意义上的诗意建构。我还想展示，弗洛伊德主义的实际基础都是传记的、主观的和个人的，尽管这是一种自称具有普遍性、客观性和科学性的学说。我不会站在道德主义的道德立场上去认为，由于弗洛伊德谎言的存在（他的谎言已经被证实了），人们就有理由对弗洛伊德、他的著作、他的研究和他的门徒们也施以火刑。

根据斯宾诺莎的原则"不哭，不笑，但求理解"，我立足于尼采那超越善恶的眼光。我建议进行一种对过程的解构，就像解构安东·韦伯恩（Anton Webern）的一支奏鸣曲、柯克西卡（Kokoschka）的一幅画或卡尔·克劳斯（Karl Kraus）的一出戏那样解构弗洛伊德。弗洛伊德不是一个科学家，他没有制造出任何揭示普遍共相的东西，他的学说只是为他自己的幻想、强迫心理及被乱伦折磨且毁坏的内心世界量身定做的一种创造物。弗洛伊德是一位哲学家，这已经很不错了，但他自己以粗暴的方式极力拒绝这一评价，这就像那些因为愤怒而指手画脚的人一样：所指之处即为疼痛存在之处。

第二章 他说,毁掉尼采……

> 我最初的目标,是哲学。因为我本来就想成为哲学家。
>
> ——弗洛伊德,给弗利斯的信,1896年1月1日

弗洛伊德在这种不要神明也不要导师的狂热意愿下,将尼采作为了谋杀对象。正是他将尼采确定为优先谋杀目标的做法激发了我们去考察他对尼采那种旷日持久的特殊反感。他为什么会选择尼采?他又是出于怎样奇怪的理由要去杀死尼采?是为了保护什么人或什么东西呢?还是为了掩盖什么秘密?他这种对哲学和哲学家——他自己也属于哲学家——都一概拒绝的激烈情绪意味着什么?是因为他不想让人知道他的真实身份吗?他是一名哲学家,只是一名哲学家,仅仅是一名哲学家,除了哲学家,他别的什么也不是。的确,对于一个对名望如饥似渴的人而言,比起科学发现,哲学更难让他闻名全球……

将精神分析归于一个传奇的、虚构的和神话性的谱系门第,与此相对的,是在哲学家具有最显著影响的地方极端粗暴地抵制或反对哲学家,因为哲学家肯定了一种有力、真实、公正、强势但最终与神话有抵牾的观点:所有哲学都是作者自传体式的坦白,是身体的产物,而不是来自心智世界的思想显灵的产物。而弗洛伊德想要的是不受任何人的影响,没有传记,

也没有历史根基——这是变成神话的条件。

弗洛伊德不停地攻击哲学家和哲学,他采用的方式就像从萨莫萨塔的琉善(Lucian de Samosate),经由帕斯卡或蒙田再到尼采传承下来的那个著名的哲学传统所表明的一样:**嘲笑哲学,才是真正在搞哲学**。如果有朝一日,弗洛伊德获得的是歌德奖而不是他所预期的诺贝尔医学奖,那恰恰是因为在他有生之年就已经有一位权威人士认为他的作品更多地属于文学而不是科学!

在他编撰的弗洛伊德神话中,歌德具有重要的意义,因为歌德才是他整个命运的启动器。事实上,当弗洛伊德犹豫不决地寻找自身道路的时候,在哲学对他的吸引力比其他任何东西都大的时期,在他投入被他后来认作是误入的医学事业之前——不过,当时的弗洛伊德除了医学也没有其他路好走——是歌德给他指明了道路。在《我的一生和精神分析》中,弗洛伊德说,他在阅读会上听到了歌德的德语诗集《自然颂》,是这本书说服他着手医学学习——我们能找到比这更不具文学性的科学道路开端吗?!

1914 年,弗洛伊德在《精神分析运动历史文集》中声称,他自然是读过叔本华的,但他的抑制理论(théorie de refoulement)与《作为意志和表象的世界》毫无关系——尽管他的抑制理论与后者简直就是如出一辙而且还比叔本华的那本书晚了半个多世纪!如果你读过爱德华·冯·哈德曼那部上千页的著作《无意识的哲学》,你就会发现弗洛伊德与这位德国哲学家之间的诸多相似之处,哈德曼也属于叔本华一脉,尤其是在无意识决定论这个中心问题上。弗洛伊德向世人保证说,他独自思考且在没有借助任何帮助的情况下发现了抑制理论;

第二章 他说，毁掉尼采⋯⋯

之后他才很高兴地发现原来自己的想法在叔本华那里已经得到了证实。

他与尼采之间的关系沉浸在一种更成问题的气氛中，说到底，他们之间的关系还非常具有神经症性质。在《精神分析运动历史文集》中，弗洛伊德坦言："我极力避免的是阅读尼采著作时会获得的高度愉悦，我的动机很明确，那就是在精神分析的感受操作中我不想被任何可预期的表述（représentations d'attente）所干扰。"多么可笑的坦言啊！为什么要拒绝享受愉悦呢，何况还是自己评价很高的一种愉悦？既然他的根基在于把一切事物的根源都归于无意识，那他为什么又要用有意识的动机来解释自己的行为呢？他不将自己的方法用于分析自身，也没有针对自己这种尤具特殊含义的拒绝而追究自己的无意识，是什么让他有理由这么做呢？我们应该怎样理解"可预期的表述"这一含糊的说法呢？

所以弗洛伊德读过叔本华的书，却从未被叔本华的理论影响过，尽管他们两人在理论上存在相似之处；此后，弗洛伊德为了避免被尼采影响而从不去读尼采的书！但是，如果他事先并不确定尼采的书与自己的观点相符这一点，那他又怎么会知道自己可能会被尼采所影响呢？让这位维也纳医生极力拒绝但丝毫无法改变的，其实是这样一个事实：只要对哲学稍有了解的读者都明白，弗洛伊德主义就像是尼采主义的一条特殊支脉。

弗洛伊德知道尼采，而且，即便他没有读过尼采的书，他也曾在距尼斯不远的埃兹小镇的尼采路上与陪伴过尼采散步的那些对话者经常谈论尼采。弗洛伊德在大学求学时，也就是

1873年到1881年，曾在布伦塔诺（Brentano）的哲学课上听说过尼采。在给弗利斯的一封信中，他写道，他买了尼采的书。多么奇怪的行为啊：他居然去买一本为了避免受到其影响而不去阅读的哲学家的著作！他对他的朋友这样写道："我希望从他那里找到对我而言尚无法表述的东西，不过到现在为止我还没有翻开书。现在的我很懒。"（1900年1月1日）而弗洛伊德什么都可以是，但绝不会是懒惰的……

在完成了主要著作后，他于1931年6月28日对洛泰·比克尔（Lothar Bickel）写道："我拒绝读尼采，尽管——不，是因为——我极可能在他那里发现某些直觉，它们与精神分析所证明的那些东西十分相似。"我们因此可以得到下面这个教导：哲学家有的是**直觉**；精神分析师有的是**证据**。这就是弗洛伊德在对整个哲学加以批判中所采用的辩词战线：在哲学这个与他这个医生毫无关涉的小世界里，人们生活于思想的天地中，在没有证据的情况下做出假设，信口雌黄，人们生产和肯定概念，但丝毫不关心它们正确与否。相反，精神分析有的是另一套办法：在观察、试验、重组案例和科学推导后，精神分析给出的是不容置疑的真相。

因此，根据躺椅人①的看法，在人类历史中，尼采只有直觉，而弗洛伊德却在得到确证的科学世界中演进……我们随后将看到，最差劲的哲学家就是那种拒绝承认自己是哲学家的哲学家，那种自以为是科学家的哲学家，为了说服自己相信这个谎言，他不得不伪造试验结果、编造结论、捏造所谓案例的数

---

① 精神分析师常让病人躺在躺椅上治疗，因此这里用"躺椅人"来对精神分析师加以讽刺。

量,这些案例能让他得到与现实背道而驰的假定真相。我们的调查才刚刚开始而已……

把弗洛伊德和尼采的生平并列起来看能为我们提供这两个同时代人的信息。尼采比弗洛伊德大12岁,不过,一旦他们登上哲学舞台,这种年龄差距就完全是不值一提的琐事了。尼采出版第一篇作品《悲剧的诞生》(1871)时,弗洛伊德在上高中。尼采发表《不合时宜的沉思》时,弟弟弗洛伊德开始了医科学习。尼采在他写的关于瓦格纳的文章上署名时,弗洛伊德在的里雅斯特研究鳗鱼的性征。布洛伊尔向弗洛伊德谈起安娜·欧;尼采发表《快乐的知识》《查拉图斯特拉如是说》;弗洛伊德在听沙可(Charcot)的课。1886年,弗洛伊德在维也纳的诊所于复活节的那个星期天(!)开业;《善恶的彼岸》在书店上架。1889年1月3日,尼采在都灵抱着马哭泣,从此开始了十多年的疯癫状态;这一年正是弗洛伊德在南锡的伯恩海姆(Bernheim)家完善自己那不算好的催眠技术的时候。尼采将在消沉和沉寂中度过自己生命的最后10年:他的母亲和妹妹先后照顾过他,她们以他的名义曲解了他的著作和思想,并把这位思想家引向了民族社会主义道路。在尼采虽生犹死的这十年,弗洛伊德写文章讨论了癔症性瘫痪、失语症、癔症的性源理学等,这些对考察尼采情况很有用的课题。

最后,还有一个具有很强象征意义的日期,那就是尼采卒于世纪开端的1900年8月25日,而《梦的解析》也在这个转折之年出版,这是一本篡改了出版日期的书,因为早在1899年10月它就已经出现在书店中了,但弗洛伊德想要让这本书的出版年份是一个整数而且具有开端性,因为只有这样才能赋予这本书的正式出版以某种意义:他相信,有了这本书,他的财富——所有意义上的财富——将获得保障。这本书印刷了600册，其中的123册在头6年卖了出去，出版社共花了8年时间才把600册售罄。尼采死亡，尼采主义诞生，弗洛伊德主义登基……

尼采疯癫的那10年对应的是令人难以置信的尼采热掀起的时期，身处其中的弗洛伊德不可能不被其牵扯和影响：银眺居（Villa Silberblick）的营建，尼采档案库的创建，尼采妹妹编写的传记的出版，更贴近大众的丛书的再版，露·莎乐美（Lou Salomé）出版了一本用尼采的生平和作品互相印证以求理解尼采的书，这位哲学家风靡全欧，维也纳的马勒和理查德·施特劳斯以《查拉图斯特拉如是说》谱曲，各地的人们纷纷来看望他，他的妹妹将拜访礼节仪式化。就像过去出现过的叔本华热一样，从那时开始出现了对尼采的狂热，这是一种世纪末的狂热。弗洛伊德怎么可能没有参与这样一种以哲学的名义进行的歇斯底里？

哲学家仅仅在洛卡的墓地沉睡了8年，维也纳的精神分析协会就在1908年4月1日召开的会议上讨论了下面这一话题："尼采：'论禁欲主义理念'，《道德的谱系》第三论"。如果弗洛伊德从没有读过尼采，从这以后，他也再不能说自己不知晓尼采的论点了，何况尼采的禁欲主义理念在他通过本能抑制创立的文明的起源中，还发挥过如此重大的影响……这便是如何做到在知道的同时又不知道，在了解的同时又不了解，它让弗洛伊德可以在没有读过尼采一行文字的情况下去使用尼采的概念——如果我们真的相信他不准备读尼采却又买尼采的书这一荒唐说法的话……

在念了一段从《道德的谱系》中摘录而来的话后，演讲者直接提出了自己的论点："一套哲学体系是某种内在本能冲动的产物，它同一件艺术作品没什么大差别。"这种对尼采的见解是……尼采式的！事实上，这位哲学家在《快乐的知识》的前言及在《善恶的彼岸》中谈论哲学家们的谎言时表达的就是这个见解，除此之外，他什么也没有说。在这些行文中，这位哲学家抡起榔头砸碎了"思想乃是从天而降"的观点的水晶，从而肯定了一切思想都出自身体。

希奇曼（Hitschmann）为这一说法加了注解。他指出，我们对这位哲学家的生平所知甚少。尽管如此，他还是记下了下面这些：没有父亲的童年；在妇人环境中受的教育；很早就开始关心道德问题；总体而言偏爱古代文化，尤其偏爱语文学；强烈倾心于男子气的友谊，就是古罗马的那种，这在精神分析师那个急于将一切事物性化的圈子里不容置疑地成了一种"性倒错"倾向……

演讲者还指出，尼采那阴郁而悲剧的生活同他作品中对快乐的强烈要求之间存在反差；他说，尼采在书中鼓吹残酷，而在现实中接近过尼采的人却都认为他十分平易近人且容易受到别人情绪的感染，这两种形象是相互矛盾的；他还指出了尼采与写作之间存在的病态关系。比如，他仅仅用 20 天就写出了《道德的谱系》一书；接着，这位演讲者又对错误、善、恶、悔恨和禁欲主义理念这些概念做了简短评论，这些概念在后来弗洛伊德自己的分析中将被重新激活。

演讲者还说了下面这些：尼采应该没有意识到自己的著作乃是源于自己那些无法实现的欲望。更具体地说，如果弗洛伊德有正常性生活的话，他很可能就不会经常去逛窑子，也就不会那么竭尽全力地在理论上对禁欲主义的理念逻辑嗤之以鼻……即便这位哲学家对这个涉及他具体生活的主题丝毫未提，但他在理论上依然这样指出过：哲学家是在用他的力量和弱点、他的欲望和本能、他的空虚和放纵谱写自己的概念曲谱……演讲者以使得这位哲学家无法再进行严肃分析的"瘫痪"作为了自己讲话的结尾。

发言结束后是讨论。与普遍的想法相反，精神分析师们并非性解放者，他们也不是道德风尚领域的革命者。弗洛伊德没有打破常规。同性恋、性倒错、极端自由主义的力比多，甚至手淫，都是讨论的主题，但从中我们看到的只有隐藏在精神分析专业词汇之下资产阶级骇人听闻的因循守旧。对于第一个发言人而言，尼采是一个"有疯病的主体"，这么评价尼采对于马上打发走这位哲学家和他的哲学而言，的确是一个方便快捷的办法，因为这样一来，这些分析师就可以把精力集中于分析尼采所代表的病理学案例上。把尼采诊断为癔症患者，问题就都解决了。精神分析大会在没有任何证据的情况下大谈尼采的同性恋动机！对第二个发言者而言，尼采不是个哲学家，他勉强算是个道德主义者，就是一个类似于拉罗什富科（La Rochefoucauld）或尚福尔（Chamfort）那种法国道德主义大师的人。

第三个发言者阿德勒（Adler）则说："尼采是最接近我们思考方式的人。"这位弗洛伊德的未来私敌竟有胆量提出了一个从叔本华经由尼采再到弗洛伊德的思想谱系……在阿德勒看来，远在精神分析技术出现以前，尼采就已经发现了病人在治疗过程中明白的那些东西。他又补充说，《道德的谱系》一书的作者很清楚力比多抑制和艺术、宗教、道德、文化这些文明产物之间的因果联系。那时《文明及其缺憾》和《一个幻觉的未来》还远未出版，但阿德勒准确说出了其中的观点。

费登（Federn）进一步言之凿凿地肯定说："尼采与我们的思想是如此接近，以至于我们能做的只有去扪心自问还有什么是他没有想到的。"此后，他又在弗洛伊德面前犯下了大不敬之罪："他凭直觉预知了弗洛伊德的某些想法；他是第一个发现精神发泄、抑制、以疾病来逃避的心理、正常的性冲动及施虐性冲动的重要性的人。"这还不够？至少有了这么一次，这些早该被说出的话总算被说了出来，而且说的时候那位总是沉默的导师也在场。所以说，对一些人而言，尼采是有疯病的人，对另一些人而言，他却是弗洛伊德的先驱，必须要从中二择一——除非这两个版本并不相互排斥，但这同样需要说出来……

弗洛伊德说话了。他解释说，他是因为对哲学的抽象特征**反感**而放弃学习哲学的。他用的词是"反感"……不论谁去阅读《形而上学》或《超越快乐原则》，都会理智地得出结论，认为这是（精神分析）在以五十步笑（哲学的）百步……弗洛伊德在出席大会的所有人面前承认自己不了解尼采："他那偶尔想读尼采的兴致都因为过于感兴趣而被扼杀了。"《精神分析协会会议纪要》的书记员就是这么记录的。弗洛伊德的新诡辩：因为过于感兴趣而不感兴趣……

弗洛伊德自然不会忘记回应以阿德勒为首的那些人，他们竟敢放肆地认为在他之前还存在为他的研究提供了这样或那样有益思想的前辈。弗洛伊德的本体论规则如下：弗洛伊德完全靠自己的天才发现了一切，他享有上天的恩宠，没有任何事物也没有任何人能够影响他。协会的书记员是这样记录的："弗洛伊德可以<u>保证</u>［原文如此］尼采的思想对他的作品没有<u>丝毫影响</u>。"因为他做了保证，所以就不应该再有人去傲慢地向他要证据。

现在轮到另一位著名的精神分析师兰克（Rank）发言了。他对这位哲学家内心被压抑的施虐-受虐冲动及这种冲动在建构残忍哲学中所发挥的作用胡言乱语地议论了一通。"女性性冷淡"的创造者斯特克尔（Stekel）阐述的则是一个让人忍俊不禁的观点。然而，既然精神分析圈子里最盛行的美德就是严肃，他的观点还是被听众们听了进去。实际上，斯特克尔"倾向于认为尼采为啤酒花香脂腺和樟脑作保的行为蕴含着他的某种坦白意向"。尼采是在哪里保证的？我们无法得知。是在怎样的情况下做出保证的？我们也是一无所知。而且尼采的读者也无法对斯特克尔的诊断做任何评判，因为他们在尼采的所有作品中都不可能找到提到过啤酒花香脂腺的桥段……

既然大会在解决尼采的案例上似乎没有取得什么进展，大家便决定于同年的10月28日以尼采为题重新开会。在这次的会议单上写着：《瞧，这个人》（*Ecce Homo*）的出版。这对精神分析这个"宗教"协会而言可真是个上乘猎物啊！发言者霍伊特勒（Häutler）做了如下论述：这本书是一幅梦想出来的自画像——我们也可以用"同义叠用"一词来描述这本书和尼采自画像之间的等价关系……为了迎合尼采，为了迎合尼采极力辩护的疾病之所以无法治愈是因为生病的人享受到了疾病的好处这一观点，霍伊特勒断言，尼采根本就不想治好自己的病，因为他知道他的病就是他能思考的原因。

接着便是一番令人瞠目结舌的讨论，我们在这番讨论中见到的是按照纯粹集体性错觉的逻辑展开的一通诡辩，它再次证实了弗洛伊德秉持的是完全拒绝承认自己受过尼采影响的态度。下面就是霍伊特勒那完全不合逻辑的推论："在不知道弗洛伊德理论的情况下，尼采感受到了［原文如此］它，并且先于他提出了其中的很多东西，比如，遗忘的重要性、遗忘的能力、把病症看作对生活的过分敏感的疾病概念，等等。"先让我们不去讨论"等等"所代表的那些东西，仅仅去衡量一下这个谎言的巨大程度：弗洛伊德居然是尼采的前辈！

因为尽管两人在时间上有先有后，但通过令人咂舌的剧情反转，弗洛伊德摇身一变，成了尼采的前辈！不知道弗洛伊德但从他智力的成就中**感受到了很多东西**！即便尼采真的在陷入疯癫之前读过弗洛伊德的作品，当时他手中拿着的也只会是两三篇研究鳗鱼生殖腺、鳌虾神经元或鱼类神经系统的文章，这些都不可能让他构想出类似遗忘理论的东西——就更别说那些"等等"了……这样，即便一个**先尼采的弗洛伊德**不顾最基本的事实逻辑横空出世，但有理智的人都会判断出他是**尼采式的弗洛伊德**。

为了杀死尼采这位"父亲"，我们可以去忽视他，最小化他的存在，假装不知道他，或者还有更好的办法，那就是大声宣布他对我们完全无足轻重，坚定地表明他对我们的存在完全无关紧要。我们还能以阴险的道德主义解读方式让这个人丧失信誉，从而象征性地谋杀他。尼采因此成了一个同性恋、一个性倒错者、一个流连男妓窑子而染上梅毒的人。缺乏说明这位哲学家具有这种性特征的真证实据？无妨，只需要让下面一种新诡辩流传开来就可以了：如果没有任何证据表明尼采是性倒错者，那是因为这种倒错被抑制了，因此，这意味着它其实更为强烈，它的作用也更猛烈和强大。依照的原则如下："他是同性恋,但如果他看起来不像是同性恋的话,那是因为他是一个被抑制了的同性恋,这种抑制的扩大让他的病更加严重。"按这种逻辑来看,所有人都能被判定为有病,而且没有人能被治愈……结论:(尼采)"肯定有某种性异常"。书记员就是这么记的。证据?推理的大前提:《瞧,这个人》显然证明了尼采自恋。推理的小前提:自恋是同性恋的重要标志。结论:尼采是同性恋。

何况,同性恋属于一种反常……尼采反常,他在让他沾染了梅毒的低劣酒吧找男人买欢;尼采性倒错,他得了性异常的病;尼采是瘫子,他歇斯底里,他压抑对女人的欲望,他自恋;这样的尼采怎么可能对弗洛伊德产生哪怕一丁点的影响?

暗藏毒尾(拉丁语:in cauda venenum),弗洛伊德就是以这样一种客气姿态完成他的暗杀的:在弗洛伊德看来,尼采实现了一种罕见的深度自省,很可能还没有人能达到如此深刻的自省程度。弗洛伊德读过奥古斯都吗?他读过蒙田吗?或者他读过卢梭吗?漂亮的形式总能略微补救糟糕的情势吧。在弗洛伊德那里,不要指望这种可能:事实上,弗洛伊德宣布,即便尼采在自省这点上是好的,他获得的也不过是一种具有特殊性的、个人的、仅仅对他自身而言有价值的确定性。换句话说:(尼采的东西)没有任何让人感兴趣的地方。相反,他,弗洛伊德,发现的则是普世真理。

1911年9月21日和22日,精神分析师们齐聚魏玛召开大会。他们中的两位,萨克斯(Sachs)和琼斯(Jones),拜访了尼采的妹妹。对伊丽莎白·福尔斯特-尼采(Elisabeth Förster-Nietzsche)的朝圣在没有得到弗洛伊德首肯的情况下是不会发生的,弗洛伊德本人也是不会去银眺居的……因此,弗洛伊德主义的两个使徒便这样踏上了拜访历史上最大赝造者之一的路途！事实上，这个女人用尽全身解数，不惜篡改、撒谎、使坏，也一心要让他的哥哥投入民族社会主义的怀抱，《权力意志》的发表就是一例。这是一本完完全全的伪作，它旨在造出一个尼采的神话，书中的尼采仇视犹太人，黩武好战，是一个普鲁士民族主义者，一个泛日耳曼主义信奉者，他称颂残忍和粗暴，缺乏同情心——这些特征映射出的是这个妹妹的肖像……

正是在这个女人的脚下，弗洛伊德主义者们带着弗洛伊德的祝福献上了朝圣的乳香和没药。欧内斯特·琼斯在精神分析大会上发言。他承认弗洛伊德和尼采在思想上有近似。双方和解的时刻到来了吗？弗洛伊德是不是终于在同意承认他与尼采的思想亲缘关系的同时解决了自己与这位哲学"父亲"之间的问题了？当精神分析的神圣身体被展示给哲学家的妹妹的时候——正是尼采让精神分析的奇怪分娩成了可能——弗洛伊德在魏玛遇到了露·莎乐美。露是尼采的性幻想对象，她写了第一本揭露这位思想家作品的存在性特征和自传特征的书，她也是伊丽莎白誓不两立的敌人。伊丽莎白出于种种原因而对她恨得咬牙切齿，部分原因在于这个信奉路德主义的放荡女人出身于犹太人家庭，她就是那个让自己的哥哥（以幻想的方式）堕落到她那种不道德生活中的罪魁祸首。

舒尔（Schur）和琼斯保证说尼采和弗洛伊德之间的确具有思想上的亲缘关系，这对弗洛伊德这个为了肯定与此相反的看法而做过如此多事情的人而言分量沉重。我们完全不清楚弗洛伊德本人是怎么看待这种主动与尼采亲近的行为的，我们不知道他对此是鼓励还是说仅仅是容忍，我们也不知道他在多大程度上知道这件事,他是否对此次拜访真的有所期待,他这么做的真实理由是什么,是不是出于战略或战术的原因,因为我们无法想象弗洛伊德会在没有重大理由的情况下接受这样一种对他而言相当于是在表明他对尼采有思想上的臣服关系的做法。这是个谜……

伊丽莎白·福尔斯特,这位众所周知的癔症患者,这位极端反犹主义者,这个恶毒的女人,这个坏人,面对犹太学科代表人带到她家的致敬,应该会以白眼对之,因为很可能对她而言这门学科代表的其实是道德和思想堕落的极点!而弗洛伊德,就他自己而言,觉得精神分析行业中犹太人过多是个问题,他想要同荣格一起为这门注定会遍布整个地球的新学科获得"雅利安人"(这是他的词)的背书。这次拜访是否也属于这一框架?没有人知道……

弗洛伊德在自己的人生尽头,终于赢得了全球性的名声。他在给阿诺德·茨威格的一封信中写道(1934年5月11日):"在我年轻时,〔尼采〕对我而言是一种无法企及的高贵。我的朋友帕内特医生在恩加丁(Engadine)认识了尼采,而且他当时习惯给我写一大堆关于尼采的事情。"这"一大堆事情"是些什么事情呢?它们很可能都是当时尼采所关心的那些话题:价值的重估;作为大理性的身体;作为意识决定论机制的"本我"(弗洛伊德第二拓比中的一个重要概念);权力意志的主宰性质;对处于支配地位的犹太-天主教道德的批判;在那个时代下,犹太-天主教道德在生产不满和性苦恼中发挥的作用;甚至可能还有《道德的谱系》中对罪孽、犯罪感、愧疚感以及其他弗洛伊德在自己的分析中几乎照搬的尼采的观点。

同样还是阿诺德·茨威格，他把自己希望就尼采的精神崩溃写一本书的想法吐露给了弗洛伊德，而且还随信附上了自己的初稿，但他收到的答复是让他放弃这个计划。就这段故事，欧内斯特·琼斯转述说，弗洛伊德劝茨威格放弃，"尽管他自己也不知道具体原因"。我们可以这么想，对年轻的弗洛伊德而言，似乎是无法企及的高高在上的尼采式的高贵，让他产生了拉封丹预言中的狐狸心理，就是那种吃不着葡萄说葡萄酸的心态……尼采化为了一个遥不可及的自我理想，对弗洛伊德这位门徒而言，尼采是一座无法攀上的高峰，正因如此，他才要去焚烧这位让自己崇敬的人吗？对我而言，这是一个很有诱惑力的假设……

第三章　弗洛伊德主义，
　　　　某种尼采主义？

> 在我年轻时，［尼采］对我而言是一种无法企及的高贵。
>
> ——*弗洛伊德，给阿诺德·茨威格的信，1934年5月11日*

我们可以理解为什么弗洛伊德会对那位实际上他应该予以感激的人心生抗拒！对弗洛伊德而言，他处于作为**某某的儿子**而应该去感激某个父亲教了他很多东西的状况，正是这种状况把他逼到了需要展现实实在在的谋杀天分的地步。让他承认叔本华或尼采有恩于自己，这是件超出他力比多能力范围的事……然而，今天我们耳熟能详的弗洛伊德的许多概念，经常都是他将尼采的思想材料经过美化处理后用来掩盖自己将其据为己有这一事实的产物。

如果我们相信在精神分析协会中与弗洛伊德共事过的那些分析师的话，那么下面这些就都是在弗洛伊德的词汇中由尼采的变为弗洛伊德的东西：神经症的性病源说；文明、文化、艺术和道德建构中的本能抑制；宣泄的逻辑；抑制的策略；自我的否认和分裂；以疾病为逃避，精神紊乱向躯体症状的转化；意识的无意识根源；自我生产中内省的重要作用；对导致了个人和集体患病且居于支配地位的基督教道德的批判；犯罪感、愧疚和对本能的抛弃这三者之间的关系。这张单子上所列的东西都出自精神分析师们自己的话——而且这些话还是在弗洛伊德本人在场的情况下被讲出来的……

这张单子已经足以说明弗洛伊德主义在怎样的程度上是尼采主义了。我们还想提请那些有着程式化思考方式的人注意，尼采主义并不意味着对尼采的所有思想（比如永恒轮回、权力意志或超人理论等）仅仅进行简单的纯粹照抄，而是指那些从尼采的哲学工地里生产出来的思想。我们不会在弗洛伊德那里找到任何对永恒轮回理论本身的直接使用，抑或是直接找到关于新文明建设过程中音乐艺术所起作用的论述……

详尽细致地对弗洛伊德的"无意识"是如何取自叔本华《作为意志和表象的世界》中的"意志"或《善恶的彼岸》中的"权力意志"论述一番，会让我们的研究增色不少。这种绝对意志，在三位哲学家那里，都具有制定法则、主导一切的力量，而且它还毁掉了一切自由意志存在的可能，它建构了一种必然的悲剧性，并让由意志之各种变化所造就的一切分支得以生成。看，这是一种可以说明为何弗洛伊德主义是尼采主义的方法——而且也让洞若观火的阿德勒所说的那条从叔本华经由尼采再到弗洛伊德的谱系合理可信。但这种事无巨细的描述完全不在本书范围之内，而是另一番工作了……

还存在另一条路径——这也是我这本书的目的所在——那就是去考察弗洛伊德如何体现了尼采的论点，即所有哲学都是作者自画像式的告白。我在此提出假设，我们可以从尼采的这一论点中找到弗洛伊德之所以拒绝尼采的根本动机。弗洛伊德想要无视那些他已经知道的东西：作为哲学家的他——不光现在是，而且一直都会是——由自身出发创造出了一种世界观来拯救自己。要让弗洛伊德承认这个明显事实，那是件不可能的事，因为这与他的意愿过于背道而驰，他的意愿很清楚，那就是他希望自己能在充满了证据、证明、试验方法、实验室的试验台、临床观察和具有普遍性的科学领域安身立命。弗洛伊德的箭矢力图命中尼采思想的靶心：所有哲学都源于自画像。

让我们来读读《快乐的知识》："所有在客观性、思想、纯粹理智的面具下对心理需要进行的无意识伪装都有可能达到骇人听闻的程度——我常常扪心自问，事实上，到现在为止哲学会不会完全就是由对身体的阐释和误解构成的……"弗洛伊德无意识地伪装了他自己的生理需求，他坚持认为自己具有客观性。

在弗洛伊德那里，对这些明显事实的掩盖和伪装达到了登峰造极的地步。精神分析是弗洛伊德对自己身体的阐释——而且仅此而已。但弗洛伊德的断言与此恰恰相反：精神分析是对除了他自己的身体以外的所有身体的阐释……在思虑周详的人看来，精神分析表现了以乱伦欲望为标志的对个人的存在性悲剧的主观解读；但对弗洛伊德而言——弗洛伊德也是第一个对精神分析抱如此想法的人——它是一种关于本能世界和群体心理的科学理论。简言之：孩童的弗洛伊德以乱伦幻想的方式对自己的母亲心怀欲望；成年的弗洛伊德理论化了所谓的俄狄浦斯情结的普遍性。尼采把理解这一行为的钥匙交给了每个人。但弗洛伊德不想提起这茬儿，因为他明白，这把钥匙在自己那里开启的将是一个阴暗的房间，其中遍布死去的老鼠、怀恨的毒蛇以及饥饿的害人之虫……

让我们读读《善恶的彼岸》（第一部分，第5节）：

人们之所以半信半疑、半嘲笑地看待哲学家，并不是因为频频发现他们多么无知，多么频繁和容易犯错误，并迷失道路，一句话，多么孩子气，多么幼稚；而是因为他们是如此不诚实，以至于哪怕以最隐晦的方式提出关乎他们的真诚的问题，也会立即遭到他们异口同声和义正词严的大声抗议。他们全都摆出一个姿态，似乎他们真是通过纯粹的、冷酷的、绝对不偏不倚的辩证法的自发活动发现且获得了自己的那些观点（这与各式各样的神秘主义者不同，他们光明正大而傻里傻气地谈论"神的启示"）；然而，他们的观点却通常不过是专横断言，是一种突发奇想或"直觉"，又或者是一个他们十分珍视而精心提炼和审视过的个人意愿，而且他们还总是用事后才杜撰出的论据为自己辩护。他们无一例外地，全都是自己偏见的鼓吹者，甚至还常常是狡诈的辩护者，他们是受自己"真理"洗礼的人。

这是一段具有重大意义的伟大文字，是在哲学历史中具有革命性的一段话，因为这是尼采第一次宣称"国王没穿衣服"，并且详细描绘了那幅图景：哲学家声称依靠的是纯粹理性，对辩证逻辑的运用有着强烈的诉求；他声称客观，却像神秘主义者那样以直觉来行事；他心血来潮地提出自己的论点；他自以为自由，却在服从权力意志这种比他更为强大的权力，为权力意志所左右；他自称是自己的主人，却不过是在漫无目的地游荡，因为他其实只是自己的本能、自己的秘密愿望和自己的隐秘憧憬的奴隶和仆人。被他命名为真理的那些东西是什么？全是偏见……

弗洛伊德不能够，也不愿意听见这番话。一部分的他其实知道，无论从一般意义还是从特殊意义上看，尼采的这番话都是真的；另一部分的他则不断想说服自己去相信尼采的话是假的。哲学家尼采书中所写的真相已经包含了弗洛伊德这种在吸引和排斥之间不断摇摆的状态，这点确凿无疑，不过露·莎乐美也在自己的著作中反复论述了这点，帕内特医生（他是恩加丁独居者①的朋友，弗洛伊德曾在《梦的解析》一书中三次将他作为"朋友"而提及）曾向弗洛伊德转述过露·莎乐美的话，就更不用说精神分析协会的那些会议了。他们对《瞧，这个人》加以评论时是无论如何都无法回避这个在尼采书中被长篇累牍论述过的论点的。

因此，我们要么同意尼采所肯定的真相，这样的话，哲学家就会因为只具有特殊性和个体性而不再存在——哲学家因此也就与艺术家没有任何区别，他是一个审美者，是一个文学工作者；我们要么说尼采的观点是错的，去拒绝它，去否认它。或者还有一个更好的办法，那就是去谋求与之正好相反的立场。于是就有了，"尼采写的东西的确中肯，但那仅仅与哲学家们有关，而我是一名精神分析师，一名科学家，所以他的分析与我无关。他的说法适用于斯宾诺莎、康德或柏拉图，尼采以一种迷人的残酷在这些人身上施展他的方法，却不能用这一套来对待开普勒或伽利略或达尔文或……我"！

于是，弗洛伊德就字正腔圆地高声宣布说自己不是哲学家。他说他不喜欢哲学，他是一个科学家。可是，精神分析的

---

① 指尼采。

发明者并不比莎士比亚或塞万提斯更科学——这是用他喜欢的两个作家举个例子。不论弗洛伊德喜不喜欢，他都是一名按照自己的直觉制造所谓的普遍真理的哲学家。他把己身作为思考的起点，瞄准的也是他个人的救赎。他的理论出自他自传体式的坦白，他的作品从头到尾的每一行字也都如此。弗洛伊德一直被一种无能为力所折磨，那就是他能在别人身上清楚辨识的东西却没有能力在自己身上指认，他向我们解释了哲学的定义——哲学是一种世界观，然后他用了半个世纪的时间通过提出……一种世界观主张去发展自己的理论，但是他无论如何也不想成为一名哲学家！

弗洛伊德博览群书，尤其是对哲学。但是，既然他不愿意说他都读了些什么、什么时候读的、什么对他而言很重要，也不说他的思想来源、他受到过的影响，以及他与这个或那个大思想家的关系，又或者他与这种或那种伟大思想的关系，那我们只好像考古学家一样行事，去四处寻找露头的线索，去发现各种痕迹，尤其是要到"哲学家"弗洛伊德为了构建自己那套披了光鲜科学外衣的世界观而看似对哲学有所借鉴的地方好好发掘一番……

为了展示弗洛伊德的自传是如何作为其思想或概念的根源的，我们将以弗洛伊德的一个概念为样本来分析，这个概念是弗洛伊德为了证明自己有理由不与哲学和哲学家为伍而发明的。我们将看见，在此处如同在其他地方一样，换句话说，在他那里如同在其他人那里一样，概念都不会从天而降，而是身体为了合理化自己的本能冲动而生产出来的。这个概念叫作"潜忆"。通过考察它的确切含义，我们或许能够明白为什么这个概念比其他任何概念都更加源于他的自传……

73　　这个词的正式出现是在弗洛伊德发表的一部作品中，不过弗洛伊德在 1938 年 10 月 7 日写给多里扬（Doryon）的信中就已经提到了它。事实上，**潜忆**作为分析**生存本能**（pulsion de vie，也作生存冲动）和**死亡本能**（pulsion de mort，也作死亡冲动）的来源的工具而出现在《有终结的分析与无终结的分析》（1937）一书中。生存本能和死亡本能本身是 1920 年由《超越快乐原则》一书介绍的一组概念，正是在这本书中弗洛伊德提出了冲动的拓比动力体系。

在弗洛伊德著作中，生存本能是以保全生命及维持生命实体的协调性、统一性以及本身的存在为目的的；死亡本能是以破坏生命和回到有生命之前的状态为目标的，换句话说，就是以回到虚无为目的。死亡本能也被弗洛伊德众多门生中的其中一位——芭芭拉·洛（Barbara Low）——称为"涅槃原则"（Principe de nirvana），她在没有特别说明原作者的情况下自行使用了这个表达。于是，弗洛伊德在行文至生存本能（Eros）/死亡本能（Thanatos）①的时候，假装吃惊地解释说阿格里真托的恩培多克勒（Empédocle d'Agrigente）已经先于他提出了一个与此相似的理论。

哲学家恩培多克勒在公元前 5 世纪就提出了这一论点，他在那首关于自然的长诗中提出，万事万物都可以被简化为爱与战争之间的争斗，爱与战争是存在于由四大元素构成的现实中的两股力量。第一种力量让所有元素聚合；第二种力量让所有元素分裂。现实就是由这些冲动的此消彼长构成的，

---

① Eros，古希腊神话中的爱神，Thanatos，古希腊神话中的死神，弗洛伊德将这个两词解释为"生存本能"和"死亡本能"。

而这些冲动都属于世界本身的运动。弗洛伊德的生存本能和死亡本能理论是不是有可能来自恩培多克勒的哲学文本呢？弗洛伊德回避回答他是否读过恩培多克勒的作品这个问题，不过他曾明示说他从"希腊文明史上最辉煌、最卓越的众多人物中的其中一位"那里"找回了"自己的理论。接下来他就对那位"像神一样受同时代人崇敬"的人所具有的惊世才能进行了一番吹捧。

在当时，两个本能理论并没有赢得精神分析团体的附和。但弗洛伊德不喜欢别人反抗他。从此以后，但凡他在重大场合有机会用和他想到一块儿去了的那位前苏格拉底时期哲学家的天才思想去对抗精神分析团体的这种抵制，他就会兴高采烈！一边是无法明白他才华的无能为力的精神分析团体；另一边则是，如果有那么一点幸运，也可以成为一位不自知的弗洛伊德主义者的恩培多克勒，尽管有年代先后顺序的存在……

倚仗着恩培多克勒强有力支撑的弗洛伊德，差点承认了这位阿格里真托哲学家的理论与自己的理论具有同一性。然而，这种事是不可能发生的。绝对不可能把弗洛伊德同一位哲学家或一种哲学做比较……于是，两者之间就有了这样一个重要差异："这位希腊人的理论是一种宇宙论的想象，而我们的理论则满足于确认一种生物学的价值。"（261）这样我们就又回到了熟悉的套路：一边是直觉，是想象；另一边是科学！这边是恩培多克勒；那边是弗洛伊德。或者还可以说：昨日，一种梦幻的诗意；今日，一个真理的学说。

弗洛伊德读过恩培多克勒吗？如果他读过，他是否因把前苏格拉底理论中的爱与战争之间的斗争改编成自己的两个本能理论而获得了思想上的好处？对于这个理论在他之前就已出现这个问题他这样写道:"因为恩培多克勒与我所想一致,所以即便我没有获得原创的荣耀也没有关系,更何况我年轻时的阅读涉猎甚广,因此我永远也无法确切知道我声称的发明是不是潜忆的产物。"(260)

因此,潜忆在这里意味着由阅读得来的参考信息的无意识隐藏,随后它又在某种理论的制造过程中意外地突然显现,而且还声称被制造出的这种理论完全是从空白的思想中得来的。这位研究无意识运行机制的理论家不认为有必要对这个从泰奥多尔·伏卢诺(Théodore Flournoy)那里借用来的"漂亮"概念加以更深刻的分析,这个概念用起来是如此方便,它可以很好地证明,人是有可能在阅读后记不起自己阅读过的内容的,而且从记忆缺失的情况来看,以前的参考借鉴对弗洛伊德的当下显灵①而言也的确无足轻重!作为《日常生活心理病理学》一书作者的弗洛伊德提醒这个弗洛伊德说,遗忘与无意识之间有着极其紧密的关系——而且在这类经历的背后,俄狄浦斯总是如影随形,总是有一个拿刀威胁要阉割儿子的父亲或一个想要和她上床的母亲的影子……

自此,要想确切指出这位不愿做哲学家且声称自己有科学家素质的哲学家所具思想的哲学来源就变成了难事!不过,沉重的推测还是压在了潜忆身上。下面这个单子只列出了那些有可能是他从古代哲学世界借来的概念:首先是我们刚刚看到的,恩培多克勒和他的爱/摧毁成对理论对应了弗洛伊德的生存本能/死亡本能;苏格拉底的存在论基础"认识你自己"对应了弗洛伊德的内省之必要性及此后在自我建设中的自我分析;

---

① 基督教的主显节,此处为一种讽刺的用法。

阿尔特米多鲁斯（Artémidore）《解梦》（La Clé des songes）一书与《梦的解析》的象征方法之间的众多联结，尽管弗洛伊德对此拒绝承认；雅典的安提丰曾以让人讲述的方法来治疗他们的病症，这些人因为让自己的意识得到了放松而付钱给他，安提丰这种技术对应着众所周知的那种付钱获得倾诉机会的分析治疗方法；柏拉图《会饮篇》中阿里斯托芬的话里出现过的双性同体理论，对应了弗洛伊德的双性恋理论——弗洛伊德在《性学三论》中写出了这个理论来源……

让我们再来看看与弗洛伊德同时代的人。他对科学家的借鉴数量惊人，一些著作［比如亨利·F. 艾伦伯格（Henri F. Ellenberger）在《无意识发现史》一书中，以及弗兰克·J. 萨洛韦（Frank J. Sulloway）在《弗洛伊德，精神生物学家》一书中］确凿无疑地证实了演变关系、各个过渡点、隐藏的影响、被正面或负面使用过的材料，它们展示了弗洛伊德不但植根于知识的、社会学的和哲学的土壤，而且还从解剖学、组织学、生理学、生物学、化学、物理学、神经学吸收了养分，最后这些书也摧毁了关于这位学者经过有耐心的长时间科学观察——他最常观察的还是他自己——而得到了上天恩赐的奖赏这类传奇……

让我们重新回到尼采。让我们把已经谈过的那些撇开不说，去说说另一些东西，就是最初伴随在这位精神分析师身边的人当初也没有想清楚的那些东西。在《善恶的彼岸》中，尼采清楚地向"深层次心理学"发出了呼唤，它是一种新事物，前所未见，人们必须去探寻和发现，不然的话，他说，人们就必须去"发明"。它将成为"权力意志的一般理论和形态学"(12)——"深层次心理学"同精神分析的心理分析矩阵真的毫无关系?

尼采从未就这个问题写作专著,但如果我们把已经积累到一定数量但散见于各处的这位哲学家的论述集中起来就会发现,尼采的大量假设、直觉、断言、线索和看法在经过发明新词的戏法后形象得以稍微转换,此后便又重新出现在了弗洛伊德的理论素材中。事实上,在《人性的,太人性的》一书中,母亲的举止像女性的心理原型那样被每个男人作为他建立自己与异性之间关系的基础,尼采的这种想法在弗洛伊德那里对应了把母亲作为**力比多投入的首要对象**;尼采肯定了如果没有一个好父亲就必须创造一个的看法,这对应着弗洛伊德的**理想自我**。在《查拉图斯特拉如是说》中,尼采观察到梦乃源于醒时蓄积的东西,而且每个梦的含义都蕴藏于做梦者的日常生活,这对应了弗洛伊德提出的**梦是睡眠的看护**。在《快乐的知识》以及《善恶的彼岸》中,尼采提到意识源于不为知识所触及的充满本能和冲动的潜意识,这对应了弗洛伊德的**精神无意识构造学说**。在《道德的谱系》一书中,尼采提出了,作为维持精神秩序要素的遗忘所发挥的动力作用,这对应的是弗洛伊德的**抑制理论**;尼采论述了对禁欲理想的实践与病态人格构建之间的关系,这对应了弗洛伊德的**神经症的性病源学**;通过将本能反转来构建灵魂,对应了**力比多经济**的两个拓比;文明发挥了病态作用,它通过道德和宗教压抑本能、残杀生活且导致个体性和集体性不满的出现,这对应了**审查对无意识的压抑功能**,然后还在范式转换成第二拓比时,对应了**超我为了建构自我而对本我做的工作**,就更不要说弗洛伊德在《文明及其缺憾》中用到的那个分析结构了；卷入残忍生产经济中的自我牺牲，对应着**自恋创伤和受虐谱系学**之间的关系；本能在这里被压抑却又从那里改头换面钻出来，这种本能的表达形态，对应弗洛伊德的**升华学说**；最后，在《敌基督者》中，对身体的仇恨的指明、基督教让人们放弃此时此刻的生活、虚无主义的产生以及西方文明之病，在弗洛伊德那里首先对应的是**对处于支配地位的性道德的批判**，然后对应他对宗教这种集体性强迫神经官能症起到的邪恶作用的揭露。这么多的线索把我们就弗洛伊德的潜忆进行的考察引向尼采的哲学工地……

第四章　成为哥白尼、达尔文，否则什么都不是……

……因为我对自己的判断力很有信心，而且我的精神力量也不差……

——弗洛伊德，《精神分析运动历史文集》（XII. 264）

据我所知，我不是一个雄心勃勃的人。

——弗洛伊德，《梦的解析》（IX. 172）

大家都还记得拿破仑是怎么做的，他在教宗庇护七世及众多来参加他加冕礼的显赫人物面前，自己给自己戴上了皇冠，因为他认为没有人配得上把这件珠宝戴到他的头上。弗洛伊德在1917年名为《精神分析的一个困难》的文章中也做出了与拿破仑相似的举动，这篇文章是他在一个特殊背景下为一本匈牙利杂志撰写的：当时的他刚刚得知诺贝尔奖委员会拒绝将当年的诺贝尔奖授予他……

文章题目中所提到的困难，涉及的是情感上而非智力上的困难。他认为，如果精神分析学无法取得预计的成功——其成功不像弗洛伊德希望的那么迅速、深远、持久——如果精神分析学没有即刻地、彻底地、大规模地、明确地使人敬服，那是因为这门学科给人类带来了创伤。弗洛伊德显然不会把他在这篇文章中所表露的论点同他在诺贝尔奖上遭遇的挫折连到一起，因为这样的联系对于一个嫁给了普遍性科学的人而言太过粗俗了。只是在把个人的特殊情形逐渐变为普遍推论却尚不自知的情况下，这位觉得自己受到侮辱且倍感失望的精神分析师继续**自恋**着……人类的自恋。不是他自己的自恋，而是——我们没有看错——作为整体的人类的自恋。

关于这道伤口的性质，弗洛伊德确认说"自我并非自己房子的主人"（XV.50）——用那句已经变作名言的话来说，因为是无意识在统治一切，这便是这位不幸落选的诺贝尔奖候选人要求别人承认的那个发现……发现自己并非自己的中心，人因为这道伤口而痛苦——这是一个自觉受伤之人对这个星球上所有活物施加的创伤！看，这便是弗洛伊德自己炮制并要求得到承认的"心理学重创"（XV.50）：结果，我们在其中看见的却是一个受伤的人在伤害别人……

前两道创伤又是什么呢？第一道是"宇宙论重创"（XV.46），这是因为哥白尼以及他证明了地球并非像基督教拉丁文圣经断言的那样是宇宙的中心，而是在围绕太阳这一中心公转，同时还在自转。自以为处于宇宙中心点的人类因为《天体运行论》而发现，天文真理不是地心说而是日心说。自此以后，人类并不是在宇宙的中心航行，而是在无限的宇宙中迷失……

第二道自恋创伤是"生物学重创"（XV.46），是由达尔文1859年发表的《物种起源》造成的。一直以来都遵循着罗马使徒天主教会教诲的人类，凭空相信了《圣经》，并且一直把《创世记》的神话叙述当成了真理：上帝在六天之内创造了世界，在创造工作收尾时，他又以自己的形象创造了人，而后他便在六日的劳作后于第七天休息,而这一天又那么恰好地是星期天。

然而,用"小猎犬"号环游世界一圈后的达尔文开始展示自己的科学成果:人不是由上帝创造的,而是根据一个名为物种演化的自然法则而来,他处于一个起源于猿猴的进化过程的尽头。从此以后,再不存在宗教所认为的那种人与动物之间的属性差别,两者之间有的只是程度上的差别。这一真相是人类所受的第二次当头棒喝……

第三道自恋创伤,我们也已经知道了:它是继哥白尼的日心说和达尔文的进化论之后的弗洛伊德的精神分析学。宇宙论重创、生物学重创和心理学重创,我们看到,每一次都是科学带来的重创——至少是清楚明白地把自己归到了科学行业中的哲学家西格蒙德·弗洛伊德自己的模式……

而且我们还可以顺便衡量一下他是多么缺乏谦逊,他在生前就想凭着《梦的解析》这类作品让自己进入包含了两位真正伟大学者的科学家谱系,弗洛伊德毫无惭色地狂妄自大着。不过,更夸张的是,他在自己的傲慢上又添了自负虚荣:如果真的存在为这三个英雄设下的领奖台的话,站在第一名位置上的毫无疑问是他,而且也只有他才能够!正因如此,我们读到了他下面的这番令人咂舌的话:"最显著的一击,毫无疑问,是属于心理学性质的第三次重创。"(XV.47)这也就是他自己带来的重创。因此,哥白尼和达尔文也就降成了并列第二……

让我们把他这种让人难以置信的大胆放肆与他在《对〈诗与真〉的童年回忆》中做的分析比照一下,这篇短文发表于1917年,即他用《精神分析的一个困难》自我加冕的那一年。"诗与真"是歌德自传的标题。歌德叙述了他唯一还能想起的那个幼年回忆：他把祖传餐具扔到地上，之后又在其他三个小伙伴的鼓励下兴高采烈地不断扔。

弗洛伊德将这一旧事与他在治疗躺椅上听来的一个相似病案进行了对比，并得出结论说，孩子在这样做的时候激发出了一种"富有魔力的"（XV.69）思维，因为粉碎的餐具会让人联想到一种特殊的情景，在歌德那里，它意味着会对哥哥的安详、清静、平和造成威胁的弟弟的出生。僭越者意味着危险，因为他迫使先到者与他分享父母的爱。这一魔力的主人弗洛伊德总结说，扔重物的行为与母亲相关。扔盘子等于不接受弟弟！这是多么富有魔力的想法啊……

歌德、《诗与真》、餐具破碎的场景、在治疗躺椅上叙述出来的相似病案，这些都让弗洛伊德有了暗自谈论自己的机会，而他自然不会将此告知读者。我们可以从弗洛伊德给弗利斯的一封信中看到，在他所谓的**从对第三者的分析中推导**出来的东西中，其实多么深切地包含着当他弟弟出生时他的**个人感受**："我曾经诅咒着迎接比我小一岁的弟弟（几个月大的时候夭折了）的到来，心怀一种名副其实的小孩子的嫉妒……他的夭折在我心中留下了自责的种子。"（1897 年 10 月 3 日）

弗洛伊德诅咒着迎接他弟弟（朱利叶斯）的到来？**于是，**所有人在弟弟出生的时候也都会怀有这样的恶意，弟弟对所有人而言都永远是对手。歌德因此同弗洛伊德一样，他也体验过这样的情感——证据就是他把盘子摔到了地上，那就是他在把弟弟摔到地上……结果，一种被说成是普遍科学真理的普遍理论就这样诞生了。至于那些真心欢迎弟弟出生的人——比如我——实际上是把想要摆脱弟弟的无意识情感伪装起来……

弗洛伊德在这篇短文中还写了另一些蠢话。从歌德出发，最后却是在说自己，这是他的常见套路，这位精神分析师用一个最终可看作并非出自他本意的坦白做了如此总结："当人们在母亲那里成为无可争议的最宠爱的孩子时，他们会毕生保有这种作为征服者的感觉和这种获得成功的自信，而且这种信心常常会让他们在今后取得实际上的成功。"他还写道："而且还有一点：我的力量来源于我和母亲之间的关系，歌德本应在他的传记中强调这点。"（XV.75）——他弗洛伊德亦该如此……

因为弗洛伊德从很小的时候就是他母亲阿玛利亚的最爱，她相信——我们会在稍后更加详细地谈到这点——弗洛伊德会是一个天才、一个英雄、一个伟人，而且她也常常这样去提醒他。终日幻想给母亲带来性欢愉却在现实中无法实现的弗洛伊德，毕生都在为赢得母亲的欢心而努力。这份或多或少属于昔日的爱的确解释了为什么他会在长大后自视甚高地认为自己可以同哥白尼和达尔文一起站在领奖台上，更有甚者，他还把第一的位置留给了自己，最后，他又因为诺贝尔委员会不承认他的天才而觉得自己遭受了全人类的伤害，并因此想要给全人类也带来一道创伤，看，这就是这位维也纳哲学家用来证明自己的论说的科学性的证据……

他的这篇短文实质上就是一篇被掩饰过的自传文章，我们先从中挑出"征服者"这个词，此后再把这个词同弗洛伊德在他所有著作中都强烈坚持的另一论点加以比照：他说他是一名科学家，而绝不是哲学家。然而，既然他是科学家，他又怎么能够同时去说自己是一个"新大陆征服者"（conquistador）①呢？事实上，他曾在给弗利斯的一封信中这样写道："我绝对不是一名科学家、一名观察者、一名试验者或一名思想家。出于性格原因我是一个新大陆征服者，除此之外我别的什么也不是，如果你愿意的话，也可以把我看成一名冒险家，我有着这类人的好奇、大胆和莽撞。人们习惯于在这类人成功之后、在他真的发现了什么东西之后，才去重视他，否则人们就会把他当作渣滓一样对待。而这么做也不是完全没有根据的。"（1900年2月1日）好的，立此为证……

谁会把埃尔南·科尔特斯（Hernán Cortés）或克里斯托弗·哥伦布想成科学家呢？如此博览群书、学富五车的弗洛伊德，即便在偶尔会有潜忆的情况下，也不可能不知道新大陆征服者的定义，每个人都知道，即便是只有中等文化水平的人也知道，新大陆征服者具有雇佣兵的特点，这类人既没有信仰也没有法度，他们的行为全受金钱驱使，他们属于作奸犯科之辈，常常是自己国家的不法之徒，他们为了达到自己的目的可以不顾道德、不择手段。我们可以把种族灭绝、大屠杀、瘟疫和流行病、伤寒、天花及梅毒的肆虐、数个文明的毁灭、大规模屠杀土著等都归罪于新大陆的征服者，而他们做这一切又都是为了装满他们的钱箱，他们的唯一目的就是发财，所以他们去发现的国家在他们的想象中都蕴藏着大量的金子。

一个月前才在《梦的解析》一书开头确认过自己是"自然科学领域的一名研究者"（IV.16）的那个弗洛伊德去了哪

---

① 西班牙语"征服者"，尤指16世纪侵占墨西哥、秘鲁等国的西班牙殖民主义者。

里？那个接着详细阐述了自己的方法并且表明自己的方法体现的是一种"解析的科学步骤"（Ⅳ.135）的弗洛伊德又在哪里？那个对书中分析过的一百来个梦大谈"科学处理"（Ⅳ.134）的弗洛伊德又藏到了什么地方？这些类似于声明的信条——而且这些声明看起来是只针对他自己而且是只为了说服他自己才被发表了出来——如何能与他宣称成为的冒险者的胆大包天并存？甚至弗洛伊德自己都承认这种人并不值得推崇，也不令人敬慕，而且只要他们没有功成名就，人们就有理由排斥、抛弃他们，成王败寇，所以结果也可以让手段变得合理……

弗洛伊德想要金钱和名声，他必须在去往黄金国的道路上披荆斩棘。而此时此刻，在弗利斯怀中暂时处于忘我状态的他，道出了自己真正的行事方法：没有处于公众目光下的弗洛伊德对自己的朋友诉说着，坦白了自己的一切病症、自己的性功能障碍、自己的怀疑、自己身上反复出现的抑郁、自己因为没有病人而感到的疲惫、自己缺钱、自己无法养家糊口、自己名气不够等问题——他毫无掩饰地诉说着，因而也坦白了自己的真正属性：**他是一名冒险家**。

当他处于成排聚光灯的照耀下时，他所说的则完全不同。他绝不会袒露自己。在台上，他不是冒险家或新大陆征服者，而是科学家。我再重复一次：这个在朋友弗利斯面前私下承认过"自己绝不是［原文如此］一名科学家、观察者、试验者"的人，在他自己的书中却明确地高声宣布自己是"自然科学领域的一名研究者"……我们应该相信哪个弗洛伊德呢？对弗洛伊德全集的分析和阅读以及将全集与他的信件和传记交叉比较后得出的结果很好地表明了写信的那个弗洛伊德说的是真的……

当他如同新大陆征服者般行事时，他是不会在自己的著作中承认这点的，这很自然，但他在他的书信或在与玛丽·波拿巴的对话中却承认了这点，作为精神分析门徒的玛丽·波拿巴将弗洛伊德比作……康德和巴斯德的综合体！据欧内斯特·琼斯说，弗洛伊德用下面这段话拒绝了这种比较："我并不是在谦虚，完全不是。我对我发现的事物评价很高，但对我自己则不然。有重大发现的人不一定是伟人。以克里斯托弗·哥伦布为例，他对世界的改变没有人可以超越吧？而他是谁？他本人不过是一个冒险家而已。虽然他充满了力量，却不见得是伟人。所以说一个人有了重大发现并不意味着他一定就是伟人。"

第五章 怎样暗杀哲学?

> 年轻时的我,除了渴求哲学知识外,别无他求。
> ——弗洛伊德,给弗利斯的信,1896年4月2日

弗洛伊德在对哲学家和哲学的全面战争中,良莠不分:满腔悲愤之下的他,把唯物主义者与唯心主义者、无神论者与基督教徒、教条主义者与实用主义者、柏拉图主义者与伊壁鸠鲁学派、崇古派与厚今派、信奉黑格尔者与尼采的同仁、唯灵论者与实证论者、神秘主义者与科学主义者、前苏格拉底时期的人与和他同时代的人,视为"一丘之貉"。他要为最后的大火摆好一个巨大的柴堆:弗洛伊德为葬送25个世纪的哲学游魂而来……

弗洛伊德的责难主要所指之处在于:所有哲学家,无一例外地对他的重大发现——无意识——视而不见。他才不管在他之前存在过怎样的哲学,尽管有与他的奇妙新发现相当接近的莱布尼茨的"微知觉"、叔本华的"生存意志"、哈德曼的"无意识"及尼采的"权力意志",尽管有斯宾诺莎的"欲力"(conatus)、霍尔巴赫(Holbach)或居友(Guyau)的"驱力"(nisus)、谢林的"生命"(vie)等这些与他在所有著作中大量运用过的"种质"(plasma germinal)概念相去不远的概念的存在,他还是决定与哲学展开一场全面战争,于是这

场全面战争就这么开始了……

弗洛伊德所发的指责具体属于什么性质呢？在弗洛伊德看来，哲学家们对无意识问题的论述都不到位：事实上，他们把无意识想成意识中被忽略的、晦暗不明的且不为人知的某个部分。为什么会出现这种错误？那是因为哲学家除了他们自己以外再没有其他的观察材料。再加上他们对梦、催眠和临床完全不感兴趣——他，"弗洛伊德"，则完全相反，这点我们已经很清楚了……只要思想家依旧待在他们满是书籍的书房且对自己的梦境或病人的梦境依然不闻不问，那么他们就不可能对此得出任何有意义的、信得过的、有十足把握的成果。

让我们换一种说法：因为康德没有对任何对象进行过催眠，也没有写过一本名为《梦的批判》的书；因为康德没有条件先去使用沙可的技术、再去测量痊愈者的治疗效果，他也没有通过分析自己的梦境来真正关注自己的梦，所以康德是无法就无意识或逃脱了意识掌控的东西说出任何言之有理、确实可信的话的。当然，我们可以反驳弗洛伊德说，既然上面那些技术在康德的时代尚不存在，我们就很难苛责康德没有实践在他的时代尚不存在的东西。催眠的确是一种典型的19世纪的方法，麦斯麦（Mesmer）的大桶[①]及其磁流是它的近祖。对身穿白大褂的医生和躺在试验台上的病人而言，理论歧途也确实在所难免。不过，这些都无法说服弗洛伊德，因为在他看来，只要哲学家不是精神分析师，便不可能就这一研究主题说出任何智慧之言。我们在弗洛伊德的笔下处处都能找到这样的

---

① 麦斯麦发明的治疗装置。他将一个大木桶装满铁砂、玻璃粉和水，通过磁力来治疗病人。

89 想法：如果我们自己不是分析师或被分析的人，就没有资格对这门学科评头论足。思想封锁就此达到了顶点：所有关于无意识的哲学言论都因为并非出自一名精神分析师之口而被认为本质上无效。

在《精神分析学引论·新论》的第 35 堂课中，弗洛伊德详述了他对哲学的种种指责。这门学科以世界观作为学科的定义，这便是它的错处。而什么是世界观呢？它是"从一个凌驾于一切的假设出发、用统一方式来解决有关我们存在的所有问题的思想架构，因此，在这一架构中，所有问题都不是开放的，而且所有我们关心的问题都在这里找到了自己最终的位置"（242）。

然而，精神分析学难道不是比其他任何学科都更无法体现这一定义吗？精神分析难道不是最封闭、最紧锁、最综合、最集权、最笼统的新新世界观吗？难道它没有宣称无意识这一归入假设可以解决一切谜题，并因此而涉猎了所有主题吗？精神分析涉及的方面有：艺术的理性、宗教的诞生、神明的建构、道德的谱系、法律的来源、人性的源头、战争的逻辑、政治的奥秘、个人有意识或无意识的行为活动、个人梦境及最微小的个人动作的含义、口误的含义、无心之失的含义、诙谐的含义、讥讽的含义、幽默的含义、玩笑的含义、性生活的隐藏含义、从娘胎里的手淫到各式各样的房事再到火焰熄灭的升华等一切过程所具有的含义。声称对心理疾患、所有种类的幻觉、精神病、神经症、妄想症、癔症发作、恐惧症及日常生活中的

90 一切病态心理都能做出解释的，不正是精神分析吗？认为交谈中词的发音失误、丢失钥匙串、过分沉默、音调因情绪而产生

的细小变化、职业的选择、性伙伴的挑选、饮食的好恶以及其他种种数之不尽的事情都有可能蕴含了一种精神分析解释，而且还认为所有的精神分析解释最终都依赖于所谓的无意识的人，不正是弗洛伊德吗？

如果要用对以尿浇灭火苗时通常感受到的狂喜的压抑来解释火苗为何会出现，那就不得不采用一种极度综合的世界观，难道不是吗？在《文明及其缺憾》中，为了不让自己陷入无法给"所有让我们感兴趣的东西"——这是弗洛伊德的说法——提供新解释的境地，这位不承认自己是哲学家的哲学家对类似火焰源头的阴茎概念、用尿浇灭火这一行为同男人之间性行为的同源性，以及在没有同性恋竞争的情况下进行的这种小便排泄形式而享受到的作为男性的权力感进行了长篇大论。弗洛伊德的这种做法是不是流于简单，又或者可以说是滥用**世界观**呢？所以，不论是谁，只要他克制住了自己而没有去浇灭火，他就控制了火、主宰了火、赢得了火所赋予的力量。这样我们也就明白了女人出于什么原因——具体而言是解剖学的原因——而无法玩这种权力游戏，也明白了为什么她不得不去看护男人从克制用尿浇灭火焰中得到的东西……弗洛伊德以十分严肃的态度确认了这点，并且还在加以总结时明确提出，为了确认这些普遍真理，他依靠的是用自己的方法通过对病人的治疗所做的"分析性试验"（277）！现在我们知道了，一个仅仅用想象武装自己的哲学家是不可能得到与此相同的结论的，因为这样的结果的确需要临床经验、治疗躺椅和长时间的耐心观察……

当弗洛伊德在给斯蒂芬·茨威格的信中先就音乐的起源提

出自己的假设（他的假设自然是科学的），之后又在进行有关粪便的论述时——尽管我们从这些论述中得到的更多是有关弗洛伊德自己的信息而非有关世界的知识——他难道没有用**世界观**说话吗？他对斯蒂芬·茨威格这样写道："在分析多位音乐家的过程中，我注意到他们都怀有一种特殊的兴趣，这可以追溯至他们的童年，他们都对肠子发出的声音感兴趣……在他们对声音世界的激情中存在许多与肛门相关的部分。"（1931年6月25日？）实际上，导师弗洛伊德曾利用与古斯塔夫·马勒在莱顿（荷兰）道路上散步的四个小时（！）亲自对后者做过分析，古斯塔夫·马勒自然也就对弗洛伊德的这种科学材料的制作做出了贡献……

弗洛伊德将两种理解世界的方式对立了起来：一边是在他笔下阴险联合起来的艺术、宗教和哲学所采用的理解世界的方式——人人都知道弗洛伊德对宗教的尊重少得可怜……另一边则是精神分析的方式，换句话说，就是他理解世界的方式……采用前一种方式的人提出的都是美丽故事、文学譬喻、宗教神话和哲学杜撰；采用第二种方式的人——其实就是弗洛伊德一人，依据**群体领头人**（primus inter pares）的法则——代表的则是在临床观察后得出的科学真理，就是人人都可以从撒尿本体的尿液或演奏者的屁这类例子中观察出的那种科学真理……

在《压抑、症状与焦虑》（1926）一书中，弗洛伊德再一次情绪爆发，他继续给自己为反对哲学而准备的预审材料添砖加瓦："我绝对不赞成制造世界观。还是让哲学家们去做这样的事情吧，因为连他们自己也承认，如果在人生旅途上缺了某个贝迪卡①去提供关于一切的基本信息，人生就变得无法实现。让我们谦逊地接受哲学家们的蔑视吧，他们其实是站在一个极度贫乏的高处将鄙夷的目光投向我们。"（214）

这种对谦逊的呼唤居然发自一个不知谦逊美德为何物的人之口！所以，这段话根本就不值得我们讨论。我们将讨论的是，弗洛伊德声称哲学家们在他——他其实也是哲学家中的一员——的发明面前表现出了蔑视：是谁在蔑视？什么时候？在哪里？在什么杂志或刊物上？在弗洛伊德活着的时代有多少书是写来反对他的？他的声称纯属妄想症发作，因为并不存在任何史实能够证实这一假设，没有任何证据表明哲学家们从高处向他的新学科投下了鄙夷的目光，而且也没有人能举出他提到的这些哲学家的名字和样子……弗洛伊德异常愤怒，他甚至形容说"哲学家们七嘴八舌"，由于焦虑而在角落里自说自话。与这群蠢货不同，像他那样的科学家会耐心地从事漫长的临床工作，会花大量时间观察和检验病例、比较交叉信息，此后再以极端谨慎的态度，在众多试验的验证后，很谦虚地把工作结论提出来。

我们可以把弗洛伊德的言语方式，他的蔑视，他的侮辱，他的攻击，他对哲学家们泼辣的评判，围着粪便打转，盲目地自说自话等浅薄的评价，都反用到他自己身上；然后，我们想知道的是，弗洛伊德为何会对哲学家怀有如此深仇大恨。他才是那个没有理由、没有证据、举不出人名、提供不了出处却声称受到了哲学家们蔑视的人，是他在蔑视哲学家且留下了文字

---

① 卡尔·贝迪卡（Karl Baedeker），19世纪德国旅行指南作家，是现代旅行指南的奠基人。

为证，他可没有忘记被自己蔑视的那些哲学家的名字，他甚至还以诊断他们有病去罪化他们——我们还记得尼采，那个常常光顾男子妓院的性倒错者。

弗洛伊德的目的是要置哲学于死地，为此，他用了一种名为精神分析的武器去暗杀它。"哲学之死"这一主题让人们耗费了不少（哲学）笔墨，还引发了众多（哲学）书籍的出版和随后的很多（哲学）讨论；这一主题在弗洛伊德的计划中深深扎根，这一计划的目的在于终结哲学这个仅仅建立在断言上的学科，并且在19世纪最庞大的实证主义幻想的指导下保证科学君临天下。从马克思到奥古斯特·孔德，再到弗洛伊德，这一幻想博得了很多大思想家的芳心——但它一直没有打动尼采……

如何让持续了25个世纪的欧洲哲学终结？方法就是去证明哲学不过是把自己说成了科学，即便它看起来似乎采用了科学的方法，它也没有科学的实质。1913年，在《精神分析的意义》中，弗洛伊德（不要忘了，弗洛伊德可是声称自己对世界观不感兴趣）说他的学科对心理学、语言学、生物学、精神病学、生物进化学、性、艺术、社会学、教育学、文化、大众心理学、神话学、民俗学、宗教、法律、道德——理所当然地还有哲学——都有实实在在的意义。

还有另外一种方法去暗杀哲学：证明哲学总是与无意识失之交臂，总是不停把无意识划到神秘、无法捉摸或无法觉察的一方——我们已经知道，如果以对弗洛伊德影响最大的两位思想家叔本华和尼采的情况来看，甚至以哈德曼的情况来看，弗洛伊德的这些论述都是错误的。以精神分析的名义置哲学于死地的行动取得了部分成功，这种以无意识为武器的做法在这一过程中被大量运用，精神分析让所谓的人文科学诞生，许多信奉弗洛伊德信条的牺牲者都被卷进了这个杀死哲学的过程中。

最后，还可以让哲学躺在精神分析师的治疗躺椅上，让它自己说出藏于心底的不可告人的秘密，并以此来完成谋杀它的犯罪过程。于是，精神分析就以下面的诱人方法来为哲学提供新视角：为哲学提供免费诊断，将哲学诊断为强迫性神经症；为哲学提供免费治疗，通过有规律的经常分析来为哲学解毒，让它摆脱这一神经症。因为对于弗洛伊德而言，一个好的哲学家要么是已经死去了的哲学家，要么就是转投到精神分析领域的哲学家。

凶器是什么呢？即哲学人格的"心理传记"（XII.113）。亦即去发现哲学人格的各种灵性冲动、本能轨迹、无意识逻辑、遗传情结，还要在哲学家这种尤为复杂的人格迷宫中——弗洛伊德在此处用了少有的彬彬有礼的态度，谈到了"极其突出的个性"（出处同上）——找出一条可以被跟踪的阿莉阿尼线（Fil d'Ariane）①……只有这样，才能理解哲学家，才能进而明白哲学家的哲学。弗洛伊德这种想法真是与尼采的思想如出一辙……

这个在涉及他自己的传记时给未婚妻写信说一切传记皆不可能而且无用的男人，却在涉及别人的传记时改口说，传记不但可以为之而且还很有必要，因为精神分析能够"识破哲学学说的主观个人意图，因为哲学都是从自诩客观的逻辑

---

① 在希腊神话中，忒修斯借助阿莉阿尼线杀死了怪兽，找到了正确的路。如今指指明方向的线条，或一种可实现目的行为。

研究中诞生的，而且（精神分析）还能向评论界进一步展示哲学体系的弱点。"多么漂亮的论证啊，但怎么看它都像尼采的《快乐的知识》中的一页！因为尼采在心理传记这一发现上捷足先登了，这才让我能够把"心理传记"的操作用在西格蒙德·弗洛伊德其人和其形象上。因此，本书接下来的部分将是一部对这位精神分析发明者所立下的尼采式的心理传记。

第二部分

谱系学

孩子弗洛伊德的脑门

论点二：

精神分析不属于科学，而是哲学自传。

第六章 "十分严重的精神性神经官能症"……

> 我的力量之根是我与母亲的关系。
> ——弗洛伊德,《对〈诗与真〉的童年回忆》
> (XV.75)

为弗洛伊德立心理传记需要考虑到矛盾情绪对他的影响:一方面是他年轻时曾被哲学深深地吸引,另一方面是他在人生大部分时间中对哲学的排斥。这种矛盾情绪也是一种**扬弃**(Aufhebung),让他可以整合憎恶,避免对一切均生厌恶之心而重新去爱……当弗洛伊德在 1896 年发明精神分析时,他对弗利斯如此写道:"年轻人,我除了渴求哲学知识外,别无他求,现在,我已经准备好通过从医学转向心理学来实现这一理想。我无意间变为了心理治疗师。"(1896 年 4 月 2 日)所以,他是一个没有能够成为哲学家的精神分析学家……

同年的几个月前,弗洛伊德在谈到自己在医学上走的弯路时也肯定了上面的说法:"我的内心深处一直都怀着一个愿望,那就是通过现在这条道路达成我的**首要目标:哲学**。这是我从一开始就梦寐以求的东西,在我真正明白为何生于世间之前便已经如此。"(1896 年 1 月 1 日)这些加粗的话可都是弗洛伊德自己说的!这样看来,弗洛伊德曾两次说到他的第一志愿是哲学，他说这些话时正值**精神分析**一词出炉，他似乎在精神分析中找到了自己年轻时的挚爱。自此，我便可以很明确地说，**精神分析是弗洛伊德的哲学**，而不是具有普遍价值的科学学说。

乔装打扮成科学家的弗洛伊德，以自身的生活传记为背景从事他的哲学活动。现在，让我们先把他想将自己归为哥白尼和达尔文一类的诉求视为一种无稽之谈和一个他自己编撰的浮夸神话，并将其放到一边不再讨论，让我们仅仅去看弗洛伊德作为新大陆征服者而进行的大胆历险。那么我们需要知道的是这位新克里斯托弗·哥伦布到底发现了什么。他发现的是辽阔的新大陆和一望无垠的土地，还是只不过是他自己主观存在中的一丁点真相？他发现的是一个遥远的美洲，还是他脚下的小王国？又或者他什么也没有发现，他以为的发现不过是一种幻觉、一种幻象、一座思想沙漠中的海市蜃楼？

弗洛伊德在《梦的解析》第二版的序言中给出了线索。诚然，这本厚书像极了一台要把人类历史割裂成两段的战争机器：发现精神无意识之前为一段，发现它之后为一段。弗洛伊德将书拖延至1900年这一具有象征意义的年份出版也是出于此意，因为弗洛伊德知道、相信而且想要用这本书开创一个新时期，开启一个新世纪，他想让它成为人类进步的标志。这是在以一种新的日历推算法来建构一份以新**科学**为唯一中心的日历。

然而，这本**科学**图书的每一页都透着自传作品的气息。连弗洛伊德自己也就此提醒过我们：这本书是他自我分析的一个片段。他以自己的梦境提出了一种分析性自省，这种自省承袭的是苏格拉底式的大传统，如果在此只以西方思想中里程碑式的著作举例的话，我们可以举出奥古斯丁的《忏悔录》、蒙田的《随笔集》、卢梭的《忏悔录》和尼采的《瞧，这个人》等例子。《梦的解析》就属于这个……哲学的传承谱系。

既然连这本书的作者都给它定了性，谁还能说它不属于自传呢？首先，这本书的素材是弗洛伊德自己的梦及对这些梦的分析。其次，弗洛伊德还私下透露过这本著作的写作缘由："事实上，对我而言，这本书还存在另一层主观上的意义，直到完成之后我才意识到这个意义。对我而言，这本书是我所进行的自我分析的一个片段，它是我面对父亲死亡的反应，因此也就是我在面对人生中最重要事件，面对一个人生命中最彻底的失去时所做出的反应。虽然意识到了这点，但我无力将这件事造成的影响从这本书中抹去。"（Ⅳ.18）

这位新大陆征服者出发去征服一片未知之地，这不假，但他的目的地看起来并不遥远，他的目的地是：不断纠缠着他的自己的阴暗面。他与弗利斯的通信也属于自我分析，他在这些信件中持续不断地提到他所受的苦楚：偏头疼、鼻子出血、肠道毛病、抑郁、性障碍、疲倦、精神问题躯体化、灵感的枯竭。他的灵魂状况应是十分衰弱不堪，以至于连他的忠实门徒欧内斯特·琼斯——这位为了把自己的英雄的最好状态介绍给世人而源源不断耍花招的圣人传记作家，这位为了让故事总与传说相符而歪曲事实的忠徒——都白纸黑字地写道：弗洛伊德"在1890年到1900年"得了"十分严重的精神性神经官能症"。

弗洛伊德曾经两次（1897年8月14日和10月3日）在信中谈到自己的癔症："我正在经历一个郁郁寡欢的时期。我花时间照顾的那个主要病人，就是我自己。对于我那出于工作原因而大大加重的小小癔症，我在解决它的方面取得了一点进步。但还有其他东西依然隐藏不明。我的情绪主要是受到了这些东西的影响……"所以，**科学性的**工作影响到了病人弗洛伊德，因为它似乎加重了弗洛伊德的癔症趋向。自我分析在弗洛伊德数目众多的著作中所占的比重很大。自我分析之所以处于中心地位，是因为它的作者确认说正是基于它建立了精神分析这门学科。不过，自相矛盾的是弗洛伊德从未就自我分析撰写一部专著……为什么如此重要的概念却从未在弗洛伊德丰富的作品中成为一个主题呢？

有那么一次，那是在《精神分析运动历史文集》中，弗洛伊德解释说要成为一个精神分析师，做好自我分析就足够了，只要那个人不是"特别不正常"或患有神经症。但内情是，他在给弗利斯的信中（1897年11月14日）写道，他自己的自我分析步履艰难、毫无进展。他还说，说到底这些都是正常现象，因为如果真的能够做到自我分析的话，也就不会有由于抑制而导致的那些病症了。最后，在1922年的国际精神分析大会上，多位精神分析师总结认为，正如桑多尔·费伦齐（Sandor Ferenczi）建议的，其解决办法是到已经接受过分析的其他分析师那里接受一种"教学式分析"（analyse didactique）。于是，根据亚里士多德之不动的原动力原则，又即无他因原则，自我分析只对精神分析的发明者起作用，对其他人都不起作用……其他人都不得不在被弗洛伊德或弗洛伊德主义者正式盖章认证过的那张治疗躺椅上躺下来被分析后才能成为精神分析师。

精神分析的历史学家们为了确定弗洛伊德自我分析的日期问题而互相攻讦。他的自我分析起于什么时候？又止于什么时

第六章 "十分严重的精神性神经官能症"…… / 087

候？是一直在进行，还是说是一种经常行为，又或是会有中断？如果有过间断，那间断又持续了多长时间？传记作者们通常把弗洛伊德这种其实十分平常的探究美化成一下子做成的天才之举，它被传记作者们看作一个默默无闻的大胆举动、一种勇气非凡的活动、一个卓绝无双的例子、一种不屈不挠的英雄尝试、一个崇高辉煌的成就、一项异常艰难的任务！只要涉及的是内省——在古代，内省其实是十分寻常的做法，所有斯多葛派哲学家都鼓励内省，因为内省在他们学科的存在实践中属于主要精神功课中的一种——溢美之词便纷至沓来……"Selbstdarstellung"一词的意思很简单，就是：介绍、描述、分析自己。没什么好让琼斯把弗洛伊德的自我分析说成是一次"独一无二的壮举"的（I. 351）……

我们可以想象，弗洛伊德做自我分析的时间也包括了他与弗利斯通信的那个时期——也就是从1887年到1904年——在这个时期里，弗洛伊德平均每十天寄一封信，也寄出了篇幅巨大的手稿，比如《科学心理学随笔》（1895）。事实上，这些信件十分私密，毫无避讳，以通信人能够袒露心扉为前提，弗洛伊德的确可以借助它们来把别人作为证人或镜子来**做自我尝试**。所以，他在信中写的那些言语应该可以等同于他会对精神疗法医生讲的话语。在（给弗利斯）写信的同时，他也在写给自己。剽窃事件其实只是借口，并非他们关系破裂的真正原因——威廉·弗利斯指责弗洛伊德把他关于双性恋的观点透露给了其他人，他因弗洛伊德是朋友才写信讨论自己的那些观点。弗洛伊德其实是个管不好自己嘴巴的人——就连琼斯也这么说（II. 433）……他在漫长的职业生涯中泄露了大量的职业秘密，他也因此与弗利斯——这个他喜欢的人分道扬镳。如果安娜是男孩的话，她将被以他的名字命名……

通过阅读这些信件，我们知道了什么呢？我们看见的是凡人弗洛伊德，这个弗洛伊德与他自己策划安排的那种带有传奇性和神话性的描述完全不同，他对成为神话人物或变得永垂不朽都不关心，他对**他的那些**传记作家（这个"他的"是弗洛伊德自己说的）会如何处理他与弗利斯之间书信往来的私人关系同样全无挂虑。与所有人一样，当他知道自己身处安稳的家中的时候，他便会松弛下来、放下重负、释放自己。于是，我们看见了一个不再掩饰的人，他的阴暗面、弱点、没有方向、犹疑、性情及自然流露的脾气都一并呈现在了我们眼前：就这样，我们看到了一个**没有诚意**的人——我将在稍后详述爱玛·埃克斯坦（Emma Eckstein）病案的始末；看到了一个**雄心勃勃**的人，他执着于找到一种迅速在历史上留下痕迹的方法；看到了一个**贪婪**的人，他想尽可能地以最快速度求得某一发现，好让自己发财致富——我们将在可卡因事件和弗莱施尔-马克索夫（Fleischl-Marxow）的例子中说明这点；看到了一个有着**顽固心理**（psychorigide）的人，即便是在能够证明他走上歧路的证据面前，他也还会假装放弃、实则坚持——他的诱惑理论便是一例；他是一个十分**迷信**的人，曾在信中提到自己要求助于驱魔的咒语符号——我们在稍后还要谈到他是如何把自己赞成秘术这一真实想法掩盖起来的；他还很**天真**地赞同他朋友关于周期和时期的种种异想天开及相关的数字迷信；他是一个会去详述精神紊乱躯体化的**环性精神障碍患者**（cyclothymique）——鼻腔流出液体、心律不齐、反复偏头痛、烟瘾、长在阴囊上的形如鸡蛋的大疖子、便秘和腹泻的交替出现；他是一个**抑郁**的人，他曾坦言（1894年8月7日）各种紊乱问题在自己身上持续多年——脆弱不稳的情绪、无法带来成果的枯竭思想、各方面的疲倦、出现障碍的力比多——他处于一种"悲惨的精神状态"（1895年10月16日）；他患有**焦虑症和恐惧症**——忧惧旅行、恐惧死亡、害怕火车、害怕缺少食物、害怕一穷二白；他还是个**可卡因瘾君子**，他的可卡因瘾持续了大约十年之久（1895年6月12日）；这是一个一丝不挂、没戴面具的弗洛伊德；这是一个作为凡人的弗洛伊德，他很具人性，太过人性了；这是一个还未上妆的弗洛伊德；这是一个受到聚光灯照射之前的弗洛伊德；这是一个尚未为塑造永恒形象而摆造型的弗洛伊德；这个有血有肉的弗洛伊德，对那个梦想着、设想着、想要被人用大理石和金子塑造成像的弗洛伊德而言，是很难接受的……

自我分析，说到底，既没有开头，也没有结尾。就此，我们倒是可以引用他最后几部作品中的《有终结的分析与无终结的分析》。写这本书的时候他正处于死亡边缘，因下颌癌而深受折磨，因身戴上颚假体而痛苦，二十来次手术耗尽了他的精力，这样的弗洛伊德在这本书里为我们明白他的历险旅行（odyssée）提供了一把钥匙——我觉得甚至可以借用德里达的"我正论"① 这一优美的概念来形容他的这种"历险"（odyssée）②。弗洛伊德对精神分析能够最终将人治愈有所怀疑，他像一个有经验的诡辩家那样巧舌如簧，他解释说病人身

---

① 我正论（egodicée）是德里达根据莱布尼茨的神正论模式创出的新词，用来说明所有哲学话语都源于一种对自我的辩护。哲学家治疗、建构和巩固自身的存在，之后将这种自愈当作一种普遍救赎方法推介出去。
② 此处，作者利用 odyssée 和 egodicée 在读音上的相似做了个文字游戏，把弗洛伊德的历险形容成他寻找和建构自身存在的过程。

上重新出现的症状并非因为原病症没有治愈，而是源于其他东西，他以一种修辞学家的巧妙手法区分了"不完全的分析"和"没有结束的分析"（235），并用这种区分来说明完全消除本能冲动的诉求乃是一件不可能的事。弗洛伊德写道："诚然，分析师都应该被分析一次，而且还应该被经常分析，每五年，就该去躺一次治疗躺椅。"那自我分析的情形又该怎样呢？它是不是一种可以避免移情和反移情的方法呢？在这一系列的长篇大论之后，他在文章的末尾总结说，分析可以是"一项永无止境的工作"（265）。我们因此可以这样认为，弗洛伊德是在知道分析——**他自己的分析**——是一项永无止境的工作的情况下走完人生的……

精神分析因此是一个只关心自己精神构成的人所做的一项既无开端也无结尾的分析。他声称要坚持使用精神分析来仔细观察自己的精神构成，却并非真正想去发现其中的真实内在，他仅仅满足于以此去想象别人的、其他所有人的精神世界。他的全部作品实际上就是他在没有完成的自我探寻途中所写的笔记集合；他的全集，从他为杂志社写的最短小的文章，到他为阐述理论而写的大部头著作，比如《日常生活心理病理学》，都是一个痛苦灵魂所写的日志……

弗洛伊德提出的与其说是一种有着普遍适用概念且**由试验方法得来的科学的精神分析学**，还不如说是**一个由自传得来的文学心理学**，其中的概念是根据他的需要量身定制的，然后他再用外推法把它们推及至全人类。《梦的解析》既像科学作品（奠定了一门学科的基础）又像自传故事（自他父亲死后开始的自我分析），其中充斥着以第一人称叙述出来的带有主观性的个人信息。

事实上，我们在这本书中看到了不计其数的梦，大概有五十来个之多，它们见证了作者的夜间生活、他的幻想、他的欲望和他的愿望：我们能在其中看到他的母亲，她被一些长着鸟嘴的生物抱上了一张床；看到他有着金色胡须的叔叔；看到他的一个儿子身着运动服；看到他的一位朋友脸色不好；看到他的另一个儿子近视；看到他的父亲躺在灵床上；看到他给一个叫伊尔玛的人注射……我们从中得知了他孩提时期保姆的一些事，应该就是这个保姆对他进行了性启蒙；了解了他的学习生活；知道了他们家因三代人居住于同一个屋檐下而关系错综复杂；清楚了"老头子"——他在给弗利斯的信中就是这样叫他的父亲的——的垂危和去世；得知了他被任命为杰出教授；了解了他到意大利的那些旅行。我们自然还了解了那些建构他成年精神状态的众多时刻。

比如下面这个时刻，就很可能构成了推动弗洛伊德去进行让我们感兴趣的精神分析冒险的部分理由。它是那个具有决定意义的、奠定了一切基础的初始时刻。它是那个萨特会用他的存在性精神分析语言称为"原设想"的萌发之时。它是一个显然对弗洛伊德造成了心灵创伤的场景，是那个对父亲而言是耻辱，因此对儿子而言也是耻辱的场景。弗洛伊德约莫10岁或12岁的样子，他和父亲走在街上，两个人闲聊着。父亲讲述了一件陈年旧事，想以此说明犹太人的地位已经发生了变化，以及对他们而言从此能在一个宽容的维也纳生活是一件多么惬意的事——那是发生在1866年至1867年的一件事。衣衫整洁、头戴崭新漂亮毛皮便帽的雅各布·弗洛伊德遇到了一个基督徒，后者一下子把他的帽子打落到阴沟里，并叱骂道：

"犹太佬，滚出人行道……"好奇父亲将怎样应对的弗洛伊德，万万没想到父亲什么也没有做，只是蹲下身捡起自己的帽子，继续走自己的路……弗洛伊德在30多年后这样评论说："在我看来，对于一个牵着我这个小孩子的身强力壮的大人而言，这可不是什么英勇行为。"（Ⅳ.235）

这个孩子为这件事想象了另一种结局：哈米卡·巴卡（Hamilcar Barca）这个让儿子汉尼拔发誓要向罗马人复仇的父亲能帮助我们理解他设想的结局。我们可以这么想，弗洛伊德的一部分人生规划是模仿汉尼拔，他希望以自己的方式变成汉尼拔来为父报仇。弗洛伊德承认自己曾将汉尼拔视作英雄。首先，在念书的时候，当他读到布匿战争的故事时，他对迦太基人产生了认同；其次，因为年轻时的他亲身体会过维也纳的反犹主义，犹太上尉[①]在他眼中也就变成了英雄。自此以后，弗洛伊德便将罗马和迦太基对立了起来，将侮辱过他父亲的男人所属的城邦与抵抗过罗马人的战争首领所属的城邦对立了起来。因此，他满脑子想的只有一件事，那就是通过征服，作为胜利者进入罗马。

弗洛伊德被对某些形象的认同所困。他的人生规划常常在于模仿这个人物或那个人物：先是汉尼拔，稍后又有摩西，还有我们后面将要谈到的俄狄浦斯。汉尼拔的生平的确在有些时候能够让人想到弗洛伊德的一生：信守承诺、对待敌人毫不留情、毋庸置疑具备达到目的所需要的战略和战术上的天资；尽管反对者不断诋毁却依然声名显赫；在结束生命这件事上具有用自杀来再次决定自己命运的特征——这些都是汉尼拔和弗洛

---

① 此处指当时弗洛伊德眼中的汉尼拔。

伊德共同具备的。

然而，除了这个或那个传记线索之外，真正将他们紧紧相连的还是那种要以征服者和胜利者身份进入罗马的狂热欲望。这种欲望在很长时期里深深折磨着弗洛伊德，他有了去罗马的打算，他查看了这个城市的地貌，阅读了大量的相关书籍。在写给妻子的一封信中，他表达了想与她在那边生活的愿望。他甚至打算离开教职去真正实施这个计划。然而，1897年他的罗马之行却神秘地在特拉西美诺（Trasimène）① 门前止步……弗洛伊德听从了他内心的声音，他对自己说："就到这里，不要再向前了……"而汉尼拔在两千年前也听到过同样的声音，而且也在同样的地方止步……

毫无疑问，给弗利斯的信见证了他与罗马的奇怪关系。他的作品亦然。根据《梦的解析》，这座城市在他很多梦中都出现过，在分析这些梦的过程中，弗洛伊德了解到在它们背后还隐藏着更深层的东西，不过，同样是在此处，依旧是在此处，他在通向有关罗马的梦境含义的大门前止了步。后来，弗洛伊德最终完成了他的罗马之旅。我们能在《精神分析的诞生》中读到这样的奇怪句子：他写道，这就是"他人生的顶点"。这是怎样的表白啊！

弗洛伊德在一般意义上与意大利、在具体意义上与罗马保持的这种关系，其实与弗洛伊德自己的神经症有关。弗洛伊德在给弗利斯的信中确认了这点："我对罗马的欲望（désirance）

---

① 第二次布匿战争中，汉尼拔在攻占意大利的过程中曾于特拉西美诺湖大胜罗马军队，但随后并没有马上进军罗马，而是长时间地在此地区活动。

带有很深的神经症性质。"（1897年12月3日）而且他还回忆了自己在高中时对罗马的那份热情。根据屏蔽记忆的逻辑，的确可以做下面的假设，那就是以弗洛伊德理解汉尼拔所作所为时采取的立场而言，他把为父报仇的想法放在了最重要的位置，这在他自身的存在体系中起到了关键作用。但如果真是这样，他的具体做法就不正确了……因为每一次他的生父出现在作品中时，都更多的是以阉割者、对手、死去的人或一个必须被消除的父亲形象出现的，而不是一位必须予以尊重的父亲……在全世界都声名显赫、为人所敬重的弗洛伊德，一心牵挂的就是如何去为父报仇又或者是如何去为备受嘲讽的犹太人重新赢得尊严，这的确是个相当漂亮的假设，它如人所愿地具有政治上的正确性，却与弗洛伊德作品的其他部分出奇地格格不入！

虽然弗洛伊德毫无察觉，但他的确总会不经意地把那些能够打开他最为紧锁之处的钥匙给予他人。比如，在一段于1911年被添加到《梦的解析》一书中的笔记里，弗洛伊德指出，他发表的是对一个伪装了的俄狄浦斯梦境的典型分析……他转引了兰克引用的蒂托－李维（Tite-Live）的话，他说一段神谕让塔尔奎斯王朝的人（les Tarquins）知道罗马权力在未来将重新落到"第一个吻自己母亲的人"的手中（Ⅳ.447）。依弗洛伊德之见，一个关于与自己母亲发生性关联的梦，是能够获取对大地母亲掌控权的好兆头……

于是，我们有了揭开汉尼拔谜题的钥匙，我们可以总结认为，弗洛伊德建议的这种阅读方式，这种把自己认同为汉尼拔这位犹太英雄的做法——汉尼拔为被罗马人嘲讽的迦太基人的荣誉而复仇，就像他为自己那位受了维也纳天主徒（因此就是罗马人）侮辱的父亲复仇一样——遮蔽了另一种解释。弗洛伊德在这本书中写明了下面这点，而且他在其他作品中还会经常重复提到这点：大地，是母亲。征服罗马，因此就是去拥有大地－母亲：在弗洛伊德那被乱伦欲望持续折磨着的精神世界中，进入这个城市，就等同于迎娶自己的母亲、与她结合。这就是弗洛伊德能够在那么长时间里保持对罗马［母亲］的渴望的原因。正因如此，他才会通过研究它［她］而围着它［她］打转，为了它［她］而愿意放弃一切去它［她］那里定居，但他又无法进入它［她］，即便到了入口处也不敢造次。后来，他终于进入了它［她］，于是就写下了这是他人生的顶点这种话……

弗洛伊德提到的另一个孩提时期的场景展示的则是他与父亲之间的另一种关系：在这个场景中，雅各布没有被弗洛伊德想象成一个没有能力为自己所受冒犯讨回公道而需要儿子为他复仇的父亲，而更多是被想象成一个阉割者的父亲。让我们明确一下，如果我们以存在一个需要征服的母亲为视角，而非以存在一个需要复仇的父亲为视角来解读弗洛伊德上面那次经历的话，我们就能为父亲重新树立一个与弗洛伊德的俄狄浦斯视角恰好吻合的形象：实际上，作为阉割者的父亲、死去的父亲、需要被杀害的父亲大量存在于弗洛伊德的著作中，而这些画面又似乎与儿子为受辱的父亲复仇这个单独存在的故事南辕北辙。生父似乎总以一种符合儿子需要的姿态出现：一种被侮辱、被冒犯的父亲形象——而事实却是他从没有想过给他复仇，他之所以这么描绘父亲，只不过是想隐藏自己内心中的俄狄浦斯真相而已。

弗洛伊德认为值得将另一件事记入他自认为最重要的著作中，这本著作就是《梦的解析》。这是一本他自认为可获得诺贝尔奖，赢得金钱、纪念牌匾、半身雕塑及全球性名声的著作，是一本让他的名字能够与哥白尼和达尔文一起载入史册且还比他们更高一筹的著作。正是它宣告了哲学之死，宣告了精神分析将全面掌权。它是把人类历史截为两段的总结性著作，让先于它和后于它的人类历史无法同日而语。这本用了很多年才终于售罄第一版的书，埋葬的却是 25 个世纪的西方哲学。它是一本具有总结性的科学著作，标志着新时代的来临，会让人类的思想纪年焕然一新。于是，弗洛伊德在这本书中以几行重要文字向我们叙述了一件事。一天，七八岁的弗洛伊德走进父母的房间，把尿撒在了家里的尿桶中，他听见父亲对他说了这样一句话："这个小子将来不会有出息！"（Ⅳ.254 – 255）这句再平常不过的话却仿佛真的刺伤了他。弗洛伊德评论说："这对我的雄心而言无疑是当头一棒，因为自此这一场景就不断在我的梦中出现，并且总是与我展示自己的业绩和成功的场景联系在一起，就像我想要说：ّ你看，我还是成了一个有出息的人！'"（出处同上）这一场景更加合乎弗洛伊德全集所体现的父亲在他心中的形象，即更加合乎那个俄狄浦斯情结下的父亲形象：受到侮辱的父亲，与侮辱他的父亲会合了；在这两种情况中，父亲都面目可憎。

作为被阉割者的父亲，作为阉割者的父亲，或者正因为父亲是被阉割的人所以才会成为作为阉割者的父亲，总之，弗洛伊德表现的是一个令人憎恶的生父……这个没有勇气对反犹侮辱做出回应的男人，在强者面前示弱，在弱者面前逞强，比如当儿子犯下在父母尿桶中撒尿这点小错误的时候。父亲在反犹侮辱面前弯下了脊梁骨，却在阉割自己的犹太小孩时昂首挺胸。

在这两个梦境的相交之处，我们发现，弗洛伊德似乎并不那么想**为父报仇**——为那个连对反犹挑衅都没有做出反应的人复仇——他更多想的是**去向父亲寻仇**，为他这个从年幼时就开始追逐声誉、名望、金钱、知名度、社会成就以及各种成功的外在标志（从大学的教授职称到诺贝尔奖，以及介于两者之间的各种各样的荣誉称号）的人所受到的阉割式创伤复仇。

当他的父亲既非被阉割者也非阉割者时，比如在《梦的解析》中，他的父亲就是一个死了的人……这一形象出现在了另外两个梦中。其中一个是他在父亲下葬前夜做的。在他与弗利斯的通信中，我们得知了他生父慢慢滑向虚无的细节。弗洛伊德计划去看望与自己亲密无间的朋友弗利斯，但他父亲垂危阶段的拖长却让他无法成行……他在一封信中（1896 年 6 月 30 日）描述了父亲心脏虚脱、小便失禁以及其他足以证明 81 岁的雅各布正在走向生命终点的症状。

在更早的一封信中（1893 年 12 月 11 日），他已经描述过一场严重流感是如何让他那 78 岁的老父亲不成人形的：他的父亲变成了自己的影子。1896 年 9 月末，他父亲走向坟墓的脚步加快了：精神恍惚、精疲力竭、肺炎、肠道瘫痪（1896 年 9 月 29 日），而最重要的征兆还是在于日历渐渐翻到了一个注定会死人的日子——不要忘了，弗洛伊德和他的朋友崇信关于日期、周期和数字的那些可疑理论，他们相信这些理论能够解释为什么我们会在这天而非那天迎来死亡……在随后的一封信中（1896 年 10 月 9 日），弗洛伊德以冷淡的口气说他很可能可以去柏林看望朋友了："老头子的糟糕状态很可能让我不用怎么照顾他了。"

"老头子"的确在不久以后的1896年10月23日去世了……弗洛伊德当时40岁。这位精神分析学之父这样评论道："他勇敢地坚持到了最后，他本来就不是普通人。最后，他应该是出现了脑出血的症状，他进入了昏迷状态且伴随着不明原因的高烧，而且还出现了过敏和痉挛，之后他的高烧退去，人也苏醒了过来。最后一次病危时，他出现了肺水肿，然后走向死亡，说实话，他很容易地就去了。"（1896年10月26日）

人们总说，死去的人都是正派老实的……但在弗洛伊德那里却不是这样，至少他父亲不是这样。弗洛伊德第二年（1897年2月8日）写的一封信再一次让我们看见了真正的弗洛伊德，那个本性永远不会变的弗洛伊德。他的一生都花在了摧毁父亲或让父亲失去信誉上。在这个过程中他只在一段时间里停顿过，那就是在他父亲垂危时，不过这是他需要保住最基本的体面使然。于是，战斗在1897年初再次且是更猛烈地打响了：这一次，他要对父亲死去的身体进行猛烈打击。这具正在腐烂的尸骨，被弗洛伊德从坟墓里拉了出来予以猛烈攻击：在给弗利斯的信中，弗洛伊德做了一个毫无凭据的假设，他说他的父亲是一个"性欲变态者"（出处同上），是应为他另一个儿子和其他几个年轻女儿的癔症负责的人……

基于这一假设，弗洛伊德构建了一个十分夸张的理论，即"诱惑理论"（théorie de séduction），我在后面会对它进行论述。在开始对弗洛伊德神经症的恐怖细节进行描述之前，我们还要指出一点，那就是诱惑理论假设了神经症的致病根源在于性，它认为大部分神经症都可以追溯到年轻时受到的创伤，甚至还可能追溯到十分年幼时或孩童时候所受的创伤,这里指的就是生父对自己孩子的性侵犯!为了证明这个理论,弗洛伊德需要把他父亲的尸骨转化成一个强奸后代的性欲变态者!汉尼拔会不会想为这样的父亲报仇呢?

弗洛伊德想把他的父亲变成一个对全家都实施了性侵犯的人,他表达出这一无法抑制的欲望的那一年,也正是他做了后来变得众所周知的那两个梦的那一年——这两个梦收录于书时的标题分别为"赫拉"(Hella)和"赤身上楼梯",弗洛伊德正是以它们为基础建构了俄狄浦斯情结理论。我们是不是该为这种巧合感到惊讶呢?1897年,他否定了自己的神经病学研究和自己在科学心理学上的想法;1897年,他决定写《梦的解析》;1897年,他正式开始自我分析;1897年,他忙着修自己父亲的墓碑;1897年,他的意大利之旅终于成行!而且1897年还是——请看他于同年12月15日写给弗利斯的信——他发现所谓的俄狄浦斯情结的那一年……弗洛伊德形容说,死亡在所有个体生命中都能算作最重要的事件,而对这个着魔于与自己母亲实现性结合的小男孩而言,他父亲的死也的确是他人生中的一个重大时刻:曾经诱拐了母亲的父亲将她还给了自己的儿子……

在理论化俄狄浦斯情结之前,弗洛伊德还做了两个与父亲的死有关的梦,它们显示了一个与生父和平相处的弗洛伊德,在梦中父亲则很知趣地不再威胁他。刚刚去世一天的雅各布在夜间阴魂不散地出现在儿子的梦境之中。具体细节我们就不详述了。大致而言,弗洛伊德在这个梦中看到了一张告示,上面印着:"请把你们的两只眼睛都闭上",或/和"请把一只眼睛闭上"。而现实中,作为儿子的弗洛伊德,当时选择的是最便宜的送葬仪式!他不会为父亲多花一个子儿……选择如此廉价葬礼的原因何在？弗洛伊德斩钉截铁地说：逝者不喜欢无谓的花销……这个儿子认为这个梦可能反映的是其他家庭成员对他的指责：其他家庭成员也的确可以换一只眼睛来看待这种吝啬。这位精神分析师提议对自己的梦如是解析：请人闭眼，换句话说是在恳求人们宽恕儿子这种龌龊的做法。

另一个梦则是：雅各布再一次死去。因为梦而得以重生的这个男人，这个曾经因为在反犹侮辱面前显出懦弱而被儿子憎恶的人，在梦中被美化成了一位统一了马扎尔的英雄。老头子正襟危坐，被一大帮人环绕，就像在议会里一样，他看起来扮演着国王的角色，一个被别人聆听的智者……他的儿子是这样评论的："我记得，他躺在灵床上的那个样子，像极了加里波第（Garibaldi），我很高兴自己的愿望终于实现了。"（IV.476）死去之后的父亲当然是可以在梦中成为英雄的，因为对他的儿子而言他再也构不成威胁，儿子也终于可以让自己的目光自由地移向母亲了。

读读《梦的解析》吧："梦是（被抑制了的、被压抑了的）愿望的（以乔装方式）实现。"（IV.196）此处是什么样的愿望呢？是希望父亲死掉而且是彻彻底底地死掉吗？是希望父亲按照他设想的方式成为加里波第吗？是想父亲通过扮演统一了马扎尔的英雄角色而赢得胜利吗？是因为作为儿子的他不愿意看见他在稍后的文字中描绘的那个大便失禁的垂危父亲而把父亲诠释成一个被众人围绕、正襟危坐的人吗？又或者说，他的父亲当然是可以成为英雄的，这的确可能，却只能在死后才能发生？我倾向于相信最后这种说法……

让我们从理论上对上面这些内容做一番简述：这本自称科

学著作的厚书,其基础是自传式的内省;所谓的试验性方法的唯一内容就是对梦及其他对此书作者而言具有重大意义的童年场景的主观解析;证明过程被自传内容充填,而且还充满了各种方便论证解析本人想法而设的解释;自恋式的自我分析在所谓的临床阐述里占了大头,而且这类所谓的临床阐述还数目众多;比起科学的精神分析,作者所做的文学心理学部分比重更大。

我们还要加入下面这点,它对我们的心理传记而言是一个有用的发现:那个制作了名为精神分析这种方法的人自己却患有具有众多症状的严重神经症;他在解析梦的过程中是一个既扮演法官又扮演罪犯的分析师;以这种无法成立的方法去开展的分析是不可能得出具有客观性的分析结果的;自我分析不可避免地会生成自我辩护,它想避开的是精神毒蛇缠绕之地。

对文本、信件、分析、传记和全集的多重综合分析将我们引向了弗洛伊德神经症的黑暗源头:其一是对父亲的仇视,父亲这个被人侮辱过的人却反过来成为侮辱他人的人和一个阉割者,而且只有在死亡中,父亲的伟大才会被无与伦比地彰显;其二是作为欲求对象的母亲,她在性方面被他觊觎,她被认同为大地母亲,也就是罗马——一个他期望进入却无法如愿的城市,最后他还是得以进入,并因此而经历了人生中最美妙的一天!这种病本来没有名字,却在弗洛伊德笔下化为了俄狄浦斯情结,他把这种病说成是一个普遍病理,为的只是让自己不再那么孤独地与它相伴……

第七章　母亲、金子和
　　　　西格蒙德的肠子

> 我想变得伟大的欲望是源于此吗？
> ——弗洛伊德，《梦的解析》（Ⅳ.229）

弗洛伊德的母亲在她儿子的人生中所扮演的角色是如此重要，以至于弗洛伊德在自己的作品中很少提到她。与他父亲不同，他在理论著作中丝毫没有提到母亲的死，也没有在任何文字或论证中以间接方式评价过她的去世，没有关于她去世的任何具体细节。不过，她出现在了他的一个梦中，这个梦以"深爱的母亲和长着鸟嘴的人"为题而写入了历史。弗洛伊德在《梦的解析》中对这个梦进行了分析，并把它归为"焦虑的梦"。

弗洛伊德承认自己已经很多年没有做过这种梦了，他对这个梦记忆犹新。那时他七八岁。因此，对这个梦的解析是发生在做梦后的30年之后了……让我们顺便掂量一下，想想在这30年里，这个梦的内容会受到记忆、回忆、心灵的扭曲、欲望以及其他能让灵魂磁场弯曲的心理力量多大的影响……这个科学家的研究材料完全不是新鲜的力比多素材，即便我们的作者吐露说这个梦对他而言还"很鲜明"（Ⅵ.638）——我们马上就会知道为什么……

这个梦表现的是"我深爱的母亲",儿子这样写道:"她脸上有一种特别安详、沉睡的表情。"(Ⅵ.638)阿玛利亚被两三个长着鸟嘴的人抬到了房间中,放到了她的床上。乍看起来,这些怪人让人联想起埃及神祇荷鲁斯(Horus),他是欧西里斯(Osiris)与伊西斯(Isis)之子。为了替死去的父亲复仇,荷鲁斯与他的叔叔对抗,并且得到了作为遗产的埃及王位。他的别名就是"为父复仇者"……弗洛伊德化身为父复仇者,他一人分饰几角,将母亲抱到她的房间中,将她放在床上,为什么不呢……

弗洛伊德给出了自己的解读。鹰头神,他没有这么叫它,但至少认为是它,他指出了它的来历:它来自菲利浦森(Philippson)《圣经》(犹太教圣经,即《旧约圣经》)的一张插图,这是他那犹太人父亲读过的著作,是一本装饰着数百张带了评论的版画的厚书,这些评论都是参考了史前历史和宗教的比较而做出的。所以,在旧约全书的部分有许多关于埃及的图像,其中就有这样的一个坟墓凸雕。

弗洛伊德写道,菲利浦森让他想起了小时候和他一起在屋前草坪上玩的一个同龄孩子:"我甚至觉得[原文如此]他就叫菲利普。"(出处同上)他这样写道……这个被假设叫作菲利普的孩子好像是在和他玩耍中说了形容性关系的粗话:发音上相近的词鸟(Vogel)和交媾(vögeln),在弗洛伊德看来,已经足以用来解释长着鸟嘴的男人们的出现了……

弗洛伊德还写道:"我妈妈梦中的那个样子,则是复制了祖父死前数天在昏迷中打鼾的样子。所以,对于此梦的二次加工(l'élaboration secondaire)的解析是:我妈妈死了,这与坟墓的凸雕刚好吻合。"(Ⅵ.638-639)孩子醒了过来,哭闹大叫，呼唤着父母，然后他看见了母亲，这让他的焦虑平息了下来。总结：这是一个焦虑的梦。

这段解析的最后一句话似乎十分晦涩难懂："如果我们考虑到抑制的存在，这种焦虑便可追溯到那明显带有性意味的不清不楚的欲望上，它表露在梦的视觉内容中。"（出处同上）用"不清不楚"一词来形容这种可能是性欲的欲望让这句话既晦涩又清楚。为什么弗洛伊德不敢……挺进罗马呢？他给出了解谜的钥匙，却因为害怕而不愿去使用它，很可能这是因为他害怕看到他想与自己母亲交配的邪恶欲望。

让我们重新回到弗洛伊德的解读上，并以此提出一个对解析的再解析，这并非意味着我做的这个再解析就是真理，或者说它就是与弗洛伊德的错误解读相反的正确解读，我没有这种企图。不过，出于实践认识论的乐趣，我做假想解读的目的是想展示，在梦的解析中，没有什么科学或万能钥匙，也没有什么最终的确定性或客观的知识，它有的只是被说成是真理的主观主张而已——尼采的透视主义（perspectivisme）……以弗洛伊德提供的材料为基础，我们也的确能够提出其他猜测，并以此得出新的结论，甚至得出与他的结论相反的结论。下面就是我们提出的新的解析。

沉默：我们已经看到，弗洛伊德只字未提为父复仇者荷鲁斯的名字。弗洛伊德在对菲利浦森这个名字的解释上还犯了解释上的**方向错误**：先是关于《圣经》的假设，此后是关于男孩的假设，认为男孩的粗话就可以解释鸟嘴人。这些都回避了另一个信息："菲利普"也是弗洛伊德的父亲在第一场婚姻中所得儿子的名字。这就是为什么弗洛伊德会说他**觉得**在梦里看见的是自己童年时候的玩伴菲利普。

他母亲的继子也叫菲利普,他是弗洛伊德同父异母的兄弟,弗洛伊德就这个兄弟还告诉我们,考虑到他父亲和他母亲在年龄上的差距,他曾幻想父母所生的这个孩子——他的弟弟——应该并非他年老父亲和他年轻母亲所生,而是那个几乎与她同龄的同父异母的哥哥和他年轻母亲所生的孩子……因此,菲利浦森当然可能是负责编撰弗洛伊德孩提时读过的犹太教圣经(或古以色列圣经)的那个人的名字,但从词源学上看菲利浦森(Philippson)也是指菲利普(Philipp)的儿子(son)。

抑制:弗洛伊德曾对鸟的象征意义发表过长篇大论,而且他在《梦的解析》中也说鸟让人想到"在大多数情况下有着粗俗性感意味"(Ⅳ.442)的飞行,但为什么他从不会把这个梦里的鸟联想到性上面去呢?为什么他会宁愿选择只字不提为父复仇者荷鲁斯的名字,并把对梦的解读引到坟墓凸雕上去?他用死亡之鸟的假设逐步代替了性欲之鸟,是什么使得他的这种抑制过程变得合理了?答案就是,这些都是出于他维护母亲的强烈欲望和对这个梦所表现出的性意味的驱逐。

盲目:之所以这么说,是因为母亲在第一个梦中的安详面容似乎无法与第二个梦中那张与昏迷喘息的临终祖父颇为相似的面容相吻合……垂死喘息的形容似乎与他"深爱着"的母亲那"特别安详、沉睡的表情"(Ⅳ.638)格格不入,他对母亲的描述更多让人联想起做爱后的安详平静,而不是一个垂死之人的苟延残喘。为什么是死亡之鸟,而不是生命之鸟呢?对此我们只有一个解释,那就是他怎么也不愿意看见母亲在与其继子发生性关系后那安详满足的面容——对弗洛伊德而言,那是完全无法忍受的事情。不过,这倒不是因为廉耻或道德,而是因为他心底那个最深的欲望:自己处于他的同父异母兄弟菲利普的位置……这样解读又有何不可呢?尽管这种解读与弗洛伊德的解读很可能都是无稽之谈……

弗洛伊德家族谱系的杂乱状况的确可能对幼年的弗洛伊德产生过不好的影响。请君自行评判:雅各布·弗洛伊德,我们这位新大陆征服者的父亲,曾在第一场婚姻中迎娶了一个名叫莎莉(Sally)的女人,并和她生了两个孩子。他16岁成婚,17岁当上父亲,33岁成为鳏夫,膝下两子——其中一个儿子名叫菲利普。瑞贝卡(Rebecca)是他第二任妻子的名字,我们对她所知甚少,因为她在成婚后不久就去世了。他的第三次婚姻便是与阿玛利亚,他们于1856年5月6日生下了名为西吉斯蒙德[①]的儿子。当这个注定成为名人的婴儿出生的时候,雅各布41岁,阿玛利亚21岁。1857年,弟弟出生,又在7个月后夭折。我们已经在前面提到过了,弗洛伊德在写给弗利斯的一封信中叙述说,他是以多么气恼的心情在迎接弟弟的出生,弟弟的夭折让他实实在在松了口气……1858年4月,西格蒙德的妹妹又出生了——她被取名为安娜。我们知道,弗洛伊德也将他的一个女儿取名为安娜,她将注定成为她的影子……同样,我们还知道,弗洛伊德还在《梦的解析》一书的注释里加入了这样一种观点,即兄弟姐妹中最得宠的孩子在未来成功的机会也最大。我们还要在这份孩子名单中加入一大

[①] 西吉斯蒙德(Sigismund)为弗洛伊德原名,他于1873年秋将之改为西格蒙德(Sigmund)。

堆的妹妹和一个弟弟，他们都出生于1860~1866年。对雅各布而言，三次婚姻一共带来了10个孩子。

父母之间年龄相差20岁这点把这个孩子搅得心绪不宁。而且还有一点也让他困惑不已：他的母亲与他同父异母的哥哥菲利普只相差一岁。而且，雅各布第一次婚姻中的另一个儿子，雅各布的长子，埃马纽埃尔（Emmanuel）也已经结婚，而且已经有了两个孩子，他的一个儿子比弗洛伊德都还要大一岁，但弗洛伊德仍然是叔叔。自然，埃马纽埃尔也比阿玛利亚年长。因此，这个女人是谁的母亲、谁的妻子、谁的姐姐、谁的女人、谁的伴侣、谁的情人？还有一个更粗俗的问题：她和谁睡觉？同那位老先生雅各布？还是说同那个与她同龄的年轻小伙子菲利普——她的继子，弗洛伊德同父异母的哥哥？又或者同埃马纽埃尔，他的另一个继子？他的年龄的确比她大。我们可以打赌，对一个小男孩而言，这样含糊不清的家庭格局很可能会导致一些身份认同上的障碍……

结婚、离婚、寡居、再结婚、成为母亲、再婚家庭、接连不断地分娩、年老的父亲和年轻的母亲，所有这些都影响着西格蒙德。埃马纽埃尔向他指出，这是一个家庭，但由三代人组成：雅各布实际上可以做西格蒙德的祖父，但他却是西格蒙德的父亲……菲利普的确也可以是阿玛利亚的丈夫或情人，但他却是她的继子。雅各布也可以是阿玛利亚的父亲，但他却是她的配偶。埃马纽埃尔的儿子是西格蒙德的同龄人，但西格蒙德却是他的叔叔……

这种家庭格局让弗洛伊德陷入了茫然不知所措的境地，他在《日常生活心理病理学》中讲到的一件轶事便是证明：弗洛

121　伊德在三岁末时——至少弗洛伊德认为自己是这个年纪——曾在一口箱子前哭闹,而比他大20岁的同父异母的哥哥拿着箱盖:他是要打开箱子还是要盖上箱子呢?就在此时,他那"美丽又苗条"(58)的母亲进到了屋中。弗洛伊德43岁时第一次主动在自己的精神世界中寻找到了对此事的解释:那或许是同父异母的哥哥的一次放荡行为……

但事情却并非如此:西格蒙德因为母亲不在而焦虑不堪,于是认为是菲利普把母亲锁进了箱子里。他要求菲利普打开箱子,让他看母亲是不是在里面。面对空箱子,他哭了。后来母亲来到了他的面前,他的担忧才得以消除……然而,为什么会到箱子里面去找母亲呢?弗洛伊德在更远的记忆中搜索,以前保姆的身影浮现在了他的眼前,但他不知道如何把保姆同这件事联系起来。于是弗洛伊德询问了母亲,这才知道那个女人曾趁她在医院生孩子的时候偷家里的东西。菲利普起诉了她,她因此吃了官司。

所以,当弗洛伊德问同父异母的哥哥这个女佣到哪儿去了的时候,他听到的回答是:她已经"被关起来了"(coffré[①])。换句话说,就是进了监狱——刑期10个月。而弗洛伊德则理解为她"被关进箱子(coffre)里了"。当母亲不在时,弗洛伊德去问同父异母的哥哥母亲在哪里,他认为是哥哥把母亲关进了箱子,就像他曾经把女佣关进箱子一样……弗洛伊德去质问菲利普的原因是,那个曾将女人们装进箱子的人就是这个哥哥,换句话说,在弗洛伊德天真的象征性逻辑中——对他而

[①] 法语"coffré"为动词"coffrer"的变位,其在俗语中为"关进监狱"的意思,"coffre"为名词"箱子",两词词源相同。

言，"铁盒、纸盒、箱子、柜子、火炉都对应着女性的身体"（Ⅳ.399）——是他哥哥让女人们怀孕的……

凭借这种逻辑，弗洛伊德就把下面这些事联系了起来：怀上安娜的母亲、母亲阿玛利亚与他同父异母的哥哥菲利普同样年轻、父亲雅各布的年迈、"被关起来的"保姆不再出现、分娩后重新变"苗条"的母亲消失了（换句话说就是箱子空了）——在这件事中菲利普具有成为安娜父亲的可能性，换句话说，弗洛伊德同父异母的哥哥可能与她母亲发生了关系，还生了个小女孩，而这个女孩的名字又将是……弗洛伊德给自己的一个女儿取的名字，就本体论观点而言，正是这个女儿和弗洛伊德保持了乱伦关系……

从这样一种主观、私人、个体的家庭格局出发，弗洛伊德按照自己的惯常做法，从中概括出了一些结论，并把这些结论用于支撑一个所谓的普遍理论。在《神经症患者的家庭罗曼史》（1909）中，他将一个已经在给弗利斯的信中提到过的观点加以发展："所有的神经症患者都会捏造被我们称为家庭罗曼史的虚构故事……一方面它满足了病人对伟大性的需求，另一方面它维护了乱伦。"（1898年6月20日）我们注意到，根据弗洛伊德自己的说法，这类罗曼史的建构涉及的都是神经症患者，而弗洛伊德又吐露说他自己就曾幻想自己的父亲是别人，他不是老雅各布而是年轻的菲利普。

《神经症患者的家庭罗曼史》这部作品说了些什么呢？它说，如果孩子觉得父母没有满足他的所有心愿，他就会倾向于认为自己被父母疏远了。从而，他会想象现在的父母不是自己的亲生父母，并把自己的其他直系亲属幻想成父母，这些亲属被他理想化了，他们更年轻、更英俊漂亮、更富有或更有名望。弗洛伊德**理论化**了这种疏远感，他指出这种被父母疏远的感觉，确切地说要在孩子很晚出生的情况下（雅各布在41岁时有的西吉斯蒙德）或当家庭迎来更小的弟弟或妹妹的时候（朱利叶斯出生于1857年，早夭，弗洛伊德当时一岁；安娜出生于1858年，弗洛伊德当时二岁）才会出现。

当孩子认识到夫妇关系中每一方的性角色时，他便知道确定谁是自己的母亲总是容易的，但要确定父亲却不容易，因此家庭罗曼史的虚构逻辑会在父亲上做文章，这便构成了虚构家庭罗曼史的第二步：把母亲置于一种"秘密的不忠行为中，认为她和她的秘密情人们有着爱恋关系"（Ⅷ.255）。然而，在这个逻辑中，不忠只是表象，因为代替了亲生父母而被认作父母的人在大多数时间中依然保留着与他本来父母相似的特征。孩子最终会保留他幻想出来的那个父亲形象，这是他用来表明他对自己的孩提时期保持忠诚的一种方式，同时这也是他对这段幸福时光的流逝所表达的伤怀之情。

正如我们所见，这种所谓的具有普遍性的解析，实际上不过是一个经过勉强掩盖的自传体式的坦白而已，其中的人物如下：雅各布和阿玛利亚为父母，朱利叶斯和安娜为孩子，西格蒙德和菲利普为同父异母兄弟，菲利普还是西格蒙德这个孩子在自己的家庭罗曼史中幻想出来的父亲。试问，在得出这些所谓的普遍性结论之前，弗洛伊德在什么地方和什么时候运用了多案例观察、分析式合并、临床试验和诊断中的案例积累？有多少位病人？既然用了"神经症患者"一词，那么我们想问的是，被这位精神分析师分析过的、让他得出这种确定性结论的"神经症患者"的数量有多少？何况他还把这种确定性说成是一个要用肯定式和断言式来表达的普遍真理,他用的可不是条件式的假设语气。

只需要父亲是年迈的,只需要这个父亲说过儿子不会有出息而对儿子造成了侮辱,只需要说明父亲在受到反犹侮辱时没有报复因此不是个英雄,只需要说明他让儿子遭受了自恋创伤(这种创伤是弟弟的出生造成的,接着又是妹妹的出生,弟弟和妹妹的出生让弗洛伊德在很年幼的时期受到了伤害),就足够给父亲以惩罚,具体办法就是去想象父亲被自己前妻的儿子(年轻的他同弗洛伊德的母亲一样充满活力)戴了绿帽子,就足够让弗洛伊德在后来为全人类理论化出一个"家庭罗曼史"的概念,这个概念可是精神分析的最重要概念……

于是,弗洛伊德的方法也就已经清楚明了了:他从自身出发,为人类全体理论化概念,但在理论化过程中他又会回到自己身上,因为最终,我们是永远离不了自身的。的确,"家庭罗曼史"是一个极好操作的概念……但它只对弗洛伊德自身而言是如此!与它如出一辙的还有我们在后面会谈到的俄狄浦斯情结这个概念的运作,它也是一个出色的概念性发现,却仅仅是创造它的人在给自己的病症贴上标签而已。弗洛伊德**把他自己的情况当成了一种普遍存在**……这就是解开弗洛伊德认识论的钥匙:由个人经历外推出一种普遍理论。

我们从《对〈诗与真〉的童年回忆》一书中最受宠的儿子理论中也能看到这种外推现象,这又是一个出自个人经历的普遍理论。让我们回想一下下面这个论点,它在《梦的解析》中也出现过:母亲最宠爱的儿子会拥有巨大的自信,这让他能够在未来成就伟业。而弗洛伊德就是他母亲最宠的儿子。所以，就有了他的自信和未来云云。因为他的父亲看起来只是一个预言儿子不会有出息的阉割者，而他的母亲一直以来想的和说的则都与父亲的看法相反。

一切都要从弗洛伊德出生时候说起。第一个神谕：当弗洛伊德来到世间的时候，他满头黑发，这被认为是昭示了某种命运，因为有这么多头发的人总会走上声名显赫的道路……而在弗洛伊德看来，这件事是如此值得让人永远记住，于是他把这件事写入了他那本伟大的科学著作——《梦的解析》：事实上，人们常常向他提起，"有一位老农妇曾对满心欢喜得子的母亲预言，说她让一个伟大人物降世，给这个世界带来了礼物"。在书中的稍后几行里，弗洛伊德写道："我想变得伟大的欲望是源于此吗？"（Ⅳ.229）——这位伟人没有回答这个问题，但他明明白白地说了，萦绕在他心间的正是他对伟大的渴求之心，这至少对我们正在做的心理传记而言是有用的……

故事在弗洛伊德幼年时继续发展。第二个神谕：在弗洛伊德十一二岁的时候，他和父母坐在普拉特（Prater）的一家咖啡馆中，一个男人通过把恭维之词匆匆做成一首诗来一桌一桌地要钱，这个男人以此向这个男孩宣称说，他将来可能会成为部长级的大人物。"迄今为止，我还十分清晰地记得这第二个预言给了当时的我多么深刻的印象。"（Ⅳ.230）而弗洛伊德也的确一度想进法律专业学习，以便干一番政治事业。看，于是我们就有了这样的一个人，他在出生时就被占卜者预言注定会在人类历史上干出大事，而且他的伟大性还在一间咖啡馆中被一个街头卖艺的人确认过，那个人说他能够在政界大放异彩，而当时的弗洛伊德才十一二岁。成年后，弗洛伊德做了一

第七章 母亲、金子和西格蒙德的肠子

个自己变成部长的梦……

阿玛利亚常常重复这两个预言,她并不仅仅满足于把自己的儿子说成世界第八大奇迹,她还在弗洛伊德很小的时候就向他展示说他的确就是世界第八大奇迹。弗洛伊德一家在他父亲——经营不善的管理者——破产后,离开了弗莱堡,迁到了维也纳,他们全家住的是一套有着三个卧室、一个书房的公寓。这个家庭共有七个成员。这位母亲把书房留给了这个儿子专用,其他六个人则共用公寓的其他部分。换句话说,六个人用三间房——因此就成了四个孩子两人一房,做父母的用一间房。因此,西吉斯蒙德是唯一一个拥有独立空间的孩子,既不与父母同住,也不用与兄弟姐妹共享房间……

弗洛伊德的小妹妹从 8 岁开始学钢琴。弗洛伊德怨声载道:钢琴的噪音妨碍到了他,打扰了他学习——那无疑是为了成为伟人的学习……母亲马上采取了行动:停掉钢琴课。从此以后,再没有人有权利学习任何乐器。弗洛伊德在自己为人之父后,又在自己家里重新强加这个规矩(diktat):柏格街19 号,禁绝音乐。再说弗洛伊德也不喜欢音乐——那是保留给母亲的,不能让除了母亲以外的其他任何人在音乐里获得乐趣。

如此这般,伟人弗洛伊德怎么可能不去把他自己的实践写成理论?怎么可能不把这些写成一个从他自身经历出发而得出的普遍学说?而且他还在《对〈诗与真〉的童年回忆》这部类似于精神分析的大理石碑的著作里,写下了下面这一连串被他说成是不容置辩的真理:最受宠的孩子具有成为"征服者"(新大陆的征服者?)的素质;被宠爱的经历会在孩子成人后孕育出一种让他相信自己一定会获得成功的坚定信心;这种信

心于是创造出了那个一定会到来的成功所需要的条件……

1857年他弟弟出生时他自己萌生的主观情感与他在《论女性性欲》（1931）中发展出的普遍理论之间，也存在这种外推关系。我们还记得，他在给弗利斯的信（1897年10月3日）中说过，他是以"恶毒诅咒和一种名副其实的小孩子式的嫉妒"来迎接朱利叶斯的出生的，因为这个新生儿威胁到了母亲给予他这个唯一儿子的独一无二的爱。弟弟的早夭让弗洛伊德感到满意，这点弗洛伊德并没有遮掩……

我们已经看到，弗洛伊德在关于歌德的回忆分析中总结认为，孩子砸碎杯碟是在"表达自己想要消除不请自来的扰乱者的强烈愿望"（XV.71），那个不请自来的扰乱者就是家里的新生儿。1931年的作品也确认了这点：弗洛伊德就"对其他人、对兄弟姊妹和对竞争对手的嫉妒"（XIX.16）进行了理论化，其依循的原则就是："孩子的爱是无度的、独占的，它也不会满足于一个份额。"（出处同上）精神分析科学真是像极了自传啊！

现在，让我们继续对弗洛伊德的母亲做一番考察。她十分疼爱弗洛伊德，喜欢他、对他关怀备至、赞美颂扬他、偏爱他。她不但对他这样说，还展示给他看，向他证明。他相信了她，这也很自然。这个女人把世间最漂亮的、最完美无缺的、最才华横溢的，也是最符合他对自己看法——这种看法……也是她制造出来的！——的形象加在了他的身上，他怎么可能不去疯狂地爱她呢？**乱伦关系的线头在这里接上了**。不过，与此同时，弗洛伊德还是与她保持了距离，他与她之间具有一种精神病理学上的关系，他的精神症状会躯体化，比如他会在露

（Lou）询问他母亲消息的时候用……自己妻子的消息作答。

他每个周日都会礼节性地同自己的一个孩子去看望母亲。每一次，他回家时都会肠胃不适。对此，他一如既往地避免把自己的学说用在自己身上，他在解决自己的问题时所用的方法总是比他在诊所时用的那些方法少了魔力、多了脚踏实地：他说他的肠道问题是因为头天的晚餐太过丰盛……他给弗利斯写的那些信让我们可以看到他的肠道历险。比如，他在1897年10月31日的信中写道："受到分析的影响，现在我的心脏不适会很经常地被肠道问题所替代。"

当他于1901年9月19日结束罗马之行时，他向他的朋友讲到了自己"胃肠道不适"。而从他给亚伯拉罕（Abraham）的信（1914年4月2日）中我们得知：在他与妻妹米娜（Minna）去意大利首都罗马——"大地母亲"——度假期间（他的妻子在家照看孩子……），他在写《论自恋：导论》的提纲。让我们来读读这封信："自从我完成了《自恋》，我的状态就一直不是很好：常常头疼，还有肠道问题。"弗洛伊德在罗马、罗马是一座被他认同为母亲的城市、他当时在思考自恋、他的精神问题躯体化为肠道症状，在我们看来，这些东西之间似乎存在某种独特的联系——当然，弗洛伊德是不会这么看的……

弗洛伊德与他朋友们的通信中充斥着他对"可怜的康拉德（Konrad）"的议论——"可怜的康拉德"，他就是这么称呼他的肠胃的……1910年，他在美国的旅程也以肠道问题告终：都是美国饮食惹的祸！1914年，他害怕自己得癌症，且对此进行了咨询。1915年，他对费伦齐吐露了他的这些问题，而且把问题的起因都归结为……糟糕的面包！或者他也说过是因为第一次世界大战让他损失了一笔数目可观的金钱（4万克朗，在2010年相当于325万欧元）……又或者，他还提到过是因为"某些心理因素"（1915年4月23日）——这可是他从牙缝里勉强挤出的话——但我们无法知晓是哪些因素，因为弗洛伊德发现的方法自然是不适合于解释他自身情况的。

慎之又慎以后，欧内斯特·琼斯才敢对此提出了下面这种与精神分析假想相契合的解读："这些身体上的不适很可能是神经症给他身心留下的后遗症，弗洛伊德在自我分析之前和期间曾被这种神经症困扰过很长一段时间。"（Ⅲ.415）此处用上"后遗症"一词实在令人欣赏，因为这样一来，弗洛伊德自然是通过自我分析这一天才之举把他那"十分严重的精神性神经官能症"治好了。假如这些症状在他结束自我分析后依然如故，那也不是因为疾病没有治愈，病是治好了的，那不过是**后遗症**而已……

事实上，琼斯的解读在大方向上并没有错：这些肠胃问题都来自弗洛伊德的个人精神病理问题。而且，这位声名显赫的病人在这方面一直没有得到片刻的缓解。弗洛伊德认为自己肠胃问题的病因在于自己损失了部分积蓄（在战前他大约积蓄了10万奥地利克朗，虽然经历了危机，他还是剩下了6万克朗……），如果我们依循弗洛伊德关于钱币和金子都如粪土的假设的话——这个学说很可能不会对所有肛肠科医生都有吸引力，但弗洛伊德却以最严肃的态度为这个学说辩护过——他对自己胃肠病因的这种说法就会让人觉得饶有兴味。

在一次通信中，弗洛伊德的母亲曾这样称呼过他："我的**金西吉**[①]"……而这个**金西吉**在每周一次对母亲拜访后又总会

[①] 西吉（Sigi）是弗洛伊德早年名字"西吉斯蒙德"的昵称。

第七章 母亲、金子和西格蒙德的肠子

自动得上肠胃痉挛。根据我们已经指明的他的那种由自己向世界外推的原则来看,他的金钱如粪土的理论因此也就有了存在于他日常生活中的这种金子和粪便之间的亲缘关系的痕迹。他的这个具有持续性且毋庸置疑属于神经性问题的肠道症状,于是也在有朝一日成了一种学说,它先是出现在《性格与肛欲》(1908)一文中,后又出现在《论冲动置换,尤其是肛欲的冲动置换》(1916~1917)里。

文章一开头,弗洛伊德便写道:"今天的我并不能够明确指出,我是在怎样的具体情况下萌生这样的一种感觉,我觉得在性格和这种器官行为之间存在某种有机关联,但我可以保证[原文如此],我之所以会产生这种感觉绝对不是因为我对此已经有了某种理论预期……"(Ⅷ.189)然后他谈到了"经验",但没有指明这些经验中的哪些是来自他对自我的观察,哪些又是来自对病人的临床观察。而我们又很清楚其实这位作者自己就具有这种**性格**,所以我们自然会觉得在此对肛欲性格和强迫性神经症的产生之间的关系做一个更广泛精确的思考是很有必要的……

弗洛伊德在《性学三论》(1905)中发展出了一种阶段理论,他在其他作品中也曾论述过力比多的这种扩展过程。每个人的性发展都要经历从口欲期到生殖期的阶段过程,先是从口欲期(stade orale)到肛欲期(stade sadique-anal),再到性器期(stade phallique),然后会经历一个潜隐时期(période de latence),最后进入众所周知的生殖期(stade génital)。在第一阶段,0岁到1岁的婴儿对除了自己以外的任何性对象都不关注;而最后阶段的目的则是要建立起与生育相关的被称为正常的性生活。在口欲期,性活动被说成是食人的(cannibalique),

因为它与摄取营养的行为还没有分离：快感产生于对流食或固体食物的摄取过程，激起性欲的部位因此就集中在嘴、唇和口腔黏膜。快感来自吮吸、吸食和轻咬。

在 2 岁到 3 岁之间，性欲部位向括约肌转移，这标志着儿童进入了肛欲期：这一次，孩子将学习如何去控制粪便的排泄，即获得决定憋着还是排出粪便的能力。孩子会把快感和与排便相关的活动联系起来。快感与"引起性欲的肠道黏膜"（VI. 135）尤其相关。此时还无法让性功能隶属于生育，因为这一阶段还属于性发育成熟前的筹备时期。在向异性恋生殖迈进的过程中，力比多集中在了"肛门区的泄殖腔"。

在控制粪便排泄的过程中，孩子明白了他在生活中可以说"是"也可以说"不"，可以给出也可以保留；他发现了他对世界的力量、他的自主性和独立性。尽管排泄物并未因此而变得真正有用，却获得了一种价值，至少是获得了一种交换的价值：父母等待孩子明白控制排泄的逻辑——等待他们懂得干净清洁——而孩子则可以选择遵循或不遵循。存在于他肚子里的排泄物就像他身体的一部分，他可以以此来玩耍。大家都知道孩子在刚出生的头几年是有嗜粪倾向的。

孩子在 3 岁到 5 岁会经历性器期，它属于正常的力比多拓比：激起性欲的区域开始涉及性器官，性欲成为一种主体间欲望。正是在这一时期，孩子认识到了两性差异及父母在性和生育中扮演的不同角色，会经历俄狄浦斯情结，小男孩会出现阉割焦虑，小女孩会渴望阴茎——这点容我稍后详述……这个时期也对应了超我（即与道德、社会和伦理的限制力量相连的社会控制机制）形成的时期。

在俄狄浦斯情结阶段结束后（同样，我会在稍后就结束这一情结的各种方式做进一步论述），儿童进入了潜隐期，它对应的是从 6 岁（在 1924 年后的《性格与肛欲》版本中，是 4 岁）到大约 11 岁，在这个时期中，性欲似乎是孩子最后才会感兴趣的东西：俄狄浦斯的力量生成了一种抑制，它解释了为什么会有性欲这种潜隐。这是一个贬低异性、内化禁令、进行升华的时期，换句话说，这是一个把本能转移到社会允许道路上、孩子开始变得理智且被文明理想同化的时期……

青春期以反抗权威、父母、社会、宗教及社会道德秩序为特征。身体开始变化：从解剖学上看，孩子成为大人，这些身体上的巨大转变导致了惊慌混乱。性认同成了问题。双性性欲扰乱着个人。尝试性的同性性行为可能会出现，但这并不代表这个人一定就是同性恋。这个过程会朝向获得清楚明确性认同的方向发展，但这一过程并非毫无困难。

根据个人在从出生到大约 5 岁期间的各个发展阶段中所经历的事情的不同，创伤可能导致固着（fixations）的形成，固着可以用来解释某些行为或某些病症。比如，肛欲期形成的固着可以解释吝啬、热衷于算账、总是关注整洁或总是邋里邋遢、强迫性神经症、收集癖好（弗洛伊德收集打火机和邮票……）等——而口欲期形成的固着则会导致癔症。这里所说的创伤，要么是由幸福的持续时间过长造成的，要么是由一个虽然短暂但是让人不满的挫折期所引起，还可能是因为断奶过于粗暴和突然。喜欢享受的人、好吃的人、好酒的人、演说家、话多的人都可以用这种理论找到自己爱好的原因……

我们于是也就明白了，对弗洛伊德而言，肠道问题是如何与生命中——**他自己的**生命——的某个特殊时期相关的。他给出的口欲期是从 18 个月到 3 岁这期间,在他的人生中对应的是从 1857 年到 1858 年,他的母亲阿玛利亚在这个时期处于怀孕状态,她怀的是……**安娜**,这个小女孩从母亲肚子里出来,和那些给弗洛伊德整个人生都带来麻烦的东西没什么不同。弗洛伊德的肠道神经症对应了他母亲隆起的肚子,他在整个人生中都在不断重新经历这一情景,正是这种状况让我做出了下面这个精神病理学假设,当然,大家可以自己去判断我的假设是否成立……我的假设是根据弗洛伊德自身的观点建立起来的,一如既往地,弗洛伊德的观点对解释他自己的力比多运行极其中肯有效。

粪便被弗洛伊德赋予了一种奇怪的价值。在作品中,弗洛伊德以传说、民间故事、古文化、常识和俗语为依托,引用了那些把金子比作粪土的叙述——金子在大多数时候都是被比作魔鬼的粪便。之后,弗洛伊德这位作者便得出了那个他镌刻在名为普遍性的大理石上的所谓科学结论:"金钱和粪土之间存在十分隐秘的关系……"(Ⅷ. 193)所以,肛欲性格会让人"井井有条、节俭和顽固"(Ⅷ. 189)。我们还要对此说明一点,那就是弗洛伊德从来没有显示出他是一个偏向于生活拖沓无序、开销无度和思想灵活的人……

被母亲叫作"金西吉"的弗洛伊德,有朝一日居然会在最贵重和最卑贱的物质之间、在象征着权势的金子和象征着垃圾的粪土之间,想象出一种象征性的等同关系,毕竟金子是一种有了它就可以获得一切的金属,而粪便则是高贵的进食过程后所剩下的低劣部分,这种结论会出现在一个打算像哥白尼和达尔文那样从事科学研究且寻找真理的思想家的笔下,真是让人啧啧称奇。金子和粪便之间的奇怪对应关系似乎源于弗洛伊德的个人神话，它概括了弗洛伊德与母亲之间的关系状况。

让我们再加上这样一个细节——人人皆知，魔鬼藏在细节中：他的母亲阿玛利亚卒于1930年8月30日。就在这天，弗洛伊德给琼斯写了封信，他在信中坦言，母亲的死让他明白了自己身上的两件事：第一，他因为母亲在自己之前辞世而享受到了更大的个人自由，因为这样一来，他就不会因为自己的死而让母亲痛苦，而他从很早以前——很可能就是从他1923年被诊断出癌症以来——就开始惧怕自己会先于母亲而去。

第二，他承认自己因为"她在活了这么长时间后终于［原文如此］获得她理应得到的解脱而感到满意"。哪种解脱？从什么中解脱？从哪种辛苦、哪种疾病、哪种痛苦、哪种极度衰退中解脱？都不是，事实正好相反，他的母亲没有任何疾病。她直到95岁咽下最后一口气之前都精力充沛、意识清楚。

如此说来，是弗洛伊德自己**终于**从害怕有朝一日失去母亲的焦虑中解脱了出来——而不是他的母亲从不得不过的日子中解脱了出来……弗洛伊德在信中还加入了这样一句话以形容他的精神状况："没有痛苦，也没有遗憾。"……然而，最后的这个细节却说明他其实是在通过在书信中说自己没有痛苦而去隐藏他内心的巨大痛苦，"金西吉"没有出席母亲的葬礼——他是派他的女儿，**安娜**，代表他去出席的。

第八章 俄狄浦斯，卧铺车厢中的蜃景

> 我的力比多向着**母亲**（matrem）［原文如此］觉醒了，而这发生在和她从莱比锡到维也纳的旅途中，在这期间，我们应该是共度了一个夜晚，而这肯定［原文如此］让我有了一窥她**裸体**（nudam）［原文如此］的机会。①
>
> ——弗洛伊德，给弗利斯的信，1897年10月3日

所以说，弗洛伊德身边有的是一个让年轻女人怀孕的老父亲，这个女人几乎同她丈夫的长子一样大；父亲是一个热衷于"播种"的男人，他曾是多个女人的丈夫，而且把家庭关系弄得剪不断理还乱；他是一个被反犹主义者侮辱过的父亲，在辱骂中他弯下了脊梁；他是一个会因为儿子在家里的尿桶中撒尿就去侮辱儿子的父亲；他是一个在死后才完美的父亲，儿子梦见他成了马扎尔英雄；他是一个在儿子成名作里占据了重要位置的父亲，儿子宣称这部作品是让自己在未来变成世界名人的奠基石；他的死亡——如果我们相信他儿子所言——似乎对他的儿子造成了巨大的创伤，让儿子不得不进行自我分析，而这种自我分析又在一门名为"精神分析"的**科学**的创立中不断

---

① matrem 和 nudam 均为拉丁文。

地生出了许多自传体式的枝蔓。

弗洛伊德也是最受母亲宠爱的儿子,他的母亲在对她那用金子做成的儿子表达强烈爱意这件事上一直以来都做得很好;她向世人宣称,是她让这个注定会成为名人的天才降生;她怀上了一个年龄堪比父亲的男人的孩子;她被儿子想象成一个会同自己继子生孩子的女人;她因为怀上了一个最终会"知趣"早夭的幼弟而冒犯了这个自己最宠的儿子,之后她又生了个同样冒犯到他的女儿,而弗洛伊德又以这个妹妹的名字来作为自己最喜欢的女儿的名字;儿子因为她的存在束手束脚,他的肠道也因此在一生中频频打结;她的死将儿子从心理重负中解脱了出来,因为这个重负就是他母亲的存在本身;在进入坟墓的那一刻,她却没有得到最疼爱的儿子的陪伴,他派了自己的女儿去代替他出席葬礼……

稍后,这样两个人的儿子就会在自身经历的影响下对精神分析的不少重要概念进行理论化。现在,让我们在分析中去考察一下传记式实践与概念产生之间存在的对应关系:弗洛伊德的**自我分析**与他父亲去世这两件事之间存在因果关系,他需要重新把自我摆在中心位置;**梦的含义**对应着隐藏了存在秘密的童年记忆世界;**阉割焦虑**对应着弗洛伊德首次的存在性反应(réaction existentielle),即围绕那只尿桶发生的事;**家庭罗曼史**对应着与他母亲同样年轻的同父异母的哥哥,让年幼的他因为在家庭谱系和性认同上出现问题而陷入精神错乱的事实;**受宠孩子**学说对应着母亲对他表达的疯狂宠爱,而且他认为正是这种爱构成了他是天才且未来注定会成功这种说法的基础和合理解释;处于精神建构过程中的儿童对弟弟或妹妹的降生加以**死亡诅咒**,与此相连的是罪恶感;菲利普这个名字的意思转换孕育了**屏蔽记忆**理论,它让人可以不去触碰灵魂的痛处,得到安宁;他的母亲及她称呼他为"金西吉"的做法在他一生中都对他的肠道产生了影响,**金钱的肛欲性格**对应的正是这种影响,就像他的母亲以本体论的方式让他受孕了一个儿子,而他的肠道问题则像是他在经历精神性妊娠(grossesse nerveuse)……

事实上,此处存在一条明显线索,让我们能把弗洛伊德那最终只能算为平凡的一生中发生的所有事情串联起来。青年弗洛伊德的生活的确是平凡得不能再平凡了:自尊心受到伤害、灵魂的痛楚、将幻想和虚构与现实和历史相结合、本能反应、爱恨情仇、偏爱与憎恶、子女、想象出不符合实际时间顺序的事件发生次序、冲动、本能、无法无天的力比多、性的邪恶能量力比多造成的"固着"、固着又让人把所有影响到精神的东西都与性联系了起来。这些都是人生中的寻常问题……

而那条贯穿一切的线索又是什么呢?它就是被称为**俄狄浦斯情结**的东西。精神分析的震中,首先当属西格蒙德·弗洛伊德灵魂的原子核,因为精神分析这种**假设出来的科学真理**说到底还是一个**主观性质的存在性问题**,它是一个私人的和个体性的问题。这个问题在经过它的主人及其门徒的恩泽和施魔后,变成了所有人的苦恼,而且还被认为从人类的开端直到时间的尽头都将持续存在。换言之,它其实就是一个人的问题,仅仅是弗洛伊德个人的问题,但他成功地让全人类都患上了神经症,他疯狂期待的是,一旦让全宇宙都患上了一样的病症,他自己的神经症就会因此显得更容易承受,症状更轻、痛苦更少。

弗洛伊德书写自己的神话,他亲自动手打造自己的塑像,他在《遮盖－记忆》（Ⅲ.265）中曾提到，因为行业内经济危机，他父亲在弗莱堡的纺织工厂倒闭，而在弗洛伊德看来这就是他们一家在1859年从摩拉维亚的弗莱堡迁至维也纳居住的原因。除此之外，他还说到了修铁路的事情，他认为这条铁路为别的城市带来的利益大于他们的城市。铁路修建时，弗洛伊德才三岁半。而且，遵循同样的神话逻辑，他还说是1872年的倒闭风潮最终让雅各布·弗洛伊德彻底破产的。危机、火车、破产，这些都是原因，父亲则没有错：弗洛伊德没有怪罪他的生父，他认为父亲对这些发生在他们身上，发生在父亲及其家人身上的事完全没有责任。

然而，事实却似乎并非完全像弗洛伊德说的那样……他父亲所处的经济领域当时并没有遭遇任何危机。事实上，位于弗莱堡的一些与其父同行业的公司当时正处于欣欣向荣的状态，他父亲的公司却关门大吉；铁路也的确是修了的，而且离他父亲的工厂并不远，有鉴于此，这条铁路其实是增加了他父亲与其他城市做生意的机会。因此，真相似乎是雅各布对他自己的生意并不在行，他没有经商的天赋。不过，他在征服女人上倒很有一手：16岁时他就迎娶了一个年轻女孩，17岁的他在没有任何经济来源的情况下成为一个孩子的父亲，之后，他再接再厉，一共生了四个孩子，其中两个为死胎。没有工作，成天举债度日，而且还无力还债，他似乎对这些都毫不在意。他33岁时，正如我们前面提到过的，他的妻子去世了，于是他必须照顾那两个孩子。在娶阿玛利亚之前，他一度同另一个女人生活过，但那个女人很快就从他的生活中消失了。至于阿玛利亚，她是个年龄只有他一半大的年轻女孩，10年中为他生下8个孩子……雅各布67岁时，需要负担包括西格蒙德在内的7个孩子及妻子的生活，他根本无法胜任。于是，弗洛伊德为了继续求学而不得不借钱、贷款、申请助学金以及让支持他的那些亲戚、朋友或老师暂时垫付。雅各布没有任何英雄事迹……

就这样，他的破产导致了全家人离开弗莱堡并先后迁到莱比锡和维也纳两地居住。这些搬迁都是靠坐火车完成的——火车是弗洛伊德一生都恐惧的交通工具。他害怕出事故，所以一般会提前很早到达目的地，有时候他还会与家人分乘不同的列车去度假。弗洛伊德将用这种交通方式离开纳粹德国时期的维也纳而走上流亡之路，对此还有一张很有名的照片，那是他和女儿安娜在列车里的车窗旁照的。而同样是在一辆火车上，弗洛伊德遇到了俄狄浦斯的幽灵……

只要弗洛伊德给弗利斯的信件没有被世人看到，弗洛伊德的传奇就可以运转无虞：弗洛伊德像一位去到危险领域探索的开拓者一样，他潜入到了自己的灵魂深处，不顾一切，在表现出了一名新大陆征服者应当具备的胆识后，最终找到了俄狄浦斯情结这一普遍真理。这显然是一个罔顾历史的传奇，但它却得到了字典、百科全书、教育机构、大学、出版业、有着大量书籍的图书馆、新闻界的权威、1968年反文化风潮下的各种反制度运动者及其对手的一致认可。对这一传奇不断进行生产的机构之多，真是数不胜数。需要拥有多么强大的精神力量才能够逃过这样一种意识形态极权主义啊？！

于是，现在我们知道了为什么弗洛伊德神庙的守护者们会对信件大肆删涂——这么做过的首先便是安娜·弗洛伊德，此后，众多的精神分析信徒也这样做过。他们毁掉信件、为了对公众隐藏而去购买和删改信件,他们以维持弗洛伊德的金色传奇为唯一目的去筛选发表那些有利于展现弗洛伊德英雄荣光的信件片段,又将信件封存于档案馆仅仅让致力于维持弗洛伊德形象的辅祭们接触。信件被锁入保险柜且被定下一个完全不合理的解封期限,在此之前公众都无法接触到这些资料,而他们这么做的原因就是弗洛伊德的信件中包含的全是爆炸性的信息……不然的话,为什么要把弗洛伊德和儿子奥利维耶·弗洛伊德(Oliver Freud)的交谈资料封禁至……2057年呢?

这些信件涵盖了1887~1904年这个时期,这相当于弗洛伊德从31岁到48岁这一大段人生,那是一位抑郁的、感伤的且因为成功迟迟才来而急得跺脚的精神病医生在17年间最为隐私、最为隐秘的内情。很显然,弗洛伊德的传奇会被这些信件玷污,神话会因为历史真相最终被揭开而消退。我们现在要做的不是去对一段人生**做道德评价**,而是**不问道德地进行描绘**,我们想要知道的是需要扼杀多少历史真相才能建构出这样的一个传奇。

在1887~1904年期间,弗洛伊德从电击疗法走向了催眠疗法,最后又到达了具有传奇性的治疗躺椅;他通过自由联想的方法从科学的心理学走到精神的形而上学;他最初由于诊所缺乏病人而陷入绝望孤立,后来以"星期三心理协会"为基础建立了新"教会"雏形,这就是他所走的道路,在这期间,他也因为终于有了客人且得以定下自己的咨询价格而欣喜若狂过;他建立了一个家庭,失去了自己的父亲;最终,他像平凡人一样度过了一生,而非作为神——至少是半神半人,存在于世……

弗洛伊德毁掉了弗利斯在1907~1908年冬天给他写的那

些信，这并不奇怪，因为这些信对他的名誉危害实在太大，只有287封信和一些寄出去的理论手稿幸免于难，这相当于500多页的一摞资料。而正是这些资料让我们看见了另一个弗洛伊德：他毫无诚实可言，奉行投机主义，满心嫉妒，谋求私利，爱与人争吵，犹豫不决，傲慢，对成功、名声和金钱充满渴望，一心想让自己获得大学系统的承认，神经质，他的精神问题一直都在转为躯体症状，他还相信数秘术和玄奥主义，同意朋友那些最为空想虚幻的论点（周期理论和认为鼻腔出血与神经症的性病因学有关系的理论……），他会告诉朋友自己的所有疑惑，也会在尝试某个论点后（比如科学心理学、诱惑理论……）又去否认它……

这些遗留下来的信件才是能够开启弗洛伊德隐秘内情的钥匙，然而它们却被藏匿了将近一个世纪之久……这些信件在1950年才在德国发表——不过，它们自然都是被删改过了的……后来，它们1954年在英国和1956年在法国发表时，也都是经过了剔除处理，那些对弗洛伊德名声危害最严重的信件以及那些对弗洛伊德最不利的段落都没有发表出来。这样量身定做一个信件集录，旨在给读者提供一个符合已有精神分析形象的关于《精神分析的诞生》（这是被删改后的信件汇集成书出版时的标题）的故事。在其中，精神分析需要被看作一次有规律、笔直向前、没有错误、没有停顿、不存在后悔之处的征服行动；精神分析的创立由一个人独自完成，而这个人曾经凭一己之力与同时代人的误解做斗争，他独自忍受了那个时代的愚蠢，独自面对了那个时代的恶毒，尤其是对抗了反犹主义的迫害，他凭借自己一贯的才能和信仰，最终成功地让世人接受了他所创立的学科带来的科学真理，因此这个学科的诞生靠的就是他一个人的天才，没有什么其他的学术来源，没有前辈，同时代的人对它的创立也毫无助益，也不存在知识建构中必需的讨论和交换。给人以这样错误印象的信件集录不但在法国销售而且不断再版，直到……1996年，这种情况才有所改变。1996年，是这本提供虚假信息的不朽集录最后一次出版的年份！至于要想真正拥有足够的资料去对这门学科的认识论做出与门徒们所撰圣人传记——这些门徒在对待弗洛伊德和精神分析时扮演着"法官"与"罪犯"双重角色——不同的思考，那是……2006年以后的事了，因为直到2006年，这些遗存信件的经考证的真本才出版。

要想搞清楚欺瞒的广泛程度，甚至可以专门写出一本书来对所有材料的细节进行分析，然而，这并非本书的目的所在。所以，我们要做的是，从丰富的资料中萃取一个重要概念来分析，看它是如何在弗洛伊德的"方法"中作为标志性概念起作用的。就让我们取最中心的那个概念来分析一下，这个概念甚至可以说是弗洛伊德理论大厦的拱顶石，它就是**俄狄浦斯情结**，连圣人传记都不约而同地将它定义为精神分析的奠基石。

俄狄浦斯情结第一次作为理论出现是在1910年发表的《爱情心理学》中，不过在这之前，它就已经被实践过了。弗洛伊德在给弗利斯的一封信中通过一段字字珠玑的论述——我们毫不怀疑这段论述的精彩性——直接向我们透露了这一让人难以置信的虚构的细节。有关弗洛伊德的传奇认为俄狄浦斯情结的发现是弗洛伊德自我分析的成果。欧内斯特·琼斯将本来平淡无奇的内省经历转变成了一次"英雄"壮举……对这个"新世界"的征服主要是由做梦和解析梦来开展的，再加上对精神方面微观失误——比如口误、诙谐、记不起一个名字或词语、不小心计算错误及所有类似这些可以归到"日常生活的心理病理学"名下的现象——的解析。

从弗洛伊德与弗利斯的通信中，我们能够获得哪些关于俄狄浦斯情结的概念形成的信息呢？我们要说的是1897年10月3日的那封信，它是以**数秘术的妄想**开头的，这对朋友经常这样用数秘术进行演算。因为弗利斯相信男人的周期为23天，女人为28天，并用此来解释一切症状：鼻子出血、鼻腔分泌物、月经、咽炎、长牙、掉牙、写作灵感、伤感期、阳痿、死亡日期……

在这封信中，弗洛伊德先用数字、数量和周期搞出神秘难解的一套，然后又让一切以自圆其说收场，这是当然的……于是乎，弗洛伊德在信中提出了一个公式——它自然是科学的——用来解释一个妇女所患的肺炎与她那怀孕女儿第一次宫缩之间的关系！这两件事情的关系就是："$a \times 28 + b \times 23$"（339）！看，这就是为什么您的女儿是哑巴！[①] 同样，我们还要回过头来再加上一点，当他的女儿安娜出世时，为人父的弗洛伊德进行了满纸的日期演算，其中包含宫缩的日期、安娜的出生日期、安娜母亲重来月经的日期、安娜母亲的月经周期等，他积攒了三十来个数字，用加减乘除摆弄它们，最后说出

---

① 莫里哀《屈打成医》（*Le Médecin Malgré Lui*）一剧的台词（第二幕第六场）。在剧中一个伪医生被一个乡绅请去给他忽然变成哑巴的女儿看病。而在看病过程中，他扯出了许多八竿子打不着的原因，最后做结论说这就是她变成哑巴的原因。这个典故通常用来比喻对事物做出的解释完全没有任何意义，与结论更是完全没有联系。

了一句狄亚富瓦鲁①风格的断言:"所以,女儿的出生正逢吉日。"(1896年3月1日)——我们在这里连哥白尼的影子都看不见了……我们于是也就明白了,为什么安娜在那么长时间里都谨防公众看见她父亲这些煞费苦心完成却不合常理的科学言论。看,弗洛伊德就是在这样一种思想背景下,他就是在这样一种科学占卜的氛围下,将那个最终会形成俄狄浦斯情结理论的关键发现告诉弗利斯的。

让我们来一探这个荒唐故事的究竟吧。弗洛伊德说他是在两岁到两岁半的某个时候经历的那个所谓的原初场景:"我的力比多向着**母亲**(matrem)[原文如此]觉醒了,而这发生在和她从莱比锡到维也纳的旅途中。在这期间,我们应该是共度了一个夜晚,而这肯定[原文如此]让我有了一窥她**裸体**[原文如此]的机会。"看,这就是那个初始场景,而且在这出戏中西塞罗的语言②所扮演的角色也十分耐人寻味!

拉丁文让那些所谓的淫话——在用拉丁文的人之间这些话似乎不被认为是猥亵的,因为所有人都知道,用拉丁文的人都是些正经人——得以表达,就像克拉夫特-埃宾(Krafft-Ebing)以拉丁文的《性精神病》(*Psychopathia Sexualis*)作为其《临床法医学研究》一书的主标题一样,弗洛伊德看见的也不是 mère nue(裸体的母亲)而是用拉丁文表述的 matrem nudam(裸体的母亲)……第一个结论:这件事是如此震撼了弗洛伊德,以至于让他做出了与别人都相反的反应,通常人们

---

① 狄亚富瓦鲁(Diafoirus)是莫里哀剧本《无病呻吟》中的人物,是那个无病呻吟的病人的医生。

② 这里指拉丁文。

在震撼之下都会变得"不识拉丁文"①，他则不同，他反倒重新用起拉丁文来了……第二个结论：如果这件事情真的发生在那个时候和那趟旅行中，如果真的发生在弗洛伊德全家去维也纳途中他与母亲相伴的时候，那么正确的日期就不是1858年或1859年，而是1860年，这个日期是我们根据弗洛伊德自己提供的信息得到的：当时的弗洛伊德也就不是两岁或两岁半，而是三岁零九个月，也就是差不多已经四岁了，而非两岁……

第三个结论，也是最重要的一个：弗洛伊德的原文写的不是他**看见了**，而是他**应该是看见了**，也就是说，事情不一定这么发生……换句话说：这个场景没有发生，但它也有可能发生了！俄狄浦斯情结因此不是来自由正式程序认定核实了的，之后又被临床验证过的科学观察，而是来自这个小男孩的一个愿望、一个假设、一个欲望、一种渴望、一个心愿、一种憧憬、一种觊觎，因为他是那么想要在黑夜的卧铺车厢或旅馆房间里看见裸体的母亲……再没有比此处更能淋漓尽致地表现弗洛伊德将自己的欲望当成现实的地方了。

莱比锡与维也纳之间的直线距离是500公里。如果再加上乘坐马车去火车站的路程的话，这趟旅行很可能需要两天的时间，因此的确会有一个晚上在外过夜。是在布拉格的一家旅馆中还是在其他地方？又或在火车车厢中？没人知道，弗洛伊德也没有细说。不过，他猜测在这样的情况下，他是不可能没有看见裸体的母亲的……这个让成年的弗洛伊德在40年后还认为自己记得很清楚的孩提时候的欲望，开启的是一次让人难以

---

① 法语俗语，指语无伦次，但翁福雷在此用俗语表达的字面意思玩了个文字游戏。

置信的历险之旅,这次旅程的未来就是建成那个被命名为**精神分析**的学科。

欧内斯特·琼斯看过弗洛伊德给弗利斯的信,在他的传记《西格蒙德·弗洛伊德的生活与工作》(1957)中,看见母亲裸体这种**童年的假设**变成了**历史的真相**:"正是在从莱比锡到维也纳的这次旅行中……弗洛伊德有了机会〔原文如此〕一窥他母亲的裸体。"无独有偶,在1959年出版的迪迪埃·安齐厄(Didier Anzieu)的巨著《西格蒙德·弗洛伊德的自我分析》一书中,迪迪埃就年轻时期弗洛伊德写的传记部分中也有这样一句话:"在从莱比锡到维也纳的旅途中,西吉斯蒙德瞥见了〔原文如此〕他母亲的裸体,并因此感受到了一种强烈的挑逗,他将在稍后的人生中回想起这种感觉并分析它。"(第二卷,755)。更甚者还有1988年出版的彼得·盖伊(Peter Gay)的《弗洛伊德:一生》。这位英文作者直接引用了弗洛伊德给弗利斯信件原文中涉及他母亲的那段:"我无疑〔原文如此〕是能够看到她的裸体的。"(15)在这句话之后的第9行,彼得·盖伊指出了弗洛伊德叙述中的年龄错误:"实际上他是在几乎四岁时而不是在大约两岁时有机会隐约瞥见〔原文如此〕母亲的裸体的。"因此,我们也就不会惊异于2009年——换言之是在弗洛伊德与弗利斯的通信全部发表以后——热拉尔·于贝尔(Gérard Hubert)在他长达920页的大部头著作《如果是弗洛伊德的话:精神分析传记》中还在犯同样的错误了。当他谈到去维也纳的这趟著名旅行时,他写道:"我们知道弗洛伊德把这趟旅行视为自己的关键经历,他看见了〔原文如此〕母亲的裸体并感受到了自己的力比多向着母亲觉醒。"(66)……看,错误在被无数遍地重复后就这样变成了真理……

让我们把这封信的内容与弗洛伊德的另一封信结合起来看，这对于观察弗洛伊德的个人幻想如何转化成了普遍的科学真理十分有用。弗洛伊德在给弗利斯的信（1897 年 10 月 15 日）中说，到他那儿看病的人不够多——一如既往地，这一内容是夹杂在两段与数秘术相关的段落之间的。然后他又在信中回忆了童年时的保姆，她是个上了年纪的天主教徒，她会背着弗洛伊德的父母偷偷地把他带进天主教堂，最后他的父母在某一天突然惊异地发现自己的儿子居然跟他们谈论起了基督教神明信仰的风俗习惯。她就是那个因为偷窃而"被关起来了"的女人，我们在本书前面章节中提到过她。

在这封给弗利斯的信中，弗洛伊德这样写道："真正能够做到不自欺，是件很好的事。我产生了这样一种具有普遍意义［原文如此］的想法。我也一样，对母亲产生了爱恋之情，对父亲怀有嫉妒之情，现在，我将这两种感情都视作一种幼年时期的普遍现象。"下文的意思与这句话都差不多，他先是谈了下俄狄浦斯，此后又十分恼火地把那些别人对他的想法进行的理性批评一股脑儿地撇开，然后他写道："每个听众都曾经萌生、幻想过这种俄狄浦斯，面对被移植到现实中的梦境的实现，在抑制之物浮出水面之时，他会惊恐地后退，因为正是这些抑制将他的孩提状态与当下状态分别开来。"**导师发话了**（magister dixit），他说，事情就是这么发生的……

于是，弗洛伊德的方法暴露在了光天化日之下。弗洛伊德先是强调自省中诚实的重要性，之后对气氛进行了一番烘托，最后他抬出了这样一个确定事实：他在自我观察和自我审视过程中发现的东西具有普遍价值。这种说法依据的是怎样的原则？标准又是什么？他在得到了哪些证据后才发出如此言论？我们对此只能一无所知，因为弗洛伊德做的是与科学证明完全相反的纯粹断言和预言。他的行为更贴近于摩西颁布十诫，而不像达尔文尝试各种方法积累试验证据……

那句"我也一样"让人想到，在被弗洛伊德毁掉的弗利斯的来信中，很可能也写有相似内容。何况，在前一封信中，也就是谈及弗洛伊德认为自己看到了母亲裸体的那封信中，弗洛伊德已经指出说，弗利斯察觉到他的儿子也有同样的举止……不过，因为我们手上没有弗利斯的相关信件，所以我们无法对此下结论。不过，我们依然可以看见，对弗洛伊德而言，自己和弗利斯这对朋友有着同样的幻想材料，仅这一点就足以让他认为可以萃取出一条具有普遍价值的一般性规则了。弗洛伊德或许看见了他母亲的裸体并且因此心神大乱，弗利斯或许能够证明自己儿子也体验过同样的情绪，但那又如何呢？然而，对弗洛伊德而言，这些就已经足以构成支撑未来精神分析法则第一指令发表的证据了。

以孩提时候的一个愿望为基础——希望看见裸体的母亲——弗洛伊德为建设自己的理论大厦搭起了脚手架。只要是他经历过的东西，所有人就必然经历过。更有甚者，从时间之始直到现在的所有人也都必然经历过，从现在起到时间尽头的人们也都必将经历。即便上溯到人类的源头，我们也还是能找到这种情感，《图腾与禁忌》确认了这点。而如果我们将目光投向尽可能远的未来，未来的人们也同样会经历这种情感：觊觎母亲，嫉妒父亲。不论何时，不论何地，不论是怎样的天地，弗洛伊德都强加了这条真理，而它的开头却是"我产生了这样一个想法",这就好像一些人开始讲故事时会说"很久很久以前"……

弗洛伊德在《梦的解析》中写下的其实就是这个内容丰富、曲折起伏的故事的开头。在1919年添加的注释中,他明确写道:"此处是**俄狄浦斯情结**第一次在《梦的解析》中出现,而且还存在很多对它的后续研究,这让它对理解人类历史以及对理解宗教和道德行为发展史具有意想不到的重要意义。"(Ⅳ.340)——尽管在弗洛伊德写这个注释的地方出现的并非**俄狄浦斯情结**,而是**俄狄浦斯问题**。弗洛伊德还对它的性质定了调:由于这一科学发现的存在,他让人们对人类、宗教和道德的理解发生了革命性的变化。

第九章　炽热的乱伦激情

> 我们的气色很好，两个人都是，真可惜您无法看到我们。
>
> ——弗洛伊德（与妻妹米娜一起度假时），给妻子的明信片，收录于《我们心向南方》（《旅途信笺》），1898年8月13日

弗洛伊德以俄狄浦斯为标志书写着自己的人生。炽热的乱伦激情构成了他自我存在的支柱：孩提时期与母亲的经历演化成了为人父时与自己女儿的经历。从幼年直到咽下最后一口气，这位精神分析的发明者都追随着伊俄卡斯忒和拉伊俄斯（Jocaste & Laïos）①之子的步伐。汉尼拔和摩西，这两位被弗洛伊德当作人生典范的人，也与乱伦有渊源。只要用乱伦的暗光一照，他与自己父母、妻子、妻妹、最宠爱的女儿及其他子女之间的关系就都一清二楚了。

因此，弗洛伊德的私生活是围绕乱伦来组织的，一如他的理论生活。在母亲的幽魂、父亲的无足轻重、妻妹的阴影、女儿的侧影的伴随下，弗洛伊德，这位以科学装点门面的理论家通过《图腾与禁忌》阐述了全人类的乱伦问题。这本书宣称

---

① 古希腊神话中俄狄浦斯的母亲和父亲。

人类诞生于弑父，存在一个作为原始部落的首领和女性人群的拥有者的父亲，儿子们因为被父亲偷去了性自由而残忍杀害了他并把他吃掉，儿子们又被自己的大胆行为惊得目瞪口呆，于是反过来制定了禁止谋杀和乱伦的规则；弗洛伊德在《摩西与一神教》中对这个重要观点继续进行了阐述，在这本书中，我们看到的犹太人弗洛伊德对杀死摩西这件事怀有一种令人难以置信的热忱，传统上被视为犹太人之父的摩西被弗洛伊德亲手转化成了一个历史上的埃及人；知道了弗洛伊德的这种病态倾向后，我们就会用另外一种眼光去阅读他的《威尔逊总统》一书，弗洛伊德在这本堪称自欺代表作的传记的一开头，就强调了自己对传记主角的"反感"，这位众所周知的总统在他看来只有唯一一个缺点，那就是："父亲是他童年时期的大人物，这与他母亲的微不足道形成了鲜明对比。"（99）我们很容易就能想象到，对于一个抱有与此完全相反想法的人而言，对于一个认为母亲伟大、父亲微不足道的人而言，这位美国总统是多么容易在这本书开头的前 10 行就激起了这位分析者的如下评论，这个评论也足以说明问题了："这位在欧洲视野中冉冉升起的美国总统，从一开始就让我反感，而且这种厌恶随着时间的推移和我对他了解的加深而愈演愈烈。"（13）

于是，我们还明白注释者、传记作家、分析师、评论家为何会去控诉威廉·C. 布利特（William C. Bullitt）。布利特是这本用以"谋杀"威尔逊总统的作品的合著者，这本书写于其解剖对象尚在人世的时候①，却在弗洛伊德去世后才发表，

---

① 威尔逊总统去世于 1924 年，《托马斯·伍德罗·威尔逊总统：心理面貌》一书出版于 1967 年，弗洛伊德去世于 1939 年。

这样做不但能保住弗洛伊德的英雄形象，还能避免人们去寻找弗洛伊德要用精神分析"谋杀"这位总统的真实原因。其实原因就是，一个爱上自己母亲、嫉妒自己父亲的儿子对喜爱自己父亲、对自己母亲毫不在意的另一个儿子生出了恨意，而这种仇恨又很好地证明了科学常常是被一些不可告人的动机推动前进的……

炽热的乱伦激情也让我们理解了弗洛伊德的无神论思想。他在《一个幻觉的未来》一书中阐释说，当人们明白了上帝不过是一个给人安全感的父亲，明白了上帝不过是由无法接受人生现实的人们一手创造的一个形象时，上帝就成了一种清晰易懂的造物。那些无法被人们接受的现实是：人终有一死，而且正是为了死而活在世上。有些人拒绝接受这一命运现实，这让他们从离开子宫的头一秒就迈向了虚无。同样的上帝在《文明及其缺憾》中被定义为"一位被人们颂扬至崇高的父亲"（XVIII.259），之后变成了人们需要谋杀的对象！弗洛伊德的确是一个捍卫无神论的积极分子，这虽然让人难以置信，但是不容置疑。用超越善恶的眼光来看，我们就会明白个中原委……

至于弗洛伊德的其他作品，我们知道，它们都无一例外地带有在弗洛伊德心中不停翻腾的那种乱伦病症：俄狄浦斯情结自然也在其列，因为它是这座心理病理学大教堂的拱顶石，不过除此之外还存在一些附属症候，它们是：阉割焦虑、女性对阴茎的渴望、被视为在朝向生殖演进的所谓正常性发展过程中的停滞的同性恋、因为被认为有其历史基础的乱伦抑制而发生的升华、在追溯分析这一抑制的源头时发生的移情——可以说，弗洛伊德的整个理论大厦都以这个所谓的科学发现为出发点，而这一发现又最终可以被概括为一个孩子的平凡愿望，即一个小男孩对自己母亲怀有的欲望……

试问，哪个女人会接受这样的男人——他的力比多原型为无法触及的母亲？她是那个做了四年未婚妻依然没有失去童贞的女人；是那个丈夫只在需要生孩子时才与她同房，平时则很少碰他的妻子；是那个一旦建立了家庭，丈夫就不再对她感兴趣的女人；丈夫的性欲对象并非她这个年纪轻轻就做了母亲的妻子，而是另有所向，他挑中的是……她的妹妹，而她不过是一个被抛弃了的伴侣。这些都是弗洛伊德在给弗利斯的多封通信中自己承认了的。换句话说，她是一个经历过远距离恋爱的年轻姑娘，他们之间的关系是以通信来维持的，她只能在信纸上被欲望；她叫玛尔塔·贝尔奈斯，嫁了一个让她在 8 年内——从 1887 年 10 月 16 日到 1895 年 12 月 3 日——生了 6 个孩子的男人；在家庭中作为母亲的她被弗洛伊德禁了欲，这个男人说那是因为他还没有找到一种切实可靠的避孕方法，这个理由让他得以回避暴露他有可能有性功能障碍的事实；而他与妻妹经历的则是一种通奸性质的乱伦性欲——而弗洛伊德与她之间的通信又那么恰好地都被封存了……弗洛伊德被他对自己母亲的爱恋深深困扰，他的整个人生都在为寻找这个力比多迷宫的出口而努力。

为了把握弗洛伊德乱伦心理的性质，我们可以对他人生中的一个独特时期加以考察。弗洛伊德在 1872 年 9 月 4 日写给爱德华·希尔博斯坦（Edouard Silberstein）的信中叙述了一个相关事件。弗洛伊德 16 岁时曾在父母的朋友弗拉斯（Fluss）

家住过，他爱上了弗拉斯家13岁的女儿——他又一次地搞错了数字，在弗洛伊德的叙述中他们的年龄变成了他17岁，她15岁。这家人因为弗莱堡的布匹生意而致富，而据弗洛伊德说雅各布是在这个城市被一场所谓影响了全行业的经济危机搞破产的……陷入狂热爱恋但又十分内向的弗洛伊德把这种激情隐藏在自己心中足足三日之久。离别的时刻到来了，爱的表白却没有发生。弗洛伊德失魂落魄地游荡于田野之间。他于是开始诅咒父亲的无能，因为是父亲的破产才让他不得不离开弗莱堡这个地方，而他本来是有可能——对他而言，这点是理所当然的——在她身边享受到无上快乐的。因为在弗莱堡没有享受到幸福，在维也纳的他也就郁郁寡欢——这是一座他永远不会真正喜欢的城市……

在给朋友希尔博斯坦的信中，弗洛伊德用情感转移、力比多移情来解释这次一见钟情。年轻女孩吉塞拉（Gisela）其实只是一种托词，因为他真正的爱慕对象是……这个年轻女孩的母亲，当然，也有可能是弗洛伊德自己的母亲！在信里接下来的内容中，弗洛伊德对这个女人的光彩照人大加赞扬，他将所有优点都用来点缀她：她的资产阶级家世，她的彬彬有礼，她对古典文化的精通，她对所有事物都判断精准，她对政治事务也感兴趣，她有能力与丈夫共同管理公司，工人对她服服帖帖，她成功教育了7个孩子，她在伴随子女成长和履行母亲职责方面方法出众（弗洛伊德在信中还顺便对自己母亲在这方面的缺乏表达了惋惜……），她治家有方，她尤其在管理家务上很是拿手，她总是有着好心情，她还十分殷勤好客。看，就是这些打动了一个16岁男孩的心，让他沉浸在了对一个几乎与自己母亲一般年纪的一家之母的爱恋中……

弗洛伊德叙述说，当他住在这个被自己奉为维纳斯女神的人家中时，牙疼病犯了。这位未来的科学家和《梦的解析》的作者在当时还没有想到"牙齿和男性（男孩）性器官之间会存在关联"（IV.437）……少年的他通过过量喝酒来镇痛。当时的弗洛伊德还没有读过弗洛伊德，因此他尚不知道，根据他的学说，一次寻寻常常的手淫就可能让他不再牙痛……用他自己选择的委婉说法来说，他"陷入了昏睡状态"，吐得满地污秽。在这种情况下，吉塞拉的母亲出色地扮演了护士角色：她在夜里多次起身来看他！弗洛伊德在信中总结时谈到了从这位母亲眼中迸射出来的"精神之火"，并将其炙热与她女儿的"野性之美"相提并论。

弗洛伊德依旧沿用那种把自己的个人情况当成普遍现象的做法，他以严肃的**科学态度**在后来的作品中写道，人们的第一个爱恋对象会是母亲甚或妹妹——对弗洛伊德而言，这个妹妹就是安娜……如果读者想知道更多的话，可以去读他的《论性爱领域最普遍的衰退趋势：爱情心理学文集2》一书（XI.130）。然而，乱伦抑制的强大力量折磨着这个必须与自己对……丈母娘怀有的乱伦倾向做斗争的小男孩——的确是丈母娘，我们没有看错。这一次，我们将引用《图腾与禁忌》中的段落："事实上丈母娘对女婿构成了一种乱伦诱惑。比如，我们经常［原文如此］能够见到，不少男人先是爱上了丈母娘，后来才转移感情到其女儿身上。"……弗洛伊德总结说：在这类经历中发挥作用的就是"关系中的乱伦因素"（出处同上）。

弗洛伊德本可以在此加上自己年少时爱上未婚妻母亲的个人经历，但他并没有这么做。行文至此，这位**科学家**又把话题扯回了原始社会和初级社会，把圈子兜到了澳大利亚原始部落，并以人种学、人种志和旅行札记为支撑，引用了整整一箩筐的科学文献，从而让自己躲到了这些引文的背后，因为一如既往地，他的目的还是在于隐藏被认为具有普遍有效性的思想的源头，其实就是他主观性的个人经历这一点。的确，如果要想让自己被列入哥白尼和达尔文的类别，他就不得不让吉塞拉的母亲在思想领域所占的分量少于弗雷泽（Frazer）或马塞尔·莫斯的著作……

弗洛伊德对别人的性欲发表过如此多的高谈阔论：他在把女病人的父亲说成是子女奸污者时从没有表现出丝毫的犹豫；把口腔湿疹看作女病人在幼年时期被迫为生父口交的证据；用老鼠从一个病人身上诊断出过肛交幻想——这个病人就是著名的狼人，他和弗洛伊德一样有肠道问题，只不过弗洛伊德的肠道问题是吃了不新鲜的面包或油水过大的食物这类平常原因引起的，而狼人的肠道问题则是肛交幻想引起的；还把嗅觉错觉说成是性挑逗抗拒心理所引起的躯体反应；用阉割焦虑来解释对马的惧怕。但这样的弗洛伊德却从没有谈论过性爱在他自己生活中所占的比例——也就是在他理论中所占的比例……

为了得到弗洛伊德性生活的轮廓，我们将去读出蕴藏于字里行间的东西，找出零散信息之间的关联，并用调查员的放大镜到现场调查一番。弗洛伊德与弗利斯之间的通信再一次显得弥足珍贵。弗洛伊德会在给弗利斯的信中说起他的某次性关系进行得正常顺利，他只要这么做，我们便会想知道，他之所以认为这样的事情值得专门说起，之所以会在信中对此予以强调，这是不是正意味着性生活的顺利开展对弗洛伊德的生活而言并非常态？不然的话，为什么要在性生活通常都很顺利的情况下还去对顺利这点专门说明呢？因此，弗洛伊德在性上的表现似乎乏善可陈。

吉塞拉曾是弗洛伊德年轻时柏拉图式爱情的对象，还让他生出过与这个小女孩的母亲乱伦的幻想。而在吉塞拉之后，西格蒙德·弗洛伊德看中了玛尔塔·贝尔奈斯。据说，为了吸引她，他给她写过上千封信，这些信都是当他在离她十分遥远的巴黎居住时写的，当时的他背井离乡在巴黎上沙可的课——与玛尔塔远距离的恋爱是弗洛伊德第二次逃脱性行为且以升华模式去体验性爱……他说自己爱上了一个年轻女孩，但实际爱着的却是她的母亲，而且无论女儿还是母亲，他都没碰过；他的未婚妻被他用信件墨水化为了处女，他能提供的精液仅仅是墨水；弗洛伊德喜欢性，却不喜欢身体……只有这样他才能把自己的纯洁爱情保留给母亲。

从他遇到玛尔塔（1882年4月）到她成为他的未婚妻（1882年6月27日），这之间过了两个月。弗洛伊德当时26岁，他靠举债度日，没有工作，他在前一年才刚刚艰难地完成了医学学业——他用了比同级学生更久的时间才得到那些文凭：他很早就开始了医学学习（17岁），却很晚才完成（25岁），一般学生用5年就可完成的学业，他却用了8年，他当真是不徐不缓。从订婚到结婚（1886年9月13日登记结婚，第二天举行宗教婚礼），时间过去了四年，而其中有三年半时间他们都没有住在一起。弗洛伊德几乎每天都会给她写一封信……

在他们的通信中，他显得嫉妒心十足，占有欲极强，而且还为自己专横霸道的感情辩护；他劝说未婚妻不要直呼她堂/表兄弟的名字；他恳求她回避那些她可能碰见的年轻男子；他对她解释说女人的职责就是要做服从丈夫的贤妻良母；他还说他翻译的斯图亚特·穆勒的名篇《论妇女》——其实这是一部真正的女权主义作品——废话连篇；他在1882年8月2日给她的信中说她不漂亮——"我不得不坦白地说，你并不漂亮。我这么说［原文如此！］的确不是在恭维你，不过我也不知道怎么去恭维人。"他还细细叙述了自己在巴黎的生活，并且坦言，只要自己愿意，就可以追求沙可的女儿以加快自己在社会中出人头地的速度；他还直言不讳地表达了自己对财富和名声的炽热欲望……然而，真相却是，当时的他是在混日子。

我们是不是应该把弗洛伊德在个人生活中放弃性的做法及他自己的神经症视为他之所以会对神经症性方面的病因和升华理论进行思考的一个源头甚或是唯一的原因？我们的确可以这么想，因为他的作品解释的就是，那些没被满足的性欲、被压抑的性冲动、没有充分发挥的力比多和无法表现出性感的身体是如何成为譬如精神病、神经症、妄想症、癔症这类问题的原因的。对弗洛伊德而言，一切精神疾病都可以用力比多冲动的**堵塞**来解释。

让我们以轻松的心情来读读《"文明的"性道德和现代神经症》（1908）。乍看之下，它似乎是一篇论战文章，攻击了我们文明中清教徒式的道德，然而只要看它第二眼，就会发现它不过是一份几乎毫无掩饰的**自传体式的抱怨**，是一则对个人困难的抗议。37岁的弗洛伊德在1893年8月20日写给弗利斯的信中说，他与妻子没有性生活——弗洛伊德不喜欢以中断性交来避孕，不喜欢阻碍了他（弱小）性能力的避孕套，而且他也不想再有第 6 个孩子——尽管他最终还是有了第 6 个孩子——安娜，那是一次意外致孕……

在最后一次允许自己为人类生育后，弗洛伊德很可能从此便都是以自己的办法来满足性欲的。手淫应该在弗洛伊德的生活中发挥了重要作用——而手淫又是一种会引起神经症的行为……与未婚妻完全没有性生活，当未婚妻成为自己妻子后，和她也只有很少的性生活，再后来就完全没有了，接着，他的绝大多数力比多可能都是以单独性行为的方式解决的，最后他又与自己的妻妹有了奸情：看，正是这些经历让他的乱伦幻想得以逃避现实且以和缓方式长期存在……

弗洛伊德在那篇论述占主导地位的**"文明的"性道德**的文章中，表达出了一种遗憾。弗洛伊德认为与生育分离、仅仅以快感为目标获得性满足的方式在文明中没有一席之地，这实在是让人惋惜。在夫妇关系中，性被禁锢在一夫一妻制和婚姻中。这让所谓的正常性关系的发生时间很短，此后女人们又把对性的兴趣倾注到新的对象身上：她们的孩子。作为一个已婚男人和多个孩子的父亲，弗洛伊德这是在有感而发啊……

我们对自己撒谎也对别人撒谎，我们自己骗自己也骗别人，说性的用处并不在于让最有男子气概的人脱颖而出，并不在于让种族得以延续，而是另有他用——这属于叔本华的观点……我们都是自然的牺牲品，没有其他路可选。文化阻挡着性欲冲动，不然的话，性欲冲动就会对整个社会建筑都造成危害。而弗洛伊德并不具备摧毁社会运转机制的人应具备的虚无主义精神。

无法得到满足的需求要么会导致现代神经症，要么会让替代满足出现，甚至导致变态（perversion），换句话说就是让力比多改变方向,不再以生殖为目的:这种错误途径被定义为变态,根据弗洛伊德的观点,同性恋便是其中一例。手淫也一样。因为弗洛伊德认为性只具有一个正常指向,那就是以生殖为目的的异性性交,他把其他所有不属于这种定向模式的行为都命名为"变态"。

显然,对本能和冲动的压抑是必要的,因为它是一切文化和文明的来源。于是,对弗洛伊德而言,革命不是他所希望的,他仅仅满足于**改革**……在他看来,理想状态当然是人们拥有自由、自主、独立、不顾及社会义务的性生活,但我们不能指望实现理想,因为理想不属于这个世界,我们必须面对现实。弗洛伊德仅仅满足于实施某些调整——他憧憬的是一种高效可靠的避孕手段,看,这便是弗洛伊德的自由的全部意义了……

于是,被尼采命名为"一夫一妻偏见"的体制会在大多数人身上导致各种神经症、痛苦、不适、歇斯底里及各种心理和情感疾患。不过也有少数人作为特例能够因为升华而逃脱这种厄运:他们被抑制和压抑的性能量可以在没有损耗的情况下被用到具有高度象征能力的替代性智力活动中:美术、文学、哲学、宗教、诗歌和政治。这种本能冲动保留了自身的力量,改变的仅仅是道路而已:"我们把能够将原本的性目标改换成不再以性为目标而只是从精神上与它类似的其他目标的这种能力称作升华的能力。"(Ⅷ.203)

那精神分析学呢?弗洛伊德说:"节欲的艺术家几乎不存在,节欲的年轻学者则肯定不罕见[原文如此]。第二类人可以通过节欲而把力量释放到他的学习当中,而对于第一类人而言,他的艺术能力却会从他的性生活经历中获得一种强大的提升动力。"（Ⅷ.212）——而话说到这个地步，每个人都该明白了，因为弗洛伊德是一个科学家，所以他可以通过节欲而把力量释放到他的学习中。升华，他"独家炮制（pro domo）"出了多么美妙的一个概念啊——应该说是他又一次地炮制了这样的概念……

这个新创的概念很美妙，但也十分投机取巧。事实上，它合理化了弗洛伊德为了给被爱慕的母亲、被升华了的母亲、被依恋的母亲、受到保护的母亲、崇敬的母亲和敬仰的母亲专门建造一座思想大厦而摒弃（夫妻间）性生活的做法。阿玛利亚作为性理想的绚丽形象因此得以维持，她代表的母亲形象是那么崇高，在无法触及这种崇高的情况下他宁愿选择**理论上**的没有性生活、摒弃性欲和苦行禁欲，尽管**在实际生活中**伴随这种康德式道路的是手淫、让他产生负罪感的通奸及其他所有会导致神经症的替代活动……

社会鼓励我们放弃性，而这样生产出来的只会是被阉割的男人和缺乏行动能力的个人，这些社会主体都缺乏活力，社会既没有了解放者也没有了改革者，有的只是没有用处的猎物，因为弗洛伊德说，女人们喜欢的是那些"在其他女人那里证明了自己的"男人（出处同上）。这种情况下，女人只有两条路可走：要么给丈夫戴绿帽子，要么用自慰来逃避，但自慰会直接导致神经症。既然社会禁止女人走第一条路，女人们便全部堕入了第二条路的深渊中。她们可能表现出患有性欲冷淡症、摒弃性、像在暴风雨中死命抓住岩石的人那样牢牢依附自己的父母、忽视自己的丈夫，与这些态度相对的是她们把整个心思都放在自己孩子身上，孩子集中了她们力比多的精华。1911年11月，弗洛伊德在写给爱玛·荣格（Emma Jung）的一封信中说："我的婚姻在很久以前就已经完成任务了，现在剩下的就只有死水一潭。"然而，弗洛伊德并不像他说的那样，他不想那么快地变成一潭死水。

弗洛伊德头脑清楚，他写道："在婚姻里，只有那么几年会有令人满意的性交，当然，这其中还要扣除妇女出于卫生原因保养身体的时期。在三四年或五年过去后，婚姻的运转就不再能够保证满足性需求了。"（Ⅷ.209-210）这是弗洛伊德在不自知的情况下为我们提供了打开他心锁的钥匙，他说的这个时期在他自己的人生中对应的是1889年底到1890年或1891年这段时间——从他33岁到35岁这段时间——换句话说就是他向弗利斯说明自己没有性生活之前的两年到四年间……我们因此可以这么总结，实际上，正如清楚情况的安娜所说，对于当时39岁的她的生父而言，她的出生（1895年12月3日）的确是个意外，因为当时的弗洛伊德几乎和妻子没什么性生活……

如果我们继续以传记眼光来读弗洛伊德的作品的话，就会发现弗洛伊德曾以几句话提供了在他看来可以解决主流道德所引起的性不满问题的最好办法："解决婚姻引起神经症的最好办法无疑就是外遇；然而，女人受的教育越严格，她就越会去严格遵循文化的要求，就越会对外遇这种解决办法畏惧不已，因此便会更加陷入各种欲望与责任感的冲突中，这又让她更加会到……神经症里去寻求逃避。"（Ⅷ.211）可是，我们同样也知道，并非所有女人都会像弗洛伊德说的这样去屈从于主流法则……

通过这部作品，我们看到，弗洛伊德欲言又止、匆匆带过的其实是他对资产阶级通奸进行的理论化以及他对发生在自己

162　私人生活中的通奸行为进行的秘密合法化：他不是在谈让离婚变得更加寻常简便的必要性，也不是在鼓励自由的性生活；他没有颂扬放荡纵欲，更谈不上支持性革命；他没有建议人们不结婚，也没有用鼓励人们不成家来抨击家庭；他给出的是一个老掉牙的方法——家庭通奸，从普劳图斯（Plaute）、泰伦提乌斯（Térence）到莫里哀、哥尔多尼（Goldoni），再到欧仁·拉比什（Eugène Labiche）和乔治·费多（Georges Feydeau），家庭通奸为欧洲戏剧带来了欢乐，在后台也上演了无数遍……

弗洛伊德神庙的看护者们不喜欢别人找到可以证明他们的英雄会像他自己建议的那样去践行通奸的证据，加上弗洛伊德经常会——即便这并非出自他的本意——在作品中留下可供追寻的关于自己私生活的痕迹，因此，看护者们也希望人们到《"文明的"性道德和现代神经症》一文中去找相关的证据。因为在他们眼中——尽管这些人自己习惯于无论什么都用性去解释——说弗洛伊德与妻妹米娜·贝尔奈斯之间有性关系，这纯粹属于下流的诽谤：这位新大陆征服者曾经写下文字说他已经放弃了性，并把自己的力比多投向了被命名为**精神分析**的天才般的升华行为，质疑弗洛伊德福音书上的这些话就等于亵渎神明……

而弗朗斯·马切耶夫斯基（Franz Maciejewski）对弗洛伊德与他妻妹一起旅行时住过的酒店记录——大部分都是豪华酒店——进行了很具体的研究。他发现了什么呢？1898年8月13日，这对男女出现在斯维瑟豪斯酒店（Hôtel Schweizerhaus）的前台并以"西格蒙德·弗洛伊德医生及夫人"的名义要了一个只有一张双人床的房间,他们准备住三个晚上。弗洛伊德的虔信者拒绝采纳这种说法,他们声称这个酒店的房间号和床铺配置……(不知从什么时候起)已经变得与当时不同了。如果我们假设他们之所以在这个酒店里住双人房,是因为酒店客满而无法为弗洛伊德和他的妻妹提供两个单独的房间,那么,说不通的是,在马洛亚(Maloja)还有其他五家酒店,他们完全可以换住别的酒店……

在著名的8月13日星期六这一天,弗洛伊德给妻子寄了一张明信片,他在其中对美丽的景色进行了一番描述。而且他写道:"我们的气色很好,两个人都是,真可惜您无法看到我们。我们住的是一家简朴的瑞士旅馆,它的对面则是一座庞大的旅游酒店。"——而在那家大酒店中要两个单间无疑是不成问题的……他们的旅行总共持续了10天,从1898年的8月4日到8月14日。

如果弗洛伊德和他妻妹之间真的没有发生任何类似通奸乱伦的行为,那么,为什么要禁止人们查阅弗洛伊德给米娜的信件呢?这些信件是弗洛伊德在米娜还没有住进他家之前写给她的。为了防止研究者看到,它们被藏在位于华盛顿国会图书馆中弗洛伊德系列档案的保险柜中。即便是彼得·盖伊,这个强烈反对通奸说法的传记作家,也说它们是"在弗洛伊德与米娜·贝尔奈斯的姐姐订婚时他〔写〕给米娜的激情洋溢的信"(彼得·盖伊,846)。如果没什么好隐藏的,为什么又要去遮掩呢?既然隐藏了,那里面究竟又有着怎样值得让人一探究竟的神秘东西呢?下面,我们将把弗洛伊德在寄给自己未婚妻妹妹的信件里写满了**激情洋溢**的文字这一点作为一个确定事实来看——乱伦继续主宰着弗洛伊德的性生活……

因为从泄露出来的有关这些神秘信件的内容来看，我们知道，弗洛伊德同时与姐妹两人都通着信，他在给自己心上人的妹妹米娜写信的时候，开头用了"我的珍宝"来专指她，而且还用了"你的兄弟西格蒙德"这种奇怪的称谓来署名……勾引自己未婚妻的妹妹，把自己称作她的兄弟，这是在把自己的未婚妻、自己将来的妻子、自己未来孩子的母亲也看作自己的姐妹……作为一位甚至有能力解开无意识之谜的发明者，在他笔下出现这样的表露是多么奇怪的一件事啊！我们还要加上这样一点，当米娜收到自己未来姐夫这些信的时候，她自己也是订了婚的，男方是弗洛伊德的一个朋友。这场婚约因为她的未婚夫在1886年因结核病早逝而中止。根据我们知道的信息，从那以后，米娜在爱情、性、感情或婚姻生活上就是一片空白。1896年底，她住进了弗洛伊德家，并在那里生活了43年之久。

对《日常生活心理病理学》的所有读者而言，贝格街19号大公寓的房间分配显得十分耐人寻味……这栋房子的房间不少，一共有17个，米娜的那间配备了个人浴室，但进出**必须**经过弗洛伊德夫妇的卧室。因此无论从这个房间进还是出都会打扰到精神分析师夫妇的空间。米娜在这套公寓中还拥有一间接待客人的客厅，而这间客厅所处的位置也足以布置成一间睡房，从而让米娜自己的进出或别人的进出都不会影响到姐姐和姐夫。但弗洛伊德却以房间的分配控制了米娜的私密空间……"米娜姨妈"的房间成了弗洛伊德和他妻子房间的附属房间。

欧内斯特·琼斯书写了关于他们关系的神话：聪明的米娜会绣出美轮美奂的挂毯，她阅读，同房屋的主人玩牌，说出令所有人都赞赏不已的讽刺短诗。对她而言，弗洛伊德自然从来就没有过性吸引力……最后，琼斯还写道："有时候他也会在玛尔塔无法出行的时候陪她短途旅行。这引出了一些完全无中生有的流言蜚语，这些谣言传闻说米娜已经在弗洛伊德的感情世界中取代了玛尔塔。"（I. 168）因为在理论上把通奸作为避免夫妻生活神经症的唯一解决办法而去颂扬它的弗洛伊德，在琼斯看来，当然也是不会去践行自己的观点的：所有认为弗洛伊德通奸的人都是在恶意中伤他……

那么所谓的"短途旅行"具体有哪些呢？到佛罗伦萨的一次旅行；在加尔达湖度过的一个星期；在奥地利巴特加斯泰因（Bad Gastein）的四次疗养；罗马的17天旅行；到阿尔卑斯山乡间度假；1898年8月在蒂罗尔（Tyrol）度假15天；1900年9月在巴特加斯泰因的另一次停留；1902年8月和9月到罗马和那不勒斯旅行；1903年8月再次去蒂罗尔南部度假；1904年8~9月去雅典；1905年9月去意大利北部；1907年9月去罗马；1908年9月去蒂罗尔南部；之后在1913年9月再次去蒂罗尔南部度假——的确都是些**短途旅行**啊……

彼得·盖伊对弗洛伊德婚姻生活中这一不光彩时期的描述方式让人不得不心生佩服："在1919年的整个夏天里，当他妻子在疗养院疗养的时候，弗洛伊德想办法［原文如此］在巴特加斯泰因这个他最喜欢的温泉地之一同他的妻妹米娜住了一个月。他对自己选择了这么豪华的度假处所感到些许尴尬［原文如此］，但他又自己辩解说［原文如此］自己需要恢复精力以面对接下来的寒冷冬天。"（439）……需要明确的是，玛尔塔之所以住进疗养院是为了治疗西班牙流感，这是场让维也纳死了1.5万人、让欧洲至少死了3000万人的大瘟疫……

圣人传记作家们对琼斯打造的神话亦步亦趋，他们指出，这些旅行都很清白。然而我们却很容易就能明白，琼斯的"短途旅行"一词下面掩盖的东西，以及他专门指出弗洛伊德只在"玛尔塔无法出行的时候"才会同米娜出门这一点的用意所在……这些旅行信件的内容也同样恬不知耻：弗洛伊德向照顾孩子的妻子倾诉说他与米娜的假期是多么愉快，晴朗的天气、漂亮的冰川、迷人的市场、壮丽的景色、舒适的旅店、高品质的音乐会、完美的菜肴以及身心的放松。在1898年8月13日的明信片上，他欢快地写道："我们的气色很好，两个人都是，真可惜您无法看到我们。"……

在其他信中常常表现得哀伤或抑郁的弗洛伊德却让他的妻子做了自己快乐的见证人。结论已经呼之欲出了：在远离她的地方，他才体验到了真正的幸福……就算这样还没让玛尔塔马上明白过来，这时候，她的妹妹米娜补充道："我们是如此愉快，以至于每晚［原文如此］我们都会在不同的地方过夜，这是西吉［原文也是如此］想要的理想的度假状态。他神采飞扬得让人嫉妒，欢快得像一只燕雀，显然，他无法只待在一个地方。"（1898年8月6日）或许，米娜会在晚些时候读到《日常生活心理病理学》吧……

年轻时候的西格蒙德·弗洛伊德在吸引未来妻子时，曾经告诉她说她不是个漂亮女人，说自己如果愿意就能去追求沙可的女儿，还说她不应该对她的堂/表兄弟们直呼其名，也不应该同其他未婚男子讲话，他说自己嫉妒得要命而她只能接受他的要求。这样的弗洛伊德在度假中却给留在家中的妻子写了这么一张言辞欢快的明信片，而且他在自己写完后，还给妻妹留了一点写字的空间。比如，米娜在1898年8月10日的明信片上写道："我终于可以穿上法兰绒裙子、戴上所有的首饰炫耀一番了，当然［原文如此］，西吉也一如既往地觉得我万分优雅，只是我不清楚是不是别人也这么觉得……"这些都发生在玛尔塔照顾三个女儿和三个儿子时……然而即便如此，依然是不论谁觉得米娜和弗洛伊德之间有发生肉体关系的可能，圣人传记作家都会一概辱骂回去……

这些人连荣格的证言也都拒绝了，用弗洛伊德的话说，荣格是一个**雅利安人**（他在1908年12月26日给亚伯拉罕的信中写道："我们的雅利安同事对我们来说的确必不可少；没有他们，精神分析就会陷入反犹主义的攻击中……"），而且还是个做出背叛行为的雅利安人——所谓背叛就是因为他没有盲目赞同弗洛伊德的所有理论……于是，荣格主张的一切东西都变得可疑起来。不过，荣格提供的关于弗洛伊德和他妻妹的信息又的确十分耐人寻味。1907年，荣格到维也纳拜访了弗洛伊德，从而认识了米娜——她有时候会以"弗洛伊德夫人"的身份接电话……

彼得·盖伊提到过一段荣格透露给记者的隐情，让我们来读读："她十分美丽，她不仅知道关于精神分析的许多东西，而且还清楚弗洛伊德从事的几乎所有活动。当我在几天后参观弗洛伊德的实验室时，她问我是否能和她说说话。她因为自己同弗洛伊德之间的关系而心绪不宁，并因此产生了犯罪感。她告诉我说，弗洛伊德爱上了她，而且他们之间的关系已经发展到十分私密的程度……"（844）荣格坦言说自己对此感到十分失望……

两年之后，荣格与弗洛伊德一同受邀到美国7个星期，以便把精神分析的"福音"传到美洲新大陆，当时的他们专注于互相解析彼此的梦境。弗洛伊德讲到了那些他反复做的关于自己、妻子和妻妹之间三角关系的梦……被告知了内情的荣格——作为米娜情人的弗洛伊德对荣格知道内情这件事一无所知——进一步推进了假设,他认为弗洛伊德或许可以用他亲自理论化的自由联想原则来理解头脑中出现的独特的三角关系……荣格说:"他于是冷冷地看着我,并反驳说:'我还可以告诉您更多,但我不能用我的名声来冒险。'"(出处同上)对此,我们还要补充一点,那就是,荣格曾在公众面前多次给出了以上信息,而弗洛伊德也从未对此辟谣……

第十章 取名、命名、决定未来……

你一定不会反对我给我的下一个儿子取名为威廉（Wilhelm）！如果最终是个女儿的话，那么她的名字就将是安娜。

——弗洛伊德，给威廉姆·弗利斯的信
1895 年 10 月 20 日

弗洛伊德和妻子玛尔塔一共生了六个孩子，三男三女。他是不可能让他的妻子选择孩子名字的。每一次，他都会自己给孩子选一个与他的个人传奇有关的名字——孩子的母亲完全没有发言权。头胎是一个小女孩，为了纪念玛蒂尔德·布洛伊尔（Mathilde Breuer）而被取名为玛蒂尔德（出生于 1887 年 10 月 16 日）。玛蒂尔德·布洛伊尔是他导师约瑟夫·布洛伊尔（Josef Breuer）的妻子，在他事业的开始阶段，他曾在《论精神分析》（1909）一文中——此文是他在美国的一次演讲——对布洛伊尔多有赞许。讨厌美国人的弗洛伊德热泪盈眶地接受了伍斯特克拉克大学颁发的荣誉博士头衔……

弗洛伊德在下午到公园散步时做了些笔记，就这样即兴完成了这篇演讲。当他演讲时，他说："如果我们将发明精神分析视为一种功劳的话，那它也不是我的功劳。我并不是做精神分析的第一批人。我也曾经是个学生，忙着想办法通过最后考试，而与此同时，另一位维也纳医生，约瑟夫·布洛伊尔却已经率先在一个患了癔症的年轻女孩身上开始了精神分析疗程（从1880年到1882年）。"（X.5）

然而，在弗洛伊德写的《精神分析运动历史文集》（1914）中，呈现在我们眼前的却是一个拒绝和否认自己有前辈的人，是一个极力否认自己受到过阅读及其他人影响的人，是一个为了使对他人的理论借鉴或然的遗忘变得正当合法而发明了潜忆概念的诡辩者……他宣布说，自己当初尊崇布洛伊尔并非恰当之举，并说这种不恰当是自己当时所处的精神状态导致的：当时的他被情感迷惑了……据在场的人们说，他在收到美国文凭时的确十分感动。但在这本书中，弗洛伊德却躲藏在了"心怀善意的朋友们"的身后（XII.250），他声称是"朋友们"告诉他说精神分析法并非来源于布洛伊尔的**宣泄法**（méthode cathartique），而是弗洛伊德自己摒弃了催眠在先，后又采用了**自由联想理论**。所以说，精神分析法是他自己的发明……

这使得布洛伊尔更多只是合著者而非发明者，这就是弗洛伊德从此以后咬定的说法。正因为别人的辱骂和指责都指向了他一个人，于是他把别人的这种反应看作能够证明他是这门学科发明者的确凿证据。然后他又说，布洛伊尔在自己有关癔症的著作中一旦谈到转化（conversion）就会提到他弗洛伊德的名字，这便构成了精神分析不是布洛伊尔一个人的发明的附加证据。不过，精神分析的源头开端最终还是要从安娜·欧的案例算起，她是《癔症研究》一书的主角：从1914年开始，弗洛伊德便把安娜·欧——她的本名叫柏达·巴本哈因姆

（Bertha Pappenheim）——作为一个布洛伊尔没有正确分析的案例介绍出去，他认为布洛伊尔的失误在于他没有看出这个病人的情况属于移情现象引起的癔症型假孕，而他弗洛伊德却看出了这个神经症的性属性，从而让这个病人得到治愈——但这并非实情……

在《自述》中，弗洛伊德详叙了他的那套说辞：布洛伊尔对他而言曾是一个重要的人，布洛伊尔比他大 14 岁，他们之间的联系很密切，布洛伊尔也是他可以求助的人，而且不止一次地在生活中帮助过他。弗洛伊德承认自己亏欠布洛伊尔，但在承认的同时又总是带了他那突然冒出的自负：弗洛伊德曾于 1909 年在《论精神分析》中表明布洛伊尔是精神分析的发明者，但他在 1914 年发表的《精神分析运动历史文集》中却这样写道："精神分析是……我的发明。"（XII. 249）在 1924 年发表的《自述》中他说："对精神分析的发扬让我在后来付出了友情的代价。付出如此巨大的代价对我而言并不容易，但又在所难免。"（XVII. 66）言下之意就是：当门生超越导师时，导师对他产生猜忌和愤怒是很正常的……

弗洛伊德还为他和布洛伊尔的决裂给出了另一个理由：他们两人作为共同作者于 1895 年发表《癔症研究》时，在弗洛伊德眼中，布洛伊尔的衰弱迹象已经很明显了，他认为"他的自信心和抵抗能力已经跟不上他的思考能力"（XVII. 71）。一篇据说是在报纸上出现的批评他们的文章将决定这两个男人之间友谊的结局："我能够做到对这篇缺乏宽容的批评一笑置之，但他为此不但怄了气，还泄了气。"弗洛伊德无疑还嫌这个论据分量太轻，所以他又接着补充说："不过让他下决心和我绝交的最重要原因还是我后来所走的研究方向，他试图去接

近和理解却终未成功。"(出处同上)

当然，真正的决裂理由是被弗洛伊德掩盖起来了的：在弗洛伊德长时间贫困潦倒的生活中，约瑟夫·布洛伊尔给了他很多钱。当弗洛伊德变得富有后，这位老门生想把钱还给导师，布洛伊尔却拒绝了。这让弗洛伊德感觉受到了侮辱并因此大发雷霆……无论怎么说，弗洛伊德提议还钱的举动其实是在向布洛伊尔宣战：接受还钱是在侮辱弗洛伊德，拒绝还钱也是在侮辱他。因此不论怎样，只要让金钱这个他从理论上视为"粪土"——这是用弗洛伊德自己的话——的东西掺和进这件事，这位精神分析师就无论如何都能获胜。

就这样，玛蒂尔德被打上了布洛伊尔的标识，具体而言，是布洛伊尔夫人的标识。取这个名字带有明显的尊崇意味。孩子的出生日期对应了布洛伊尔夫妇像再生父母一样资助身处困难中的弗洛伊德的那个时期。那是一个镌刻着两个人记忆的时期，他们一起工作，布洛伊尔让他在一天的工作后可以泡一个热水澡，他同布洛伊尔家一起吃饭，等等……

玛蒂尔德带有一种弗洛伊德想要摆脱的事过境迁的标识：他的传记里充满了他在后来产生的对布洛伊尔的憎恨，这种恨意持续了一生。对此弗洛伊德书写的传奇很简单：布洛伊尔预感到了一些重要的东西，那就是神经症的性根源，但他不具备足够的勇气去发现这一新大陆，而弗洛伊德发现了它。这位前辈做了懦夫，他不知道该怎么去完成这一伟大任务，这项任务要求的是只有弗洛伊德才有的大无畏精神……弗洛伊德杀死了他的第一个父亲。

弗洛伊德的第二个孩子是个男孩，他叫让-马丁（Jean-

Martin), 出生于 1889 年 12 月 7 日。给他取名又是一次纪念行为, 这次纪念的人是沙可。弗洛伊德获得了去巴黎学习的奖学金。在巴黎的实验室中, 他的工作是解剖儿童大脑并在显微镜下研究大脑组织。为了挤进人生中的第一个社交圈子, 他向沙可毛遂自荐, 翻译了《萨勒贝特里埃医院神经系统疾病课程》一书的第三卷。勇气得到了回报, 弗洛伊德终于因此挤进了研究同僚的小圈子。

弗洛伊德在给未来妻子的许多封信中都说过, 他对沙可教授在萨勒贝特里埃的课程是多么着迷。这是一门拥有众多听众的大课, 课堂上不但有摄影和社交活动, 还有癔症和精神疾病的戏剧化场景、导师精湛的催眠技术、即兴诊断的热闹场面、精神弥撒的特殊气氛、磁力的颤动……言辞夸张的弗洛伊德甚至说自己觉得好像有了亚当在上帝为他介绍自己的造物并为它们命名时的那种感觉——这就是弗洛伊德的感觉, 他变身亚当, 被自己信奉的上帝同等对待的感觉……

29 岁就碰见了自己的上帝沙可, 他被邀请到沙可家里与五十来个有头有脸的来宾共处一室, 他为了面子而大量吸食可卡因, 他在亲近沙可女儿的同时想象自己或许有朝一日能够成为这个著名男人的女婿, 沙可让他体验到了亚当对上帝怀有的那种感情。在如此这般情况下, 他怎么可能不去尊崇这个男人? 弗洛伊德与未婚妻相隔甚远, 而与这个他毫不犹豫地比拟成上帝的男人却近在咫尺, 在与沙可的接触中, 他放弃了神经生理学, 投入了治疗精神病的事业中。与鳗鱼生殖腺说再见的弗洛伊德, 从此以后关注起无意识来……

努力想从沙可这个人物的光环中捞到好处的弗洛伊德, 一回到维也纳就开讲座炫耀沙可的催眠术在癔症治疗中取得的成效——他说的癔症是一个包罗一切的方便概念，为数不少的不同病症都被他叫作了癔症。弗洛伊德买了"沙可医生在萨勒贝特里埃的一堂医学课"的仿真画，其原作是安德烈·布鲁耶（André Brouillet）的一幅名画——我们在后面还会说到这幅画——他把这幅画挂在了自己的诊所中，就在有着他导师亲笔题词的照片的不远处。和沙可一样，弗洛伊德也开始搜集古代考古得来的物件。而且，弗洛伊德还把自己的首批作品特别印刷出来，寄给沙可和他的几个亲近门生。

新生儿让-马丁·弗洛伊德带着的就是弗洛伊德的这段过去：埋葬生理学、放弃解剖学、告别实验室、暂时放下神经学，即停止研究鳗鱼，而接替这些的则是磁力疗法的显灵、催眠治疗、集中精力研究癔症、精神病理学领域事业的起步，最后是"治疗躺椅"的诞生。弗洛伊德将出生喜帖寄给沙可后，收到的回信很短。萨勒贝特里埃的这位催眠师在信中没有指出这个孩子与自己**同名**这一点，而是说他希望这个名字能让弗洛伊德家的长子受到使徒约翰（Jean l'Evangéliste）以及那个撕下自己衣衫去接济半裸乞丐的百人队队长的庇护……在犹太人面前引用如此鲜明的天主教典故，显然不是什么恰当之举！

弗洛伊德的第三个孩子奥利弗（Oliver）生于1891年2月19日。弗洛伊德的命名方向改变了。他不再用孩子的名字去表达对第一位导师的妻子的尊敬之情，她在一个时期里扮演了弗洛伊德的再生母亲的角色。他也没有以此来继续致意沙可这位天父或这个类似于下面这个形容的存在——弗洛伊德曾对玛尔塔形容说："还没有人像他那样对我的影响如此之大。"

第十章 取名、命名、决定未来…… / 163

（1885年11月24日）生者让人失望，或许死者会让人失望得少一点。于是，弗洛伊德开始把目光投向了克伦威尔——奥利弗·克伦威尔。然而，所有发表过有关弗洛伊德政治态度的文章的作者都对弗洛伊德以克伦威尔为政治参照这点保持了缄默。事实上，我们能从这点上获得一些有用信息，并以此来反驳那种认为弗洛伊德不问政治且是一个秉持民主的自由主义犹太人的神话……

因为奥利弗·克伦威尔远远不是自由民主政治人物的化身：这个狂热的加尔文派清教徒自己花钱组建了一支狂热的军队，军队里的人与他属于一丘之貉，他用这支军队发动了一场攻击天主教权力的冷酷战争。在经过多次战役且肃清了议会之后，克伦威尔得到了权力，宣布成立共和国，同时对爱尔兰的天主教徒大肆屠杀，把他们的财产充公。克伦威尔用铁血镇压起义，用武力解散政治集会，建立了独裁专制。他是清教徒、军人、战士、独裁者、肃清者、屠杀者，不过也是那个在法国大革命发生150年前，即1649年，将国王查理一世这个上帝在世间的代表斩首的人。对于弗洛伊德的儿子而言，这是多么奇怪的一个榜样啊……

弗洛伊德在《梦的解析》中给出了如此命名儿子的理由，他说："至于我的第二个儿子，我替他取了一个和历史上伟大人物相同的名字——在我还是孩童的时候，这个人物就已经强烈地吸引了我，特别是在去过英国后，这种吸引变得更加强烈。在儿子出生的前一年，我已经决定如果生下的是男孩，就要给他取这个名字，我将以万分满足的心情去迎接他的出生，之后我也的确给他取了这个名字。很容易看出来，父亲身上那种被压抑的狂妄自大是如何在思想上转移到孩子身上的。"

(Ⅳ.496－497)

被压抑的狂妄自大？弗洛伊德的这番坦言与他的金色传奇发生了背离。而且弗洛伊德写自己的文字中几乎总是隐藏了其他的信息——这里隐藏的信息是，他热衷于杀死国王，换句话说，将天主教国王斩首一直都是谋杀父亲的另一种方式。

弗洛伊德的第四个孩子名叫恩斯特（Ernst），生于1892年4月6日。弗洛伊德重新回到了充满活力的状态，重新回到了过去，重新回到了导师那里：这次被致敬的人是恩斯特·布吕克（Ernst Brücke），他的生理学导师，弗洛伊德在1876~1882年这6年间曾在布吕克的实验室工作。布吕克比弗洛伊德年长40岁，他是大学精英阶层的一员，也是维也纳生理学的首席教授，而且还被认为是显微解剖学的创始人。他流露出亲犹太人的自由主义态度，他与约瑟夫·布洛伊尔也有联系，正是他把弗洛伊德介绍给布洛伊尔的。他矜持稳重，在必要的时候也能表现出威严。他还是一位艺术爱好者，会自己作画。研究中的他是一个实证主义者，他接受弗洛伊德进了自己的实验室。弗洛伊德在这里先是从事关于七鳃鳗（Ammocoetes petromyzon，一种古老鱼类）性征的研究，后来又从事了关于人类大脑解剖的研究……

弗洛伊德在《非专业者的分析问题》一书的前言中曾坦白说，恩斯特·威廉·冯·布吕克（1819~1892）是"对我产生过前所未有影响的最大权威人物"（XVIII.81）……我们知道，弗洛伊德总会在对别人奉上赞美之词后又去加上淡化甚至撤销这种赞美的言辞，因此我们也就很清楚他对人致敬的深度如何。继沙可这个近似于神的存在后，布吕克成了一个近似

第十章 取名、命名、决定未来……／165

他父亲的人……这是否就是弗洛伊德在1878年——他在这一年遇到了他的导师——决定为自己改名的原因呢？这是否就是他决定放弃西吉斯蒙德这个让母亲可以亲昵地称自己为"金西吉"的名字，并从此以后改名为众所周知的西格蒙德的原因呢？我们永远也不会知道……

在《自述》中，弗洛伊德说正是"布吕克热情的推荐"（XVII.60）让他获得了去巴黎学习的奖学金且遇见了沙可，然而在给玛尔塔的信中（1885年6月3日），他却表明他并不认为他的保护人真是在不遗余力地帮助他！弗洛伊德这种矛盾情绪以及他这种在人前赞美、在背地里却不以为然的做法表明，就像他自己说的那样，他把自己和导师之间的关系视为儿子服从父亲的关系。

在对一个梦的解析中，布吕克被弗洛伊德用来解释梦中的一个特殊内容——迟到。弗洛伊德说，当他在实验室里干实验室助理的工作时，他有时会迟到。一天，布吕克等着他，并在他到来时说了几句简短有力的话，弗洛伊德没有详述布吕克到底说了些什么，因为这不是重点，真正关键的是布吕克看他的眼神："把我击倒的是他瞪着我的那双可怕的蓝眼睛，在这双眼睛面前我变得一无是处。"（IV.470）……

于是，弗洛伊德梦到了布吕克，并且对这个梦做了一番怪异的解析：布吕克让他为一个特殊的解剖实验做准备，因为弗洛伊德看见自己的身体被切成了两半，而有着大腿和骨盆的那部分身体没有任何器官——也就是说那是没有性器官的半截身体，然后他面对着自己的身体参加了实验，却一点也没有感到疼痛。弗洛伊德，这个在所有情况下都会立刻想到性的人，居然在这种明显与性有关的地方没有想到性：拥有父亲般威严的布吕克命令作为学生的他准备了一个让人很容易联想到阉割的解剖实验；然而，弗洛伊德却没有这样解释这个梦，他从这个梦中看到的居然是……自我分析（Ⅳ.503）！不要忘了，据他自己承认，1896年他父亲的死也让他产生了这种自我分析的欲望。

索菲（Sophie）于1893年4月12日来到了世间。可以想见，之所以选择这个名字，是因为弗洛伊德想取这个词的词源学含义①来向智慧致敬。不过，我们也已经看到，为了让别人将自己视为一位科学家，他又是在怎样的程度上不得不对哲学采取了拒绝态度的。为了向柏拉图、叔本华及尼采所属学科致敬而给自己女儿取索菲这个名字，对一个坚持认为自己如同哥白尼/达尔文一样是一个科学家的人而言，这意味着一种被压抑的、无意识的欲望，但他却没有朝这个方向走下去。

琼斯指出说，之所以取了索菲这个名字是为了向弗洛伊德在生理研究所做研究时候的一个朋友致敬，这个人便是曾在高中教过弗洛伊德《圣经》和希伯来文的萨穆埃尔·哈默施拉格（Samuel Hammerschlag）老师。又一次，弗洛伊德说一个男人对他而言就像父亲（琼斯，Ⅰ.180）。这个老师的一个侄女就叫索菲。我们无从知晓这位老师是否真的是个好老师，因为弗洛伊德在1930年时还需要别人翻译才能看明白一位犹太作家在寄给他的一本书中用希伯来文所写的简单题词，我们能够想到的只有两种情况，要么是因为弗洛伊德不是个好学生，要

---

① Sophie 这个名字来源于"Sophia"，在古希腊语中，它的含义是"智慧"，"sophia"（智慧）与"philo"（热爱）共同构成了"philosophie"（哲学）这个词。

么是因为他的老师在教学方面并不怎么拿手，如果这两者都不是，那可能又是抑制在作祟了……

不论哪种情况，犹太人弗洛伊德举行的都是宗教性婚礼，但他又在家里禁止实践宗教礼仪，而他的妻子玛尔塔，这个汉堡犹太主教的女儿，却希望能在家中把犹太传统继续下去，弗洛伊德粗暴地打消了她的念头。75岁的雅各布·弗洛伊德，这位浸润在犹太教哈西德主义（hassidique）中的开明人士，在儿子35岁生日时送给他的是一本自己从父亲手中得到的《圣经》，这本《圣经》上也有一段弗洛伊德无法读懂的希伯来文题词。

面对父亲希望自己继续保留犹太身份的愿望——将签过名的《圣经》作为礼物送给他便是父亲这一愿望的明证——弗洛伊德的回应是禁止对儿子实行割礼，禁止家人频繁出入犹太教堂，禁止对孩子实行宗教教育，禁止在家中实践宗教，禁止妻子私下祈祷。在贝格街19号，圣诞节是用一棵圣诞树和一些蜡烛在家中庆祝的，复活节是用彩蛋庆祝的……不过，他却没有放过让自己加入开明犹太人组织圣约之子会（B'nai B'rith）的机会，他在1897年加入这一组织时，其维也纳分会也就才成立了两年。他在圣约之子会中办讲座，争取让人们改宗成为精神分析信徒。

然而再一次地，他做出了当父亲阴影显现时他会做出的反应，他表现出了矛盾情绪：他加入到了圣约之子的维也纳分会，他将成为耶路撒冷大学的管理者，他在年轻时显示出了反犹太复国主义的立场，在对犹太人的迫害在法西斯和纳粹主义欧洲表现得很明显的时期，他又不再排除成立犹太人自己的国家来解决问题的可能，这样的他却又写出了《摩西与一神教》

一书来说明摩西并非犹太人，而是埃及人，他甚至还摧毁了上帝存在的可能性，让所有宗教信仰都成了"一种强迫神经症"。他不想自己是犹太人，但又认为一切对他思想的抗拒行为都属于一种阴暗、隐蔽和盲目的内在反犹主义，为了对这种反犹主义加以防范，他把荣格这个最终会被他扫地出门的"雅利安人"视为了自己的继承者……

弗洛伊德集中了所有这些思想片段，而且当他在1926年5月6日在分会会员们的面前说自己"很清楚地认识到自己内心的身份认同，认识到了精神建构的神秘之处"时，他相信自己超越了这些矛盾。索菲就是这种清楚认识的反映，她体现了这种精神建构。

索菲于1913年1月与马克斯·哈尔贝施塔特（Max Halberstadt）成婚。同年9月，弗洛伊德与和他形影不离的米娜姨妈一起去了罗马，他给自己的女婿写了张明信片，下面的签名是："来自一个孤儿父亲的思念"［原文如此］。我们没有看错，他的确用了"孤儿"这个词……马克斯·哈尔贝施塔特在娶了索菲的同时夺走了一件属于他的东西。然而，在婚姻中，丈夫理应得到妻子的性，换句话说，丈夫其实并没有夺走属于妻子父亲的任何东西，因为妻子的性本就不属于她的父亲。通过使用"孤儿"一词，弗洛伊德实际是在要求拥有和女婿一样的权利：性的拥有权、对身体的占有、对一个人隐私的所有权。

何况，"孤儿"一词在字典中指代的是失去了父亲或母亲抑或双亲的人，而不是指失去了儿子或女儿的父亲……弗洛伊德有什么理由去要求获得这样的乱伦特权呢？他有什么理由去认为一个女孩的父亲可以拥有其丈夫通过结婚才从她那里得来的东西呢？当他写下上面这句话时，是什么让这位一旦涉及的是别人就会十分急躁地去用性欲和力比多解释一切的精神分析发明者允许自己像俄狄浦斯一样盲目行事呢？作为《日常生活心理病理学》作者的弗洛伊德却对这样一句带有精神病理性质的话视而不见这该怎么解释呢？因为索菲结了婚，弗洛伊德就成了孤儿？因为女儿上了别的男人的床就觉得自己是个失去了女儿的父亲？所有这些都让我们怀疑弗洛伊德内心到底对他倒数第二个女儿抱有怎样的感情……

索菲是弗洛伊德最宠爱的女儿，用他的话来说她是他的"星期天孩子"——她于1920年死于西班牙流感，时年26岁。她留下了两个孩子，最小的才13个月……她的长子，也就是弗洛伊德的外孙，也很快跟随她迈向了死亡。

第十一章　在癔症标识下出生

> 如果这一胎是儿子的话，我会给你发电报，因为他……将以你的名字命名。最终这个孩子是名叫安娜的小女孩，所以她才这么迟地［写信］向你们介绍自己。
>
> ——弗洛伊德，给弗利斯的信，1895年12月3日

于是，安娜就在这样一种有着十分浓郁象征意味的命名氛围下来到了人间，她出生于1895年12月3日。安娜，索菲的反面……她没有成为对任何人致敬的借口，她没有被用来表明以前的导师们是再生父母，她没有负担任何弗洛伊德犹太心理的回忆，她也没有化身为清教徒恺撒政体的强力表达。而且安娜自己也说，如果她父母拥有行之有效的避孕方法的话，她是不会出生的……安娜，这位未来的儿童精神分析师，知道自己并非父母爱情的结晶……

一封写给弗利斯的信让我们知道了下面这点：如果出生的是男孩，弗洛伊德就会用弗利斯的名字为他命名，叫威廉。当我们阅读这两个男人之间的通信时——这些通信在广度和深度上见证了他们之间的感情关系、依恋关系，甚至爱情关系——我们会惊异于如此经常指责别人犯下"看得见邻人眼里的一

根稻草，却看不见自己眼里的一根大梁"① 的弗洛伊德，会与别人一样盲视：弗洛伊德从未将他和弗利斯之间的关系放到被抑制了的同性恋这一标识下加以认识……

相反，当弗洛伊德烧毁他曾经所爱时，弗利斯因为抑制心中情欲——而且这情欲自然是弗利斯单方面对弗洛伊德抱有的——而得了妄想精神症（psychose paranoïaque）……对弗利斯的这种诊断出现过两次：一次是在弗洛伊德写给荣格的信中（1910年12月3日），另一次是在弗洛伊德写给费伦齐的信中（1910年1月10日）。弗洛伊德，就他这方面来说，他声称自己还没有变得和弗利斯一样有病，因为他已经把对自己朋友的激情升华到了学说研究中。他对费伦齐这样写道："我的一部分同性恋倒错心理已经因为我的自我得到成长而不复存在。我成功做到的事正是妄想症患者没有做到的。"（1910年10月6日）换言之，他们的故事中的确曾有同性恋关系的存在，只是弗利斯因为抑制了这种感情而患了妄想症，弗洛伊德则将这种感情改头换面，从而发明了精神分析……不过，我们不能忘记的是，他们之间的绝交并非起于弗洛伊德……

作为伙伴的这两个人在他们的交流中把双性恋概念摆到了重要位置。这一理论让弗洛伊德能够提出他的同性恋病源说。弗洛伊德甚至提议弗利斯与他合著一本名为《人类的双性恋》的书，只是这本书最终变成了《性学三论》，而且还是一本以他一个人名字署名的书。而且，正是因为弗洛伊德要把弗利斯关于双性恋问题的想法变成自己的单独发现才让这两个男人之间的关系恶化。弗利斯主动断绝了和弗洛伊德的来往。当两人

---

① 西方熟语，意思是很会对别人吹毛求疵，却发现不了自己的大错。

之间关系冷却时，弗洛伊德又声称他早就看出了两人分歧的日益扩大。

弗洛伊德在那封重要信件中（1901年8月7日）提醒他的收信人注意下面这点：布洛伊尔以前暗示过弗利斯的妻子，他说，弗洛伊德在维也纳而弗利斯在柏林，这是件好事，因为距离使得这两个人并非近在咫尺，这就避免了对弗利斯婚姻构成威胁！弗洛伊德指责自己的朋友弗利斯居然对这种关于他们之间关系的假设表示赞同，而且还因此而责备自己盗用了他关于双性恋的论点。弗洛伊德接着写道："如果我真是那种人，你大可不必读我的《日常生活》① 一书，并可将它扔进纸篓。这本书中有很多内容都与你有关——明面上说，你为这本书提供了素材，私下而言，这本书就是写给你的。卷首题词也说明它是送给你的礼物。如果不看除此以外的其他内容的话，这本书已经足以表明迄今为止你对我的巨大影响。"

弗洛伊德在这里提到的那段题词乃是引自歌德的《浮士德》，这是一段让人琢磨不透的文字："现在空气中幽灵之气弥漫，无人知道怎样才能摆脱。"谁是这个幽灵？是弗利斯吗？或许吧。不然的话，弗洛伊德为什么要去信给弗利斯问他是否允许自己使用这句题词呢？由于弗洛伊德已经把弗利斯寄给他的所有信件毁于一旦，因此我们也就无从得知这其中的具体故事了。不过，上面的这封信还是让我们看到，陷入单恋的弗洛伊德正在告诉他的朋友其身影在他的作品中随处可见——因此也就是**在他本身**中随处可见……

---

① 指《日常生活心理病理学》。

第十一章　在癔症标识下出生

于是乎，安娜这个孩子没有被命名为威廉，因为她像所有女性一样，当她来到世间时有的只是一根"生长不良的阴茎"——对此大家可以去读弗洛伊德的《论女性性欲》（1931）一书……然而，为什么要给她取名安娜呢？真是奇怪啊，安娜，这个因为避孕出现问题而得来的孩子，似乎是唯一一个与俄狄浦斯谱系无关的孩子。因为在弗洛伊德传记或家庭中已经存在过很多位"安娜"——而我们将抱着极大的兴趣来将其梳理一番……首先引起我们注意的是，安娜的出生日期几乎与精神分析的诞生日期重合：这个意外怀上的小女孩于1895年12月3日出世，而1896年3月30日在由沙可与其多位门生共同撰写的《神经症的遗传和病因》一文中首次出现了法语的"精神分析"这一术语。在1896年2月6日给弗利斯的信中，弗洛伊德详细解释说，这篇文章撰写于他寄这封信的三个月前——换言之，是在1895年11月初到1896年2月初之间，安娜正是在这段时间出生，并如一颗黑宝石般嵌入了他的生活……

对于第一个安娜，并没有参考资料用来解释取这个名字的原因……这个安娜很可能是安娜·欧，那个众所周知的安娜·欧！即柏达·巴本哈因姆，那个让布洛伊尔和弗洛伊德得以建立精神分析学的首个案例。安娜这个名字因此可能属于**精神分析谱系的标识**，这样的看法不但符合那个被认作是**精神-分析**诞生的日期，也符合这个意外出世的小姑娘的命运——她被召唤作为精神分析殿堂的守护者、精神分析的首席女教士、女祭司、它的贞女、它的处女及俄狄浦斯的贞洁化身……同时她还要成为精神分析学圣人传记监察制度的保障人，她是那个为自己的父亲及他的文学创作撰写双重神话的小气的代理写作人。

柏达·巴本哈因姆，何许人也？谁是弗洛伊德传奇中的安娜·欧？她是布洛伊尔的第一个病人，是《癔症研究》一书的女主人公，是那个被一些批判性历史学家毫不迟疑地说成是为"精神分析的第一个谎言"提供机会的人……不要忘记下面这几个事实：1880年11月，这个21岁的女病人明显是得了病，后枕痛、内斜视、视力问题、颈部肌肉瘫痪、身体多处痉挛麻痹、产生看见大量黑蛇的幻觉及恐惧症——尤其怕水，还害怕墙倒塌——语言障碍、缄默症、遗忘母语、多语言混合症、双重人格、拒绝进食、无法认人……看，这些便是弗洛伊德（通过安娜这个名字）能够给女儿的诞生赋予的象征：自然这也就是他能够赋予精神分析学诞生的象征，然而它们却也是最深层癔症的绝对体现……

弗洛伊德对这件事的叙述版本如下：布洛伊尔的催眠治疗把患病很严重的病人治愈了。通过催眠技术，她意识到了压抑在心底的东西，因而被治愈：文中谈到的"令人惊叹的结果"［原文如此］（Ⅱ.65）其实是在催眠状态下做到言语表达后出现的病人症状的**长久**消失。于是一种新的"治疗技术"诞生了，它将替代催眠疗法。安娜·欧说这是"言语疗法"，此外，她还用让人莞尔一笑的另一种说法："烟囱清理法①"。布洛伊尔和弗洛伊德没有采用后面这种比喻说法，而是用了"宣泄法"（méthode cathartique）一词。

历史的版本，即非传奇的版本如下：安娜·欧从未被治

---

① 此处是"ramonage de cheminée"的直译，在法语民间表达中，它也是"做爱"的粗俗说法。

愈，她的病情经历了多次反复，就连欧内斯特·琼斯在他的传记中也证实了这点（I. 248）。事实上，柏达·巴本哈因姆依旧而且一直在抑郁状态之后就会陷入谵妄阶段，她仍是一到晚上躺在床上就无法再说母语，她还认为自己被窥察和监视。1882年6月7日是她正式被治愈的日子，然而，从那一天到1887年，她却因为症状持续出现而四次住院。在经历了长达8年的病患生活后，她从1890年初开始投入到文学和慈善活动中。布洛伊尔把安娜·欧的情况告知了弗洛伊德。弗洛伊德在1883年8月5日（这是他们在文章中宣称将安娜·欧治愈的一年之后）写给玛尔塔的信中说，安娜·欧"再一次"［原文如此］住院了。他还写道，布洛伊尔说"他希望她死掉，这样这个可怜的女人就可以从痛苦中解脱了。他说她永远也不可能康复，她已经完全被毁掉了"。很容易理解为什么他会希望她死，因为比起一个在理论上属于被治愈了的而实际上却只能终身在病床上受尽折磨的人而言，她的死更符合布洛伊尔和弗洛伊德这对搭档的利益……

1888年，尽管清楚安娜·欧的真实情况，弗洛伊德还是在《癔症研究》（1888）一书中夸赞布洛伊尔采用了绝佳的方法，而且这个疗法"在治疗上取得了独一无二的成功"……弗洛伊德心花怒放，因为靠这个谎言，他就可以超过他的法国对手们［他的死对头让内（Janet）也在其中，时至今日我们仍该为让内恢复名誉］。他的法国对手很注重试验因此进展缓慢，他们注意临床案例的积累，不满足于以一个病人的情况得出结论，他们也不肯撒谎，因此他们具有万分谨慎、小心慎重、坚持不懈的品德，当弗洛伊德完全不理睬这些审慎做法而一心只想超过所有人时——只是他的这种赶超付出了多么高昂的代价啊！——他们没有得出任何研究结论。

弗洛伊德恬不知耻地在一生的时间中都不断地去肯定安娜·欧的治疗是成功的：他于1916~1917年在《精神分析学引论》（XIV.265）中肯定过，于1924年在《自述》（XVII.68）中肯定过，1925~1926年在《精神－分析》（XVII.289）中肯定过，1932年在《我与约瑟夫·波普尔－林扣斯（Josef Popper-Lynkeus）的会面》（XIX.280）中肯定过。然而私底下，他却承认安娜·欧的治疗是个失败，不过那是因为……布洛伊尔，因为布洛伊尔无法看到安娜·欧的癔症是性欲移情的结果：布洛伊尔的失败之处正是他弗洛伊德的成功之处，这让他们两个人最终分道扬镳。布洛伊尔的确是在精神分析起步时就参与了进来，但他参与得很少，因为他缺乏弗洛伊德那样的勇气和胆识，缺乏弗洛伊德那样的智慧和才华去创作出精神分析的真理，这个真理就是：神经症的病因无一例外都是性。

假托（治愈安娜·欧的）**传奇**而把自己女儿的出生置于精神分析的庇护下，即将安娜置于一个**所谓的**癔症患者的标识下，置于一对为了在所有人之前赢得这场**精神－分析**的竞赛而不择手段的假搭档的保护下……依照弗洛伊德给前面几个孩子取名的逻辑来看，也就是按照他会选择与某个具有沉重象征意义的姓氏挂钩的名字作为孩子名字的做法来看，用安娜·欧这个无名氏给女儿命名的做法与他从前的取名方法大相径庭。相反，从名字必须要有象征意义和特定意思这一层来看，以安娜来给女儿命名——安娜·欧是布洛伊尔为病人选取的化名——又与他从前的那些做法相去不远。

如果我们假设弗洛伊德没有借用自己高中老师那位名不见经传的女儿的名字来给女儿取名的话——这位老师比他的女儿

更加默默无闻，我们对他的生平完全一无所知——那么，安娜就是在由厚颜无耻、谎话连篇、弄虚作假建构而成的安娜·欧这轮黑日的照耀下来到人间的。那么，有没有可能是弗洛伊德在明知安娜·欧案例内情的情况下，为了隐瞒自己给女儿取这个名字的真实原因——他知道事实的真相与他所编造的传说不符，而编造说他给女儿取这个名字是因为一个在历史上完全名不见经传的高中教师的女儿叫这个名字呢？这是一个很诱人的假设……

弗洛伊德之所以取这个名字，还有另一种可能。它因为与弗洛伊德的乱伦倾向有关而值得我们考虑。何况，它也不会妨碍到我们上面提到的那个可能。事实上，安娜·欧与第一个安娜·弗洛伊德的存在并不矛盾，第一个安娜·弗洛伊德就是弗洛伊德自己的母亲阿玛利亚和父亲雅各布生的那个安娜，让我们再换一种说法：西格蒙德·弗洛伊德的妹妹……因为据弗洛伊德自己说，他实际上曾把安娜视为对手，为她降生到家中而感到痛苦。在这之前，他的弟弟朱利叶斯也曾被他视为对手，只不过朱利叶斯在1858年4月15日就早夭了。在把孩子葬到犹太人墓地的那天，阿玛利亚**已经**怀上了安娜……这使得刚刚才消失的对手被一个新的威胁所取代，而且她还被取了这个昭示了她个人命运的名字。

母亲怀上安娜的时候，弗洛伊德才两岁半，他还不知道怀孕生产依循的法则。不过，他还记得"被关起来的"奶妈，因为需要生产而缺席的母亲，母亲像奶妈"被关起来"那样消失，之后再出现时却没了大肚子，弗洛伊德从自己的家庭罗曼史中生出的那些幻想——他觉得自己那上了年纪的父亲不可能是这个孩子的生父，相反，自己同父异母的年轻哥哥菲利普看起来更像是孩子的生父——看，就是这些让安娜置身在了一个具有十分重要的意义的自传型精神装置的中心。弗洛伊德，如果不是弗洛伊德也是他的无意识，在证明、解释和合法化自己给女儿命名这一行为时居然没有采用上面这个有关安娜的假设，这可能吗？

通过让这个意想不到出生的小女儿和自己母亲所生的一个孩子同名，也就是让她与他的亲妹妹同名，弗洛伊德在作为安娜父亲的同时取代了自己的生父雅各布——他将自己想象的家庭罗曼史通过自己孩子的出生现实化了。通过把安娜的出生日期和他另一个孩子的诞生——正如他所说，精神分析是他的孩子——在时间上联系起来，弗洛伊德凸显了精神分析的发明这段经历的自传色彩，尽管他竭力让精神分析的发明永远不会被说成文学创作，而是被说成科学发现。在给孩子取名为安娜的同时，在让她与安娜·欧这个被奉为精神分析祖师级案例的癔症患者同名的那一刻——将安娜·欧的案例提升到这一高度意味着弗洛伊德选择了虚构和谎言——弗洛伊德也把自己的女儿置于由俄狄浦斯马鬃悬挂着的达摩克利斯利剑的威胁之下……

第十二章　俄狄浦斯式人生

> 似乎在弗洛伊德和他母亲之间——如果把种种细小迹象总结起来看的话——存在一种前生殖期性质的复杂关系，这是一段他从未真正分析过的关系。
>
> ——马克斯·舒尔（Max Schur），
> 给欧内斯特·琼斯的信，1955 年 10 月 6 日

分析到这里，我们已经知道，精神分析是一门因为其发明者需要同自己的阴暗面共存而被发明出来的学科。随着对弗洛伊德错综复杂家庭关系的梳理，他身上最阴暗的那部分也不再那么难以理解了：他的父母是老夫少妻；三代人交织而成复杂的再婚家庭关系；他对年老父亲是否真是自己的生父心存怀疑；他幻想自己同父异母的哥哥去取代父亲的性位置；他的母亲把他这个长子美化成世界第八大奇迹；他对于弟弟的出生心怀敌意；弟弟的去世让他歉疚；与其他兄弟姐妹的反复竞争；对极端宠爱自己且将这种宠爱表露无遗的母亲怀有性爱欲望；对父亲这个偷走他爱情的人充满敌意——看，这便是弗洛伊德早年成长的世界。

下面这个明显的事实就是在上面这种心理环境中产生的：弗洛伊德和他的女儿们有着奇怪的乱伦关系，我们已经看了有关索菲的部分。因此，精神分析看起来就像是一部自传，而它

的作者却一直拒绝承认这点，尽管他也属于哲学世界却对整个哲学尤其是对尼采表现出了蔑视，他热衷于让别人把他看成科学家。他个人的知心话充斥于所有作品，各种梦境滋生纠缠，它们形成了通向弗洛伊德无意识的——而且仅仅是他一个人的无意识——康庄大道。

其中的一个梦让我们看见了一个正在感受的弗洛伊德，那就是当他在梦中感受到自己对女儿玛蒂尔德有着"过分温柔的感情"（给弗利斯的信，1897年5月31日）时。在他看来，这个梦完全没什么不正常的地方，相反，他认为这个梦证实了他当时正在竭力捍卫的诱惑理论——尽管这是一个后来他不得不公开抛弃的理论，至于抛弃的原因，我们将在稍后论述。弗洛伊德没有给出这个梦的细节，然而我们不难想到，一个"过分温柔"对待女儿的父亲其实是一个会与女儿上床的父亲……这里面有什么问题吗？按照弗洛伊德的逻辑看来，没有。

因为弗洛伊德说："梦境当然会显现我愿望的实现，这个愿望就是希望在一位**父亲**（pater）[原文如此]正在实施会导致神经症的行为时抓到他的现行，而且这个梦也结束了我一直以来怀有的强烈怀疑。"换言之，梦境证实了弗洛伊德关于神经症是由性引起的这个假设，特别是关于父亲在孩子幼年时期给他们造成的创伤会引发神经症这个假设。弗洛伊德做了梦，于是，梦就变成了现实……我们还附带注意到，他在此用了拉丁文来表示父亲，这与他在认为自己小时候在车厢里看见过母亲的裸体的幻想中使用拉丁文的情况相仿……

让我们注意一下他说这些话的场合，不要忘了，这些话都是信上的话，信这种文体是心思从笔尖的自然流露，它没有草稿，而且比起撰写的稿件或以备发表的文章而言，信中的笔调自有一番不刻意的自由。弗洛伊德说了些什么呢？这个他和女儿乱伦的梦**自然是显现了他愿望的实现**……不过，是他的什么愿望呢？是他想和她上床的愿望，还是他想让自己的诱惑理论得到验证的愿望？——不管哪种情况，他的诱惑理论其实都已经假设了他与女儿上床的可能，因为在他看来，很多父亲都做出过这样的行为！

依旧是在信中，依旧是在这种体现了弗洛伊德灵魂深处声音的媒介中，这位精神分析师向奥托·兰克（1922年8月4日）谈起了他的一个"带有预言性质的梦（rêve prophétique）"［原文如此］，这个梦涉及"我儿子们的死，尤其是马丁的死"。一个带有预言性质的梦是怎样的呢？如果我们用字典里的寻常含义来解释的话，比如在利特雷（Littré）字典中，一个带有预言性质的梦是指一个显示了将要发生之事的梦……

而我们知道，弗洛伊德是在1915年7月8日到9日的那个晚上做的这个梦，因为弗洛伊德在一篇名为《梦和心灵感应》的文章中给出了这个梦的内容，这篇文章在他给兰克写信的那年被发表。文章标题已经表明这是一篇研究梦与**心灵感应**（télépathie）关系的文章——而且心灵感应一词尤为重要。弗洛伊德在这篇文章里叙述了这个梦："例如，我在战争期间曾梦见，我在前线的一个儿子跌倒在地。虽然梦境并没有以直接的方式讲述他的死亡，但我们不难辨识出，梦以它通常象征死亡的方式表达了它。"（XVI. 122）之后，他又对梦的细节做了一番详尽描述。最后，他总结说："至于那个我梦见死去的儿子，最后脱离了战争的危险，平安回来了。"（出处同上）弗洛伊德为什么要叙述这梦？他是为了表明在这世间并不存在什么**先兆之梦**（rêve prémonitoire）……

然而，在给兰克的信中，弗洛伊德说起的并不是一个**先兆之梦**，而是一个**带有预言性质的梦**……为什么弗洛伊德会犯这个无心之失呢？为什么想把这个梦同**心灵感应**联系起来的弗洛伊德会把它**与预言**扯到一起呢？弗洛伊德表明自己与那种认为可以由梦预见未来的古代思想没有瓜葛。也就是说，对他来说并不存在什么先兆之梦，因为梦不会表现**将要发生的事**，它只会按照自己的逻辑去讲述因为抑制**而没有发生的事**。我们知道在《梦的解析》中有一个被重复过千万遍的观点："梦是（被抑制的、被压抑的）愿望的（伪装后的）实现。"（IV. 196）

如果我们真的相信由弗洛伊德自己创建的理论的话，那么他做的那个关于前线儿子之死的梦表达的就是他心中被压抑了的愿望伪装后的实现……而且如果我们再以弗洛伊德在《日常生活心理病理学》中对无心之失的分析来看的话，即认为这类笔误、口误和用词失误会泄露无意识中压抑的欲望的话，我们毫不费力地就可以用作者自己给出的分析原则把他给兰克信中的无心之失看作他无意识愿望的体现……我们也赞成他下面这个主张："战争造成了众多的无心之失，然而要理解它们却并不困难。"（81）……

于是，我们从弗洛伊德两个梦以及他在给精神分析师朋友的信中所犯的无心之失中得知了以下事实：他对女儿玛蒂尔德的乱伦欲望，他对她怀有过分温柔的感情，换言之就是一个可以用来证明他诱惑理论有效性的父女之间发生性关系的场景。"带有预言性质的"梦显示了他那不过只是受了伤的儿子的死亡——即便它是一个"先兆"之梦，它传达的也应该只是一个**半真的消息**，也就是说是一个**真正的半假消息**。而且我们不要忘了,当他的女儿成为别的男人的妻子时,弗洛伊德曾在明信片上自称是孤父。所以,我们可以得出下面这个结论:他对他的女性后代有着强烈的乱伦趋向,而对自己的男性后代怀有谋杀他们的欲望。这里,依旧是俄狄浦斯在起作用,而且这种作用还会一直持续下去。

弗洛伊德在俄狄浦斯的巨大影响下书写着自己的人生。欧内斯特·琼斯说到的一件轶事向我们展示了弗洛伊德对这个与母亲上床之后又杀死父亲的男人是如何着迷。1906年,他的朋友们——包括他的门生和亲朋好友——聚在一起庆祝他的50岁生日。他们的礼物?那是一枚纪念章,一面是弗洛伊德像,另一面是俄狄浦斯作答斯芬克斯的场景。所有人都知道斯芬克斯谜题的内容:"先是用四只脚走路,后来用两只脚走路,再后来用三只脚走路,那是什么?"(Apollodore, Bibliothèque,Ⅲ,5,8)俄狄浦斯回答:"是人。当他是孩子的时候,他有四只脚,因为用两条腿和两只手爬行;当他长大成人后,他用两条腿走路;而当他年老体衰、必须借助拐杖走路时,他就是在用三只脚走路。"

吞食答谜者的斯芬克斯在秘密被揭穿后,跳下城墙而死。于是,俄狄浦斯便进入了底比斯城与自己的母亲结合,因为解出谜题的人帮助底比斯城摆脱了斯芬克斯的诅咒,作为奖赏揭秘者可以与伊俄卡斯忒(Jocaste)——俄狄浦斯自己的母亲——结合……俄狄浦斯因此与自己的母亲上了床,而且他们还生育了四个孩子:厄忒俄克勒斯(Etéocle)、波吕尼刻斯(Polynice)、安提戈涅(Antigone)和伊斯墨涅(Ismène)。

在作为50岁生日礼物送给弗洛伊德的那枚纪念章的一面

上，我们能看到索福克勒斯的韵文："他道破了那个著名谜语，成了最伟大的人。"……当弗洛伊德真正看清这件礼物时，他脸色发白、坐立不安、全身颤抖、声音变得干涩，他向所有聚会的人询问是谁出主意送这件礼物的。欧内斯特·琼斯写道："他就像见了鬼一样，而事实上也的确如此。"那么，到底发生了什么呢？

弗洛伊德年轻时仅仅在想象力方面还算得上富有，头脑中充斥着他母亲关于他将成为伟人的预言，他漫步于大学里摆满教授半身像的展览厅中，梦想着自己的半身像有朝一日也能陈列在此。怀抱着这种傲慢青年的愿望，弗洛伊德甚至梦想着索福克勒斯的这句韵文能被刻在他的半身像上！琼斯，这位忠诚使徒，这位弗洛伊德的圣保罗，他在后来给这所大学捐献了一尊弗洛伊德的半身像，替他心目中这个英雄实现了愿望。

当这群精神分析师看到他形容暗淡、浑身颤抖、脸色发白、声音干涩和他那像是见鬼的反应时，他们仅仅以为这不过是一个中年男子感动于亲朋好友为他庆祝生日而已！他们中没有人想到，这种突如其来的情感躯体表现，这一系列扎眼的生理反应，其实与他们这位导师所论述的精神运行机制有关。我们目瞪口呆地发现，这些自诩有文化的人，这些通晓古希腊文的人，这些索福克勒斯戏剧的内行，这些对俄狄浦斯悲剧尤为中意的人，这些有能力在包含了如此多韵文的戏剧中单单挑选出这段韵文的人，却不知道把弗洛伊德与俄狄浦斯做个比较。与弗洛伊德相比，俄狄浦斯**也是**，也许**尤其是**一个拥有弑父（雅各布/拉伊俄斯）欲望和与母亲（阿玛利亚/伊俄卡斯忒）发生性关系的儿子——就更不用提他与自己女儿（安娜/安提戈涅）之间存在的那种带有神经症性质的关系了，而且他还将在未来的某一天令人难以置信地给女儿取别名为……安提戈涅!

俄狄浦斯的神话故事反映了弗洛伊德的生活结构。而且,弗洛伊德通过向外推论,让自己的这一存在论规则变成了所有人一直以来都遵循的普遍结构,而且说这种情况还会一直继续下去。从人类诞生以来的所有人,到现时现地存在的所有人——无论他们的生活环境、历史文化如何——以及将在未来出生的所有人,在人类灭绝以前,他们都已经、都将会体验到俄狄浦斯情结的真理。弗洛伊德曾经渴望得到自己的母亲,曾经希望自己的父亲消失,那么,对地球上所有人而言,这种渴望都存在过,而且正在上演,还会无穷无尽地持续下去:弗洛伊德在没有证明过程的情况下确认了这点。

他在《梦的解析》中写道:"很可能〔原文如此〕,对于我们所有人而言,早就注定的是,我们的第一个性冲动对象会是自己的母亲,第一个仇恨暴力的对象会是自己的父亲,同时我们的梦也让我们不得不承认这点。杀死父亲拉伊俄斯、迎娶母亲伊俄卡斯忒的俄狄浦斯王不过是我们童年时期愿望的实现。"(Ⅳ.303)弗洛伊德凭借什么证据得出了这个结论?他没有任何证据。这个由"很可能"一词开头的句子,在最后却被弗洛伊德变成了一个对确凿无疑事实的确认陈述句,就这样,他一个人的欲望变成了真理,他一个人的愿望转变成了科学真理,俄狄浦斯情结被从一个童年梦想提升到了具有生物学性质的法则的高度。他两岁半时在从莱比锡到维也纳的夜班火车车厢中怀有的希望看见母亲裸体的**童年愿望**——这个愿望引领他从童年走向了精神分析躺椅——变成了**精神分析的科学真**

理，而精神分析又被作为一种可以与哥白尼日心说或达尔文进化论媲美的重大发现而在全球广为传播……

弗洛伊德告诉我们，我们都怀有这个童年愿望：我们每一个人都曾几何时想过要同与自己异性别的父母一方发生关系，并且都曾把与自己同性别的父母那方看作对手且期望他/她消失。弗洛伊德深刻地体会过这种欲望，所以也必须要让所有人都以同样的方式至少去深刻体会一次。只存在非此即彼的两种简单情况：要么个人记得自己体会过这种力比多欲望格局，这样的话，一切就十分清楚了，即弗洛伊德说的有道理；要么个人并不记得自己有过这样的体验，这样的话，事情比前一种情况还要明显，弗洛伊德属于加倍有道理，因为不记得这一现象本身就证明了强大的抑制作用是存在的，抑制作用越强大说明这个人身上的俄狄浦斯情结越强烈。因此，无论是哪种情况，俄狄浦斯都会胜出，弗洛伊德都有道理，尤其是，一旦这种神经症状被认为是每个人都有的，对弗洛伊德自己而言它似乎就变得不那么让人无法承受了。当所有人都得了这个病，就没有人是病人了……

第十三章 "科学神话"的真相

> 对心理科学而言，只有把某一领域中的各项事实都纳入逻辑体系的框架之中，才能做到基本概念明确、定义精准。然而，在包括心理学在内的自然科学领域，让概念如此明晰，不但没有必要［原文如此］，甚至也不可能。
>
> ——弗洛伊德，《自述》（XVII. 105）

弗洛伊德追溯历史，为的就是去证明那个身处奥地利火车上的小孩心中的愿望是从古到今所有人都经历过的体验。就这样，他便追溯到了原始部落时代，前去探查史前人类的精神世界。他这么做目的何在？他为的是要提出一个"科学神话"，他毫不迟疑地在《群体心理学与自我的分析》（XVI. 74）一书中把它称为"初始部落之父的科学神话"，这是一个对于证明俄狄浦斯情结的普遍性而言很有帮助的神话。

是的，我们没有看错，他的确写的是**科学神话**！这一自相矛盾的形容集中体现了弗洛伊德这个人，因此也就是精神分析这门学科所具有的含混不清的特点。因为神话是一种没有作者、没有具体创作日期的故事，它通过诗歌叙事——以词源上来说就是 **poietikos**，意为形式的创造者——来就整个世界或世界的某一部分给出解释。比如西西弗斯的神话描绘的是消极面的永恒轮回，伊卡洛斯的神话表现的是藐视神明的傲慢所遭受的惩罚，而普罗米修斯的神话则颂扬了人类对抗众神的力量。然而，不论是西西弗斯、伊卡洛斯还是普罗米修斯，他们都与科学无涉……

因为神话的关键在于譬喻，这种譬喻起源于众神存在的远古时代，之后再靠世世代代口耳相传直到今天，而科学则恰恰相反：假设、研究、试验、再试验、验证假设、基于试验结果的再造性而得出真实法则。诗人居于神话中；科学家居于世界中；世界不是一个神话——即便神话能够创造出某个世界。

放弃地心说并非哥白尼塑造的神话，物种进化也非达尔文发明的神话，之所以举这两个人为例，一来是因为我想把举例的范围限制在弗洛伊德希望加入的那个科学家谱系中，因此我从中举出这两个天才和英雄为例，二来是因为正是他们的科学发现取代了犹太－基督教的地心说神话及神创造人的神话。科学通过让神话变得失效，而将人们从神话中解脱了出来：神话，为科学所嫌恶，因为它让人联想到诗人、演说家和魔术师。

那么，什么是"科学神话"呢？它是一种杜撰，一种故事——就是"讲故事"的那个"故事"——而"讲故事"这个表达要么指编造故事欺骗别人，要么指为了塑造儿童的灵魂而讲述的故事。在《群体心理学与自我的分析》中，弗洛伊德谈到了别人在《图腾与禁忌》出版时对他提出的一个批评，但他在谈论时对这个批评进行了歪曲。弗洛伊德《图腾与禁忌》一书的美国书评作者罗伯特·R. 马雷特（Robert Ranulph Marrett）认为，弑父假设——儿子们杀死作为原始部落首领的父亲，然后举行吃人宴会分食他的尸体——就是个"这样的故事①"（l'histoire comme ça），换言之，它"不过是个故事罢了"，在这之外还存在其他很多可能。

当弗洛伊德说"不过是个故事罢了"其实就是"科学神话"的另一种说法时，他以为自己是在引用克鲁日（Kroeger）的说法，其实他指的是克鲁伯（Kroeber）。我实在不忍提醒大家，在弗洛伊德看来，遗忘或写错专有名词——如果还没有达到胡乱拼写它们的程度的话——是值得用《日常生活心理病理学》里整整一章来论述的话题，而且这样的失误在他看来就像是一条可以通往拙劣"演出者"无意识的康庄大道……更夸张的是，弗洛伊德还搞错了这个说法的出处，"不过是个故事罢了"不是克鲁日或克鲁伯说的，而是罗伯特·R. 马雷特的话。就这样，弗洛伊德首先拼错了他想引用的人名，其次，他还完全搞错了原说话人的姓氏……两个无心之失比一个更能说明问题！

弗洛伊德是在自己的书架前提出"科学神话"的，和马塞尔·莫斯一样，因为马塞尔·莫斯就是以这种方式对波利尼西亚人的礼仪、萨摩亚的贸易、美拉尼西亚人的礼物、毛利人赠送礼物中的精神、澳大利亚或新西兰部落的死亡观念、爱斯基摩人的葬仪及东方语言进行理论化的。莫斯在既没有离开巴黎办公室也没有放下法兰西学院教职的情况下，提出了上面那些理论，于是，弗洛伊德也准备在他那间位于贝格街19号的温暖的书房中对澳大利亚土著做一项大研究。

---

① 此处借用了吉卜林童话故事集《给小孩子的故事而已》（英文书名为 *Just So Stories for Little Children*）的名称，此书最新中文版本题目被译为"原来如此·吉卜林故事集"。

《图腾与禁忌》一书的副标题是"野蛮人和神经症患者心智生活的一致特性"。十分遗憾的是，在这本书中，他先是将野蛮人、原始人与病人、神经症患者奇怪地混同起来，此后又把这些人与一般人等同视之。弗洛伊德最奇怪的变态行为之一就是，他消除了正常和病态之间的一切界限——作为一个想让所有得病之人立马都能变成**正常人**的人而言，采用这种方法也是让人可以理解的。

弗洛伊德的想法是，想要搞清楚 1900 年前那些原始人的灵魂问题，就是要进入穴居人的心灵，也就是要以此发现人原本的灵魂。这让我们不得不认为，在涉及精神问题时，弗洛伊德并不相信历史的重要性和进化的存在，也不认为有考察现实存在的具体条件的必要——即便仅仅涉及精神的现实：在他那里，灵魂似乎是在一个非现实的、心智的、与具体现实没有联系的世界中飘浮着，它给人的感觉是它存在于由纯观念组成的以太空间之中，无法为粗俗或庸常的感官所企及。所以，比起历史实在性来，弗洛伊德更相信本体实在性。在那个"历史"的世纪中，没有比这更本质主义甚或更柏拉图主义的立场了……然而，不要忘记，弗洛伊德追寻的可是一个神话。

他关于原始世界的描述如下：在史前人类世界，不存在建筑、农业、陶器或畜牧。人们狩猎，食用植物的根部、野果及其他采集物。人们没有首领或国王的观念。人们不敬奉任何神明或更高的力量。原始人有吃人的习俗。然而，在这样一个与卢梭笔下的自然状态极其相似的世界里，道德看起来却是人们最后才会关心的事，既然如此，人们又是如何做到实行乱伦禁忌的呢？

这些没有神明的人实施图腾崇拜。换言之，每个人都体现了某种动物或某种植物的特点，这让他能够被识别。图腾是不会被毁灭的。人们也不会吃作为图腾的动物或植物。图腾具有继承性，它高于血亲关系（lien du sang），但与土地无涉，真正与它相关的是极端复杂的血缘（filiation）结构。在同一图腾组织内部，禁止通婚，因为图腾崇拜和外婚制联系在一起，僭越这一禁忌的人会被处死。图腾通过母亲传承，而且不会因为婚姻而改变。

亲缘关系（parenté）指向的不是个体与个体之间的关系，而是个体与群体的关系。父亲不一定是生父，谁都可能成为亲缘关系意义上的父亲。母亲、兄弟和姐妹亦然。亲戚关系（panrentèle）与血亲关系无关，而是与象征和对关系的想象有关，甚至被看作兄弟姐妹的孩子也可能并非一母所生。姓氏首要反映的是群体之间通过婚姻的结合，然后才是带来生育的个体成员的婚姻。

一些男人具有与多个女人结成伴侣的权利。乱伦禁忌禁止的是群体内部的性行为。弗洛伊德考察了有关母亲疏远儿子、姐妹疏远兄弟、堂/表姐妹疏远堂/表兄弟的一些礼仪。设立这些礼仪的目的何在？那是为了避免族内性行为。同样，弗洛伊德还考察了那些让女婿与岳母在性方面保持距离的礼仪，对他而言，这是一个完完全全关系到了他自身经历的问题——对此，我们是清楚的，因为我们知道他在少年时就对吉塞拉母亲产生过爱慕之情。

弗洛伊德总结说，野蛮人对乱伦的恐惧与神经症患者一样都是有幼稚性这一特点。这位精神分析师差点就到了说出下面这个断言的边缘，即只有野蛮人、原始人、孩童、神经症患者和精神病人才会对发生在同一家庭中的交合行为产生嫌恶，而开化的成人和有着健康精神状况的成人——为什么不把定居在维也纳的弗洛伊德一家作为其中的一例呢？——则可以毫无困难地认为这种行为是有可能发生的……

在对图腾崇拜做出一番分析之后，弗洛伊德考察了禁忌问题及其各个种类，并对此提出了一个谱系。就这些分析而言，弗洛伊德在《图腾与禁忌》中的思想方法同尼采在《道德的谱系》中采用的思考方法是一样的：弗洛伊德为文明、文化、道德、风俗、宗教、艺术、哲学及其他一切东西的诞生提供了一把解释钥匙，他提供的是一个可以打开本体论大门的口诀。"禁忌的基础是一种被禁制的行为，而无意识却有力地驱动着这种行为。"（XI. 235）多么神秘啊！一种被禁制的行为？哪种禁制？这种禁制具有十分强烈的趋向性？哪种趋向性？所有这些都藏在最深层的无意识中……弗洛伊德继续推进悬念：每种禁忌都对应着某个深藏于精神黑暗深处的重要禁制。

博览群书的弗洛伊德尤其喜欢读人种学记述，他归纳了有关禁忌问题的各种论点。他总结说，唯名论者、社会学家及心理学家都无法正确论述这个问题，因为只有精神分析才能为这个问题提供其他学科无法达到的精准把握。在他之前，还没有人能够真正明白与图腾、禁忌、泛灵论、禁制、巫术、亲缘关系基本结构、内/外婚制、乱伦禁忌及杀人禁律相关联的那些现象，之所以会如此的唯一原因又是，在他之前，还没有任何人发现俄狄浦斯情结——它不但是弗洛伊德理论大厦的拱顶石，还是可以提供地球上一切事实真相的魔法石。

为什么他会如此肯定呢？恰恰是因为原始部落中的弑父建构"科学神话"，更多是依据弗洛伊德的丰富想象，而非他作为发明者的科学天分……下面就是弗洛伊德的神话叙事："一个充满暴力和嫉妒的父亲，将所有的女性据为己有，还驱逐自己成年的儿子们。"（XI. 360）——当然，这些都已证可考了，不过，弗洛伊德依然在没有提供任何证据的情况下把它作为了一个显而易见的事实来谈论。接下来呢？"有一天，那些被父亲驱逐的兄弟团结了起来，杀害并毁灭了他们的父亲，于是这种由父亲统治部落的局面宣告结束。"（出处同上）——与上面那条一样，这也是无法证明的，不过因为弗洛伊德这么说了，所以事实也就是如此了。再后来呢？"他们在杀害父亲后吃掉了父亲，这也是很好理解的，因为这里说的是［原文如此］食人肉的野蛮人。在这种情况下，那位残暴的父亲无疑［原文如此］对每个被驱逐的儿子而言都是畏惧和羡慕的对象。自此［原文如此］，他们通过分食父亲的肉而让自己认同了父亲，因为每个人都经由这种行为而得到了他的一部分能力。由此可见，图腾餐也许［原文如此］就是人类最早的庆典，它或许［原文如此］可以被看作对这个令人难忘的犯罪行为的排练和纪念，而弑父行为又构成了如此多事物的开端，比如它是社会组织、道德限制和宗教的起源。"（出处同上）看，这就是让神话变成科学的方法：将各种假设慢慢推向确定，将心中的欲望慢慢过渡成现实，将幻想一一转换成历史事实。那些构成**"不过是个故事罢了"**的故事材料通过弗洛伊德以专横断言进行的魔法处理后变成了一个**"准确的历史事实"**……

原始部落、父亲作为所有雌性的唯一拥有者、受挫的儿子们、杀害生父、弗洛伊德通过阅读有关澳大利亚部落的著作而推测演绎出的吃父亲的肉，我们难道不应该把这些同其作者的生平联系起来解读吗？原始部落？弗洛伊德有着三代人居于同一屋檐的复杂家庭状况。父亲作为所有雌性的唯一拥有者？雅各布·弗洛伊德是他前后两任妻子所生的9个孩子的主人和拥有者，而且还是他以前生活中的那些女人的拥有者以及这个年轻妻子和他建立的这个家庭的拥有者。受挫的儿子们？西吉斯蒙德首当其冲……谋杀父亲并吃掉他？弗洛伊德儿时想要毁灭阻碍自己独占母亲宠爱的一切东西。

这个所谓的历史场景，事实上，是一种实实在在的歇斯底里：弗洛伊德，这个史前精神领域的伪人种学家把他的人生、他的故事、他的幻想、他的童年愿望投射到了一个他需要将其转化为科学真理的自传体式的神话中，他孩童时期的力比多苦恼也在这个神话中被美化了。所谓的历史与弗洛伊德自己的生活相互撞出的火花让他能够依据自己的理论愿望制造出一种"科学神话"，然而这一混种的、幻想式的创造无论在何种情况下都只能被称为神话，而非其他——它顶多是一个人的神话，而绝不是什么普世真理……

那么，在弑父仪式之后又发生了什么呢？这个吃人盛宴有着什么后续发展呢？一旦兄弟们消化了父亲的身体，他们又会做什么呢？弗洛伊德没有谈到被吃掉的父亲是如何被排泄掉的——尽管他是一个如此酷爱讨论"粪便学"（merdologie）问题的人，他于1897年12月29日写给弗利斯的信就是一例。所以说，他没有提到粪便，我们也搞不懂他是怎么想的，突然就谈到了某种"温柔情绪"（XI. 362）：屠杀父亲后，儿子们开始消化他的身体，他们肚肠满满，胡子上还可能沾着父亲的血，这样的他们突然感到了悔恨！食人的战士变成了懊悔的儿子，如何解释这种突然转变？弗洛伊德说这是因为"矛盾情感"（ambivalence）在作祟。他终于把这个词说了出来：**矛盾情感**……诚然，儿子们曾经是坏人，但他们现在变成了好人。

原因何在？就因为**矛盾情感**……

父亲因为缺席而变得比以前更加在场。一旦死亡，父亲就成了永恒的存在。他在这里被吃掉，却在其他所有地方复活。昔日他为儿子们所憎恨，今日却被杀害他的人所喜爱。弗洛伊德写道，这是儿子们的"懊悔"和"犯罪感"。为什么会这样？这件事怎么发生的？什么样的奇迹让这变得可能？为什么实施犯罪时缺席的道德会在罪行实施后马上变得无比强大？这是因为，据弗洛伊德说，父亲的死让儿子获得了解放，它解除了阻碍儿子存在的重负：父亲让儿子受挫，父亲在儿子那里造成的抑制会不断让儿子滋生出弑父的欲望。

一旦父亲被杀且被咽了下去，引起抑制的原因就随之消失了，挫折感也不再具有支配力。与雌性交合的愿景终于有了实现的可能，这让犯罪者的灵魂状态发生了变化。兄弟与女人们的结合终于成为可能，母亲也在其列，儿子们不再害怕父亲会用暴力去禁止他们这么做，于是他们思考出了一种道德，并以此来禁止别人对他们自己做他们曾经做过的事：**为了享受他们罪行的成果，他们绝对禁止了这一可怕罪行**。虽然弗洛伊德没有明说，但我们还是可以察觉出下面这个逻辑：杀人者不愿意被杀，因此轮到他们去禁止谋杀，道德因此而生——道德以一个罪行为基础被建立起来，正是这一罪行的存在让同样的罪行得以杜绝。如何摆脱自己的父亲，对弗洛伊德而言一直就是个问题。为了减轻自己这种强迫心理带来的痛苦，他声称弑父是人类开端以来一直存在的普遍现象。

宗教也是上述经历的结果。谋杀父亲，禁止谋杀行为，道德诞生，以法律形式让父亲回归且建立一种让"父亲"重生的再循环机器：宗教。弗洛伊德的口号清楚明白："说到底，上帝不过是一个被颂扬的父亲罢了。"（XI. 366）犹太人弗洛伊德为基督教唱了赞歌，他明确指出，基督教清楚谋杀"父亲"的机制，因为它将耶稣钉于十字架，因为吃耶稣血肉的圣餐仪式中体现了食用血肉的想法，因为在这个让"律法"诞生的奉献中道德建立了。

史前模式在千百年后又出现在基督教这个宗教里，在弗洛伊德看来，这已经很好地证明了穿越诸多时代、滋养所有文化、通过种系传承而存在于个体精神世界中的俄狄浦斯情结是真理。既然杀死"父亲"是让"律法"得以诞生的契机，那么"父亲"死后和平自然重新降临，看，这就是让著名的西格蒙德·弗洛伊德获得个人精神平静的东西。真的有必要如此夸大这个个人幻想，而让其延及至整个人类的过去、现在和未来吗？断不至于此……

第十四章　除了弑父，还是弑父

> 就我而言，我也感受过爱恋母亲、嫉妒父亲的情感，而且我现在把这些感情视为孩童时期的普遍现象。
> ——弗洛伊德，给弗利斯的信，1897年10月15日

弗洛伊德的一生都将在一有可能就去弑父的愿景中度过：在《文明及其缺憾》《一个幻觉的未来》《摩西与一神教》，又或《威尔逊总统》这几本书中，弗洛伊德热衷于描绘各种父亲的形象，首当其冲就是上帝，还有那位可怜的美国总统——弗洛伊德在这本心理传记的一开头就表达了对这位总统的厌恶，而这又仅仅是因为这个男人终其一生都爱戴自己的父亲！弗洛伊德不怕自己反应过激，他甚至拒绝承认莎士比亚能写出那些作品……

在《一个幻觉的未来》中，弗洛伊德提出要解构信念、信仰和宗教，这是一项可以让他在学术上把自己提升到与费尔巴哈（Feuerbach）这个自己年轻时期崇拜的英雄同样高度的工作。无疑，从弗洛伊德那里我们会找到费尔巴哈的一些观点，不过只要这些观点正确中肯，那他做的就更多是在重复那些正确的分析，而这与用……潜忆去隐藏原创者身份的企图无涉：人们因为自身存在的虚弱，因为对自身生命限度无能为力，因为无法正视死亡，甚或无法想及死亡以及无法将死亡概

念化，而创造出了神灵。他们即便在想象死亡时，也是在以活着时候的一切去想象死亡。死亡是一种人们需要以否定来防备的恐惧：为了在这个会死的有穷世界中生活，人们想象出了一个无尽永恒的死后世界。

弗洛伊德又说，生活十分沉重，因为文明要求人放弃本能、欲望、冲动和快感。文明通过压抑这些被抑制的力量来不停建构和维持自身，这一过程就是神经症的渊源所在。生活不停地造成自恋创伤：衰老、痛苦、死亡以及承受发生在自己和我们所爱之人身上的熵效应。以自然的各种力量为基础，以人类自身的形象特点为要素，人想象出了可以寄托苦痛的各种神明，比如万物有灵论、图腾崇拜和多神教。人赋予了他们的神灵父亲的特征。

神明因此而具有了下面这三个功能：驱散对大自然的恐惧；调和命运的残酷，比如死亡；补偿共同生活和文化带来的巨大痛苦。然而，随着时间的推移和科学的进步，人们发现恐惧自然现象是没有用的，他们还明白了应该把魔法式因果逻辑弃置于玄学的范畴，因为所有看似无法解释的自然现象的背后，都存在物理和理性的解释。随着时间的推移，"宗教童话"（XVIII. 170）让位给了理智和推理的理性。弗洛伊德用精神分析学分析了宗教的理性，他在进行这项理性工作的同时，却又竭尽全力地让这些童话回归。

所以说，宗教以一个"父亲"来"实现人类最古老的愿望"（XVIII. 170），这个"父亲"能够给人以安全和保障，而且还像"上帝"（Providence）一样有能力平息人们的焦虑、不安和恐惧。因此，"人类的求知欲望驱使人们寻找不解之谜的答案，例如，世界起源之谜或身心之间的关系之谜，这些答案是以这个宗教系统的预先假定为基础来论述的；因为对父亲的情结在童年时期会引起内心冲突，而这些冲突又从未被完全克服，因此宗教把这些冲突引上了一个为众人所接受的道路，这对人的心灵是一个莫大的安慰。"（XVIII. 171）只要上帝存在，每个人就都与"父亲"建立了关系。于是我们明白了，对弗洛伊德而言，无神论对人的存在而言是一个切实存在的，且理论性的事实……

弗洛伊德在那些采用了激烈言辞去论述的有关宗教的段落中断言，对文化而言，保有宗教比放弃宗教更危险。当然，弗洛伊德也很清楚，宗教通过升华而对艺术、文学及美的生产居功甚伟，因为宗教生成了文明，宗教也的确驯化了很多属于非社会性质的冲动，这些冲动如果没被驯化就会对人类社会造成无法弥补的损失。

但是与此同时弗洛伊德也知道这类抑制代价高昂：它造成了数目众多的个人和集体的精神病症。宗教失败了：宗教展现了它在让人类幸福上，在给人类带来安慰、欢乐、平和及泰然上，是如何无能为力。宗教虚构无法与生活调和，它们的作用恰好相反，它让人们远离了生活。它永远不可能让人们变得更加有道德，也永远无法阻止残忍、邪恶、战争、粗暴和鲜血横流的发生。

既然如此，还应该继续捍卫宗教吗？弗洛伊德的回答很明确：不。我们知道，随着时间的流逝，宗教失势了，如今的宗教在人们的日常生活中权力很小，人们越来越意识到宗教做出的许诺永远也不会兑现。而且，自然科学的进步也让宗教发展出的那些魔法性解释失去了效力。

社会精英不再相信神话寓言。然而，没有文化的人民大众和被压迫的人却正相反,他们继续沉溺于这种给予了他们些许安慰的幻觉。怎么处理这种情况呢?弗洛伊德知道怎么办:会有那么一天,到那时,大众会知道精英们已经不再相信上帝,宗教道德的合法性也许会就此消失,杀人禁令也不再会以上天降罚这种因为引起人们畏惧而有效的绝对方式为基础,它将以人类自己给自己施加惩罚这种相对方式为基础。既然这就是显见的事实,那么现在就只剩下两种可能的做法了:要么禁止大众批评宗教并以这种方式来从政治上对公众严加束缚,要么改变文化和宗教之间的关系。

为了实现第二种可能性,就必须让法律、规则、道德、文化和文明与**神学谱系**决裂。但是怎样才能做到这点呢?就此,弗洛伊德提出了法律、规则、道德、文化和文明的**精神分析谱系**。不要再去相信什么上帝决定善恶了,不要再去相信上帝对我们的行为方式有所要求并会以此来判定奖惩了。然后,让我们去赞成弗洛伊德在《图腾与禁忌》中论述的关于原始部落的论点吧,去赞成他下面的描述:在与女人发生性关系问题上父亲让儿子们产生了挫折感,儿子们杀害了父亲,吞食了他的尸体,之后儿子们又感到了后悔,正是以这种悔恨为基础,一部体现了死去"父亲"力量的"法律"得以生成。于是,对犯罪和乱伦的禁止就并非出自宗教的、神学的、非理性的且带有神经症色彩的原因,对弗洛伊德而言,它是出于精神分析的动机,这种动机被说成是科学的、理性的且非病理性的……

神经症体现了儿童"正常"发展过程中的一个必要时期,神经症为我们理解它在文明发展中的必要意义也提供了有用模式,因为同儿童一样,文明的发展也不得不经历神经症阶段。弗洛伊德以宗教是"普遍束缚着人类的一种神经症"(XVIII.184)这一原则为出发点，提出终结这种类似于"幻觉性精神错乱"（出处同上）的病症。自此，他便宣布了上帝之死。

不要忘记，在《文明及其缺憾》中，弗洛伊德对上帝的定义是"一位被人们颂扬至崇高的父亲"（XVIII.259），这让我们不难明白他其实是在效法费尔巴哈的哲学，这点毋庸置疑。而且，更明显的是，他其实是在效法尼采，尼采可是以宣告"上帝之死"而闻名于世的人。尼采在《敌基督者》中表明有必要与犹太教-基督教文明做个了断，这种文明在个人和集体那里都引起了不适、病症和神经症。《一个幻觉的未来》《文明及其缺憾》《摩西与一神教》如同弑父的战争机器一样发挥着作用……

《文明及其缺憾》（1930）与《一个幻觉的未来》（1927）走的是同一条路径。这两部作品都解释说文明的建立是通过抑制本能冲动，即通过引起个人和社会病症的那种可传承的挫折感来达成。这样一来，上帝和宗教成了次要问题，因为它们反映的只是孩童的逻辑。弗洛伊德在这两本书中更明确地分析了弑父。人们天生就是享乐主义的：实际上，在通常情况下，每个人都寻求着让本能冲动带来的压力感得到满足，因为欲望实现不但可以消除这种紧张带来的痛苦，还可以带来快感、满意和人们想要的惬意感觉。文化为了现实需要而抑制了快感——而构成现实的却还是这些被抑制的力量，只不过它们被升华过且被引向了新方向（即文明的方向）。

是什么理由让我们放弃了对自己冲动的满足而去支持那种会让我们的挫折感持续下去的机制？为什么我们成了自己的刽子手？是怎样一种怪异的逻辑在引导我们放弃满足自己

这条快乐之途而走上阴暗的抑制道路？全都是因为**超我**（surmoi），弗洛伊德在《自我和本我》（1923）介绍了第二个拓比理论，超我就是第二个拓比的一个组成部分，它类似于……俄狄浦斯情结的稽查者、审判者、承袭者和它的法则！超我形成于俄狄浦斯情结衰退之时：当孩子明白自己是无法与异性父母结合并且无法摆脱自己的同性父母时，当孩子知道自己必须寻找除自己父母以外的其他目标来投入力比多能量时，他就会放弃自己原先的欲望，在他放弃欲望的同时也就内化了禁忌。

当儿子们杀死父亲时，他们心中充满仇恨，然而，一旦父亲被杀，他们就会因为矛盾情绪而为懊悔和犯罪感所淹没，只是弗洛伊德没有告诉我们这种情绪矛盾是从哪儿来的，他仅仅满足于直接用这个词，就像是在谈论一件显而易见的事一样说起了它。所以说，原始部落中受了挫折的儿子们杀死了自己的父亲，吃掉了他，但在吃人盛宴过后又发现这个被他们憎恨的父亲其实也为他们所爱……因此："一旦憎恨为攻击行为所满足，爱便会出现在对前面行为的悔恨中，在对父亲的认同中爱让超我得以建立，而且作为对父亲犯下罪行的惩罚，超我也被赋予了父亲的力量，人们制定了约束以避免相同的事情再次发生。"（XVIII. 319）超我体现的是父亲的阴影，由最初的那次谋杀和对那次谋杀的回忆滋养着。因此，在弗洛伊德看来，俄狄浦斯情结是通过这次谋杀才为道德提供了根源。

每个人自身都带有一个超我，而这个超我与个人经历俄狄浦斯情结的特有方式有关。让我们先来考察一下，如果孩子有的是一个对他十分纵容的孱弱父亲，会发生什么：这个主体会建立起一个极端严厉的超我，因为他的生父没有给他任何与之直接对抗的机会,所以他只能以自己为攻击对象。现在,再让我们看看一个被遗弃且在没有爱的环境下接受教育的孩子:在他身上,自我和超我的紧张感是如此缺乏以至于他的所有攻击都会指向外在。受虐和施虐的倾向会根据情况而生成。

弗洛伊德武断地说:"史前时期的父亲肯定[原文如此]很可怕,以至于人们有理由[原文如此]相信他是极富攻击性的。"(XVIII.318)是什么让弗洛伊德认为父亲**肯定**很可怕或**极富攻击性**呢?是依据怎样的论证呢?科学地讲,我们不知道缘由,这是当然的,尽管读者对此可以有自己的一些猜想……弗洛伊德提供了回答这个问题的某些材料:"情欲满足的被阻止,会部分地催生出针对扰乱情欲满足的那个人的攻击倾向。"(XVIII.322)挫折越大,谋杀的欲望就越强烈。父亲代表了一个巨大的挫折。于是,作为父亲们的父亲,那个最初的父亲难道不应该是父亲中最坏的那个吗?的确,弗洛伊德通过给自己的儿子带来巨大挫折而让自己的观点得到了证实。只要是父亲,这个做父亲的人就会成为引发针对他的谋杀事件的启动器。

随着分析的开展,弗洛伊德寻思,既然存在患有神经症的个人,也就会有患有神经症的文明。由于缺乏能够正确衡量病理学的工具,弗洛伊德没有得出结论。个人的神经症可以依靠一个有能力诠释症状和提出治疗手段的精神分析师来诊断和治疗。然而,集体诊断又会是怎样的一番景象?一种群体疗法?弗洛伊德期望建立一门或可掩饰这种欠缺的全新学科。

不过,在做总结的时候,弗洛伊德再次重复了他的悲观主义:随着技术的发展,人类从今以后拥有了自我摧毁的手段——只是他说这个话的时候,原子弹并未问世……结果,担心、忧虑、害怕、畏惧接踵而至。厄洛斯（Eros）同塔纳托斯（Thanatos）战斗，生存本能与死亡本能战斗，建设的冲动力量同摧毁本能之间展开诸神之战。弑父的确让超我产生了，然而，获得现代技术帮助的本能暴力却有吞没整个星球的可能。当时是1929年，弗洛伊德在第一次世界大战的黑暗中写作。在他人生的最后十年里，愈演愈烈的灾祸、民族社会主义的掌权和第二次世界大战即将爆发的前兆展现的是，本我在没有任何超我能力阻止它的情况下大爆发……

第三处能够表现弗洛伊德弑父主题的地方是《摩西与一神教》，这本书发表于1939年，弗洛伊德辞世的那一年。就这样，弑父的话题一个接一个地出现在弗洛伊德的作品里：1912年，在《图腾与禁忌》中他说到了原始部落中的父亲对女人实行性垄断、儿子们的挫折感、弑父、吃掉父亲尸体、犯罪后的悔恨和创立禁令、文明的诞生；1927年，通过《一个幻觉的未来》，他把宗教作为一种强迫性神经症进行了解构，解构的中心就是把上帝看作一位备受尊崇的父亲。他指出就道德的来源来讲，需要以弗洛伊德式的"科学神话"（俄狄浦斯情结导致弑父）替代有关上帝的神学神话，他推崇的无神论其实是一种相当于反神学的弑父；1930年，按照《文明及其缺憾》一书的观点来看，超我见证的是一种永久存在于我们自身的弑父行为，这一行为以禁忌、法律、伦理和美德的方式体现；此后，1939年的《摩西与一神教》：对弗洛伊德而言，这是一次重要的弑父行为，如果他在其中阐述的观点不是出自犹太人弗洛伊德之手，人们很可能把它们认作反犹主义的观点，因为他说：**摩西不是犹太人，而是埃及人**……这是在谋杀犹太人之父，是在谋杀他自己的父亲雅各布的父亲，是在谋杀他所属人民的父亲。他还干出过比这更出格的事吗？

1930年12月，借《图腾与禁忌》翻译成希伯来文出版之机，作为一个犹太人，作为一个犹太人的儿子，作为一个受过割礼的人，弗洛伊德在序言中写道：他"对神圣的语言一无所知，对父辈们所信奉的宗教就像对其他任何一种宗教一样完全陌生，他还无法（与民族成员一道）共享民族主义的各种理念，尽管他从未否认自己是这个民族的一员，尽管他觉得自己在本质上仍然是一个犹太人而且也无意去改变自己的这种身份"。弗洛伊德继续用第三人称写道："如果有人问他这样一个问题：'既然你已经放弃了同胞们所共有的那些特征，那么对于你而言，犹太人身份还剩下什么呢？'他将这样回答：'（剩下的还有）很多很多，而且剩下的还可能是其中的最本质特征。'现在他还不能用语言把那这种本质特征表达出来；但毫无疑问，总有一天他的内在科学精神会使之成为可能。"（XI．195）……

从这篇短文中，我们看到了什么呢？其一，弗洛伊德在为自己无法阅读希伯来文辩护——然而，他的确在高中跟一位老师学过这门语言，而且他对这位老师的印象是如此之深，以至于用老师侄女的名字索菲为自己的一个女儿命名，以纪念这位老师，这些我们在前面已经提到过了。其二，弗洛伊德在文中承认自己已经与**父辈们**的宗教完全决裂。实际上，弗洛伊德取消了家中的一切宗教实践，他禁止虔诚的妻子进行任何宗教活动——她在自己丈夫死后才重新开始自己的宗教活动。其三，他公开地、清楚明白地表明了自己的无神论态度。其四，他还坦言自己没有犹太复国主义这一民族主义理想，不过他依然觉得自己是个犹太人，而且也不想去改变这种身份认同。

最令人惊异的还是他那奇怪的信仰宣言：一方面他抛弃了属于犹太人的所有外部特征，另一方面他又把犹太籍看作自己内心最深处的东西，然后他还以一种令人费解的方式把这个他不知道解决办法的问题推到了未来，尤其是推到了科学进步的身上，他期望科学进步能够为这个问题提供解决之道。什么样的科学能够提供证据去证明犹太特征在他身上的确有被观察到的可能呢？遗传学之类的生物科学？一种犹太基因？我不敢想象弗洛伊德会抱这样的想法……那么就是在一种新"科学神话"的帮助下，以他的科学去证明存在一个专门的犹太人原始部落？我们对此一无所知……

由于令人信服的可靠假设并不存在，那我就不妨这样假设一下：只要精神分析这门学科仅仅只对弗洛伊德一个人而言可靠、高效，只要它还是他一个人的科学，那么，我们能够想到，原始部落这一最根本的基础叙事存在所依赖的俄狄浦斯情结，反映的其实是弗洛伊德的个人经历，是他的自传经历，俄狄浦斯情结处于他的犹太父亲和犹太母亲之间，显示了犹太籍在他心底有着怎样的根本位置。之所以这么说，是因为他在一手创建这门学科时采用的建构方式显示了这点，而且他自己也在《自述》中说过，精神分析是他的造物，是他的创造。

这篇短文的后面几句虽然看起来平凡无奇，却冗长且令人费解，它们同样为我们上面的说法提供了佐证，因为弗洛伊德说他没有以犹太人的观点来讨论宗教和道德的起源问题，而且他还希望他的读者们也能和他拥有同样的信念，即相信"无预先假定的科学必然与新犹太主义精神有关"（XI. 195）。精神分析学是一门体现了**新犹太主义精神**的学科吗？弗洛伊德并没有在他的其他作品中明确讨论过对此的看法……

因此，我们可以这样认为，《摩西与一神教》一书提供了一条线索，让我们可以设想这种新犹太主义的可能模样——它会是无神论的、非宗教的、元心理学的吗？它是否以"科学神话"为基础？又或是基于"历史小说"（roman historique），一如弗洛伊德自己对摩西所做的研究工作做的评价？它是一个没有上帝、没有超验性的宗教吗？这个宗教的一切都存在于精神装置的隐喻式内在之中，充斥着它自己对自己的象征性解释。它的确定性存在于无意识的不可见之中，梦境被看作一种类似于犹太经典真义般的存在，它能让人接触到一个特应性的精神拓比？难道这是一个一接触"语言"就会逃走的"上帝"，是一个负神学（théologie négative）的上帝，在我们没有想到它的时候才是它前所未有最活跃的时候？或许真是如此呢……

同汉尼拔和俄狄浦斯一样，摩西在弗洛伊德的自我写作中占了重要位置。1914 年，他发表了《米开朗琪罗的摩西》以求解决他在 1901 年 9 月对这尊雕塑产生的不解。在他和米娜度假时给妻子写的一张明信片上，他写道："今天下午的某些感想将在以后的很多年中给我们带来思考。"之后他便讲到他游览了万神庙，参观了圣伯多禄锁链堂（Saint-Pierre-aux-Liens），而且在那里"看见了米开朗琪罗的《摩西》（突然地，目光就错误地落到了它身上）"……**错误地！**

每次到罗马，他都会天天去看这尊雕塑。他看它、观察它、丈量它、画它。他需要一年时间来写出这篇只有 30 多页的文章，却用了 13 年来构思它！这尊雕像到底意味着什么？为什么摩西把手指放到胡须上时，有些手指被胡子遮住了，有些却清晰可见？摩西的这个姿势体现的是他人生中的哪一个时刻？他因为他的人民围绕偶像跳舞、做出背教行为而发怒打破了刻有律法的石板，这尊雕像是在他发怒之前的石化形象吗？又或者，这尊雕像对应的是他贤明地主宰了自己的激动情绪，放弃了砸碎石板念头的情景？弗洛伊德得出的结论是：米开朗琪罗抓住的是摩西放弃惩罚自己人民时那一瞬间的神态，然而，就在此刻，摩西已经放弃要去砸碎的律法石板却从他手中滑落且有掉在地上摔碎的可能。

弗洛伊德在这件作品面前发呆，面对大理石像，他自己变成了石像。在他于威斯（Weiss）写成的信件里，他谈到了这尊雕塑对他而言就像"爱情的结晶"（1933年4月12日）。在这篇文章发表时，他没有署上自己的名字，对此，他的托词是，做这个分析纯属自娱自乐！弗洛伊德承认消遣写成的这篇作品让他感到羞耻，他对这些结果的有效性也深表怀疑——他告诉我们，他其实并不赞成发表它，之所以最后发表是迫于朋友们的善意压力……

这么多的谨慎、这么明显的谦虚、对自己的怀疑、对自己结论的不确定以及抹去自己署名的做法，这些统统不似弗洛伊德的一贯作风……而且他耍了另一个花招，那就是他用杂志编辑的口吻写了个出版说明，宣称杂志社是从"精神分析界的一个熟人"那里得到的这篇文章，而这篇文章的"思考方式又与精神分析方法有一定相似之处"……为什么要把这件事搞得这么神神秘秘？

吸引弗洛伊德的东西也是艺术家从审美角度抓住的关于这个历史传奇人物的东西。创造这个摩西的是一位艺术家，而不是一位历史学家，对米开朗琪罗而言，他是"超人"

(Ⅻ.155)的化身——"超人"这个词十分重要。是什么让这位精神分析师如此兴奋呢?是强健有力的肌肉、散发至大理石之外的力量感、威慑人的气魄、异乎寻常的震怒力、情感的主宰力以及那种达到很高水平的精神力:"为了自己献身的使命而扼杀自己的激情。"(出处同上)是怎样的**激情**?是怎样的**扼杀**?是怎样的**使命**?说的是摩西——还是弗洛伊德?为了发明精神分析学这一使命而扼杀自己心中的乱伦激情?若真是如此,**摩西会不会就是把自己想象成父亲的弗洛伊德的自画像**?

如若不然,我们至少还可以去考察为什么弗洛伊德会用**超人**这个字眼来评价米开朗琪罗的《摩西》。不要忘记,弗洛伊德可是费了很长时间才写出这么点文字的,也就是说他对自己所用的每个词都力求精确。而且,不要忘了,在《群体心理学与自我的分析》一书中,弗洛伊德曾把原始部落的父亲同尼采笔下著名的超人形象联系在了一起。在谈到"父亲"时,他写道:"在人类历史的开端时代,他就是尼采认为的只会在未来出现的超人(surhomme)。"(ⅩⅥ.63)弗洛伊德的这句话体现出他对尼采有严重误解,值得注意的是,对弗洛伊德而言,"父亲"和"超人"之间存在某种联系——因此,"父亲""超人"和摩西之间也是相互关联的。所以说,**摩西就是父亲的一个画像**?

弗洛伊德把米开朗琪罗的《摩西》看成、解读为自己父亲的自画像了?这种想法实在是令人局促不安。不过,假设真的如此,我们就可以合情合理地去指出弗洛伊德对这尊雕像的反应的确相当符合一个臣服于父亲的儿子的表现:他害怕阉割,惧怕父亲的惩罚,想到为了猜透父亲的神秘思想而长期细致地观察他这一行为可能招来父亲的怒火而焦虑不安。犹疑了

13年，最后却在发表研究成果时匿名，他戏剧化地没有使用自己的名字和头衔发表文章，而是穿上了"精神分析界熟人"这一破烂戏服去遮掩自己作为精神分析学发明人的光辉。看，他就是用这些来推迟自己的弑父行为的！他写这篇文章时是1924年，也就是13年的酝酿之后；弗洛伊德要等到1939年，也就是他辞世那年，才会有勇气去干那件他一直以来都不敢干的事情：**砸碎摩西的塑像**。从他寄给妻子那张明信片的1901年到《摩西与一神教》出版的1939年，即他去世的那一年，这之间相隔了近40年时间，在这段时间中弗洛伊德一直都是在摩西形象的威胁下度过的。

《摩西与一神教》的诞生也不简单，人们对此充满疑问。这本书的建构也很不简单，因为这本书见证了用毁坏的方式来建构是多么不容易……在这部作品的主体部分中，弗洛伊德坦言，因为这篇作品分很多次、在两个地方（先是在维也纳的诊所中，之后是在伦敦的办公室里）才写成，他没能完全消除并非一气呵成而留下的痕迹。显而易见，这本书是对1933年1月阿道夫·希特勒和纳粹获得权力的反应：弗洛伊德想知道为什么犹太人会招来如此强烈的憎恨。这部作品被搁置过、被重写过、被放弃过。书的作者对它并不满意，他对自己在其中提出和阐述的论点也心存疑虑，弗洛伊德担心自己没有很好完成这项或其他研究的能力，他甚至说自己不拥有找到新思想的能力，他悬置且推迟了这本书的出版，他还曾考虑是不是干脆放弃对它的写作，以免在作品发表后招来他想象中的大量批评，更何况，他还觉得因为缺乏论据，自己会无法对这些批评做出回应。1937年，他到达了伦敦，同年他决定完成并出版这本书。弗洛伊德介绍说这部作品是《图腾与禁忌》的延伸。这本书于1939年他辞世的前夕出版。

弗洛伊德曾在信件中多次（1935年1月6日给露·莎乐美的信；1937年3月2日给琼斯的信）把《摩西与一神教》定性为"历史小说"。此处，我们见到的是《图腾与禁忌》中"科学神话"的对应物。根源就在什么是历史小说这个问题上。历史小说是一种新的矛盾形容法：实际上，小说意味着想象、杜撰和虚构，弗洛伊德对此游刃有余，他甚至对阿诺德·茨威格坦言过，他将"在有关摩西的话题上充分地发挥想象力"（1936年2月21日）；然而，历史却意味着与此截然相反的东西：为提出的论点寻找且发现证据，在文献的基础上寻找确定的事实，证明的应该是想象之外的其他东西……"历史小说"意味着一种混合建构，如果幻想在其中占了一席之地，那么历史就没有了存在的理由！

我们就"科学神话"这个关于原始部落的矛盾形容做出的那些评论，同样适用于"历史小说"。在弗洛伊德的"历史小说"中，摩西是一个创造了犹太民族的埃及人，这个伟大人物的历史形象体现了父亲的形象，弑父的欲望又在不断地纠缠着弗洛伊德的想象……显然，在就要对父亲下手时，弗洛伊德犹豫了，他迟迟下不了手，他浑身颤抖，疑虑重重，在自己快要走进坟墓时，才最终越过了一切禁忌，包括他所属共同体的那些禁忌，而处于纳粹的恐怖统治下的欧洲犹太共同体也的确把他的这部作品看成一次背叛，它确实如此……

保罗-劳伦·阿苏（Paul-Laurent Assoun）在他的大部头著作《精神分析著作辞典》中分析弗洛伊德这部作品在当时的反响和后来的影响时写道："这部作品招来了对弗洛伊德最

为严厉的批评，比如，出版人在这部作品出版前就收到了来自巴勒斯坦、加拿大、美国或南非的各种匿名信。他们指责写这本书的那个不信教的犹太人那么振振有词，做的却是去否定犹太教的基础真理，说他为'戈培尔及其他残暴禽兽'提供了新武器。在一封信中，弗洛伊德被说成是'老傻瓜'，说他'在颜面扫地之前就应该先进坟墓'，这位读者还期望像弗洛伊德这样的背叛者都终结于'德国恶棍'的集中营。"……弗洛伊德知道，这部作品一旦发表，就会为他招来这样的麻烦。既然如此，为什么弗洛伊德还要亲手制作出让别人鞭挞自己的笞杖呢？

他的这本书明确提出了下面这个问题：犹太特征的创造遵循什么原理？诚然，我们可以从思想领域的一般意义上去谈论犹太特征，然而，我们也可以从弗洛伊德自己的生活去谈论所谓的犹太特征，即通过他的父母来讨论这个话题。弗洛伊德在创建犹太理论时是不可能不考虑自己父母身为犹太人这一事实的。弗洛伊德反教权主义的强烈态度以及他那强硬无神论立场的形成和发展都与他在自己那个以犹太特征为标志的家庭中的所见所闻息息相关。

如果我们采信他的家庭成员的一致看法，阿玛利亚就是一个典型的犹太母亲！这种评价是人们的刻板印象还是历史真相呢？人们说她个性分明、任性多变、精力充沛，还说她天生意志坚定，可以为了心中的目标而事无巨细地倾尽全力。直到她90多岁去世时，都一直很爱打扮、妖艳卖俏，人们说她是一个以自我为中心的人，具备幽默感且会自嘲。她的侄女说："当有陌生人在场时，她会变得魅力十足，然而在我看来，我总觉得她对自己的亲人，就是一个暴君，而且还是一个自私的暴君。"她的孙子马尔丁说:"(她是一个)典型的波兰犹太女人,她有她们身上所有的缺点。"但马尔丁没有就此详细解释!不过,他也说了:"她说话直言不讳、饶舌嘴碎;她是一个果断的人,没什么耐心,但极端聪明。"……如此这般有个性的母亲的确可以对她的"金西吉"的生活发挥不可小觑的实际影响……

弗洛伊德的父亲则是一个不事宗教活动的犹太人。我们在前面已经说过,他曾把从父亲那里得来的《圣经》送给了长子,他把《圣经》视为"书籍中的书籍",他说《圣经》囊括了一切智慧知识的来源。

不过,据我们所知,犹太特性在他母亲身上显露得并没有在他父亲身上那么多。希伯来文《圣经》这个礼物,实际上是可以代表弗洛伊德俄狄浦斯情结的关键:犹太教,这个被父亲当作一切真理之源的宗教,体现的是用犹太民族特有语言正式写成的一部父亲"律法"。弗洛伊德是犹太教士的孙子和重孙,他的一个祖先是加利西亚(Galicie)——他的出生地——最负盛名的犹太教法典研究编纂者之一。因此,(对他而言)犹太教并不仅仅是一个理论,也涉及他的家庭——更确切地说,它涉及他的父系家庭。

弗洛伊德在《摩西与一神教》中清楚表明了他的研究目的,那么他的目的是什么呢?它是:"把一个民族从被其赞誉为最伟大儿子之一的人手中夺下来。"(7)——还能有比这更好的说法吗?所以,弗洛伊德计划在这本书中杀死犹太人之"父",他准备实行弑父行为中最严重的一次。犹太教是他父亲和他父亲祖先的宗教,犹太教也是他母亲的宗教,他妻子的宗教,如果按照犹太籍由母亲传承的规则,犹太教因此也是他孩子的宗教；1933年1月底获得权力的纳粹暴力意欲摧毁的正是这个宗教，就更不用提在此之前的10年间纳粹愈演愈烈的反犹行为了；而弗洛伊德就是在这样一个最糟糕的社会背景下，即在欧洲纳粹肆虐的背景下，对这个宗教发起攻击的……

纳粹建立了集中营，用它来迫害被转降为二等公民的犹太人，之后犹太人又被作为人下人而受到持续的纠缠、折磨和虐待。这些事实为所有人所见，一直坚持自己是犹太人的弗洛伊德当然也看在眼中，不过一方面，他永远不会去写反对希特勒、反对民族社会主义、反对反犹野蛮行径的任何文字；另一方面，他对经常发表反对共产主义、反对马克思主义、反对布尔什维克主义和苏联的马列主义经验的长篇文章却丝毫没有迟疑……所以说，弗洛伊德正是在这样一种反犹主义猖獗的欧洲背景下攻击摩西的！

如果这本书不是弗洛伊德写的，它很可能会被看成一部反犹著作，那么，这本书有些什么论点呢？第一，与神话说的相反，摩西不是犹太人，而是埃及人，弗洛伊德声称从摩西的姓氏词源可以看出这点；第二，割礼是一个早在犹太习俗形成之前就存在的古老做法，因为埃及法老也实践过；第三，犹太宗教不是犹太人的，因为它直接源于阿肯那顿（Akhenaton）的埃及一神教；第四，犹太文明的地位低于金字塔建造者拥有的文明；最后，也就是第五点，犹太教是……"父亲"的宗教。

希特勒掌权一年后，就在纳粹暴行横行之时，弗洛伊德这样写道："让我们先来考察一个犹太人的性格特征，它在犹太人和其他人的关系中占了主导地位：可以肯定的是，犹太人自视甚高，他们觉得自己比其他任何民族都更高贵、更加高人一等。"——弗洛伊德为什么这么说呢？他考察说，这是因为犹太人是上帝的选民,他还总结说:"一个凡人——摩西,创造了犹太人。"(143)怎么做到的?方法就是向犹太人宣布他们是被上帝选中的人。这样一来,犹太人便可以从这种确认中获得力量与确信,相较其他民族而言——在此是指相较于基督徒而言——犹太人就产生了自信,而这又引起了其他民族的怨恨、敌意、嫉妒和敌对,正是这些情绪构成了反犹主义。看,我们在此处再次看到了弗洛伊德关于受宠儿子的论点……

如果我们跟着弗洛伊德的思路走,如果我们把他在不同地方反复重申的那些观点合并起来看,可以得出这样一个结论,即父亲选择偏爱一个儿子,正因如此,被排斥的其他儿子们对被选中的这个孩子生出憎恨——这样一来,反犹主义就会因为一种怪异的反作用而成为自己的造物,是由犹太第一人摩西所创。在弗洛伊德笔下,这样的想法似乎不但完全不可想象,而且完全不可能……然而它的确出现在了弗洛伊德的笔下!

弗洛伊德会重新运用关于原始部落、弑父、吃人盛宴和"律法"诞生的理论,不过我们对此早有心理准备。他说,犹太人实施的割礼在天主教徒或非犹太人那里好似一种阉割威胁。这种阉割威胁与作为理论基础的"科学神话"里说的那种让抑制产生的原因,是同一个道理。不过,尽管这种对去势的恐惧被抑制了,但根据种系遗传原则,它依然存留在人的精神中。因此,这种古老恐惧给反犹主义提供了母体。如果弗洛伊德说得有理,那么他的这本怪异著作就为莱辛论证过的"犹太人的自我憎恨"提供了一种附加的变化形式,只是弗洛伊德采取的方式是去创造出一个体现了反犹主义思想的犹太人形象罢了……

既然摩西被一个民族、一段历史、一种被认为比他自身文明更高一筹的文明所尊崇，那么为什么弗洛伊德会因谋杀用摩西来象征的父亲而累及自己呢？犹太民族？对于弗洛伊德而言，它是一个被放逐的埃及民族……犹太历史？它不过是埃及历史的附属部分……犹太文明？它只是埃及文明的弱小分支……犹太教？它是一个一神论法老的宗教。摩西，第一个犹太人，犹太民族的创建者？不，他不过是一个说自己语言都结巴的埃及人……割礼？这只是一种在埃及木乃伊身上就可看见的古老礼仪。

精神分析学的发明者对古埃及尤为钟爱，这是众所周知的。沙可，这位曾在一个时期内被弗洛伊德奉若神明的人，也在办公室里收藏过许多古物……弗洛伊德的古董中，一些是他的朋友在某些特殊场合送给他的，他的病人有时也会送给他一些。弗洛伊德也经常买古董，比起它们的审美价值来，他看重的更多是东西的象征意义。有时候，正值用餐，他会将新近得到的收藏品摆在饭厅餐桌布上，就像收藏品是他的贵宾一样……

埃及之于弗洛伊德就像是一个反犹太基督教的范式，一种反罗马的方式……因为在基督教新约传统中，乱伦是被明令禁止的。（耶稣基督的）母亲是处女，耶稣的父亲没有与母亲发生关系，他的母亲是以抽象方式受的孕，他们的儿子因圣灵的活动而被孕育，精液被白鸽替代，这个儿子活在一个没有肉欲、缺乏男子气概的"反身体"（anti-corps）中。除了象征意义上的吃喝外，他没有凡人的吃喝之欲，他不与女人交合，并在死后的第三天复活。基督教是"儿子"的宗教,不想当别人儿子的弗洛伊德因此而不高兴了。

与基督教新约传统相反,埃及体现的是一个特殊的地理区域和思想区域,一个特殊存在论空间和形而上学空间,在那里……允许乱伦,弗洛伊德很清楚这点,因为他在《摩西与一神教》中对这个话题详细论述过:"那个所谓的[原文如此]冒犯了我们感情的行为在古埃及统治家族那里及其他古代民族那里都曾是一种很普遍的行为,我们甚至可以把它说成是一种神圣的传统。"(162)——一个对力比多而言的美好时期……之后他又补充道:"然而,无论是在希腊世界还是在日耳曼世界,正如神话向我们展示的一样,都谴责乱伦关系。"很可能,他恰恰是出于对这个黄金时代的怀念才去收藏这个时代的古物的……

我们还记得,弗洛伊德 50 岁生日时候收到了自己门徒、朋友和亲人送的纪念章,纪念章的正面是斯芬克斯,反面是弗洛伊德的肖像,而且用古希腊文写成的谜题还把弗洛伊德比作斯芬克斯。我们还记得当时弗洛伊德的表现就像是一个神经过敏的人。而怪兽斯芬克斯起源于埃及神话,然后流传至亚述,接着又传到了俄狄浦斯的希腊。在弗洛伊德收藏的古物中,也有亚述的物件。

在希腊,斯芬克斯是雌性的,它被婚姻女神赫拉(Héra)派去惩罚拉伊奥斯——顺便提醒一下,拉伊奥斯就是俄狄浦斯的生父!这一惩罚的起因何在?那是因为俄狄浦斯的父亲暴力侵犯过年轻的克律西波斯(Chrysippe),鸡奸也因这次事件首次出现——我们需要记住这点,因为这对后面我们理解弗洛伊德的诱惑理论有帮助……拉伊奥斯拒绝让自己的合法妻子生育子女。这种情形对长久以来一直认为父亲们——他自己的父亲也在其列——会奸污自己孩子的弗洛伊德而言，可以说是一种崇高的幻想。他幻想自己的父亲也能拒绝与母亲发生关系，因为弗洛伊德作为儿子一直觊觎着作为父亲妻子的母亲！

弗洛伊德在《摩西与一神教》一书一开头，就明确表明了自己的意图。诚然，犹太共同体指责说他苛待犹太人（而且是在犹太人正被有组织地灭绝那个历史时期），不过，弗洛伊德才不会把精力用在对这类庸俗问题的争论上，他的注意力都集中在真理身上："要证明一个被其民族赞誉为最伟大儿子之一的人其实并非该民族的成员，这的确不是一件轻松愉快的事情，尤其是当证明者本人也是这个民族的一员时更是如此。然而，任何维护所谓民族利益的考虑都不能令我将真理置之不顾。"看，这部可说是带有自传色彩的论战作品就是这么开头的。

弗洛伊德利用摩西的神话来演绎自己的个人经历，就像演皮影戏那样投射出他自己的幻想。下面就是弗洛伊德意图摧毁的那个有关摩西的神话结构：摩西出身于上层家庭，却是个弃儿；他在出生前就已经饱经磨难：斋戒、绝育、禁令；母亲在怀他期间，就有梦境和神谕警告说这个孩子将带来不幸；相信了坏兆头的父亲，决定将他抛弃杀死；这个婴儿被出身低微的人救起，并抚养长大；在他长大成人后，摩西找到了自己的父母……他报复了自己的父亲！报复了父亲的摩西成功赢得了伟大的声誉。所以，弗洛伊德将摩西和俄狄浦斯这两个英雄相提并论，因为弗洛伊德相当单纯且天真地说过下面这句带有自传色彩的话："所谓英雄乃是勇敢反抗自己父亲并最终击败他的人。"（13）

按照他"科学神话"的逻辑，弗洛伊德辩称，"记忆的痕迹"世代相传：语言的象征性使用、弑父和俄狄浦斯情结构成了穿越时代、埋藏于每个人内心深处的材料——这些材料要么是十分重要的因素，要么是时常被重复提起的东西，甚至两者兼有。这种传播了几千年的东西与人的生理、解剖、血肉和身体无关，而仅仅与无意识有关。弗洛伊德这是在给自己宣称的"新犹太教"作序吗？或许是吧……

这个在"科学神话"领域很业余、在"历史小说"领域很专业的人，在肯定事物的时候用的都是像下面这样的最不容置辩的方式："人们一直都知道他们曾经拥有过［原文如此］而且还谋杀了最初的那位父亲。"（136）这个主张完全没有证据支撑，但这并不重要……在宣讲这个论点之前，弗洛伊德就已经用了下面这类在方法论上纯属想入非非的结构来给自己做铺垫："我会毫不犹豫地说……"事实上，弗洛伊德在各处**肯定**事物时都采用了这种毫不犹豫的态度——就像摩西公布十戒律法时的态度。我们或可把它称为哲学方法，但这绝非科学方法。

精神分析师弗洛伊德告诉我们，这种以心理种系发生方式传承且挑选却没有任何生理学支撑的东西，这个具有突出重要性且被多次重申的强力行为，就是弑父：犹太人通过杀死耶稣基督而谋杀了他们的伟人，重复了原始部落的弑父行为。犹太人曾拒绝接受一门宗教，那就是谋杀过上帝①的基督教。因为弑神是一种弑父行为，所以它为"科学神话"的弑父真理提供了证据，因此耶稣的宗教因为包含了弑神行为而算得上一门

---

① 由于耶稣基督为圣父、圣子和圣灵三位一体，杀死耶稣也就是在谋杀上帝。

优秀的宗教。

更精彩的是：天主教圣餐礼。这项礼仪重复了食人盛宴的原始场景，它将犹太人圣保罗的主张体现得淋漓尽致。实际上圣保罗提出的是建立一个谋杀上帝、钉耶稣基督于十字架上的宗教，按照这种说法，上帝的儿子耶稣基督就在担负起世界所有罪孽的同时自己变成了上帝。犹太民族中的一部分人相信了这一解读，我们可以把这种将基督教视为犹太教的完成形式和真理所在的宗教称为犹太-基督教。

与此同时，还有一部分犹太人拒绝走上圣保罗的道路："正因如此，他们在当今的时代比以前任何时候都更加处于与世界其他部分隔离的状态。"（182）**当今的时代**？这里有一点必须加以明确，那就是，弗洛伊德在有生之年最后时期发表的最后一本书的末尾部分之所以要说上面这句话，是为了在纳粹暴行横行的1938年向人们解释说，拒绝成为基督教徒的犹太人正在把自己同世界隔离起来——人们当然很清楚如果与主导欧洲的基督教搞分离将会面临怎样的致命后果，但当时的弗洛伊德显然还一无所知，不过，**奥斯威辛集中营**在不久之后就会成为这种犹太人与犹太教中所谓的天主教真理脱节后恶果的代表⋯⋯

如果不把弗洛伊德身上的弑父执念与他的力比多发泄途径——他在内心深处与乱伦欲望进行的精神斗争——联系起来看的话，我们就会惊恐于弗洛伊德弑父执念之强烈程度，它是如此强烈，以至于让他的某些立场不但荒诞不经、谵妄无比，而且让人无法理解，**甚至还具有反犹**立场。这种必须让精神分析理论臣服于自我生活的做法指引弗洛伊德迈出了盲目的每一步——就像俄狄浦斯⋯⋯

第十五章　贞洁殉道的安提戈涅

> （安娜）是一个容光焕发且思想独立的女人，但（她）没有性生活。
>
> ——弗洛伊德，给露·莎乐美的信，1927年12月

乱伦是弗洛伊德的一大幻想：根据他30年后的所谓记忆，在火车卧铺车厢中，两岁半的他期望与自己的母亲发生性关系；他青少年时期有过初恋，但他欲望的却是那个女孩的母亲；想与自己的妻妹乱伦，她与他生活在同一屋檐下40多年，是他的情妇；他想与那个在自己色情梦境中出现的女儿乱伦，尤其是想与那个叫安娜的女儿发生关系；他在这条路上走得很远。在《有终结的分析与无终结的分析》中，弗洛伊德说明了三项不可能完成的任务：治理、精神分析和教育。他很清楚自己在说什么——至少就后两项任务而言是这样。因为弗洛伊德同安娜的关系是俄狄浦斯以及他子女的孤独命运的最好体现。

让我们回顾一下前文中已经提到过的有关安娜的情况：她是一个意外妊娠的孩子，因为如果她的父母拥有有效避孕手段的话，她是永远不会来到世间的；正因如此，她应该是西格蒙德/阿玛利亚夫妇之间最终不再行夫妻之事的源头。我们发现，弗洛伊德不但用自己高中时期希伯来文老师萨穆埃尔·哈默施

拉格女儿的名字给她取名，而且还让她成了哈默施拉格的教女，没有像对她的兄弟姐妹那样以伟人的名字来给她取名——这些名字的来源不一而足，从弗洛伊德的导师到他心目中的英雄，比如克伦威尔。

不过，对于安娜这个名字，如果我们期望做出与官方传记中烟幕弹般的解释不同的另一种假设的话，就会发现她与安娜·欧这个就诊名也同名，这点我们在前面已经提到过了；尤其还有另一点，弗洛伊德的一个妹妹也叫安娜，他们有着共同的父母，这种情况让弗洛伊德能够在实现他的乱伦执念上更进一步：他是一个叫安娜的女儿的父亲，而他的父亲和阿玛利亚也生了一个叫安娜的女儿——他是否在借这种起名方式表达自己希望替代父亲去与母亲发生关系的愿望呢？安娜就是这样一个出生于期待之外的孩子，她在父母年纪比较大的时候才来到人间，她被置于匿名的、癔症的甚或乱伦幻想的影响之下，俯身于这个小女孩摇篮边的占卜者应该轻而易举就能预见这个小灵魂的惨淡未来……

安娜，如果我们用索福克勒斯的《俄狄浦斯王》来看待和解读她的一生的话（这部戏剧对弗洛伊德而言就像是他人生的结构），她将拉伊俄斯和伊俄卡斯忒之子——俄狄浦斯在杀死父亲并与母亲同床后宣示的那个有关自己后代的神谕变成了现实："等你们到了结婚年龄，孩子们，有谁敢来承受这样的耻辱呢？——这种耻辱对你们和你们的子女都是有害的。"后面还有："你们背负着这样的耻辱，谁还会娶你们呢？啊，孩子们，没有人会；显然你们命中注定不会生育且将保持贞洁。"安娜遵循了神谕：当她到了结婚年龄，没有男人向她献殷勤；再到后来，没有任何人迎娶她；最后很有可能她就是在没有生育的处子之身情况下死去的——但是她却是**儿童精神分析师**……

从十三四岁起，这个年纪很轻的女孩子就开始旁听精神分析协会的会议。当我们读到那些她有可能参加过的会议的纪要时，我们会惊讶于一个父亲怎么会让自己如此年幼的女儿这样地处于关于肛交、乱伦、女性歇斯底里精神紊乱、力比多困境、性变态、手淫危害性、造成性受虐倾向的儿时条件这些话题的争论中。在那些她能够实际明白的东西和那些对于一个尚未迈入或刚刚才进入发育期的年轻女孩而言无法理解的东西之间，我们可以提出这样一个问题：让自己的小女儿参加这类成人们论述人类性欲中最阴暗部分的会议，弗洛伊德到底是怎么想的……

安娜患有厌食症……我们是否应该对此感到惊讶呢？不，我们不需要是大知识分子，更不需要是儿童精神分析师，就能够知道她出问题一点也不令人惊讶。父亲觉得女儿对自身要求太严，她过于瘦小，也过于弯腰驼背：他决定让安娜去意大利待8个月，也就是差不多一个妊娠期的时间，而且是和她的米娜姨妈一起去，目的是让她身体长好，尤其是增加体重。然而不久后，她的姐姐索菲就订婚了，她的这次旅行**因此**不了了之。这两件事情之间居然还有这样让人丈二和尚摸不着头脑的惊奇因果……为什么会放弃这次旅行，其真实原因不为人知！还有另一个不可能被解开的谜（除非有朝一日封存在美国的某个保险箱中的资料解禁，而其中的某封信件又恰好能带给我们答案……），那就是安娜坚持不去参加姐姐的订婚典礼。她父亲这样对她写道："没有你，甚或说没有宾客、没有庆典及其他反正你也不会感兴趣的后续活动，订婚典礼也能照样顺利举行。"（1912年12月13日）……

由于缺少透露真实缘由的信件，我们只能从弗洛伊德于1912年7月20日寄给费伦齐的信件中得到这样一条线索，即订婚典礼与弗洛伊德研究的一个课题产生了共鸣：李尔王的三个女儿。我们从莎士比亚这出戏剧中能够得到哪些有用的东西而让我们可以解开弗洛伊德家庭之结呢？李尔王决定把自己的王国平分给自己的三个女儿，她们是高纳里尔（Goneril）、里根（Régane）和寇蒂莉亚（Cordélia）——弗洛伊德也有三个女儿，她们是玛蒂尔德、索菲和安娜。王国的分割发生在一个盛大仪式上，李尔王让每个女儿说出她们对他的爱……前两个女儿夸大其词，毫不犹豫地阿谀奉迎，小女儿却稳重矜持，不愿出众，尽管她深爱着自己的父亲。心里不快的李尔王剥夺了小女儿的继承权，并赶走了她。随着时间的推移，国王渐渐觉察出他那两个奸诈、狡猾、爱说谎的女儿欺骗了他。因痛苦而疯癫的李尔王离开了宫廷，在寇蒂莉亚那里找到了庇护所……

这出戏的第二个情节很可能也很讨弗洛伊德的喜欢，那就是葛罗斯特伯爵（Gloucester）有两个儿子，其中一个是私生子，这个私生子让伯爵相信了他的同父异母的兄弟背着他筹划阴谋。他希望得到由于自己私生子身份而没有权利获得的继承权。为了惩罚自己的天真幼稚，葛罗斯特伯爵让别人剜去了自己的双眼——说起来，这不正和俄狄浦斯的做法一样吗？在戏中，接下来是一番争斗，出身正统的儿子获得了胜利。在一系列难以置信的情节起伏后——隔阂、误会、死亡、自杀、背弃、下毒、撤销决定——李尔王还是没有能够阻止女儿寇蒂莉亚的死：因为痛苦而深受打击的父亲抱着至死都忠贞不渝的女儿的尸体，戏在此时落幕了。

我们不知道在弗洛伊德的家庭中，玛蒂尔德或/和索菲的背叛、女儿的弑父阴谋、女婿们的角色、隐喻的下毒、譬喻的自杀或象征性的背弃，这些情节具体对应着哪些事件，然而，似乎弗洛伊德一家在1912年前后的确经历了一系列戏剧性的心理起伏，这些事件就像是一出悲剧，而且像极了莎士比亚笔下的悲剧。尽管我们无法将角色具体到弗洛伊德的家人，但将安娜比作寇蒂莉亚应该不会有大问题，这是个腼腆的女孩，她不会用夸大其词的虚伪去向父亲表明她才是三个女儿中最爱他的人，她起初也被放逐过（意大利的那8个月？），不过，最终她还是继承了她父亲的王国——以象征意义上的死亡为代价……

　　弗洛伊德生活中的这块自传碎片，一如既往地，会生成理论。弗洛伊德给费伦齐的一封信给我们提了个醒，我们在他1913年发表的《关于匣子选择的动机》一文中看到他在讨论其他话题之余也探讨了关于李尔王三个女儿的问题……弗洛伊德谈到了寇蒂莉亚——我们会越来越多地看到她的身影，也会越来越发现她与安娜是多么相似——弗洛伊德挑出了一些神话来支撑自己的论点，并将这些神话进行了交叉比较，他告诉我们，寇蒂莉亚是……死亡女神！三姐妹其实是诺恩三女神（les trois Nornes），是帕耳开三女神（les Parques），是摩伊赖三女神（les Moires）：安娜/寇蒂莉亚是那个剪断生命线的人。

　　既然安娜即是死亡是一个明显结论，那么弗洛伊德又该怎么去处理这个结论呢？她可是死亡的化身，是那个剪断生命线的人。于是，我们就看到了魔术师西格蒙德·弗洛伊德展现出自己诡辩与巧辩之术的精髓，完成了一次精神分析式的华丽转圈：根据弗洛伊德那个恒久不变的确定原则——尽管它因为无法证明而未被证明——"在灵魂生活中存在一些能够以反代正的结构，其形式就是我们所说的反向作用（formation réactionnelle）"（XII.62），因此，在这里，死亡就是……爱！

弗洛伊德在这句话后面不远处写道："愿望的达成是人们可以赢得的最大胜利。"（出处同上）用通俗的话说，也可以叫作"把他的欲望当作现实"——让我们认可弗洛伊德的说法吧……因为弗洛伊德自己的生活就是这种"愿望的满足"的绝佳例子：弗洛伊德从一般意义上把自己的三个女儿比作了李尔王的三个女儿，而且还特别地把安娜与寇蒂莉亚之间做了比较，他使神话、传说和文学混杂在一起，是为了提出一个假设，他发现它、宣布它、阐述它，而这个假设……即为他女儿与死亡的同一。但弗洛伊德并不愿意这么认同，因此他就通过实施翻转魔术——这种做法完全不属于科学，但如果我们从弗洛伊德自身生活出发就能够理解他为什么这么做——解释说，存在一种起着休眠作用的神秘精神物质，它使得有时候死亡不是死亡，而是更美好的事物，那就是爱……

在总结这部分时，弗洛伊德继续编织着隐喻，他一如既往地偏爱想象而非现实，偏爱荒诞不经的复杂诠释而不是简单朴素和符合事实的真相：李尔王不是李尔王，而是一个快要死去的老男人；他的三个女儿也不是三个女儿，而是作为女人的三种不同方式；父亲没有抱着死去的女儿，而是"如果我们把这种情形［原文如此］倒过来，就会变成我们很容易理解并且熟悉的情景了"（！）（XII.64），即死去的父亲被作为女神的女儿抱着（！）——弗洛伊德之所以能够得出这些结论，那是因为他在精神分析领域所谓的其他新发现支撑着他："愿望转变"（mutation du souhait）（出处同上）和"退化作用"

（élaboration régressive）（出处同上），这些都是"反向作用"和"愿望颠倒"（inversion de souhait）的新变化形式……

如果李尔王的三个女儿不是本来的她们，她们又是什么呢？在象征性思维的恩泽下（我们知道这种思维其实意味的是思考之不可能），弗洛伊德写道，三个女儿代表着"男人难免会遇到的、同女人之间的三种关系：为男人生育的女人、作为伴侣的女人和令男人道德败坏的女人"。这是精神分析版的母亲形象或婊子形象吗？"或者说，这是对男人而言在一生中会接连遇到的母亲形象的三种形式：本来的母亲、他按照自己喜欢的母亲形象［原文如此］来挑选的爱人，最后还有在他死后重新接纳他的大地-母亲。年老的李尔王想从女人那里寻找到他早前从母亲那里得到的爱，然而他的努力只会是徒劳；将他揽入怀中的只有第三个命运女神，即沉默的死亡女神。"（Ⅺ. 65）

弗洛伊德在数年中被癌症病患折磨得精疲力竭后，他知道自己将死的命运，他再次提醒医生不要忘记他答应过自己的在大限来临之时为自己注射药物结束生命，而且他还说："去和安娜商量，如果她觉得是时候了，就让我们结束吧。"所以，根据这位父亲的坦白，安娜/寇蒂莉亚其实是母亲的第三种形象的化身——阿玛利亚、玛尔塔和安娜在以弗洛伊德小女儿为象征的这出悲剧中都找到了自己的对应，这最大限度地取悦了父亲弗洛伊德……

尽管弗洛伊德在《给医生的精神分析治疗建议》（1912）中定义了职业道德——他建议精神分析师不要对自己的亲人、朋友或家庭成员进行精神分析——但作为父亲的他先后在

1918年夏天到1922年和1924年春天到1929年对自己的女儿进行了分析，也就是说前后9年之久的治疗，而且是以每周5次到6次的频率……当我们读到亨利·艾伦伯格在《无意识发现史》中转述的弗洛伊德夫人说的下面这句话时，露出的只会是带了些许悲伤的微笑，她说："精神分析止步于孩子们的卧室前。"（482）我们可以想象，在她的家中发生过多少在她看来无法想象的事情啊……

事实上，很可能弗洛伊德夫人对自己女儿在将近10年时间里躺在她父亲的治疗躺椅上讲述内心想法这件事情并不知情，安娜在躺椅上讲述了她的性幻想、她的生命苦恼、她的力比多问题、她的畏惧和害怕、她的私生活、她在性方面的空虚（至少在性生活中没有其他人），她还讲述了她与……父亲、母亲和兄弟姐妹在一起时的童年回忆，她对想要同自己父亲发生性关系且排挤母亲这一欲望采取的处理方式，她在药物作用下的经期紊乱，以及其他通常情况下人们会在治疗躺椅上坦白的显见之事……

玛尔塔·弗洛伊德是一个不爱表现、顺从、谨言慎行、一切为丈夫服务的女人。一般意义而言，她对精神分析并没有什么好印象。具体说来，她对自己丈夫的工作活动也很不在意。法国精神分析师勒内·拉福格（René Laforgue）在20世纪20年代经常出入弗洛伊德家，他在回忆录中提到，弗洛伊德夫人觉得她丈夫的那些理论是"色情的一种形式"……我敢打赌她并没有意识到这种色情是如何将她的丈夫（孩子的父亲）与他的小女儿（她与丈夫的女儿）紧紧结合在一起的……

历史学家的研究让今天的我们能够部分地知道她在治疗躺椅上都说了些什么。弗洛伊德在1919年发表了一篇以"一个孩子被打了"为主标题、"性变态成因知识文论"为副标题的文章,它很明显是关于安娜的。而安娜又以她自己的方式确认了我们在弗洛伊德那篇文章中读到的东西,因为她撰写了《对被殴打的幻想及白日梦》(1922)这篇文章,我们可以将此作为与其父文章相呼应的作品来读。起初,这篇文章是为了在1922年5月31日于维也纳举行的精神分析协会会议上的发言而作,后来它成为精神分析运动中的一个经典的理论实践……

我们从文章中得知了一些有关安娜·弗洛伊德精神状态的情况,状况令人沮丧……弗洛伊德对这个主题的论述遮遮掩掩、闪烁其词:殴打孩子;实际被殴打或以幻想的方式被殴打;作为孩子的自己看见别的孩子被殴打;一个孩子期望另一个孩子被殴打的欲望。孩子被殴打,谁打的?被殴打的一直都是同一个孩子吗?是被成年人还是另一个孩子打的?可以想见,这些都能够成为安娜通过自由联想对这个主题所做的演绎。弗洛伊德没有回答其中任何一个问题。如果我们留心的话,情况其实比这还糟糕,因为他甚至写道:"对我们精神分析师而言,理论知识比治疗成功更重要。"(XV.124)换言之,只要科学可以进步,治愈不治愈都不重要……当治疗对象是他自己女儿时,我们更是惊讶于他说这句话的残忍。

那么,安娜的问题到底在哪儿呢?她习惯幻想被父亲鞭打的各种场景。她的性欲是围绕这种施虐-受虐欲望建构的,她沉湎于强迫性手淫……这就是这篇文章的中心主题,但它被数量繁多的其他论述干扰,作者用多余的论述来延迟或阻止人们真正理解这篇文章。安娜躺在父亲的治疗躺椅上讲述道，她一边想象父亲殴打她的情景，一边疯狂地手淫。弗洛伊德掏出了他的魔法石，他总结说：这种幻想的根源是……俄狄浦斯情结！

要让弗洛伊德用历史或生物的眼光，甚或用心理学的简单常识来解释出现在安娜身上的现象，那是不可能的。因为他已经假设了这种古老情结的存在——此情结的来源可上溯至最久远时代发生的一桩弑父案，而且当时还发生过一次食人盛宴——所以他就可以不用去思考自己应该为发生在女儿身上的这种被他命名为"性变态"的症状负多大责任。种系发育（phylogenèse）神话模式的存在就能免除对真实存在的个体发育（ontogenèse）进行分析，这是多么方便的一件事情啊！何况这位父亲还表示说，他的目的主要不在减轻他女儿的痛苦，换言之，他不是想去治疗她，比如让她在除手淫外也可以拥有其他方式的性生活，并以此将她治愈，他做这一切是为了让科学进步，是为了**他的**科学的进步。

然而，只需要一点简单的自我批判，就足以让这位父亲意识到他其实已经成为女儿创造幻想这一行为的原因之一。实际上，在和安娜的关系中，弗洛伊德表现得像一个嫉妒心强、充满占有欲的专横父亲。她在 19 岁时曾打算去伦敦的欧内斯特·琼斯家小住——琼斯就是日后会给弗洛伊德这位英雄立下圣人传记的那个人——为此，弗洛伊德给琼斯开出了许多可能让琼斯感到受挫的建议。他知会琼斯，不要妄想和他女儿之间建立爱情关系；他又给女儿开处方，让她将他们之间的关系界定为严格意义上的平等关系和友情。其实，安娜自己一点也没有就这次旅行谈到感情或性的问题，是弗洛伊德在提醒她说：

她必须对生活有更多更好的了解之后才能去考虑开始一段正经的恋爱。弗洛伊德给出了限期，至少要在5年之后才行——换言之就是在她24岁之前都不行……在围绕旅程准备进行的书信来往中，西格蒙德·弗洛伊德对欧内斯特·琼斯说起她时，用的是"独生女"一词……不要忘了，那是在1914年，玛蒂尔德时年27岁，索菲21岁……

安娜的父亲斩钉截铁地对她说，琼斯已经35岁，这位先生的年龄几乎大了她一倍，琼斯需要的是一位更了解生活的、和他同龄的妻子。而且，他还补充说，琼斯出身贫寒，"费了九牛二虎之力"［原文如此］才出人头地，所以他"处事不够老练，处理关系也不够细腻"……关于安娜，他对琼斯则这样写道："她对你是否把他当作女人看待完全没有想法，因为她远远没有体察性欲，她有的更多是拒绝男人的倾向［原文如此］。"与弗洛伊德通信的这位英国人，这个将在未来成为《精神分析的理论与实践》一书作者的人，用了一番对安娜的赞美作为回应，之后他又说了一句预言未来的话："如果她没有为自己的性抑制所害的话，她必将成为一位卓越非凡的女性。"（1914年7月27日）……

当时的安娜·弗洛伊德，埋头于手上的针线活，她像得了强迫症一样不停编织，她打算成为一名小学教师！因此当时的她还没有开始被分析，她在1915年秋天时幻想过一个场景，她不久以后把它告诉了自己的父亲："最近我做了个梦，梦见你是国王，我是公主，还有一系列的政治阴谋的上演，为的是把我们分开。这让我很不开心，甚至让我深感不安。"她当时不过20岁，她父亲则已接近60岁。

1916年，从幼年起就对精神分析协会精神分析师们的讨论耳熟能详的安娜，开始旁听父亲在大学开设的课程——这些课程的内容就是未来的《精神分析学引论》。当时的她，经常与弗洛伊德一起做心灵感应试验：他们俩都体验到了猜测别人思想的无上乐趣——阅读别人最秘密隐私的想法，看，还有什么能比这更好地体现了他们那种希望与他人无比紧密结合的幻想呢?! 在旁听了父亲的一系列讲座后，她抛弃了当小学教师的想法，决定成为一名精神分析师。23 岁时，她开始了分析。

弗洛伊德自己得出了结论，他说安娜对男人不感兴趣，他将父亲的律法加在女儿身上且禁止她拥有独立的性生活，与此同时，这位《支配性性道德》的作者还把自己女儿往女人的怀里送。这是多么好的办法啊，这样他就可以将她只留给自己；让她不会被其他男人糟蹋或玷污；**永生永世地**（ad vitam aeternam）留住她；让她成为把一切都奉献给父亲的死亡女神。难道不是这样吗？

弗洛伊德将她引向了露·莎乐美，他衷心期望两个女人能够建立起真正的友谊。他于 1922 年 7 月 3 日对露·莎乐美——她是尼采的朋友——写道："由于我这个父亲，她对男人的兴趣受到了抑制，迄今为止她与女性朋友们的关系都还不太好。我有时［原文如此］也会产生期望她同一个好男人在一起的想法，但有时候［原文如此］我又会因为想到要和她分离而感到难受。"三年之后，他还在说同样的话："我害怕她的性压抑对她不利。但就减轻她对我的依赖而言我却什么也做不了，没有任何人来帮我。"（1925 年 5 月 10 日）不过，除了他还有谁能去做呢？安娜的母亲吗？弗洛伊德和安娜直接对她敬而远之。安娜的兄弟姐妹？不可能……安娜的姨妈？肯定不是她……的确是没有人可以帮他了……

况且弗洛伊德在 1923 年被查出患上了下颌癌，这再一次地为加强他们之间的联系提供了机会：她是第一个得到消息的，并以此排挤了自己的母亲，成为父亲的护理人。同年还发生了另外一件事：那一年，弗洛伊德 67 岁，科学家弗洛伊德结扎了输精管，因为他相信这类外科手术能够让人青春焕发，恢复失去的性功能——那些对这位英雄的圣人传记信赖有加的人，那些认为弗洛伊德之所以放弃了性生活是为了达成力比多升华并因此成就了创立精神分析这一举世伟业的人，他们应该重新检验自己的想法了……相反，对于那些相信弗洛伊德同米娜姨妈一直保持着活跃的性关系、相信他们去意大利那趟旅行的目的是堕胎这一假设的人，这件事看起来合情合理……圣人传记作家傻呵呵地确认说：这次结扎是为了预防癌症复发！

尽管有了这次睾丸方面的预防措施，弗洛伊德还是长时间地因癌症而痛苦。他经历了 30 多次手术，无论是怎样的人造下颌，安装和佩戴都是件痛苦的事——安娜自然而然地承担起了这项任务，有时候她要花上半个小时才能给他安装好……弗洛伊德在遗嘱中，要求儿子们放弃他们应得的继承部分，要求他们将这些遗产留给他们的母亲和将其作为……小妹妹结婚的嫁妆或让她用来安排她与伴侣的生活……（弗洛伊德之所以写这最后一点是）因为安娜已经成了同性恋——如果她的身体还不是，至少她的心灵已经是了。她倾心的那个女人名叫多萝西·伯林根（Dorothy Burlingham），是一个 1925 年来到维也纳的美国人。安娜与她一起买了房子，她是四个年幼孩子的母亲，与得了躁郁症的丈夫处于分居状态，她的丈夫先是在特奥多尔·莱克（Theodor Reik）那里接受精神分析……此后又在弗洛伊德那里接受分析，这是自然的。之后，在长达12年的时间里，弗洛伊德又把……这位女儿的伴侣放到了他的治疗躺椅上分析！

这个美国女人还让她的孩子们都接受了分析，最后自己也成了专门针对……儿童的分析师。弗洛伊德建议她离婚，她照做了。她的丈夫跳窗自杀。在稍后的1970年，他们那个有酗酒毛病的儿子用巴比妥自杀……而且这个儿子还是躺在安娜·弗洛伊德——她既是他的精神分析师也是他母亲的情人——的床上自杀的……不过，在这一切发生之前，多萝西·伯林根送给过弗洛伊德一只松狮犬，这也是他养的第一只松狮犬。然而，弗洛伊德在1927年12月却这样对露·莎乐美写道："（安娜）是一个容光焕发且思想独立的女人，但（她）没有性生活。"他还在后文中补充说："没有了我这个父亲，她该怎么办啊？"

在弗洛伊德于1928年10月12日写给费伦齐的那封信中，他将安娜比作了……安提戈涅。他在1935年5月12日写给阿诺德·茨威格的信中也做过类似比拟。对此，真的还需要我去进一步具体说明吗？安提戈涅是俄狄浦斯和伊俄卡斯忒乱伦所生的孩子，换句话说，安娜是弗洛伊德和阿玛利亚乱伦生的孩子？癌症的病痛对弗洛伊德而言已经变得无法忍受。他是如此臭气冲天，以至于连他的狗也对主人敬而远之。弗洛伊德知道自己大限将至，他对自己的医生舒尔说："我的命很好，因为上天赐给了我这么好的一个女人——我说的自然是安娜。"

弗洛伊德在很久以前就已经决定，时候一到，就主动终结生命。弗洛伊德在忍受疾病中的表现堪称勇敢，他最终还是被病痛折磨得精疲力竭、油尽灯枯，他让医生提醒安娜：时候到了。1939年9月21日他被注射了第一针，第二天被注射了第二针。弗洛伊德于1939年9月23日凌晨三点去世，遗体于9月26日早上被火化，是斯蒂芬·茨威格读的悼词。他的骨灰被安放在伦敦的戈尔德斯格林（Golders Green）墓地。1971年安娜结束了她在伦敦的精神分析师生涯，返回了维也纳。这时轮到她去收纪念章了，上面写着"安娜-安提戈涅"。……就这样，在离开43年后，她回到维也纳的房子中，包裹着父亲的罗登缩绒厚呢取暖，她也将在这里去世。她卒于1982年10月9日——据说，她与男人从未有过哪怕一次性行为。

对安娜的悲剧一生，我们还有最后一个细节要补充：1956年8月，一名司机将一辆劳斯莱斯停在了安娜·弗洛伊德的房子前，车门打开后，里面走出一个女人，她将自己的满头金发藏在一顶毡帽之下，一双蓝眼睛也被太阳镜遮住了——玛丽莲·梦露去了西格蒙德·弗洛伊德的女儿的家。这位在伦敦拍戏的女演员，再一次地陷入了神经性抑郁症中。她在位于温莎宫旁租来的豪华别墅里同自己的精神分析师玛丽安妮·克丽斯（Marianne Kris）通话了无数个小时。这位出演过电影《绅士爱美人》的明星，已经接受精神分析一年时间。她的美国精神分析师无法跨越大西洋来到她身边解决她此刻遇到的问题。那位精神分析师建议玛丽莲去找自己的朋友安娜。于是，这位女演员就从影坛上消失了一个星期，没有人知道她去了哪里。事实上，她正躺在精神分析的躺椅上……

一天，安娜·弗洛伊德将她带到了自己诊所的儿童区，让她放松下来，和孩子们一起玩耍。在这次拜访中，玛丽莲向安娜坦白说，自己在1947年时就读了《梦的解析》，"因为裸体而局促不安的梦"（Ⅳ.281）令她特别感兴趣——弗洛伊德分析了梦中的这个人，这个人让自己的身体部分地或全部地裸露在外，他想要摆脱观众的目光但无法做到。他总结说做这种梦的人有裸露癖。作为玛丽莲精神分析师的安娜需要治疗的就是这类倾向，它在这个女病人身上反复出现：玛丽莲说自己的确很喜欢在公众面前脱衣服……

安娜把她用在孩子身上的方法用在了玛丽莲身上：她坐在桌子的一端，病人坐在桌子的另一端。她给病人玻璃弹珠玩，然后根据对方的玩耍方式，做出诊断。玛丽莲是将玻璃弹珠一个接一个地抛了出去。此时，弗洛伊德的神谕从天而降：（这意味着）"对性接触的欲望"。……父亲的方法造成了这样的结果：玻璃弹珠并不是玻璃弹珠，把一个弹珠抛出去也不是把一个弹珠抛出去，把下一个弹珠抛出去也不是把下一个弹珠抛出去，以此类推，直到可以通过象征策略得到诊断结果。就这样，平常的弹珠游戏也成为精神教主判决的托词。

在"安娜·弗洛伊德研究中心"的一个档案箱中，有关玛丽莲·梦露的卡片上记载着关于她的鉴定："情感不稳定，极端冲动的性格，需要不停地得到外界的认可，不能忍受孤独，在被抛弃的情况下出现抑郁倾向，突发性精神分裂症导致的妄想症状。"这位女演员最终回到了片场。在回到美国以后，她给西格蒙德·弗洛伊德的女儿寄去了一张大额支票。

后来，约翰·休斯顿（John Huston）想要拍一部关于弗洛伊德的电影，片名应该就是叫《弗洛伊德：隐秘的激情》。这位维也纳医生在电影中会治疗一个患癔症的女病人，休斯顿觉得可以让玛丽莲·梦露扮演这个角色。导演请求让-保罗·萨特来为电影写剧本……这位哲学家一共写了两个版本的剧本，总共500页——休斯顿在收到"大腿那么粗"的厚厚一沓原稿后说这要拍一部长达7个小时的电影……然而，这两个人最终没有做到融洽相处。

被安娜·弗洛伊德分析过的玛丽莲·梦露，最先接受的是玛丽安妮·克丽斯的分析，她在三个月期间一共接受了47次分析，接着被关进了一家精神病院，之后被她的第二任精神分析师拉尔夫·格林森（Ralph Greenson）接手继续分析。拉尔夫·格林森是20世纪30年代在维也纳受训成为精神分析师的，弗洛伊德还在家中与他会过面。他将从1960年1月到1962年8月4日，也就是她去世那天，一直担任她的精神分析师。曾经有一天，他建议玛丽莲买一幢房子，于是玛丽莲便到墨西哥购置了很多家具，然而这些家具最后却摆在了这位精神分析师自己的家中……他还说服了这位女演员不要出演休斯顿的电影。

在这位女演员自杀前的几个小时里，她的精神分析师还跟她通了很长时间的电话。因为他是玛丽莲·梦露活着的时候最后见到她的人，又是第一个发现她死去的人，拉尔夫·格林森一度被怀疑是杀死梦露的凶手，后来才被证明是清白的。这位女演员时年36岁，被发现确实是她自己服用巴比妥自杀的。即便她真的不是被她的精神分析师所杀，我们依然可以说他和他的科学没能阻止她的死。玛丽莲·梦露在遗嘱中将自己四分之一的财富和未来所有出版物的版权留给了自己的精神分析师玛丽安妮·克丽斯,而在玛丽安妮·克丽斯去世后,安娜·弗洛伊德基金会接管了这笔巨额财富……每个月,由玛丽莲·梦露这位影坛传奇带来的专利权使用费都会流进位于伦敦的安娜·弗洛伊德基金会……

第三部分

方法论

不现实的美梦

论点三：
　　精神分析不是科学连续体，而是存在的七拼八凑。

第十六章　弗洛伊德的奇迹之地

> 我当时的物质条件促使我走上了研究神经类疾病的道路。
>
> ——弗洛伊德，《自述》（XVII.63）

显然，弗洛伊德的生活为他的理论强加了规则，这使得我们在弗洛伊德全集中找不到弗洛伊德传奇想让我们相信的那种绵长直接的连续性；弗洛伊德的传奇认为精神分析的发明从简单缘起经由自我分析形成了一个不存在自相矛盾、观点转变、值得后悔的错误、具有同质性的最终著作体系。正如我们所见，这位精神分析师的思想受到了日常生活中所受痛苦的左右，受到了历史法则的影响，而且影响他思想的历史法则既有他所处小世界中的法则，也有历史的普遍法则。所以，弗洛伊德的思想不是一个科学连续体，因为它与其作者的各种生活经历息息相关。

在50多年的时间中，也就是从1886年到1939年，弗洛伊德写过很多东西，如果不计书信，他发表的文字已逾6000页。刚开始，他写了很多报告，此后是各种前言、序言或后记、演讲或讲话材料及说明。它们通常都是些短文章、简短分析、形成著作的汇编文章，不然就是他的教案——《精神分析学引论》或《精神分析学引论·新论》。再后来，他又写过一些悼念文字……弗洛伊德全集看起来就像是由不同质的各种片段组成的一幅马赛克拼凑画：比如他年轻时候（1895）与布洛伊尔一起写的那本《癔症研究》与他82岁在伦敦流亡期间（1938）撰写的概括性著作《精神分析纲要》不可同日而语。

如群岛般排列甚或说呈片段状的弗洛伊德思想，发生过很大的变化。从某些恰当截取的句子出发，对于同一件事情，我们既可以说弗洛伊德是赞成，也可以说他是反对的，比如他颂扬催眠又批判催眠。或者还可以举一件更重要的事为例：绝对且坚决的精神分析原教旨主义奉行者或倚仗"形而上学"这一极端抽象的概念或倚仗《精神分析技术》一书来为自己仅用语言开展治疗的做法辩护，然而，《精神分析纲要》这一书的读者——这本书被弗洛伊德说成是精神分析圣经或他的理论遗赠——又会以老年弗洛伊德认为的化学会在未来让精神分析失效这一假设为理论支撑来反驳。换言之：我们是该选择纯粹思想学说坚持的非历史性理想真理，还是选择历史进步辩证法下的实用主义呢？是该选择弗洛伊德以前说过的赞同言语疗法、反对药物治疗的话，还是采用他所提出的赞同药物治疗、反对言语疗法的预期性的建议？是选择治疗躺椅，还是安定剂？这两者都可以从弗洛伊德的著作中找到支撑……

用心阅读弗洛伊德全集的话，就会发现，他的著作里存在很多自相矛盾、前后不符的地方，还有很多不具有同质性的立场。让我们将著作和生平的交叉讨论放到一边，从现在开始对弗洛伊德的各种著作进行交叉讨论。显然，我们无法找到一根阿莉阿尼之线——它让这个天才从研究之初开始就能一直凭借他那最绝妙的直觉笔直地走完研究之途——不过，我们倒是看到了弗洛伊德走过的许多歧路，甚至他有时候还完全失去了方向。弗洛伊德全集共有 20 卷，与其说它与美泉宫（Schönbrunn）的建造理念相似，还不如说它与建筑材料掺入了杯盘和瓶子碎片且以粗犷线条建造的邮差薛瓦勒之理想宫（palais du facteur Cheval）的理念更相似……

下面就是一例。在他的《自述》中，弗洛伊德曾写道：他"想以治疗神经类疾病为生"（XVII. 63）。他在这本书的另外一处也确认了这种说法："我当时的物质条件促使我走上了研究神经类疾病的道路。"他说，他因为开始了对男性癔症理论的研究并作为业余者尝试了催眠而被大脑解剖实验室开除了，他不得不另谋生路。从那以后，弗洛伊德就将科学研究、生理学、解剖学和医学放在了一边，而发明了不借助传统医学进行治疗的方法：他必须在没法搞研究的情况下找出这种方法——因此他能做的就只有从自己脑子里去找。……于是，他便以可卡因为开端到达了治疗躺椅，中间他还经历了手按法、电疗法、磁力、催眠、宣泄法及自由联想，弗洛伊德的行走路径就如同一个在代达罗斯的迷宫中为逃脱贫困和寂寂无闻的这头人身牛头怪物的人走出来的路线。

那就让我们跟随弗洛伊德到他的治疗迷宫里走一遭吧。1884 年时，他一心追求着财富和声望。让我们看看他对玛尔塔的坦白：他"为了金钱、地位和名声"奔走钻营（1885 年 1 月 7 日）。他与众不同的出生宣告说他将会成功；母亲告诉过他这类预言；有个占卜师这么说过；一个街头卖艺的诗人在普拉特咖啡馆中也确认过同样的事。他在给弗利斯的那些信中反复提到的是：他这个未来会与哥白尼、达尔文在人类历史上并驾齐驱的人遇到了玛尔塔·贝尔奈斯，憧憬着资产阶级的体面生活；他想要结婚且在一个舒适的房子里安顿一个幸福的女人，他渴望有一大群孩子，期望建立一个可以让自己妻子幸福的家庭，在其中，他的妻子能欣然实现作为家庭主妇的命运——在他看来，家庭主妇是这个星球上所有女人的宿命……

医学让他觉得无聊。研究无法让他一鸣惊人，无法让他一下子攀上获得国内名声的高峰，就更别提获得国际性声誉了。为了获得名声，他必须做出与之相称的重大发现。（就这一目标而言）在大学里教书的道路很成问题：像抢位子游戏一样等待晋升，对于一个着急的人而言，这可不是一个知道自己是为成功而生的天才应该走的道路。作为刚刚获得学位的年轻人，他在研究室里做的那些工作是无法让他超出资历限制获得越级晋升的。当时，他生计艰难，举债度日，不得不受这个或那个人的恩惠才能维持生活，比如后来会变成他潜在敌人的布洛伊尔就是当初施恩给他的人之一——而他后来会那样对待布洛伊尔又恰恰是因为布洛伊尔当初对他的慷慨帮助……

年轻的弗洛伊德渴望迅速找到某种方法让自己在维也纳资产阶级中立足，他为能有可以帮他赚到钱结婚的新发现烦扰。在这样的心态下，这位山穷水尽的年轻医生相信了可卡因的疗效，认为它就是他的魔法石。弗洛伊德是一个博览群书的人，但同时也是一个喜欢隐藏自己知识来源的人。他在一本杂志上读到了一名军队外科医生的文章，这位医生把可卡因这种当时还不为人知的物质奉为万灵药。军队让战士服用这种药，军队高层发现这种物质的确能够提高部队的生理和心理能力！弗洛伊德对他的未婚妻写道："有了这个意外收获，我们就能安顿下来了。"……在另一本杂志上，他又看到了另一篇文章，文章作者认为这种物质能够让他从……吗啡瘾中摆脱出来！军队给自己的士兵提供可卡因，而可卡因又是一种可以让人不去吸毒的毒品。看，这难道不是两个大有前途的新角度吗?!

弗洛伊德因此搞来了这种大名鼎鼎的粉末，他先是尝试着吸食，然后变成时而吸食，最后是有规律地经常吸食。当时的时间是1884年，10年之后，确切地说是在1895年6月12日，他在写给弗利斯的信中说："我需要大量的可卡因。"……也就是说他吸食可卡因至少10年。他还提议自己的未婚妻吸食，他给她规定剂量，在巴黎的他觉得可卡因就像性补药，他提议等他们在维也纳重逢的时候让她亲自看看自己身上的药效。为了摆脱自己的胆怯，他也在出席沙可组织的上流社会晚宴前吸食，正是这些晚宴让这位年轻医生有机会见到了巴黎的头面人物。

他的很多方面都可能与他在早年沾染可卡因瘾有关，比如他的很多行为抑或某些论点、他因为可卡因的欢欣效应会对事情先热后冷（先是热衷后又完全否定）、他那起伏不定的情绪、欧内斯特·琼斯亲自揭露出的众所周知的弗洛伊德患有的"十分严重的精神性神经官能症"、他心律不齐的问题、他力比多的消失、他对那些不赞同他所有观点的人怀有妄想症式的谵妄想法、他经常恐慌、他的鼻中隔问题，还有他反复发作的呼吸道黏膜炎。

我做出的假设是，无论热情还是抑郁，这一系列的情绪变化都在他的思想中造成了理论后果。因此，很有可能，他在写《科学心理学概论》时就是这样。关于这本书的写作，弗洛伊德在1895年10月20日对弗利斯写道："在一个星期的辛苦之后我又整整工作了一夜，在这个夜里，痛苦是如此之深重，以至于让我的大脑达到工作需要的最佳状态，前方的种种障碍一下子都不复存在，遮着的帷幔全都落了下来，突然地，一切都可以用目光穿透，从各种神经症的细节到意识的种种情状都是如此。一切都似乎严丝合缝，所有部件都互相吻合，现在的我真的感觉这一切就像是一部机器，不久以后它便可以自己运转起来。"然而，他在 1895 年 11 月 29 日又写道："我已经无法理解我胡编乱造《科学心理学概论》时的精神状态了；我无法想象我怎么能够让你去忍受这一切。"……10 月的时候，《科学心理学概论》的初稿被看成天才杰作，四个星期后，它就成了可以扔进字纸篓的垃圾。弗洛伊德正是同年 6 月吐露了他需要可卡因这一隐情……

在他以身试验期间，弗洛伊德发现可卡因在他身上唤起了实实在在的欢欣感觉：他的感伤情绪全部蒸发不见，他的生理和精神能力倍增，他的神经衰弱及今天被我们称为抑郁症的状态也全部消失。自此，他便将他个人的情况外推成普遍状况，他所称的方法后来在他那里变成了一种习惯。弗洛伊德说，可卡因能够治疗神经疾病，治愈精神的衰退状态，而且他的想法与头脑清醒的人相反，这些人指出说吸食可卡因会上瘾，他却斩钉截铁地说这是一种不会让人上瘾的物质……他找到了自己的魔法石，精神病问题因此有了解决之道。他在给玛尔塔的一封信中这样畅所欲言：有了这个发现，他就会发迹——而且是各个意义上的"发迹"。

在几乎是对所读文章进行抄袭的同时，弗洛伊德提出了一个被说成是他创立的假设，他说可卡因可以用来让人摆脱吗啡瘾。1884 年春天，他在朋友弗莱施尔－马克索夫身上做了试验，他在这个吸毒的人身上用了可卡因。弗莱施尔－马克索夫使用吗啡是因为在实验室中伤到了大拇指，之后患指严重感染而被截断，失去了指头后的弗莱施尔－马克索夫疼痛难忍，而沾上了吗啡瘾。这位毫无耐心的年轻医生在精神病协会发言时不容置疑地断言，20天之内，他就取得了绝佳的治疗效果。

1885年，弗洛伊德写了一篇名为《论可卡因》的文章，这让有关这件事的**A版本**出炉。我们可以在他的文章中读到下面的句子："我将毫不犹豫地［原文如此］建议以注射的方法给病人用可卡因。"此后，他又坦言自己已经这么做过了，这种方法对改善病人的状态效果显著，让病人的吗啡瘾完全消失了。他自信满满的保证说，有了可卡因，抑郁症、忧郁症、癔症、疑病症就都终于可被治疗了……

五年之后，在这件事的**B版本**中，即弗洛伊德在《梦的解析》（1900）中对这件事所做的叙述里，这些话再也没有出现。因为在A版本和B版本之间，他的这位朋友由于皮下注射弗洛伊德处方开具的可卡因物质丧命……弗洛伊德从此以后便声称，他明确说过可卡因是不能注射的，他清楚规定过要口服；这里他说的正是他的那个**"被可卡因毒害的**［粗体为弗洛伊德所加］**可怜朋友！在不再让他使用吗啡的同时，我建议他以口服方式服用可卡因；然而，他却还是以注射方式使用了可卡因"**。而且，在此书的稍后部分，弗洛伊德又回到了这个话题："就像我曾经说过的那样，我从来没有想到过人们会用注射方法来吸食毒品。"……将这两种版本放在一起看，弗洛伊德这个人的诚实程度也就一目了然了……

然而当弗洛伊德在精神病协会发言时，当他撰写《论可卡因》一文时，他是确切知道自己朋友的状况越来越糟的，因为他去医院探望过这位朋友，而且他也有能力意识到可卡因是不能去除吗啡瘾的，它无法消除病人的毒瘾症状，更有甚者，它还会让病人在有吗啡瘾的基础上再染上可卡因瘾。

平时，他的朋友有抽搐痉挛、烦躁不安、行为怪诞、失眠、消沉、谵妄、出现幻觉、精神恍惚、忧伤苦恼、想自杀等症状，弗洛伊德在这个朋友住的病房里看到了他的这些症状。我们这么说，有何证据？弗洛伊德在给妻子的信件中时常会给出这个朋友的消息，他还会详细叙述病人状况的恶化——1884年5月12日，他写道："弗莱施尔的情况是如此糟糕，以至于我没有丝毫的成功感。"……他给一些亲人吐露过实情，也在不同的信件中袒露过，我们因此也就明白了为什么做批判研究的研究者们会被禁止阅读弗洛伊德的这些信件……因为这些信件证明了弗洛伊德已经看到了自己的失败，而且他对自己的疗法并不成功这点也心知肚明。然而，不管用什么方法，弗洛伊德都需要把这次惨败转化为成功，不然，他就无法实现自己想要成为伟人的**原设想**（这是用萨特的存在性精神分析学语言来说），而为此，他可以不择手段。

三年之后，骗局还是被揭穿了，弗洛伊德便开始毁灭证据：《论可卡因》一文从他的发表文章名录中消失，比如他为了成为大学老师给学院机构寄去的那份作品表上就没有这篇文章——这次消失也没有被他的圣人传记作家们提及，这些人就像忘记了他们在《日常生活心理病理学》一书中所读的内容一样，他们怪罪弗洛伊德的无意识，说它让弗洛伊德忘记列出这篇文章了！〔还有一点值得注意，很奇怪地，这篇署了弗洛伊德名字的文章在保罗-劳伦·阿苏主编的长达1500页的《精神分析著作辞典》（2009年出版）中完全没有踪影，而且21卷本的《弗洛伊德全集》又如此巧合地以……1886年的文章为全集之始来编撰！〕

一位十分虔诚的精神分析师为了对导师弗洛伊德施以

援手，竟然解释说这篇文章之所以从弗洛伊德著作表中消失乃是弗洛伊德在潜意识地表达他对死去朋友的友情，因为弗洛伊德不愿意让人知道的东西，不是事件中用来注射的那个注射器，而是注射器是阴茎替代物这件事……所以，"忘记"把《论可卡因》列入《弗洛伊德全集》的著作表这一行为是弗洛伊德为了做到彬彬有礼而不愿意对他的朋友施以"肛交"——然而，从某种角度上说，他其实已经这么做了……

在可卡因上遭遇失败后，弗洛伊德于1886年开了一家私人诊所。在之后的四年中，直到1890年，他都在实施电疗法。陈旧的直流电疗法（galvanothérapie）、静电疗法（franklinisation）、电击、电休克疗法、伏打振动（secousse voltaïque），所有这些乱七八糟的东西都属于电疗法这个发展了一个多世纪的陈旧治疗方法……在给弗利斯的一封信中，弗洛伊德明说他在实践"直流电疗法"（1887年11月24日）。当时，这种疗法很时髦。极其渴望迅速越级升迁以在大学中获得职位的弗洛伊德，考虑就此疗法发表文章。治疗设备很昂贵，不过，一位同僚愿意向他提供。

在《精神分析运动历史文集》一书中，弗洛伊德谈到了这个话题，不过，很可能是因害怕成为他人笑料，他在谈到这个话题时把这个就他的科学主义而言不太光彩的时期三言两语转化说成是"建立在物理学基础上的疗法"（XII. 251）——这样一换说法自然就光鲜了……为了将这个堪比"图纳思教授"[①]的时期整合到精神分析神话中，弗洛伊德还补充说，他

---

① 图纳思教授（Professeur Tournesol），比利时漫画家埃尔热创作的《丁丁历险记》的主要人物之一，在漫画中他是一位有些心不在焉且耳背的科学家和发明家。

很快就察觉到——真是显而易见啊——"电疗法在神经紊乱上取得的成功其实是心理暗示取得了成功"（出处同上）。好一个事后诸葛亮……

既然取得成功了的是暗示，那为什么又会有"电疗法"的神话呢？那是因为尽管电疗法证明了暗示有疗效，尽管暗示直接通向的是前途光明的催眠，而且催眠又很快会在未来（1896）演变为精神分析，然而，1910年时的弗洛伊德似乎已经对他自己那个具有革命意义的疗法没有了什么信心，因为当时的他在治疗手淫时用的已经是被他称为"导管（或冷却导管）疗法"的另一种方法了。在他给路德维希·宾斯旺格（Ludwig Binswanger）——一个志在实现精神分析学和现象学之结合的人——的一封信里，我们发现，当时（1910年4月9日，也就是《精神分析五讲》发表的那一年）的弗洛伊德实际上相信的是"导管疗法"这种荒谬医术的效力……

为什么说它荒谬？那是因为这些治疗都属于用来治疗"疯病"的"疗法上的疯狂做法"……因为治疗疯癫的医学在长时间里其本身就是一种疯狂，有朝一日，我们或许会以今天去看催吐药和迪亚法留斯①放血那样的好笑眼光去看待我们自己的医学！弗洛伊德在1910年用在病人身上的那种技术的确让人大跌眼镜，而且，这种技术还让我们能够质疑精神分析的有效性。因为弗洛伊德是在1904年写的《精神分析方法》，在1905年写的《精神疗法》，在1910年写的《分析疗法的未来前景》和《论所谓的"野蛮"精神分析》，他在这些书中

---

① 迪亚法留斯（Diafoirus），莫里哀戏剧《无病呻吟》中那个无病呻吟的病人的医生。

详细论述了咨询中、治疗躺椅上、收费时及有关自由联想的各种礼仪，然而与此同时，他却建议在这位名为J.v.T患者身上（J.v.T是处于宾斯旺格治疗下的神经病患名字的首字母缩写）使用这种疗法，即将一根会有冰水流动的空心导管插入患者的尿道……看，精神分析的发明者在1910年从理论上完成了精神分析学时，就是用这种方法在实际中治疗"忧郁型抑郁症"患者的，而这个患者最严重的症状就是经常性手淫！

按照精神分析的金色神话来看，电疗法最终让位给了催眠：就这样，在直流电疗法中就已经察觉出暗示具有巨大疗效的弗洛伊德，很肯定地朝向最终会抵达他的发明的那个方向迈进了。所以，催眠成为这场发现新学科的所谓科学的运动中必不可少的一个中间过程。我们知道，在催眠领域，先有让－马丁·沙可，后有约瑟夫·布洛伊尔。

研究这门医学的历史学家指出，历史上存在过这样一些疾病，它们先是盛极一时，之后又销声匿迹。诚然，其中的一些的确是因为某种药物或某种物质的出现而被根除，但像癔症这样的疾病却是在医学没有明确找到解决之道或适当预防办法的情况下就从当代疾病分类学中消失了的。19世纪是癔症和癔症患者的福音时代，然而时至今日，再也没有人会按照以前这个词的用法去使用这个过时的概念，歇斯底里一词在日常生活中已经被用来形容许多完全不同的东西——它可以用来形容一个因为过度表现女人味而令人不安的女性，也可以用来形容荒唐可笑的特立独行，还可以用来形容行为上的过于夸张。

为了解释这个疾病词汇的消失，医史学家们发展了这样的一种思想，他们认为那是因为事物在今天被更好地定义了：

那些曾经在长时间里为萨勒贝特里埃①的沙可那充满戏剧化的课堂带来美好时光的数目众多的癔症患者，在今天能够得到清楚明白地病理学划分，因为今天的我们拥有了可以明确诊断病症的完善的检查设备，这些疾病在今天已经变得清晰可见、可以识别。于是，曾经的癔症被识别成了神经性癫痫、脑部微观病变、神经受损；这些科学解释让魔法解释失去了效力。

癔症这出大戏需要观众，见证这一切的是摄影师们，只有他们才能让沙可的治疗场景变成永恒一瞬，只有他们才能获得抽搐痉挛的侧写，只有他们才能用摄影银粉让强直性昏厥患者或紧张症患者的身体变得不朽，让在场观看的交际人物变得不朽，让这位塑造了各种冲动景象的魔法炼丹炉的主人形象变得不朽。安德烈·布鲁耶也在照片上，他正在创作那幅后来将成为名画的《沙可医生在萨勒贝特里埃的一堂医学课》（1887）。这幅画成了精神分析历史中的这一历史性时刻的标识。

1885年10月13日到1886年2月28日期间，弗洛伊德也是癔症戏剧狂热的观众之一。从1862年到1893年主持这场大戏的人是沙可，在超过30年的时间中，沙可是一个半神般的存在，他能用吸引全场人注意力的手势、咒语、语言和自己的身体表演去决定病人的意志。1912年7月，路德维希·宾斯旺格给弗洛伊德写了一封信，他想要向弗洛伊德表达自己被弗洛伊德拥有的"强大权力意志，更确切而言是那种想要主宰人的意愿"（1912年6月29日）所震撼。他接着写道："能够说明这点的一个证据就是，您起初想学法律，而且部长们对您

---

① 萨勒贝特里埃医院是位于巴黎13区的一所教学医院。它是欧洲最大的医院之一。

而言又有如此重要的作用。我觉得这点很有意义。您天生就是一个主宰者，加上您又把这种主宰天赋用在了主宰人类精神上，这是一次异乎寻常的成功升华。这种主宰人的冲动在您的所有科学著作中都发挥了作用，难道不是吗？而《梦的解析》似乎又让我们看到了这种冲动与您的父亲情结之间有着多么深刻的联系。"（1912年7月4日）弗洛伊德是如何回应的呢？他表示完全同意！**主宰人类的精神**，这样下去，到以后，他是不是就要**主宰全人类**了？弗洛伊德对此没有表示异议，他同意这一正确诊断……

于是，催眠成了解决之道。变成维也纳的沙可？看，这就是弗洛伊德在为了姗姗来迟的名声经过了似乎永无止境的漫长等待后获得的出路。弗洛伊德在返回奥地利后，发出请求，希望萨勒贝特里埃的导师允许自己翻译他的著作。在没有同作者商量的情况下，弗洛伊德就在译稿上加了脚注。书籍出版时，沙可给他寄了封信，对他加的那些注释表达了赞许。但在建构自己传奇的时候，弗洛伊德却罔顾事实，他说自己的这种放肆行为令沙可不悦——这个雕琢自己塑像的人还说，就算自己真正有导师，他这个门生也没对导师一味顺从、奴颜婢膝或者屈服过，他展示出了自主性、思想的独立性和批判精神。

1887年末，**在继续电疗法的同时**，弗洛伊德与时俱进地在自己诊所中用起了催眠术。他在1887年12月28日对弗利斯写道："我开始采用催眠术，我已经取得了某些成功，虽然都是些小成功，但值得注意。"我们很想知道这些尽管小但值得注意的小成功到底是什么！然而，我们知道的只有下面这些："此时此刻，我让躺在我面前的一位女士进入了催眠状态，所以我才能安静地继续给你写信。"……我们稍后会看到，弗洛伊德所称的"悬浮注意力"（attention flottante）是如何切实地让他上面的这种做法成为可能的。现在，我们知道了，弗洛伊德有时候会在收费高昂的咨询治疗中呼呼大睡——然而，因为在这类咨询中进行沟通交流的乃是无意识，因此这位精神分析师并没有觉得自己这么做有什么不对。

不过，对弗洛伊德而言，要让病人陷入沉睡却非易事，即便他在信中对弗利斯说过，沙可的名声有助于将病人吸引到沙可的诊所（1888年2月4日）！正因为存在一些抵抗催眠的病人，正因为这位催眠师在用尽手势、言语和咒语却无法让拿着叮当响钱币支付治疗的主顾们进入适当状态时会显得万分滑稽，所以这位精神分析师才放弃了这种方法。而且，他放弃的理由还是拉封丹寓言里的狐狸心态，弗洛伊德彻底觉得这些葡萄太酸，所以他在《论精神分析》中写道，他嫌弃催眠带有过多的"神秘主义"（19）特征，所以决定放弃这种方法……这位崇信梦游把戏的科学家就这样把自己的荣誉挽救了回来！

1884～1885年是可卡因，1886～1890年他用的是电疗法，与后者处于同一时期的还有浴疗法，不过它只在很短时期内被弗洛伊德采用过，因为这种方法赚不了什么钱；"因为仅仅给病人看一次病，然后让病人去水疗所治疗，这样的收入是远远不够的"（《自述》，XVII. 63）。然后是1887～1892年的催眠术，直到1910年他都还在采用冷却导管法（！）。最终这些又都会让位于将手按在人额头上的手按术，这是他从伯恩海姆那里借鉴来的方法。

法国催眠师希波莱特·伯恩海姆的工作地是南锡。沙可教导说，催眠只对癔症患者有效——后来发生的事证明他是对

第十六章 弗洛伊德的奇迹之地 / 255

的……伯恩海姆从他的角度断言,所有这些都是暗示在起作用,因此所有人都能够在催眠上取得成功。对弗洛伊德这个蹩脚催眠师而言,这个观点让他很感兴趣。于是,他在1889年拜访了这位南锡人……于是在翻译了沙可之后,他又开始翻译沙可对手的著作,伯恩海姆是他在巴黎的神明——沙可的竞争者,而他却让伯恩海姆下面这部主要著作翻译面世了:《暗示及其在治疗中的应用》。趁热打铁的同时如果还能双管齐下就是最好的了……

在《癔症研究》中,弗洛伊德谈到了他采用的手按法。为了治疗一个癔症女患者,他建议给她……按摩子宫,弗洛伊德仅仅满足于先把手按法理论化,然后马上找来一个医生实践,然后再得意扬扬地对这个病人的思想健康状况下断言:"我们这里的一名著名妇科专家通过按摩让她的子宫复了位,这让她在数月之间再没有出现任何症状。"(Ⅲ.95)于是,1893年时的弗洛伊德让人用按摩子宫的方法来让子宫复位,还以此来消除癔症症状……不要忘记,在所有的正经百科全书上都记录说,精神分析一词在1896年问世,然而有关这个病案分析的记录却在1893年就已经谈到让某个病人"在治疗躺椅上躺下"(Ⅱ.98)。所以我们可以这么说,在有精神分析这个词之前,就已经有了精神分析的实践。

弗洛伊德在论述病人露西·R. 小姐时解释说,为了克服躺在躺椅上接受治疗的人的抗拒之心,或者为了避免当他用一根手指接近病人并宣告病人将睡去时病人却没有睡去这种窘况发生,他加入了这种身体技术,这一物理接触病人身体的过程能"迫使他们交流"(Ⅱ.129)。

当他面对着一个无法表达自己病症的病人时,他是这么做的:"我要么将手放在病人的额头,要么用双手捧起他的头,说:'现在,你想说的话会在手的压力下来到你的思想中。在我放开手的那一刻,要么你的眼前会出现一些景象,要么你的脑中会闪现一些念头或者会出现一种想法,你需要做的就是去抓住它们。这就是我们需要寻找的东西。'"(Ⅱ.129)结果呢?百分之百成功——当然,这是弗洛伊德说的……

1909年,就像在《癔症研究》里做的那样,弗洛伊德在《论精神分析》中,尤其是在名为"论癔症的精神治疗"这一章里重新说明了自己的方法(Ⅱ.293):让病人躺下,让他松弛下来,用言语引导他,对他说当手施加的压力消失时会有回忆突现。自此,病人会因为被隐藏回忆的显现而让旧有症状消失,精神分析师也就每每能够成功治愈病人……

这样看来,根本就不需要真正去催眠别人——我们知道,弗洛伊德的催眠能力实在不怎么出色。这个在旧有催眠基础上添加的手按技术让这位精神分析师得以挽回颜面,因为这样一来,无法次次催眠成功的责任就不再在分析师身上了,催眠失败不是因为分析师的无能或不胜任,而是因为病人对催眠的抗拒!弗洛伊德没有让病人沉睡的天分?不,病人无法被催眠是病人无意识抵抗的结果,责任永远落不到他弗洛伊德身上……

我们已经在弗洛伊德的治疗方法迷宫中走了一圈,从可卡因奇迹(1884)开始,一直到他放弃一度被他吹得天花乱坠的催眠疗法,在这期间他还经历过手按法时期(1888)。据弗洛伊德自己说,手按法可以治疗且治愈疾病,而且不要忘了当他治疗手淫时,他开处方在病人尿道里插入导管(1910)并取得了显著成效。于是我们看到了,28岁到54岁之间的弗洛伊德是如何漫无目的——**他在诊所里度过了四分之一个世纪……**

因此,当我们读到《精神分析运动历史文集》(1914)里下面这句话时——它展现了一个谦逊的弗洛伊德——实在是无法不错愕,这句话说的是,从1902年开始,也就是从心理协会每周三开始举行例会的那年开始,直到1907年(弗洛伊德认为在这一年中自己真正确立了思想),弗洛伊德都对自己有所怀疑:"至于我,我不敢用权威的态度向别人介绍尚不完善的技术或尚且不停变动的理论,因为这种权威很可能会让别人在以为自己没有踏错一步的情况下已经走上了歧途。"(Ⅻ.268)

为了把弗洛伊德想象成一个从来就没有宣称过自己拥有治疗且治愈精神病症魔法石的人,为了把他想象成一个没有因此而不容置辩地对自己完全有把握的人,我们就只能避免去读他的《论可卡因》《癔症论文集》或《论精神分析》,而且还要避免阅读他的书信,因为他的书信显示,弗洛伊德一旦醉心于某种他更为推崇的方法,他是从来不会怀疑这种方法的卓越性的!在这20年里,他根本没有关心过自己研究的"不完善"之处、自己思想前景的不稳定、自己思想的不确定性以及自己学说的"不停变动"——而且,更糟糕的是,他的疗法如走马灯般不停改变……

那么,真正的弗洛伊德在哪里呢?是那个1885年把可卡因吹嘘成万能药的人吗?还是那个在1886~1887年推销电疗法的人?不然是那个在同一时期推荐洗浴和水疗按摩的人?甚或是那个在1888年做催眠梦生意的人?除此之外,是不是还要加上他是那个触碰别人额头的人?那么在

1910年由阴茎向尿道中插入有冰水流动导管又该归到哪里呢？

《精神分析运动历史文集》（1914）和《自述》（1925）是用自传文字谱写的一个传奇——不过，经常地，自传文字的功能也的确就是这个——这种传奇性书写将这堆杂乱无章的虚构想象整理成了一个线性发现，每一个游移不定的时期都被说成是为了让弗洛伊德成为圣人中的圣人而做的准备：精神分析成了一个不可触碰的完美圣像。既然涉及重新编写历史，沉湎可卡因时期就被排除掉了；而电疗法让弗洛伊德明白了在疗法中实际发挥作用的是"暗示"；传奇也只字未提弗洛伊德使用过冷却导管，这个词在弗洛伊德全集中踪迹全无——幸好还有书信在，书信的内容让弗洛伊德的崇拜者不得不对某些书信加以控制，去摧毁它们或禁止人们查阅它们；传奇对浴疗法和其他有关温泉的无稽之谈保持了沉默——尽管事实上弗洛伊德在他妻妹的陪伴下在很长时间里也"实践过"温泉浴疗；同样，手按法让弗洛伊德得以掩盖自己在催眠病人方面的无能——每一次催眠失败都会让他发现病人的"抗拒"——而"抗拒"又是一个以精神分析的方式去解释精神分析之局限时会用到的精神分析的重要概念……

如果今天的某个人想在自己诊所里奉行具有治疗、治愈功能的电流、磁场、可卡因、尿道导管、催眠以及我们后来说的子宫按摩和浴疗法，他完全不费吹灰之力就能在弗洛伊德全集中找到相应的文字和分析（具体而言是弗洛伊德全集中从1884年到1910年那部分，这段时间可不算短，不要忘了，它的跨度是四分之一个世纪），而且他还可以用这些论述来为所有这些既互相矛盾又完全不同质的实践分别做辩护。时至今日，我们仍会认为弗洛伊德的某些疗法之所以会有效，其实只是因为安慰剂效应而已——就像精神分析本身一样，这点我们会在后面看到。

在创造弗洛伊德疗法奇迹之地的过程中，我们还需要给一篇没有被收入《弗洛伊德全集》的文章保留一席之地。这篇论文可以从发表了的他和威廉·弗利斯的通信中读到，这篇手稿是弗洛伊德寄给弗利斯的，他没有想过发表它。那就是1895年写成的《科学心理学概论》，它的写作日期属于弗洛伊德在研究上漫无目标的那个时期，介于1892年的自由联想法和1910年的冷冻导管法之间。在前文中，我们已经知道了这篇文章先是让弗洛伊德欣喜若狂，之后又在一个月后被他全盘否定了，而且弗洛伊德这种态度变化很可能是因过度吸食可卡因后导致的情绪变化。

不过，我们还是需要再仔细考察一番这些文字，因为这位受到快速赚大钱动机驱使而去从事精神疾病治疗的神经科医生，这位渴望自己也像凭借催眠跻身于上流社会、获得物质成功的沙可一样功成名就的投机分子，这位建立了晦涩可疑的精神疾病性病因学的理论家——这个理论因谈论男性癔症而遭到了学院的耻笑——这样的一个人，不可能完全抛弃构成了他研究方法基础的**自传性施行式倾向**（tentations du performatif autobiographique）。

在《科学心理学概论》中，正如文章名指出的那样，弗洛伊德的确提出了……一种**科学心理学**，换言之，是与作为他著作、思想和方法之特征的**文学心理学**相反的一种心理学。这篇文章淋漓尽致地体现了弗洛伊德的情绪矛盾（我将在后面"如何拒绝身体"一节中对这点详细说明),还体现了他在**否认身体**(即遗忘身体甚至蔑视身体)这一占了主导地位的立场与**关心身体**这一被抑制的立场之间经历的长时间犹豫。

因为《概论》(1895)与弗洛伊德在42年以后写的《有终结的分析与无终结的分析》(1937)(我们在上面谈到过,他在这本书中认为化学可能有朝一日会让精神分析失效),捍卫的其实是同一个立场。这两部作品就如同搭建在弗洛伊德全部作品之上的一座桥梁,它们见证了科学家弗洛伊德的存在,见证了弗洛伊德作为真正科学家的时刻,他不再讨论非拓比的拓比,不再在他曾经十分强调的比喻或换喻上做文章,而是对身体能量的数量、神经力量的协调、神经元的产物及生物的活力性进行了思考。

虽然同样写于1895年,《概论》的思想却与《癔症研究》相去甚远。我们还记得,《癔症研究》中的弗洛伊德鼓吹用手按法催眠来治疗和"治愈"精神病。而在《科学心理学概论》这篇没有被收入《全集》且在很长时间内无法借阅的文章里,他却试图以神经元为基础去研究抑制机制。当然,我们在这篇文章中还是能看到弗洛伊德断然下结论的倾向,看到他在没有证据、没有证明过程而且缺乏支撑其假设的试验过程的情况下轻易去做确认。在这本书里,他以突然下结论的方式强迫别人接受的真理是,他认为存在的那三种类型的神经元,可以分别用三个希腊字母表示:"φ"(phi)、"ψ"(psy)和"μ"(mû)。这些神经元的作用分别是**接受**刺激、**传递**刺激和让刺**激对意识产生影响**。

尽管这些神经元有着相同的结构,但又泾渭分明,它们互相之间存在组织关系，换言之，它们共同管理着神经流：给出的数量、传导的内容、能量的激发、以刺激为基础的互动过程、数量上的结合、不接受过程、精神压力的释放及其他的组织方式。这些都与弑父假设、原始社会假设及俄狄浦斯情结这些由精神非物质生物现象传承的原型风马牛不相及。我们在这里看见的是一个游移未定、正在尝试一种物理科学假设的弗洛伊德，他风风火火地投入其中，认为其中蕴藏着革命性创见，但又很快惊异于当时的自己为什么会对这样一个看起来完全不会让自己感兴趣的东西如此投入。科学对他的诱惑从未离开过他，是他整个一生中形而上学分析的基础。

当然，类似于加斯东·巴什拉的那种认识论或许能从《概论》中受益匪浅，因为《概论》会向他展示科学主义是如何制造出认识论障碍的：通过被命名为"Q"（在德国，任何文字游戏都是不可能的……①）的能量数量，通过可以让人对精神状态有所认识的精神能量活动（激发、替代、转换、释放），通过科学装点下的表述（三种神经元被用希腊字母命名、传导内容既独立自由又相互联系、初级过程和二级过程、神经系统的妥协倾向、专注的生物规则和区分的生物规则、质量指标、现实指标和思想指标等），弗洛伊德似乎在科学词汇的掩护下重新回到以文学为特征的前科学路数上……

弗洛伊德思想过程中的这些科学主义又确实时刻是他情绪矛盾症候的表现之一：弗洛伊德，这位曾经被哲学吸引后又对这门学科失望的哲学家，变成了一个心怀不轨的哲学崇拜者，

---

① "Q"的发音在法语中接近"cul"（屁股），而这个词带有性意味。

哲学被他认作一个无法在短时间内带来财富和名声——这是他偏执坚持的唯一两个目标——的活动；弗洛伊德阅读且爱好叔本华和尼采有关宇宙形而上生物学的哲学假设——详细内容请看叔本华的"意志"和尼采的"权力意志"——但他自己又对这种阅读所得实施了抑制；弗洛伊德在全盘摈弃世界整体性视角的同时——对他而言，这是哲学家喜欢的视角——强调的是耐心的科学研究，然而，他最终提出的却还是自己的整体性世界观；弗洛伊德声称自己追随的是哥白尼和达尔文的脚步，而不是《作为意志和表象的世界》作者或《查拉图斯特拉如是说》作者的步伐，但他更多是以哲学家的方式在思考，而非以天文学家或博物学家的思维在思考；就是这样的一个弗洛伊德，在可卡因的推动下，通过凸显他存在的《概论》一文，展现了心中被抑制的欲望：以物质世界为基础去认识世界。

不过在他今后的整个从业生涯中，他都将抑制物质世界，偏好另一个世界——由他的梦境、梦幻、欲望和幻想构成的那个世界。可卡因可能在一个很短的时期内让他表达了内心。这篇没有题目的手稿在被弗洛伊德寄给朋友后的很长时间内遗失了，后来才在信件堆中被找了出来，它有一段令人惊讶的传奇经历：弗利斯死后，它被弗利斯的遗孀卖给了一个书商，这件事被弗洛伊德的朋友玛丽·波拿巴知道了，而弗洛伊德要求玛丽·波拿巴想办法销毁它（而他自己也已经销毁了那些从弗利斯那里收到的信件），玛丽·波拿巴买走了这篇文章但并没有销毁它。在纳粹进入维也纳后它被放进罗斯柴尔德银行保管，它没有遭到盖世太保的荼毒，后被放到了丹麦公使馆，再后来，它又被防水布裹着穿越了英吉利海峡，于 1950 年在伦敦出现——距此 6 年后,又在巴黎出现。我们在这些文字中看到的是与《超越快乐原则》一脉相承的思想,尽管身体在《超越快乐原则》中被淹没于概念的汪洋之中——只是这片概念的汪洋似乎比包裹了他其他著作的迷雾汪洋更加可靠一些——但依然现出了些许端倪。

第十七章　狩猎变态的父亲们

> 关于父亲所引起神经症的性根源："不幸的是，我自己的父亲就属于这些变态的人中的一员。"
>
> ——弗洛伊德，给弗利斯的信，1897年2月8日

由上可见弗洛伊德在治疗方法领域游移不定。他在神经症性根源方面也同样胸无成竹。所以，**诱惑理论**展现的是一个当时对自己学说坚信的男人。根据这一学说，父亲们性侵犯自己的孩子，这种行为对到他那里来咨询的所有神经症患者都造成了心理创伤。后来弗洛伊德又对这个学说遮遮掩掩，因为他不愿意承认自己犯了错，不过，想要遮掩过去却非易事。仅在这个理论上弗洛伊德就游荡了很长时间，更严重的是他因此而对多个家庭和明显已经很脆弱的人造成了诸多伤害。

乱伦冲动在弗洛伊德的心中翻腾不已，他到处都能看见乱伦。所以，他创制了一种关于精神病理创伤来源的理论，这个理论只有一个源起：亲生父亲性侵犯自己的后代；父亲性侵犯自己的女儿。这种誓将父亲转换成恶魔的强烈欲望，这种想要让个人假设在自己手里的所有病人那里都得到验证的欲望，将弗洛伊德引上了一条危险道路：他普遍化了自己因强迫症而信奉的准则。这个**被称作诱惑理论的理论**实际上是弗洛伊德在心理治疗领域的一次新的失败——他的又一次失败。

弗洛伊德断言所有精神病症的源头都能归根于父亲在孩子十分年幼时对孩子的性侵犯。这一结论的证据何在？完全没有。它在未经观察分析的情况下就被当作一个绝对真理提了出来，也构成了弗洛伊德圣经的一部分。弗洛伊德采取了与科学家相反的行事方式，他不是先提出假设再想办法以众多试验去验证。他相信什么，什么就立刻成为真理，然后他就不停地到他人身上去寻找这一真理的体现，于是他将自己的偏执投射到了一切他想要理解的东西上。

这个可怕的诱惑理论，其来源就像平常一样，又是在他给弗利斯的信中（1897年2月8日）被透露出来的，他在这封信中讨论了神经症性根源论。他的父亲于16个星期前刚刚去世了，卒于1896年10月23日。一生都在盼望父亲死去的弗洛伊德——因为父亲阻碍了他与母亲发生性关系——在此时完全可以停止与父亲的战斗，因为生父的死让他可以畅通无阻地与终于成了寡妇的母亲上床……然而，他却没有停战。他还要对父亲的尸体下杀手，对父亲那正在腐烂的尸体穷追猛打。

让我们读读下面这段话："不幸的是，我自己的父亲就属于这些变态的人中的一员，他是造成我兄弟（我兄弟的所有症状都对应着某种认同）和我某些妹妹们身上癔症的罪魁祸首。这种父亲与子女之间变态关系的频繁发生常常引起我的思考。"读到这些，我们不由战栗，因为我们读到的是一种诬蔑揭发和对逝者的凌辱言辞，他在没有任何证据的情况下就将父亲说成是强奸了自己一个儿子和四个女儿中的部分女儿的变态者！在这个家里有多少人是雅各布·弗洛伊德变态性行为的受害者，而这一切还是在孩子母亲保持沉默或不知情的情况下发生的？弗洛伊德没有说。因为（对他而言）自己的母亲不应该在这个只该由他父亲一人承担罪责的过程中担上任何责任。

除了在这封信里谈到的这种弗洛伊德对父亲的幻想外，我们还需要提到弗洛伊德做的一个与他女儿玛蒂尔德有关的梦。一个**幻想**加一个**梦**，看，这就是用来说明这个理论的单薄的证据，而这个理论却因为将人类全体都卷入了父亲性侵孩子的乱伦道路而并非那么没有分量！我们还记得，那个著名的乱伦之梦，其内容是父亲弗洛伊德承认说对自己的女儿产生过"过分温柔的感情"（1897年5月31日），这个梦让他可以将自己的假设外推出去：梦中的乱伦性关系内容一点都没有打扰到这位精神分析师，他从中看到了让自己的假设得到验证的证据，根据他的假设，父亲们都会性侵自己孩子的身体……

归纳一下：弗洛伊德做得更多的是坦言自己的**愿望**，而不是展示通过科学方法、经过众多验证得出的试验结果，也不是展示可以通过某一过程重复产生同一结果的验证过程；然而，尽管以愿望作为研究方法是极端靠不住的，但弗洛伊德还是说，这个简单的俄狄浦斯愿望就足以打消他的疑虑，他没有在哪怕一秒中意识到能够如此轻易就消除他的疑虑……其实是他自己的愿望，换言之，是他想要自己说得有理的欲望……

弗洛伊德在《癔症病因》（1896）中理论化了父亲性侵自己孩子的问题。他专门解释说，自己谈论的不是一种假设，不是一个断言，不是一种理论想象，而是一些在对18个案例做了研究且在临床检查、观察病人和具体分析后才得出的确定结论。"所以，我可以肯定地说［原文如此］，每一个癔症病例都是以过于年幼时期发生的一次或多次早熟性行为所产生的结果为基础的——我们通过精神分析来重现它，即便在时间跨度达几十年时也如此。我坚持认为这是一个重大发现，是确认了神经病理学之尼罗河源头的发现。"（Ⅲ.162）看看弗洛伊德说的话吧，他用了"我可以肯定地说"这个表达，他难道不该用"我得到的结论是"这类表达吗?! 这两种表达背后的思考过程是大不一样的……谁说过这样的失误实际上是通向说话者无意识的路径呢？

弗洛伊德在赞同这一理论的那个时期里，也依此来治疗病人……1897年，在他的诊所中，他就是这样用"引诱者是父亲"这种幻想去解决病人的问题的！对他人认可、名望和金钱始终执着的弗洛伊德，对弗利斯写道，这个发现会让他获得令人仰慕的"永久名望"……他已经苦苦等待这一刻10年之久，他没有隐藏他的喜悦之情。

然而如果我们仔细阅读他写给弗利斯的那些信件，就会发现，弗洛伊德认为可以支撑和验证这一理论的那18个病例实际上只在弗洛伊德一个人脑中存在。因为将《癔症病因》中的观点介绍给维也纳神经学协会两个月后，他在给弗利斯的信（1897年4月4日）中说，他对没有招徕任何新病人感到失望！更糟糕的是，他无法成功完成任何正在开展的治疗。如此境况之下，他怎么可能仅癔症一项就有18个病人？时间又过了一个月，他再一次说起自己无法成功治疗自己病人中的任何一例。在1897年1月写成的一封信中他也说了同样的话。三月时，亦是如此。因此，弗洛伊德在18个病例这点上撒了谎：这些病人从未存在过，他们揭示了一个谎言，他之所以制造这个谎言是为了赋予且增强自己观点在科学方面的严肃性，而这个观点其实不过是他的异想天开，是他个人心理疾病的产物，或者至少也是他依据自己的生活和经历想象出来的产物。

弗洛伊德向弗利斯讲述了一个女病人的故事：一个女人来找他咨询，她遭遇了表达上的困难，她的嘴边长满了湿疹，就连唇连合部位也有病变，夜里，她的口中会溢满口水。弗洛伊德下了怎样的诊断呢？这个女人的父亲在她12岁时曾强迫她吮吸阴茎，这段回忆被她压抑在了心底，且不断对她的精神世界产生影响。结果，抑制造成了现在的病症。"**我们有教宗了！（Habemus papam!）**"① （1897年1月3日） 弗洛伊德如此写道，因为他对自己和自己的发现十分满意……诊断的证据？完全没有。他的愿望就是证据，不需要其他佐证了……

弗洛伊德马上给这个女人说了自己的诠释。这个年轻女人先是赞同了他的说法，再到后来，看看弗洛伊德是怎么说的吧："她自己做了蠢事，因为她居然去找自己的父亲证实此事！"他说的蠢事实际上就是，用一个治疗师想入非非的假设去与现实对质、去与对这个病人而言把她父亲卷了进来的那个历史真相对质！面对别人把自己说成强奸女儿的凶手，面对这个让人难以置信的指责，这位父亲为自己的无辜申辩，他认为这种指责对自己不公。弗洛伊德又对他的辩词进行了分析：他对此矢口否认，这意味着他的确是强奸者……同样，这个女病人最终拒绝接受这种假设，那是因为抑制在起作用而让她不愿接受真相，她的拒绝恰恰证明了这就是真相。

因为选项很简单：要么她承认，那就表明她确认了这个事

---

① "我们有教宗了！"（Habemuspapam!）是一句拉丁语，是罗马天主教会向世人宣告教宗选举结果时说的那段话中的一句。

实；要么她拒绝承认，这比她承认还更能说明问题，因为否认表明了引起病症的抑制的作用是多么大。在这两种情况下，弗洛伊德都是胜利者。实际上，面对这位父亲的否认和他女儿的叛逆，弗洛伊德这样写道："我威胁她说自己不再为她看病，而且我也已经说服自己相信［原文如此］，她其实已经在相当程度上接受了这个事实，只是她自己不愿意承认罢了……"有一句俗话可以形容这种类似于猜硬币中无论如何都会赢的局面，那就是："反面我赢，正面你输。"……

在 1896 年 12 月 22 日写给柏林收信人的那封信中，他谈到了另一个病人：一个病人坦白他不但厌恶刮胡子，而且无法饮用啤酒。这很正常：当他还是孩子的时候他应该看见了一个女佣光屁股［"光屁股"这几个字是用拉丁文写的：podicenudo。每当他被不理智冲昏头的时候，他就会这么做，比如我们已经说到过的，他的强奸者 pater（父亲）和裸体的 matrem（母亲）］坐在一个装满啤酒的、用来刮胡子的浅碗中，她这么做是为了"让人舔她的屁股"！这个场景很可能、甚至可以说肯定就是这个病人症状的根源！

同年同月，弗洛伊德还治疗了一个深受头痛之苦的女人。事情很简单：他的兄弟同样头疼，而且这个兄弟叙述说在他12 岁时，曾在姐姐妹妹晚上换睡衣时舔过她们的脚。兄弟有偏头痛，姐妹也有，这个症状怎么会这么转移呢？弗洛伊德的解释是："症状来自无意识对一个场景的记忆，即（四岁的）她曾看见处于性兴奋状态的父亲舔一个保姆的脚。这也是为什么她会猜测［原文如此］兄弟的特殊嗜好其实源自父亲。所以［原文如此］，父亲也是那个引诱过自己儿子的人。于是自此，她便能够将自己认同成自己的兄弟，和他一样也患上头疼病。"——证明完毕……

这类言论让一个想把病人打发回家的治疗师能够把病人身上性质不同的各类疼痛——湿疹、口吃、偏头痛、情感抑制、恐怖症——都归结到同一个原因上，那就是他们在幼年受到了父亲的性侵犯，遭受了心理创伤。这类言论必然会在平常的现实生活中造成后果：孩子们向父母推心置腹地说了这个知名医生的断言，被侮辱了的父亲们是显然不会长期容忍这种损害了他们道德的严重行为。

很显然，从弗洛伊德医生诊所传出的这些危险的虚构故事会破坏别人家里孩子与父亲的关系。就此来看，我们很难想象弗洛伊德能靠这种把所有症状都归结到孩提时期父亲性侵犯上的做法获得稳定的客源……在维也纳，这种每次都对别人做出同样诋毁性预言的做法是不可能让生意长久的，何况治疗师的职责理应是帮助人们重建自己！有着弑父倾向的弗洛伊德对这种做法得心应手，对于这点我们毫不怀疑，只是这类妄想的确很难留住客人。弗洛伊德的荒谬在这里遭遇到了自身的局限。

因此，弗洛伊德放弃了这个理论，就像他放弃宣称可卡因是万灵药、电疗法卓越出众、浴疗法十分适用和催眠的显著疗效一样，就像他放弃关于按摩子宫的做法，以及后来他放弃在患者尿道中插入导管一样——他的这种方法治疗的是一种令人讨厌的心理病症……手淫！因为诊所可能会陷入客人流失、无人求医的境况，所以弗洛伊德的下一个理论会再一次为他抛弃已有的理论提供理由，即便这个理论曾被说成是一种无可非议的治疗技术。诱惑理论走到了尽头……

理所当然地，这件事仅仅在给弗利斯的一封信中被适当地提及:"我想给你说一个大秘密,这个隐秘想法是我在最近几个月中慢慢酝酿而成的。我不再相信自己对**神经症**(neurotica)的解释了。"(1897 年 9 月 21 日)。一如既往地,他还是用拉丁语来表明事情的严重性……此后,我们又在他后面的行文中看到了另一种很好地反映了弗洛伊德思维方式的解释,这让他从先前声称自己发现了能够让他获得世人永久认可的尼罗河源头的状态转换到了无条件全盘放弃这个理论的状态……

第一个原因:弗洛伊德解释说,这种方法让他一直都无法在任何治疗上善始善终!如果我们相信他在给朋友弗利斯的信中所说的,那么他的理论其实只依靠了三个病例:口交引出的湿疹、啤酒中屁股引出的胡须丛生、舔脚趾引出的偏头痛。他用自己的方法始终无法治愈病人,而这种方法却被他在信中说成是革命性的。18 个病例?我们对此只能一笑置之,这个异想天开的数字不过是他在用科学外表来掩饰自己的想象而已……

不要忘了,他曾在《癔症病因》中写道:"在癔症病因中特别强调性因素的做法并没有带任何先入之见,至少在我这里没有……真正让我改变想法的是对细节的辛劳研究,说实话,我很缓慢地才转变到现在所捍卫的这种观点上。如果你们对我关于癔症病因存在于性生活中这一结论施以最严格的检验,就会发现这个结论是站得住脚的,因为我已经指出,我在 18 个癔症病例中观察到的是,每个症状都分别与性有关联,在一定条件被满足的情况下,这个结论就能被治疗上取得的成果所证实。"(III. 158)这就是 1896 年 4 月 21 日弗洛伊德在精神病学和神经学协会的大会上大声发表的演说,不过他自己也承认,大会对这个理论反应十分冷淡。让我们用消遣态度来阅读一下弗洛伊德在《日常生活心理病理学》中吐露的隐情吧："或许应该考虑到，我做精神分析研究给我带来的一个后果，那就是我变得几乎无法撒谎。"（237）——**玄机尽在这个"几乎"之中**……

第二个原因："那些曾在一个时期内对我最为信服的人也都不再找我咨询。"我们无须对此吹毛求疵，这只能说明弗洛伊德太过天真，他居然相信在他对病人们说了他们问题的根源是他们在幼年时期曾被父亲强奸后，客人们还会继续忠实地留在他身边！

面对这些疑问，应该如何应对呢？弗洛伊德回答说："我必须承认我在他们身上所做的那些理论工作不但诚实而且富有生气，而且我还应该为自己能够将研究推进一步以及自己还有能力做这样的批判而感到骄傲。"他在后面继续说："令人奇怪的是，尽管存在一些理应让我感到羞愧的地方，但我完全没有一丝羞愧之情。"他又说："说实话，我更多感到的是成功而非失败（尽管我的这种感受不太合情理）。"最后，他又说道："当然，我大可觉得很不满意。因为有希望获得永恒声誉是多么美妙的一件事啊，接踵而来的会是财富、完全的独立、到各地去旅行以及给孩子们提供我年轻时候没有享受到的庇护而让他们不会受苦。这一切都取决于癔症，取决于癔症的研究成果。"最终，他怀有这样一种遗憾："比如，无法以解梦谋生，就是一件令人十分遗憾的事"……

换言之，他幻想出来的这个不但谵妄而且错误的理论造成了灾难，他用这个理论摧毁了那些已经受伤的人以及他们的父亲，对于这样一个理论，躺在分析长椅上的这位"医生"却坦言：他的理论工作是诚实的；他为自己能够做出这样的批判（！）感到骄傲；他完全没有羞愧，而连他自己都说他理应为自己的某些行为感到羞愧；他居然觉得自己赢得了胜利[！（我不得不在此处再加一个感叹号来感叹）]。他没有一个字提到因他的理论而受到伤害的病人，没有一个字说起他对那些家庭造成的连带损害，他完全没有对别人感到内疚，却为自己感到遗憾：他没有因此而发财，没有因此而出名，也没有因此实现自己向往的资产阶级生活水平。他的愿望给出了让我们得以理解他的线索：如果能靠一个不用为自己的错误——比如诱惑理论——付出代价的职业谋生，那该多好啊！不久之后，精神分析最终让他圆了这个梦想。

弗洛伊德其实很难完全抛弃他的诱惑理论。他在给弗利斯的信中解释过的、他之所以放弃这个理论的所有原因中，还包括了这个理论令他——也就是他之所以放弃的第三个原因——不得不把所有父亲都看作变态的人，他自己的父亲也不例外……如果我们仔细思考一下就会发现，这是一个不容易坚持的断言！在一封写于1897年10月3日的信中，弗洛伊德最终认为自己的父亲是清白的："我能说的只有一点，那就是在我身上，老头子没有产生任何影响。"既然如此，他就必须解释为什么他的这个理论是失败的。在这封胡言乱语的信中有着那么一处真诚闪现："可以肯定的是，在无意识中不存在任何现实的迹象，这使得我们无法分清什么是事实真理，什么是情感虚构。"（1897年9月21日）事实上，"情感虚构"就是这篇肮脏的书信中的那点闪光处。然而，一如既往地，一旦弗洛伊德接近了真理之火，他就会马上远离，重新回到他的那些冰冷幻想中……

他是如何在这晦暗中行进的呢？他靠的显然是自欺欺人。

还是让我们以诱惑理论的问题来看，这件事凸显了他的傲慢，他傲慢地认为自己从来没有犯过错，他说（父亲的性侵犯给子女的）创伤被抑制在了十分深的地方以至于它永远也不会浮出水面。所以说，不能因为病人们不承认，就认为病人们在童年时没有遭遇过性创伤或认为这种创伤不是真实的、没有实际发生过或不是现实具体的……被抑制的创伤是不能突然跃入意识层面的，因此，弗洛伊德是正确的，病人们是错的——对自己疾病的否认恰恰是弗洛伊德理论有道理的最好证明。

当他在《自述》中重新论及诱惑理论时，他的开头几句话让我们觉得他是在做自我批评，他还谈到"我一度犯的错，而这个错误很快给我的全部工作带来了几乎致命的打击"（XVIII. 81）。所以说，的确是有错误存在，立此为证。但是，这是谁的错呢？不是他西格蒙德·弗洛伊德的错，而是病人们的错：因为这些病人们讲述了一些事情，而他唯一的错误就是居然相信了这些人的话！所以，弗洛伊德既没有建构那个会造成损害的诱惑理论，也没有将自己的弑父幻想投射到病人身上，因为他只是被别人欺骗了：父亲没有侵犯自己的孩子，而是弗洛伊德被那些"大"孩子（他的病人们）侵犯了。看，这就是此后流传开来的这件事情的传奇版本……

"如果有谁对我的这种轻信表示怀疑，我也无法完全驳斥他；不过我要申辩的是，在那段时间里，我有意把自己的判断力暂时搁到了一边，这让我可以对每天注意到的新鲜现象保持一种不带偏见、兼收并蓄的态度……当我重新把握自己后，我终于从自己的发现中找到了正确的结论：原来，神经症的症候与真实的情感经历并无直接联系，而是与对愿望的想象有关，就神经症而言，其心理上的现实感要比物质上的现实感更加重要。"（XVII. 81 – 82）弗洛伊德永远不会相信他居然在不知不觉中如此绝妙地说出了真相！

那些"对愿望的想象"事实上说的是患神经症的人。但是谁表达出这种对愿望的想象的呢？是在病人身上吗？弗洛伊德会毫不犹豫地说是⋯⋯因为对他而言，他已经承认了自己的错误（好一个凸显了弗洛伊德高素质的承认啊！）：他因为过于秉持了不偏不倚而犯了错（！），他因为在思想上过于诚实而对人们的话没多加思考（！），他出于对科学的好奇而兼收并蓄（！），他毫无保留地相信了人们对他说的话，而这些人却全都是些把自己欲望当成现实的人——不过，他又那么理所当然地没有发现病人们的猫腻——尽管他才是那个发现了精神分析这个无意识新大陆的人。他自己是否也有过错呢？的确有，不过，那只是因为他过于诚实，过于陶醉在他的科学新世界发现者的角色中了；那只是因为他太正直、太客观了——终归就是太过英雄了⋯⋯

弗洛伊德后来写道，俄狄浦斯情结的发现与诱惑理论存在某种亲缘关系，所以说他当时并非真的错了⋯⋯这个错误同其他错误一样，都不是真错，因为它们都是在为未来发现普遍真理做准备，也就是为精神分析的降临做准备。因此，在西格蒙德·弗洛伊德的所有作品中我们永远不会找到错误，那里面永远不会有自相矛盾的地方，不会有转变、否认、过错和犹豫，它们统统都是迈向真理的缓慢过程。注射可卡因、电击、水疗、催眠、向阴茎里插导管、手按法、躺上分析躺椅、在语言中实现弑父，这些做法统统没有自相矛盾之处，它们全都指向了同一个方向——因为弗洛伊德是这么说的⋯⋯

第十八章　模糊光亮中的征服者

> 我们要小心，不要误以为世界的复杂性就在于，所有的解释都必须包含着部分真理。不是这样的，我们的精神保留了创造［原文如此］关系的自由，但这些关系并不等同于现实中的那些关系。显然，我们的精神在很大程度上具有这种特性，它在科学及其他领域中都发挥了十分重要的作用。
>
> ——弗洛伊德，《摩西与一神教》（145）

弗洛伊德的情绪矛盾在很多场合都有体现。在这些场合中，他先是提出一个假设，然后又用其他的假设去说明它，他在这一过程中表现得十分有把握，这样一来，他的主张就慢慢变成了没有证据的断言。断言（assertorique）是弗洛伊德的典型表达模式：他不得不冒险在不说明出处的情况下提出论点，因为如果他不这么做，他就必须承认他所说的真理只是纯粹的施行式表述，之后他还必须在不存在其他任何证明过程的情况下，不知不觉地做到仅凭他的纯粹断言让自己的表述具有完全的确定性。

因此，在《梦的解析》（1900）中，弗洛伊德才会这么写道："毕竟，我们都必须在晦暗不明中建造。"（IV.603）他接着写道，他的梦境心理学甚至还有可能并不准确……然而，尽管如此，这却完全没有妨碍弗洛伊德去理出一个关于梦的象征性对等物的清单，这个清单难以置信地冗长，而且他对他列出的象征性对等物都确信不疑：所有的钥匙都成了阴茎，所有的锁都成了阴道，又或者，出于某种我们不知道的原因，领带是阴茎，秃头指代阉割，飞行之梦是勃起……然后，弗洛伊德又用了一整章来长篇论述"无意识愿望的重要意义"。

同样的做法也出现在《性学三论》（1905）中。他在这本书中谈到了"寥寥微光"（Ⅵ. 114），但他还是认为自己的假设成立。他对自己关于"孩童潜伏期或延迟期过程的理解"抱怀疑态度，他承认自己对口部性感带与进食快感或厌食之间的相互影响所知甚少，承认自己对性感带和思想快感之间的关系也不甚了解。他不知道孩童的前期快感与成人时期性对象的确定之间到底是如何关联转换的：为什么恋物癖会特别对某件事物产生依恋？他不了解性兴奋的本质和来源。他在愉快和不愉快方面也没有提出什么有力解释，尚处于摸索阶段。他无法把自我的力比多与在自我中运作的其他能量区分开来："目前，一个连续的自我理论仅仅在思辨上存在。"（Ⅵ. 157）同样，他没有清楚阐明生殖区活动与其他性实践来源之间的关系。他一方面说"［他］对儿童性生活所知甚少"（Ⅵ. 172），另一方面却仍然提出了一个有板有眼的阶段理论。对于性生活印象的固着问题，弗洛伊德说那是一种"暂时做出的心理假设"（Ⅵ. 180）。而在这本书的最后几行中，他又提到他"对性生活错乱探讨得出的结论依然有许多不尽人意之处"（Ⅵ. 181），因为他缺乏某些……生物学知识！

一种相似的怀疑情绪弥漫于《"文明的"性道德和现代神经症》（1908）中。他对同性恋的成因进行分析时，也充满了疑问：在构建性身份的过程中被选中的性对象怎么就成了与自己有着同样性别的身体的同性了呢？当时的弗洛伊德对此毫无头绪，因此用了问号。几年过后，他在1914年发表的《论自恋：导论》里，然后又在《解剖学性别差异在精神上造成的一些后果》（1925）和《论女性性欲》（1931）这两部作品中，进一步提出了一些具体假设，企图最终真正去回答这个问题。

《图腾与禁忌》同样显示了这种潜藏在弗洛伊德的思想发展中的怀疑论。在这部作品中如同在《群体心理学与自我的分析》（XVI. 61）中，因为无法直接观察，他就干脆认为自己的假设成立。的确，地理和历史一如往常，弗洛伊德不可能在时间中上溯、回到史前时期去就他关于原始部落、弑父和食人宴的存在以及对这次谋杀引起的反应就是道德起源这一"科学神话"进行验证；他同样无法做到的还有，在空间上移动到澳大利亚，以便观察那些在他看来堪称人类最原始时代之化石的澳大利亚原始部落。因此，在原始部落的问题上，他主张的是一个"看起来很可能十分不同寻常的假设"（XI. 360）。整部作品都弥散着他的这种在研究方法选用上的小心翼翼。

让我们对《形而上学》（1915）也作一观。作者在一个脚注中坦言："这些关于形而上学的讨论都具有不确定性和摸索性的特点，对此，我们绝不应该以任何方式去掩盖或美化。只有凭借更加深入的研究，才能在一定程度上接近真实。"（XIII. 257）即便只是注释，这句话也算是绝妙地表达了下面这层意思：在我们提到的晦暗黑夜中，科学正在形成，光明却迟迟不来，不过弗洛伊德的自信——他当然有这种自信——让他相信，他的辛勤工作一定会使他有朝一日迎来光明。

对于《哀悼与忧郁》（1917）一书，弗洛伊德也属于在黑暗中摸索前进，他写道，他缺乏足够多的有用数据让他去对哀悼和忧郁下最终结论："因此，我们一上来就可以放弃宣称我们的结果具备有效性。"（XIII. 261）于是，弗洛伊德悬置了他对此的判断，以等待更多的研究结果去让他做一个真正的结论。不过，即便如此，他却没有放弃在此书中继续就这一问题发表大量观点，而且他认为这些观点都是合理中肯的。弗洛伊德的怀疑论并非结构性的，而是看情形冒出来的。

在《超越快乐原则》中，弗洛伊德表示他对自己的假设并不信服，他在这本书中提出了数量十分可观的假设，而我们想从头开始按照作品思路把这些假设联系起来看时，常常会发现这些假设似乎都很成问题……关于这些所谓的新假设，他写道："我不要求别人相信它们。确切地说，我自己都不知道我在多大程度上相信它们。"然后他又写道："有些人期望用科学来代替已被他们放弃的宗教教条，只有像信奉宗教教条一样信奉科学的人，才会对研究者进一步发展他的观点甚或改变观点予以谴责。"（XV. 338）弗洛伊德解释说，科学需要未来的发现……

所以说，我们不得不选择：要么自相矛盾，要么宗教教条，再没有其他选项。既然没有人希望自己被看作是一个背诵条条框框的虔诚信徒，那就只能同意接受弗洛伊德式的自相矛盾——换言之，接受另一种教条，而且还是一种更缺乏精巧的教条……与此同时还要去等待那有朝一日终会到来的解决办法：因为弗洛伊德花了时间去寻找，所以，他的天纵之才会让他在未来的合适时刻找到最终答案……

《自述》让我们能够做出一个很有意思的分析，它让我们可以将弗洛伊德的各种怀疑论形态都集中到一个方法论表达中：这些多种多样、乱七八糟的理论的确有着共通之处，那就是弗洛伊德话语的**比喻性质**。具体而言，就是用空间比喻去指代精神生活的运作。不过，不能把比喻理解为现实。因为比喻变化了，现实依然还在。没有比比喻更好的方式来说明西格蒙德·弗洛伊德的精神分析从属于**文学心理学**——就像普鲁斯特在《追忆逝水年华》中展现的那种文学心理学。

因此，用来解释精神生活运行方式的那些比喻，其实与大脑的、躯体的或解剖学的某些区域无关："这些表现及其他类似表现都属于精神分析这种具有思辨性的［原文如此］上层建筑，其中的每个部分一旦被证实不胜任就可以被牺牲掉或改换掉，而且这种变动不会造成任何损害或遗憾。"（XVII. 80）不管弗洛伊德自己是怎么想的，这个所谓的"具有思辨性的上层建筑"都会让我们把弗洛伊德归入到——而且他自己也是这么说的——令人尊敬的哲学家阵营中，去与叔本华和尼采并列！

在《非专业者的分析问题》一书中，弗洛伊德强调了精神分析的动态可塑特征。作为一门科学——我们的作者坚持这点——精神分析自我建构、自我发展和进步。没什么能够保证它会一直保持我们考察它时的那种状态：根据弗洛伊德自己的说法，精神分析，因此是一种**辩证的譬喻**（allégorie dialectique），是一种可以形成新形态的比喻状态。精神分析在还没有完成之时，总是处于运动之中，因此无法真正被把握。所以说，弗洛伊德的理论保证了精神分析永远无法被把握。于是，一个能让他在论战中无往不利的理论诞生了……

再举一个新例子。在《文明及其缺憾》里，这位哲学家花了大量笔墨去对某些论点进行了论述：人的直立化进程；从四脚动物变为两足动物；接着是双手被解放出来；大脑同时得到发展；大脑皮层发展的来龙去脉；从嗅觉刺激过渡到视觉刺激；将处于月经期的妇女隔离；所有这些又如何导致了家庭的建立；文化和文明的来源。而这一切构成的漫长历程又都被他用来解释道德世界的形成。然后，他说了这样一句话："这不过是理论性思辨罢了。"（XVIII.286）他还说："就目前而言，这些都不过是些不确定的可能性，没有得到科学的证实。"（XVIII.293）然后，就犯罪感源于对冲动的抑制这一点，弗洛伊德写道："尽管这个理论只在近似层面上［原文如此］确切，它依然值得我们注意。"……

还有一例。在《精神分析纲要》里，弗洛伊德写道："精神分析必须以一个基本公设［原文如此］为条件，虽然这个公设属于哲学讨论的范畴，但由此得来的结论却证明了它的价值。"他在后面的行文中又解释说，拓比（无意识、前意识、意识和本我、自我、超我）的"区域划分"其实是"公设出来的"［原文如此］。然而他说："我们假设［原文如此］，自我必须同时满足本我现实提出的要求和超我的要求，而且还不能因此丧失了自己的组织运行和自主性"（39）。

我被弗洛伊德的言辞所鼓舞，他说我们可以在哲学范围内讨论公设，因此我也想像弗洛伊德建议的那样去哲学地讨论他的这个公设。不过，眼下我们并不需要更多的信息，就凭弗洛伊德用了"公设"这个词来看，我们就可以确定，公设体现的做法恰与正确应用某种方法来获得发现的过程完全相反：人们在面对没有证实、没有证明、不是用科学推理或用试验方法得到的事物时才会做出公设。所以，做一个公设或做另一个与它相反的公设，都是可以的——我们可以公设一个空想的存在或它的不存在……

弗洛伊德坦陈的怀疑态度只是一方面，与之相伴的还有为数众多的自相矛盾之处，我们可以在弗洛伊德那通过半个多世纪的写作发展出来的思想轨迹中看到这些矛盾。事实上，在漫长的思想道路上，弗洛伊德的看法和说法都发生过很大的变化，他也推翻过一些他做过的断言：曾经有过弗利斯式的弗洛伊德，他与弗利斯的众多通信显示出他相信他朋友的生物周期论，相信鼻子与性器官之间有一种魔法联系，相信一切都可以用数字论想象来解释。此后，又有一个把这些想法统统烧掉了的弗洛伊德；曾经有过这样的弗洛伊德，他试验心灵感应，他与自己女儿做互相传递思想的试验，他写信赞扬玄奥主义，并认为玄奥主义对精神分析很有用处，因为精神分析与玄奥主义的世界有颇多相似之处——对此读者可去参见《精神分析和心灵感应》（XVI. 101）。之后，又有一个像博学人士一样不去相信这些东西的弗洛伊德，他写了诸如《梦和心灵感应》这种书（XVI. 121）；曾经有过这样的弗洛伊德，他诋毁性道德，认为它压抑了本能，导致了大部分神经症，他觉得性道德的要求过高，严格说来，这样的高要求只可能在精神上产生负面结果。尔后，又有了一个把同性恋和手淫罪化成变态的弗洛伊德——请参见《神经症病因中的性因素》一文中那些可悲的论述；《梦的解析》里的那个弗洛伊德是第一拓比的弗洛伊德，20年之后《超越快乐原则》里的弗洛伊德则是第二拓比的弗洛伊德；曾经有过这样的弗洛伊德，他要求病人为分析付钱而且这对病人而言是一笔不菲的开销，而且这种付酬关系还被他理论化成了精神分析得以成功开展的一个条件——读者可以参见《论精神治疗》（15）。接着，又有一个期望给穷人免费治疗的弗洛伊德，那个对社会状况罕有同情、对贫穷罕有关心、常常对穷人凌辱有加的弗洛伊德——参见《治疗的开端》（92）——却在《精神分析疗法新道路》里期望创立一种在施诊所里提供的免费"平民治疗"（139），这个愿望自然是不了了之，这也没什么好奇怪的；曾有一个把宗教看成神经症原因的弗洛伊德，《文明及其缺憾》和《一个幻觉的未来》两本著作就是例子。之后，有一个在《"文明的"性道德和现代神经症》里把宗教的衰落和神经症的增多联系起来的弗洛伊德；弗洛伊德在《文明及其缺憾》中是悲观的，他对任何变化、对世界演化的任何进步都不抱希望，但他在《论性爱领域最普遍的衰退趋势》中敢于就文明可能会迈进的新方向做出乐观的假设（XI.141）……

而且，不要忘记还有那个相信诱惑理论并将其写入《癔症研究》的弗洛伊德，后来的他又不再相信这个理论。那个为科学心理学的可能存在提出过理论的弗洛伊德，后来又依靠完全属于精神领域的无意识否定了这篇文章。那个相信可卡因卓越疗效（请参见《论可卡因》）、相信电击法与浴疗法都有神奇功效的弗洛伊德，那个告诉别人催眠多么成功——而不管它是不是用手按法进行——的弗洛伊德，那个采用冷却导管法的弗洛伊德，这样的弗洛伊德在后来把上面这一切又全都杂乱地归入了精神分析的附件一类。那个在《精神分析技术》中——这是一本出版商用多篇文章拼凑而成的著作——顽固捍卫言语疗法的弗洛伊德，却在最后做了这样的假设：他在《有终结的分析与无终结的分析》里表明，精神分析很可能会在未来因为化学的进步而变得没有用武之地。除此之外还有那个在《给医生的精神分析治疗建议》(1912) 中禁止分析亲近之人的弗洛伊德 (71)，却在 6 年之后分析了自己的女儿，然后又去分析女儿的情妇，最后还分析了女儿情妇所生的那些孩子。哪个才是真正的弗洛伊德？哪个才是真实的弗洛伊德？哪个才是说出了自己真实想法的弗洛伊德？

弗洛伊德不可能不清楚自己在理论上发生过的这些大反转，为了将它们淡化掉，弗洛伊德专门对此进行了理论化。因此，他才会在《精神分析学引论》里写道："在研究过程中，我对一些重要观点进行了改变或修改，我用一些新观点代替了老观点，而且我也很自然地［原文如此］照实刊布。"（XIV.253）然后他又写道："我不会拒绝去对我的学说进行不断的改造和修正，正如我不断进步的经验要求我去做的那样。"最后他说："但是我的基本观点，我现在还不觉得有改变它们的必要，希望将来也是如此。"一言概之，弗洛伊德认可**改变、修改、改造和修正**，但显而易见，这些变化都没有涉及他基本观点的改变……

如果我们想找到他所说的**自然做出**的照实刊布，那只会无功而返，因为弗洛伊德经常是先下一个断言，后来又下另一个断言，这两个断言有时候还会自相矛盾。正如我们刚才简明扼要地罗列的一样，弗洛伊德从来不会以坦率清晰的批判态度重新回去讨论下过的断言。他在可卡因这件事情上的表现已经清楚表明了，他不会写文章修正自己以前的想法，他不会表示遗憾，不会写任何文字坦言自己的罪恶感，也不会承认自己其实毫无头绪或犯了错误，他选择的是去抹掉痕迹——这些痕迹显示的是他肯定过并斩钉截铁捍卫过的，在后来却让他不得不走回头路的那个观点——因为现实会证明他出了错,他那个吗啡瘾君子朋友的死亡以及他在可卡因的使用上主张过的那两个自相矛盾的理论就是证明……

在弗洛伊德的作品中常常流露出的那种怀疑态度以及在他出版的书籍中存在的那些自相矛盾,因为新大陆征服者这一形象而找到了逻辑上的解决办法。新大陆征服者是弗洛伊德明确坚持的一种姿态,然而我们当然最清楚不过,他正是通过这个办法消解了一切看起来没有方向的尝试或自相矛盾的地方。弗洛伊德的思想成长于他自身生活的杂乱无章,但他坚持认为这一成长过程是一个意识形态的连续体,为了让他的这个招数起作用,他便祭出了新大陆征服者这面大旗,尽管所有人都知道新大陆征服者都是些毫无道德规范可言的人……

弗洛伊德作为新大陆征服者又会是什么模样呢?在给出定义之前,让我们先回头看看《摩西与一神教》,正是在这篇作品中弗洛伊德创造了"历史小说"这个矛盾类别。在这部作品里,他谈到了上古遗传、种系传承、世代相继、从时间之初开始的弑父的故事、食用父亲身体的故事,之后他说:"即便就远古遗留下来的记忆痕迹而言,作为它存在的证据,我们有的只是在分析过程中采集到的它的那些表现,这些表现包含在了种系的遗传中。在我们看来,这些证据[原文如此]也足够说服我们去公设[原文如此]事情的确就是如此。如果事情并非如此,那就不得不放弃在原定道路上的继续前进,于精神分析领域、于集体心理学领域都是如此。这里,胆量是必不可少的。"

看,这就是一个清楚地反映了弗洛伊德的方法论的句子:

他先是给出由分析得出的一些证据，然后说它们足够令人信服，不过与其满足于仅仅说这些证据让人信服，他还要对它们证明之事做出假设！一般而言，要么证据足以证明，那么就不需要再做假设；要么做出假设，也就是说那些证据证明不了什么……然而他却是依靠证据和用证明的办法来做假设，这在方法论上是多么奇怪的逻辑啊！要想解决这一自相矛盾的确需要**胆量**。

实际上，用一个词就可以概括弗洛伊德的方法论，那就是"胆量"。换句话说——就词源学上来说——就是某种算得上放肆的做法，是想要说出来、做出来或想出什么来的那种欲望、意愿或渴望。从中世纪开始出现的这个词的现代词义，甚至还带上了一种盛气凌人的意味。在一个脚注里——脚注在弗洛伊德作品里总是具有战略关键性——弗洛伊德声称自己有"自由去发明［原文如此］各种没有现实对应物的关系和联系，我自然认为这一自由是弥足珍贵的，我在科学甚或其他领域都让它发挥了重要作用"（145）。分析到这个地步，我们便对他会这么想一点也不惊讶了……

于是，新大陆征服者的首要素质也就昭然若揭了，那就是：胆量……换言之，不去关心真理，不用心向道德，不用坚持理性，也不需要科学意愿。在弗洛伊德给弗利斯的一封信中，我们可以读到这样的语句："就你而言，我希望没有任何人能够阻止你去公开自己的观点，即便这些观点仅仅是些假设。"然后，更有甚者，他还这样为自己辩护道："我们绝对需要这样一些人，他们在还不具备证明能力时就有勇气去想出新东西。"（1895 年 12 月 8 日）所以说，用一句话就可以概括整个弗洛伊德：下断言是不需要证据的，在没有证据的情况下下断言，这一行为体现的不是自负、傲慢、自命不凡、骄傲自大或肆无忌惮，我们必须认为它是在体现"勇气"……

于是，我们明白了，绝对把自己当科学家看待的弗洛伊德，在自己作品里到处宣扬自己是科学家的弗洛伊德，却可以连脸都不红地坚持认为，他用"科学神话"或"历史小说"来命名他那关于原始部落的虚构或关于摩西不是犹太人的想象是对的。所以，在弗洛伊德全集中，那些出现在**假定、假设、预先假定、摸索、思辨或可能性**——这些都是弗洛伊德为了描绘自己的无稽之谈而使用的词——这些标签下的所有东西全都通过"圣灵"的作用（"圣灵"是站在上帝位置上的弗洛伊德纯粹自身意愿的代名词）成了精神分析真理的构成部分。

第十九章 无意识的施行式虚构

> 路德维希·宾斯旺格转述西格蒙德·弗洛伊德的话说:"无意识属于形而上学,而我们却只是简单地把它当成现实!"
>
> ——弗洛伊德-宾斯旺格,《信件》(宾斯旺格第二次造访维也纳,1910 年 1 月 15~26 日)

弗洛伊德在《自述》中说,他在维也纳医生协会做过一次报告,在报告会上介绍了他在巴黎停留期间于沙可处的所见所闻,然而报告会后人们的反应相当冷淡:当时是 1886 年 10 月 15 日,那时的弗洛伊德实际上在为男性也会得癔症辩护。然而,对传统从业者而言,癔症这个用与"子宫"明显有关的词源来命名的疾病,只可能是女人得。所以,提出"男性患癔症"这种矛盾形容实属疾病分类学上的荒唐之举。

那群反对弗洛伊德的医生因此建议他在维也纳本地寻找男性癔症的患者,并在医协做介绍。弗洛伊德于是开始寻找那些有可能支持他论点的个案,然而,他去的那些医院的主任医师都不允许他仅仅为了观察和研究就去接触病人。最后,弗洛伊德在医院系统之外找到了一个病例,并以此向协会做了报告。他的报告受到了礼貌对待,仅此而已。

弗洛伊德对此的说法?他说他直接就不去医生协会了。

然而,欧内斯特·琼斯表示他并不是这么做的,这位精神分析师还是继续到医生协会那里去……为此他进行了自我辩护,他解释说,人们拒绝承认他这个具有革命性的想法,他们不承认男性患癔症案例。所以,是他过于超前于自己的时代了,在他面前的都是些无法接受他所提出的新事物的老朽权威人士,因此他弗洛伊德才无法在体制内干出一番事业来。不过,琼斯却说,其实在医协里,还是有人赞同弗洛伊德的想法的,他们把它视为一种具有颠覆性和原创性的观点。

在创造自己的传奇的过程中,在讲述了他与医协的这种联系后,弗洛伊德又说了这样一句奇怪的话:"不久以后,大脑解剖研究室便不再让我去他们那儿,接下来的几个学期我都没有地方可讲学,就这样,我停止了学院生涯,也没有参加什么学术团体。"(XVII. 63)这段话给我们的感觉是,在他发表论点后,因为论点的内容,学院机构不再欢迎弗洛伊德,人们觉得他过于超前了。然而事实真是如此吗?不,这又是一个用来构成镀金传奇的假设。

事实上,正如我们所见,人们对他报告的反应的确不是千篇一律的拒绝,恰恰相反,甚至还有一位神经学家不但接受了这个观点而且对其进行了补充。他解释说,其实他也研究过一些男性患癔症的案例,他甚至说在弗洛伊德发表这一观点的20年前他就已经对那些病人下了癔症诊断;另一位医生则宣称,弗洛伊德的报告对于一位维也纳医生而言毫无新意;第三位和第四位医生则倾向于认为癔症是神经性创伤引起的,不过他们对弗洛伊德的反对完全不带任何敌意,而且也没有任何迹象表明所有人都在反对这个年轻人——他从巴黎带回来的那个自以为充满新意、具有革命性的观点其实分毫撼动不了饱经风霜的老医生们的看法。实际上，对维也纳学院机构了如指掌的权威们完全没有对这个弗洛伊德期待得到弥赛亚式接待的课题领域颂词如潮、叫好声不断，他们根本没有表现出什么真正的热情。

真正原因比弗洛伊德的传奇说法平庸得多。传奇的说法是，维也纳学院机构里那些昏聩老朽之人完全没有明白这位30岁年轻医生提出了一个创新观点，他是在向他们拱手奉上真理。然而，真相其实与这种传奇说法正相反。不过我们必须看到的是，当时的弗洛伊德没有在这次他自以为具有革命性的观点发表后得到黄袍加身的礼遇，他因此自尊心受伤。当时的弗洛伊德，这样的弗洛伊德，被赶出了实验室，被大学惩罚，因为自己的天才而只能成为一个不幸的、没有方向的、被驱逐的科学家……而弗洛伊德想要的却是"以治疗神经疾病谋生"（出处同上）……

由于医协无法帮助他加速社会升迁的进程，他便声称说自己离开了这个协会——然而在那之后其实他又去过很多次……真实的情况其实是，他自己离开了实验室，没有人赶他，正因为我们太清楚弗洛伊德了，所以如果真是像他说的那样他是被人赶出来的，他一定会告诉给我们是谁、在什么时候、怎么个做法、用什么手段和基于怎样的理由学院机构会把他排挤出去！罪魁祸首的名字将被弗洛伊德传奇镌刻于黑色大理石上：这个人会在今天被当作典型的恶魔化身。

弗洛伊德实在是很厌恶那些不对他的天纵之才膜拜的人……他的诊所紧接着1886年复活节那个星期天开了张，而复活节对希伯来人而言是逾越节，换言之，是摩西率领众人出埃及的日子，是受十诫和向上帝应许之地迁移的开端时刻。弗洛伊德就此清楚表明了自己的态度：维也纳医学机构不愿意为他的事业保驾护航，没有关系。他于是按照神话中摩西愤怒时候的做法行事，他把自己摆到了宗教奠基人的位置。现在我们明白了为什么米开朗琪罗创作的摩西能够在他心中萦绕那么多年……

于是，弗洛伊德在他的《自述》（XVII. 68）里写道，他不再参与那个他自称在1886年就退出了的协会的活动，但他又的确在1896年4月21日做了次演讲，地点又是在维也纳的一个医协，也就是说这发生在他宣称放弃参加医协活动的10年后！看，这便是最好的明证，证明他实际上一直都在期望得到维也纳医学机构及其网络的支持，这与他宣称的恰恰相反。事实是医学机构并没有拒绝邀请他来演讲，然而医协为什么会邀请他到协会**这里**来展示他的那些观点，展示一个从实验室**那里**被赶出来了的医生的论点呢？

于是，我们这位所谓被人抛弃了的科学家就这样向维也纳医生行会的博学同僚们解释了他在《神经病病因中的性因素》中的那些思想。在这个由医生、神经学家和性学家组成的公众面前做演讲的还有克拉夫特-埃宾，他是《性病态》（*Psychopathia sexualis*）一书的著名作者，这本书让弗洛伊德受益匪浅。在给弗利斯的一封信中，弗洛伊德写道，他要通过这次演讲去顶撞冒犯那些循规蹈矩的人。这篇文稿将"足够放肆且其根本立意就是要制造丑闻，而且它也一定会成功"（1898年1月4日）。

这篇论战文章内容如何呢？它告诉我们说神经衰弱、不同的神经症和其他精神疾病全都源于性欲失调。弗洛伊德对"性欲残缺之人"（III. 229）的考察让他一生都去追求与手淫做斗争——就好像他本人对这一实践知之甚多:"在帮助神经衰弱者方面,我们能够采取的最有效的办法是预防。手淫是年轻人神经衰弱的原因,随着时间的推移它会造成身体能量的下降,正因如此,对于焦虑神经症而言,它具有一种病因学上的意义,预防男女两性的手淫值得引起比现在更多的重视。"(Ⅲ. 232 - 233)下面就是他给与会者的建议:为了阻止人们得神经症,就该努力去防止人们手淫……怎么个努力法?那就是去谈论性欲,去争论相关话题,不要因为公开谈论性而感到羞耻——在西格蒙德·弗洛伊德看来这是一项人们在未来100年中都需要进行的工作!

在这个过程中,这位灵魂医师想要得到的是尊敬、名誉、金钱以及能够让他跻身维也纳资产阶级圈子的社会地位。他最初的心愿乃是实现他母亲告诉他的那个预言:他将变成名人——而且同时变得富裕。他用了比一般毕业年限更多的时间最终获得了医学文凭。教师职业生涯里的升迁速度不符合他的胃口:有些同事比他用了更短时间就做到了改变原有地位、升迁到更高级别及享受由这些升迁带来的金钱好处。他那种维也纳版拉斯蒂涅(Rastignac)式的自作清高和孤傲,在奥地利首都肯定不会招人待见。在自己的职业群体里不合群就意味着要知道怎么面对孤独……然而,弗洛伊德既非前者也非后者。

然而,在1897年3月,资格组委会同意了他的请求,但部长的批文却否决了这个请求。1900年,弗洛伊德因为没有得到杰出教授的资格而伤了自尊心,他拜访了一位官员,这位官员建议他去走后门——他同意了。他的老病人爱丽丝·戈姆佩尔茨(Elise Gomperz)干涉未果。他又求助于另一个客人,菲斯特尔男爵夫人（baronne Ferstel），她直接到部长那里为这个"治好了她的医生"说话（给弗利斯的信，1902年3月11日）。要以什么样的代价去换呢？他必须给部长计划建立的那所博物馆捐赠一幅画。他照做了，事情马上得到了解决，弗洛伊德在最短时间内得到了升迁。他喜不自禁，并向他在柏林的朋友（弗利斯）大侃他是如何满意。

当他写下下面这段话时，他的升迁还没有正式公布："于是，我好似已被鲜花和祝福所覆盖，就像性欲的作用一下子得到了君主的承认，就像梦的含义一下子被部长委员会所确认，又像是癔症需要用精神分析疗法来医治这点也在议会得到了三分之二的多数票。"……当然了，这是在开玩笑，不过这个玩笑可是那个作为《诙谐及其与无意识的关系》一书作者的人开的，他比其他人更明白玩笑和长期情感抑制之间有着什么样的关系……

这个新职称让弗洛伊德称心如意，它满足了弗洛伊德的自尊，他后悔没有早些"做出抛弃道德的决定以采取适合的手段去争取，就像其他所有人做的一样"。再一次地，他说自己太傻……事实上，正如我们所见，一直以来都品行高尚的弗洛伊德第一次体会到了罪恶的昌盛和美德的不幸①！这个46岁还在假装天真的老"年轻"人向弗利斯坦言："我明白了，统治旧世界的是权威，一如统治新世界的是美元。我第一次向权贵折了腰，正因如此，我也能去期待回报。如果向权贵折腰在更远的范围里也能起到我在亲近圈子里这么做时的效力，那么

---

① "罪恶的昌盛"与"美德的不幸"为萨德侯爵作品《朱丽叶特》与《朱斯蒂娜》的副标题，此处借用。

我的那些期待很可能也不算不合情理。"不要忘了,弗洛伊德在《梦的解析》中写的可是:"据我所知,我不是一个雄心勃勃的人。"(Ⅳ.172)

弗洛伊德因为知识权威没有认可他入行而伤了自尊,因为任命迟迟不下而觉得受了凌辱,因为医学圈子对作为他们中一员的弗洛伊德缺乏合作意向而怨声载道,于是他决定自己出去单干,他与医学、解剖学、生理学、神经学、医生们、大脑、神经系统、实验室背道而驰。只是,一如既往地,他之所以会放弃这些他觊觎的东西,并非因为他所说的认识论上的不兼容,而是因为他没有能力得到。以金笔书写自己传奇的他,将自己的怨恨转写成了荣耀:一位英雄为科学界所抛弃,他的明信片因此也就成形了——维也纳的拉斯蒂涅因为没有能够融入奥地利上流社会圈子而觉得受了凌辱,英雄明信片掩盖了他的这种沮丧失落。从此以后,弗洛伊德开始与这个关心科学真理和确实证据的机构作对,他为此把自己的非凡武器擦得油光锃亮:**虽不可见却万能的精神无意识**……为了给这个克里斯托弗·哥伦布和麦斯麦的混合体让出位置,哥白尼和达尔文也都只能退避三舍。

弗洛伊德觉得那些老朽对他这个着急攀升的年轻人所创下的功绩少有青睐,因此他不想再和这些人继续为伍,但这又让他没法再留在研究所**搞躯体研究工作**。于是弗洛伊德决定去**搞精神研究工作**,因为这个处于建设之中的领域不要求从业者具备研究者的耐心和团队工作所需的谦逊,它也不要求从业者在默默无闻、生活平庸、无钱无名、没有社交这种黯淡却唯一的前景下依然做到坚韧不拔。弗洛伊德奉行的原则是大胆,这让他能以最快的速度被社交界认可，从而迎来出名的喜悦和得到金钱上的回报。

于是，他把鳗鱼性征的论文和对儿童大脑的解剖放进了古董铺。从此以后，弗洛伊德的研究对象是看不见、摸不着、非物质的、无形的、不可感知的物质，是心灵的物质。与坚持把弗洛伊德说成是唯物主义思想家的传奇说法相反（在哪里才能找到精神无意识的原子呢？），写了《形而上学》的这位哲学家从此以后加入了理想主义者、柏拉图主义者和康德主义者的阵营。康德在《纯粹理性批判》的"先验感性论"一章中阐述的本体（noumène）让弗洛伊德很感兴趣，他曾在宾斯旺格第二次（1910年1月15日到26日）到维也纳造访贝格街19号时向他询问关于这个话题的问题。

路德维希·宾斯旺格在日记里记下了这件事："在这些会面中，有一次，我重新提到了星期三咨询时他说过的话：'无意识属于形而上学，而我们却只是简单地把它当成现实！'这句话说明弗洛伊德在这个问题上甘心接受了现实。他说我们把无意识**当作像**意识一样的现实对待。然而，作为一个真正的科学研究者［原文如此］，他却没有对无意识的**性质**加以说明，这是因为我们对此还没有任何确定的认识，更确切地说是我们所知的一切都仅仅是以意识为基础得来的。他表明，正如康德做了表象之下有物自体（la chose en soi）的公设，他的公设是在意识之下存在无意识，只不过意识通过经验可以接近，无意识则永远无法成为直接经验的对象。"宾斯旺格在结尾处写道："在我看来，这样去与康德比较，确切而言不是完全正确。"当宾斯旺格于1913年5月17~18日第三次造访维也纳时，弗洛伊德再次提到了这个话题："弗洛伊德问我，康德的

'物自体'是不是很像他［弗洛伊德］说的'无意识'。我笑着否定了这种说法，而且向他解释说两者完全不属于同一领域。"

宾斯旺格有理由对弗洛伊德的问题发笑，鉴于他是以康德的思想阅读康德，他的看法是有道理的。然而弗洛伊德却只能以弗洛伊德的思想阅读康德，就像一个哲学家把自己的个人定见投射到了康德的物自体上，就像尼采从物自体里读出的是一个被天主教唯灵论加强了的柏拉图心智世界，就像尼采之前的叔本华从物自体里读出的是他发明的**生存意志**这个概念。所以，弗洛伊德在此处为弗洛伊德式的对康德"本体"的看法辩护，换言之，他在维护对康德的……叔本华式阅读。

如果我们阅读《作为意志和表象的世界》，就会发现，这本书的字里行间都表明了一点，那就是意志和本体完全就是一码事。事实上，叔本华很清楚地写出了这点："意志，换句话说就是物自体本身。"（Livre II，§29，213）他的整本著作都以这种等同性为支撑：作为意志的世界等同于康德的物自体，即那个最终不可知的本体，而作为表象的世界则是能由现象感觉的世界，尽管经由感觉和理性对它的认识可能不完全，但它完全能够作为认识的对象。

叔本华那里的二元性也存在于柏拉图主义中：一边是不可知但能依靠理性的正确引导从理智上大致接近的理念天地，另一边是感性世界，它是对创造了一切现象的那个可认知的世界的不完全认识。通过众所周知的洞穴比喻，我们知道，"理念"的背后是一个要求十分苛刻的思想过程，哲学家必须抛弃自己身上一切反映自身感性性质的东西，即一切反映庸常物质性的东西，与此同时还要唤出自己身上具有神性的那部分，也就是自己的灵魂，因为这一部分才与"理念"具有相同的性质，而且正因为它与理念在存在论上同源同质，它才有了与理念接触的能力。

康德在他的"先验判断论"中是如何评说本体的呢？他说，本体是"非感官之对象，而应被看作物自体（只有纯粹理性能够理解它）"（228）。这个概念在限制感性认知用武之地的同时也限制了吹毛求疵的理性："所以，本体概念纯粹是一种**限界概念**（concept limitatif），其作用在于抑止感性之僭妄。"（229）从某种角度上说，本体对批判理性起着控制作用，它阻止对批判理性的运用超出康德认为的适度水平。对于这个普鲁士路德主义者而言，理性必须是自由的，这点毋庸置疑，但它也不能损害到自由、灵魂的不朽和上帝，只有纯粹理性能够对这三者做出公设，而如果没有这些公设，任何基督教世界都无法存在。因此，本体是反唯物主义之战的武器。

看，这是一个多么方便的思想理由啊，弗洛伊德离开了实验室的现象世界和鳗鱼性腺的感性世界，并以此为理由投身到了哲学家谱系之中，尽管他自称憎恶哲学。他选择如此积极地拥护康德批判主义的本体概念，并非毫无理由：这个概念提供了与经验主义、感性主义、唯物主义、实用主义——它们会将人引向真正的科学思考——做斗争的最佳论据。因此，我们才不会惊讶于，尼采，这个在《偶像的黄昏》一书中诅咒连篇的人，会在"一个不合时宜者的漫游"这章里写下这样的炙热句子："我对德国人耿耿于怀，他们在康德及他那被我称为'后门哲学'的问题上弄错了——这在思想上**不是**正直的做法。"（§16）……

康德的本体概念对一切形式的科学研究而言都是一种阻

力：这个概念让我们进入的是一个神学认识论的天地——如果我们可以用这种可怕的矛盾形容法的话。事实上，正是这个概念让弗洛伊德能够理直气壮地在《图腾与禁忌》里大谈"科学神话"，在《摩西与一神教》里大谈"历史小说"，它还让他能在与费伦齐的通信中讨论他的那些"具有科学性质的想象"（1915年4月8日）。然而，尽管弗洛伊德在以太天地中翱翔，当克拉夫特-埃宾把他关于神经症的性病因所做演讲说成是"科学童话"的时候，弗洛伊德还是生气了……

渴望用本体概念来定义且理论化无意识概念的弗洛伊德，立刻亮出了自己的底牌：这个对精神分析大厦而言属于构造基础的概念，其实完全属于科学理解之外的领域。实际上，科学要求的是建立在观察基础上的试验方法，也就是需要使用五官、整个身体、大脑和智慧。这意味着去看，去观察，去比较，重复试验，再看，再观察，演绎推断，验证假设，建立验证规程，在实验室或医院的临床环境里开展长期、缓慢且有耐心的研究工作、团队合作、成果交流。本体的路数完全与此相反，它仅仅需要语言学家奥斯汀定义的那种施行式断言陈述（affirmation performative）就足够了。奥斯汀将这种断言陈述定义为一种奇怪的炼金术，它的效应是：说出一个陈述句就创造出了它所陈述的东西——换句话说，弗洛伊德在说出无意识这个名词时就创造了无意识……这种仅仅通过陈述去创造世界的魔法就是弗洛伊德所采用的方法：**他说是这样，事物就是这样了。**

如果我们想在弗洛伊德那长达6000页的全集中找到他对无意识所下的清晰明确的定义，只能是无功而返。对否定神学

（théologie négative）的门徒而言，讲上帝就已经缩小了上帝的词义，个中原因很简单，因为我们在肯定一个特征的同时就排除了与之相反的其他特征，而我们又无法想象具有所有特征的上帝会缺少某一个特征。因此，如果有人要求得到上帝存在的证据，是没有任何证明过程可以提供给他的。就这样，弗洛伊德从方法论角度上阻止、禁绝了讨论。

事实上，弗洛伊德在《自述》这本明显把自己当成传奇来写的伟大图书中，在别人表示异议之前就已经给出了回答："我经常听到人们用一种轻蔑的口气谈论说，就一门学科而言，如果其最重要的概念像精神分析学中力比多或本能概念一样含糊不清，那就算不上是一门真正的科学。我认为这种指责完全就是一种误解。对心理科学而言，只有把某一领域中的各项事实都纳入逻辑体系的框架之中，才能做到基本概念明确、定义精准。然而，在包括心理学在内的自然科学领域，让概念如此明晰，不但没有必要［原文如此］，甚至也不可能。"（XVII. 105）接着弗洛伊德又论述说，动物学和植物学在刚开始时无法就动物和植物给出准确定义，生物学在1925年时还无法确定生命概念的内容，物理学也是花了很长时间才得到关于物体、力、万有引力等的精确概念……因此，处于初始阶段的精神分析学并不一定马上就能给出疾病的分类和概念，因为那些最令人尊敬的科学也无法在雏形阶段做到这点。看，就这样，施行式的弗洛伊德回避了在清楚定义无意识、力比多、本能冲动等概念时会面对的风险……

既然给出概念不但不可能而且无法想象，那么，当我们要从主要概念出发去理解精神分析时，该怎么办呢？让我们打开拉普朗什（Laplanche）和蓬塔里（Pontalis）的那本著名的权威词典《精神分析词汇》,看看"无意识"这个词条:"如果需要用一个词来形容弗洛伊德的发现,无可争辩,就是无意识这个词。"于是可以说,无意识就是精神分析学的拱心石。只是,这个概念无法被谈论、被命名、被明确,也无法给它一个清晰明确的定义。何况弗洛伊德还在《梦的解析》里专门理论化了这种不可能,因为我们在那本书中读到的是,无意识命名了被抑制的东西,而且从本性来看,被抑制的东西也具有不可见的性质……

尽管无法定义,弗洛伊德还是试图说出对他而言无意识是如何无法言说。为此,他列出了大量的图表,那里面有图形、箭头、运动方向的标识、类似代数值的各种缩写("Pc""Ics""S""S'""S''""M")。弗洛伊德认为他对精神机制运行所做的描述具有科学可信性,他要用这些图表来加强他的论证力度。在他的描述中无意识始终在背后起着作用,他扯动着这出具有未知且说不出的价值的木偶戏的控制线。他还补充说:"想要用言辞来指明处于这样一种系统下的精神意义,这种做法本身当然[原文如此]就很成问题。"(Ⅳ.592)事实上,正因为他认为"无意识"一词无法被表达,所以对无意识的证明根本无从说起,所以这是在要求读者**凭空相信**他。

在列完图表和代数后,弗洛伊德又用上了摄影的比喻来描述精神机制的运作,因为"必须小心避免那种想用解剖学来寻找精神所处位置的做法,任何解剖学都不行"(Ⅳ.589)。因此,根据类比逻辑,"精神所处的位置对应的是照相机内部的某个位置,这个位置就是景象开始形成时所在的位置。我们知道在显微镜或在望远镜中亦存在这样的抽象部分,在这些地方没有任何可触摸的构成零件"(出处同上)。

因此,这是一个没有维度的空间,是一个不是地方的地方,他要求我们去相信他,要求我们在没有证据的情况下赞同他。我们真的应该对这种境遇感到满足吗?不。因为在弗洛伊德全集中,还存在这样的一些论述,它们能让我们从否定角度去描述具有无法把握性质的无意识。这些零碎的字句分散在各处,构成了对无意识的点画风格描述或印象派风格描述:尽管我们还是无法知道**无意识是什么**,但能知道**它包含着什么**。即便内容本身无法构成对内容构成之物的定义,但我们还是有可能因此而对无法形容的它知道得更多一点,这至少比求助于那些完全不知所云的系数字母缩写管用,也比打开照相机、显微镜或望远镜尝试在两块光滑透镜之间寻找不可见的黑房间这种做法管用……

《精神分析学引论》教导我们说存在一种可以追溯到人类最久远时期且代代相传下来的种系基础。因此,最初人类的原始无意识在被弗洛伊德比喻成照相机的现代人精神机制里一直发挥着影响……我们从洞穴祖先那里继承了什么呢?当然非俄狄浦斯情结莫属,具体来说就是原始部落、弑父、食人盛宴、阉割焦虑、引诱儿童、象征能力、儿童因为看见父母性行为而兴奋。当然,我们不能把这些"记忆痕迹"想象成一张张图片,更不能把它们想象成影片,总归是不能按照传统记忆里那种关于记忆的经典模式来想象它们。这是一些没有图像的记忆,是不具备具体形式的回忆,从某种角度上讲它们是一种力量,但这些力量并不具备可衡量的大小,它们是发挥着作用的能量,对本能冲动领域产生着情感上的影响……

《战争和死亡今论》指点我们说——不过仍然是以施行模式在断言——无意识无视死亡:"对于有关死亡的问题,我们的无意识是怎么做的呢?我们不得不〔原文如此〕得出这样的答案:几乎完全像原始人一样。从这个角度上看,就像很多其他视角表明的那样,最初的人类继续丝毫未变地活在我们的无意识里。因此,我们的无意识并不相信死亡,它就像拥有不死之身那样行事。"(XIII.151)

然而,在后面一页中,弗洛伊德又陈述说——他再一次地使用了施行式断言——"我们的无意识会杀人,它甚至会为了一些琐事杀人"(XIII.152),因为它期望那些挡住我们去路的人死掉。看,这就是无意识能够无视死亡但同时又可以对死亡心怀愿望的理由。换句话说,无意识可以在不知道某事物的情况下又去强烈憧憬这一事物,这是一个十分有用的特征,凭借它,无意识就可以完全无视矛盾的存在。

这是一把多么理想的锁啊!弗洛伊德提出"对立的两面在无意识那里重合了"(XIII.151)。所以,我们对无意识完全无从置喙。不过这也为我们带来了有利的一面,那就是我们可以正着反着任意说——我们的依据则是下面这个独特罕见的认识论状态:对于无意识而言,那种通常运行于理智理性和思考理性中的逻辑并不存在,比如不矛盾律(principe de non-conradiction)就属于这种逻辑。如果我们采信弗洛伊德的话,逻辑就与无意识完全无涉——即便无意识这种力量是以十分结构化的方式在形成法则。

在《超越快乐原则》中,弗洛伊德指出,无意识期望变成意识——又是一个施行式断言。这便是他所谓的自然趋向,这就是他的"谈谈方法"① ……而且这位哲学家还添加说，在"Ics"② 里，快感原则具有无上权力。所以，无意识期望毫无阻碍地享受快感，它渴望广阔的生活天地，期望享乐力量无限制地发展。相应地，它试图避开所有的不愉快。由于无意识处于放弃欲望、实施抑制的现实原则之下，它承受了一种压力，但这种压力不是本能冲动数量上的压力而是方向上的压力。

在另一部作品《自我和本我》中，弗洛伊德根据同样的施行式策略对此下了断言："被抑制的东西（le refoulé）对我们而言是无意识的原型。"（XVI. 260）秉承同样的在认识论上的大胆，他又补充道："我们看到［原文如此］我们有两种无意识，一种是潜伏的，它有能力成为意识，另一种是被抑制的，它就是它本身，除此以外别无其他，不具备成为意识的能力。"（出处同上）因此潜伏的无意识被他命名成"前意识"，而严格意义上的无意识则被局限于被抑制的东西。

这个新的人为修辞手法让无意识的神秘性质得以维系：如果无意识最终被洞晓，它就不能再继续作为无意识存在下去，而只能进入到另一个概念类型中，进入到另一个比喻图景里，在弗洛伊德的算法目录里，它会成为"Pcs"③。为了在理论上说明无意识具有不可捉摸的特征，弗洛伊德耍了个诡辩花招，即我们至少可以用两种方式来把握这个无法把握的概念：一种是动力学方式，另一种是描述性方式。我们会明白，这个动力学方式的出现时机正好，弗洛伊德可以用它去解释无意识的滑动、移动和消失，因为尽管无意识被说成是全能的，但它必须

---

① 笛卡儿的一部谈论方法论的作品名，翁福雷在此处这样写有讽刺的意味。
② Inconscient，无意识。
③ Préconscient，前意识。

无迹可寻。

《精神分析纲要》告诉我们，弗洛伊德于1900年在《梦的解析》中提供给读者的那个将"Ics""Pcs""Cs"①联系起来的第一拓比，在1923年的《自我和本我》中让位给了第二拓比。这是在以新角度描述同一种事物，这种事物，除非用迂回或偏移的方法，除非通过阴影抑或转弯抹角的比喻和譬喻，不然无法察觉到它。然而，在《纲要》这本总结了弗洛伊德半个世纪工作、作为弗洛伊德理论圣约书的著作里，在这部到最后也没有完成的最终作品里，弗洛伊德加入了一些评论，这些评论很少被人提起，但它们其实十分出人意料。事实上，弗洛伊德解释说，第二拓比从比喻意义上意味着**本我、自我和超我**，它为心理学开启了新视野，因为"这种精神机制的一般模式同样也适用于在精神方面与人类相似的高等动物"（6）。

在《形而上学》中，弗洛伊德写过："如果在人类身上存在遗传下来的某种类似于动物本能的精神构成，那它就是**无意识的核心**。"（XIII. 233）由此，我们可以这么总结认为，电话时代的**智人**（Homo sapiens）、洞穴人和某些高级哺乳动物都有着同一个精神核心，它力量无限却晦暗不明、难以识透而且还无法摧毁，它的名字是无意识……

最后，无意识有着悠长的记忆，而且从来不会忘记任何事。30年前发生的事情会被一直储存下去。比如，一次羞辱，弗洛伊德会由此想到他的童年，想到自己的父亲被一个反犹分子羞辱，想到自己因为用了家里的清洁桶方便而被生父羞辱，所有这些都停滞于那个非物质的记忆中，并且在几十年光阴过

---

① Conscient，意识。

去后依然产生作用——或者说它们依然可以产生作用。在弗洛伊德想要的、认为的、觉得的、肯定的、创造出的无意识中，不存在过去，也没有遗忘：一切都是现时的，而且永远是现时的、不动的、不变的。

因为不知道无意识**是什么**，我们只能对**无意识包含了什么**略瞥一眼。不过，弗洛伊德还解释了**什么是它的动力**。第一个拓比的确是场景化了下面这三个主要角色之间的衔接：无意识、前意识以及意识。无意识包含了各种冲动和本能，它们遵循精神领域的阿基米德原理朝着意识的方向做自然向上运动，以求浮出表面，根据另一个同样也是用施行式表述出来的原则，无意识期望变成意识。于是在无意识渴望变成意识的运动中存在了三种可能：**第一种可能**，就是愿望被简单地**满足**。由于这些无意识愿望都不含任何危险，没有任何风险，阻隔在前意识和意识之间审查系统会准许它们通过，到达意识层面。审查系统的作用在于决定是否让愿望实现，通过审查最终变成意识的欲望会很容易得到实现，压力也随之消失。

至于其他两种可能，它们涉及的都是由于社会原因而无法在意识中出现的愿望，因为审查系统代表着道德的力量、法律的威力、禁忌的分量和风俗的权力，它会阻止这类欲望冒出水面。所以，就出现了**第二种可能：升华**。换言之，通过将社会无法接受的愿望转变成社会可接受的愿望来迂回实现：无法在意识中显露的色情冲动可以滋养出例如一件艺术创作、一个思想创造或一本哲学著作，它因此属于回收了一种本能或冲动。当弗洛伊德在艺术领域对米开朗琪罗的《摩西》、列奥纳多·达·芬奇的《圣母子与圣安妮》或对延森（Jensen）的《格拉迪瓦》(*Gradiva*)进行分析时,就是在精神分析细节层面上循着升华的道路前进。

在无意识愿望无法出现在"Cs"的情况下还存在**第三种可能**,那就是**抑制**。在抑制的情况里,审查系统以绝对方式运行着,它没有被升华这一似乎能够成功让愿望通过审查的诱惑手段所欺骗。所以,愿望被重新打发回了无意识,继续留在无意识里暗中对精神搞破坏,这些精神破坏就是一切的心理病症。

精神分析打算为这种抑制命名,它要通过分析工作来将其意识化,然后,在这一基础上,通过将抑制暴露于意识,通过让被抑制的愿望重新回来,而达到治愈病人的目的。将被抑制的愿望言语化,侦测发生抑制的原因,大部分情况是因为早前的力比多创伤——就这样,在通过分析师的圣言施恩后,症状便会消弭于无形——至少弗洛伊德是这么教导我们的。

不过,怎么看待这个虽不可见但拥有无限权力的无意识呢?有没有什么尽管出人意料却十分有效的法子能让我们渗透进这座堡垒?我们不知道**它是什么**,但我们对**它包含了什么**略有所知,我们被大概告知了它的**动力机制**,最后,我们还可以加上一点,那就是通过列出**穿透它之物**来加深对无意识的认识:梦境、噩梦、口误、无心之失、诙谐、玩笑、讥讽及遗忘一些事情(专有名词、普通名词、地名、某些物体、某些印象或计划)、某些笨拙的举动、计算错误、粗心大意以及所有那些被弗洛伊德命名为日常生活的心理病理学的东西。

于是就出现了这样一个奇怪的悖论:正常说来,一个圆只有一个中心和一圈边缘,但这个众所周知的图像却发生了曲解,无意识似乎成了一个中心随处可见、边缘却遍寻不着的圆；这让人觉得它像是一个由某位理想主义哲学家大脑想出来的本体形象；它无法表达，只有影像比喻、空间比喻和算法图像才让我们觉得也许能够向它的阴影靠近些许；它浮于理念之天空，就像一个尽管全能但无法让人看见的纯粹的物自体；它无法被定义，但想要成为一切存在；一方面，它被说成是一座无法被攻破、无法进入、不但昏暗而且充满威胁、充斥着小阴谋和小诡计的堡垒；另一方面，一颗扣错的纽扣、一次婚戒的丢失、一个摔碎的物件、一把丢失的房屋钥匙、信封上一个写错的地址、一次给人找钱时出的差错、一个用面包屑做成的小面团、一把被摆弄的钥匙串、一个双关语、一次错过火车的换乘、偶然选择的数字、让人尿床的梦以及日常生活中的无数细小意外，都能破开这个城堡，告诉我们它的秘密。因此，一方面，它是一个虽不可见却异常强大的物自体；另一方面，又存在无以计数的现象不断威胁着它的特殊力量。无意识本体这个上帝隐藏了自己，这点毫无疑问；我们无法揭去它的面纱，这是理所当然的；但魔鬼总是藏于现象的细节之中。精神分析学在无意识本体上帝的黑太阳下与魔鬼同行。

第二十章　怎样拒绝身体？

> 我们的精神拓比暂时［原文如此］与解剖学毫无干系。
>
> ——弗洛伊德，《形而上学》（XIII.214）

弗洛伊德对肉体的否定在被抑制的身体总会浮出水面的情况下是无法实现的，如果用弗洛伊德的话来说就是……因为这种为了只把本体精神的无意识纳入考虑而去选择拒绝身体的做法——换言之就是为了让具备理智和思考的理性不去关心身体而去封锁无意识的做法，是不可能真的通过抽象的概念之笔将身体、肉体和身体物质一笔勾销的。但弗洛伊德却坚持这样的假设。他在语言上倍加注意，反复摸索、来来回回，在疗法上同在学说领域一样游移不定，他使用比喻和图像来阐释，他以一个虚构概念为基础将推理推向了极致，他十分出色地以一个空间表意符号为基础发展出了一种思想，他像一个饱经历练的康德主义者那样玩弄概念，然而他在内心深处却清楚地知道，最终还是身体在表达——而不是语言在表达……（既然弗洛伊德认为不是身体在表达，那就是）语言在表达？这是语言学家的逻辑……

当他在《自我和本我》里建构他的第二拓比时，弗洛伊德说到了"种质"（plasma germinal）这个概念——他也因此让他心中被抑制的东西少许浮出了水面。为了尽力表达无法表达的无意识，拓比就像空间比喻一样起着作用。当某种修辞法看起来能够更好地定义无意识时，弗洛伊德会很愿意换成那种说法：他没有把他的那些比喻形象搞成不可更改的宗教信仰。现在，让我们利用弗洛伊德自己坚持的那种辩证法，并在**后弗洛伊德**视角中将其置于首位，来对 20 世纪前半叶精神分析学的各构成部分加以保留和超越。

在此基础上，我们还要加入他在《梦的解析》中提到的另一个思想："即便在我们现在的研究中精神的确可以被看作导致一个现象的原初原因，但在有朝一日更加深入的研究后，我们将找到一条通向万物有灵论有机基础的道路。不过，即使我们对精神的认识仅仅停留在现在的水平，它也足以让我们不去否定精神的存在。"（IV. 72）换言之，弗洛伊德此处想让人承认的是，随着时间的推移（他用的是将来式，而非条件式），在通向"万物有灵论有机基础"的道路打开之前，他的学说代表着**局部**的真理。

因此，这种以施行的形式假设出来的所谓精神无意识，很有可能只不过是一个会被未来某项发现取消的**暂时**名目。而弗洛伊德并不认为它属于精神现象领域的发现，也不认为它将是他创造的精神分析学的进步，而是认为它会是躯体领域的发现。那无意识又算什么呢？是在等待真正的科学发现出现期间做的一个**临时**假设？38 年之后，这个在《梦的解析》（1900）中被阐述的论点又在《精神分析纲要》（1938）的总结部分中被确认，在这本书中他估计化学将获得治疗疾病的能力且让精神分析学报废。（因此，无意识又是）一个能够让我们通过"化学物质"干涉操作以修正引起了精神疾病的异常因素的精神装置的"有机基础"?就这样,一个辩证的弗洛伊德通过将自己的工作纳入历史进程而让自己进入了人类的普遍性中。

于是,我们搜集了一下弗洛伊德表达下面这个观点的地方。他在说精神万能的同时又说无意识并非像亚里士多德的上帝那样是没有原因的第一因或不动的第一推动力,无意识被推动。是谁或什么在推动它?它被那个在弗洛伊德作品中随处可见的"种质"所推动。当然,这个词是弗洛伊德从生物学医生奥古斯特·魏斯曼(August Weismann,1834~1914)那里借用来的——"个人后天获得的特征无法通过代际遗传"这一理论也是魏斯曼的。对这位生物学家而言,他通过种质概念假设了多细胞生物是由含遗传信息的"种细胞"(cellules germinales)和保障生命功能的"体细胞"(cellules somatiques)构成的。第一种细胞不会被身体学习到的东西或在人生中通过后天学习到的技能所影响。所以,它们不会把后天学来的东西遗传给下一代。

我们在弗洛伊德那里找到了相同的论点。比如在《形而上学》里:"个体是种质昙花一现的暂时性学徒,种质则几乎是不死不灭的,它是个人通过代际遗传获得的。"(XIII. 170)个体因此获得了双重存在:一方面他作为有特定目的的自身而存在;但另一方面他又作为身处其中的长链条中的一环而存在。对此,叔本华会说:作为表象和作为意识……或者我们也可以说:一方面,就"存在"一词的一般意义而言,个人自成一个存在整体,但同时他又是种族的一员——第一种意义上的存在会死亡,而第二种意义上的存在则可以说是不死不灭。

在弗洛伊德的作品中,我们因此看到了"自我冲动"和

"性冲动"这两个概念：前者会保存我们的个体存在；后者保障的则是种族延续。所以，存在一种**不会消亡的种质**，它或多或少类似于叔本华的"意志"或尼采的"权力意志"，或者也类似于爱德华·冯·哈德曼的"无意识"，我们每个人在世间的短暂一生都携带着它；而**会消亡的种质**则会随着我们生命的消逝而消失。让我们换个说法，如果用弗洛伊德（！）解读下的、被叔本华调整修正后的康德的语言来说就是：存在一个本体种质和一个现象种质。或者用柏拉图的语言来说就是：存在一个心智种质和一个感觉种质……

作为一个坚信自己想法的理想主义者，弗洛伊德提出说，我们都是由**会消亡的体质**（soma mortel）和**不消亡的种质**（plasma germinal immortel）构成的。体质是必将消亡的部分，除了性化物质和遗传性物质外它注定归于虚无、被化约为身体；种质则被用来繁衍种族，让种族在时间长河中延续。在《自我和本我》中，他写道："在性行为中，性物质的射出在某种程度上对应着体质和种质的分离。"（XVI. 290）我们对他的这种说法并不惊讶，他当然会这么说……这个地方，这个作者强调的是性快感和死亡之间的对应关系以及其他的对照关系，比如射精与小死亡①之间这种平常的对照关系。

所以，弗洛伊德主义体现了一种隐蔽的活力论，隐蔽它的是强烈的泛心论（panpsychisme）诉求。因为弗洛伊德对身体、肉体、神经、神经元统统不关心，他的分析方向是力比多、本能和冲动，他把整个理论大厦都建立在了无意识之上，我们在阅读中会看见他的某些句子，这些句子隐藏在他整个全

---

① 小死亡，是性快感的通用说法。

集的不同地方,从这些句子中,我们发现的是传统的活力论学说,因为无意识、力比多、冲动、本能及其他用比喻方式表示的精神力量构成了一切的源头,这是肯定的,但在这个源头的源头,我们看见的是……躯体!弗洛伊德在最后阶段写成的《有终结的分析与无终结的分析》一书的最后一页的最后几行中有这样的陈述:"对于精神而言,生物学如同一个隐藏的核心源头,真实地发挥着作用。"(268)

所有精神现象的源头都在躯体,这一认识在弗洛伊德的作品中随处可见。让我们对这条铺满小石子的道路做一番盘点:1905年,在《性学三论》中,弗洛伊德考察了性身份认同的形成,为了阐明这个问题,他谈到了性身份认同与"人体"之间的联系。(VI. 145)所以,图表、算法、代数性质的未知数、带有比喻和影像或视觉性质的文学,都不算数。即便弗洛伊德曾经坦言自己对性兴奋的来源并不清楚,他依然写道,性兴奋与"性新陈代谢产生的特殊物质"(VI. 155)有着因果联系——他实际上很清楚地说到过"性化学活动"(出处同上)。

在之后的1913年,弗洛伊德又在《精神分析的意义》里写道:"如果去假设认为精神分析针对或支持的是一个关于灵魂紊乱的纯粹心理学概念,那就大错特错了。精神分析不应该忽视属于精神病学的那一半工作,那一半工作的工作内容在于研究(机制的、毒素的、感染性的)器质性因素对灵性装置的影响。"(XII. 109)弗洛伊德在强调"不容置疑的器质性因素"的同时,又从理论上与生物学拉开距离,以此来避免对分析判断形成干扰,他补充说:"不过一旦精神分析工作完成,我们就必须重新恢复与生物学的连接。"(XII. 116)看,这是多么清楚的预期理由①啊!

事实上,我们多么希望这个公允论点正是弗洛伊德在分析他那些著名案例时所持的态度啊,但他在做那些分析时完全没有顾及器质性因素:弗洛伊德确认了上面这个理论真相,但在那以后,他所做的就只是不停地否认身体,以便让自己完全沉浸在纯粹用言语进行的疗法中,让自己能够为仅以象征和幻想为特征的病因学辩护。爱玛·埃克斯坦的案例(我后面还会再提起)似乎就可以被当作他否定身体的象征性例子,作为他仅仅关注精神机制,甚至可以说是特别顽固地关注精神机制的一个标志性案例。弗洛伊德准确公允地**理论化**了这个他没有在自己实施精神分析时**实践**的态度。

接下来的 1914 年,在《论自恋:导论》里,我们可以再次读到下面这样的话:"我们所有那些暂时[原文如此]的心理学概念都将在有朝一日以器质性关系为基础。"(XII. 224)他还说:"关于自我冲动和分离性冲动的假设[原文如此],以及更广泛的力比多理论,它们只有很小一部分建立在心理学基础上,它们从根本上是以生物学为支撑的。"(XII. 223)再一次地,弗洛伊德将假设纳入了一种辩证逻辑,并且依然认为随着时间的推移,研究会不可避免地朝着生理学、解剖学和以躯体身体代替精神身体的方向进行。

1915 年:《形而上学》。弗洛伊德为了确立他的冲动理论而大量借助了生物学。正如我们所见,种质理论让他能够将自我冲动和性冲动放到自我保存和种族繁衍的视野里去思考。而

---

① 预期理由(pétitions de principe)是一种逻辑错误,指在人们的言论中,特别是证明或反驳的情况下,把预期的真实性尚待验证的命题或者判断当作理由、作为论据使用。

后，他又思考了"灵性装置与解剖学之间的关系"，因为"这是一个无法被撼动的研究结论，灵性活动与大脑功能相连，它们之间的联系非其他器官可比"（XIII. 213）。精神活动在神经区域里的对应区域没有被找到，这不是出于结构原因，而是因为一时的研究条件所致。因此，在这种情况下，我们可以设想有朝一日会找到另外的定位方法——甚至在今天或不久的将来，医学图像就可以将无意识视觉化……事实上："我们的精神拓比暂时［原文如此］与解剖学毫无干系。"（XIII. 214）我们没有看错，他说的确实是"暂时"而不是"最终"……结论如下：精神拓比只是暂时是比喻性的，没有任何东西禁止它在有朝一日变成解剖性的……

弗洛伊德在《超越快乐原则》（1920）里谈到了死亡本能与生物学之间的关系问题。在这篇拥有最高哲学密度的精神分析作品里，弗洛伊德从原生动物、草履虫、微生物、纤毛虫身上看到了千万种理解活着的方法，这些活着的状态可以被看作是被涅槃原则激活的产物，按照涅槃原则，活着的目的说到底就是想回到生前的状态——换言之：重返虚无。为了论述这个新学说，这位同时是哲学家的精神分析师，或者说这位同时是精神分析师的哲学家，坚持"从生物学那里借鉴来的东西"（XV. 334）。让我们读读下面的句子吧："我们指望它给我们带来能够让我们的理解变得更加清楚的东西，这些东西会令人相当惊讶，对于它在未来几十年中会对我们提出的问题给出怎样的答案，我们无法猜想出来。"（出处同上）而且他还写道："也许这些答案将能一口气推翻我们以假设建起的整个人工大厦。"结论：如果目前的真理看起来的确属于精神分析，那么明天的真理，根据西格蒙德·弗洛伊德自己的坦言，很可能属于生物学……

三年后，在《自我和本我》（1923）中弗洛伊德写道，"自我首要地是躯体的自我"（XVI. 270），还有："在以生物学为支撑进行理论思考的基础上，我们提出了死亡本能的假说［原文如此］，这种本能的任务就是将机体生命带回到无生命的状态；而爱欲（Ecos）则以使生命复杂为目的，它把活着的实体分散而成的微粒以越来越广泛的方式结合，当然，同时它也以此来保护这个复杂的生命。"（XVI. 283）

当弗洛伊德在这一页里写下"每一块活着的实体"里都存在生存本能和死亡本能这句话时，他前所未有地清晰地表现了自己活力论的一面。他还在后面写道："实体或许能够成为爱欲的主要表现形式。"（XVI. 284）这让生存本能和死亡本能实实在在地——从词源上来看——化为了肉身。它们因此并不是比喻、虚构、寓意、数学或算法的，而是实体的、具体的和物质的……

1926年，《非专业者的分析问题》一书出版，弗洛伊德以同样的伴奏旋律演奏出类似的乐曲：本能位于躯体自我中，它们是寻求自我满足的生理需要。弗洛伊德活力论同时定义了一种快感论：本能寻求自身的满足，因为它们想要"支配快乐原则"，它们避免挫折、抑制、堵塞或动力停滞引起的不快。它们的自然趋向？需求带来的紧张感的消除发生在要求得到正确回应之时——这也是一个带来快感的过程。因此，需求带来的紧张感的增加导致了不快。又一次地，整个装置的源头是在身体、生理学和生物学。

最后是1938年出版的《精神分析纲要》，这本书是这位思想家在历经了半个多世纪思考且度过了83个人生春秋后写成的收官之作。弗洛伊德在这本最终也未全部完成的作品的开头几行确认说，大脑和神经系统是精神现象的发生处："对于我们所称的精神现象（或精神生命），我们清楚两件事：一方面是它的躯体器官、它行为的发生地——大脑（或神经系统）；另一方面是我们的意识活动，我们对其有着直接的认识。"（5）这部作品就是以此开头的，它的结尾悬而未决，因为弗洛伊德直到去世也未能最终完成。

以上便是从1900年到1938年标识了弗洛伊德活力论道路的小石子。在活力论方面，弗洛伊德的思想没有发生什么变化。他一方面认为无意识不可见且在为一切立法，另一方面又认为，精神现象说到底毋庸置疑地还是以生物学为基础，这种情况让弗洛伊德处境尴尬。这种情绪矛盾的确影响了弗洛伊德的所有作品，不过，尽管这种影响是持久的和一贯的，但其发挥作用的方式却是一时的、部分的、朦胧的和点式的，所以如果从整体上看，几乎他的所有著作还是被精神生活的非物质冒险占据着，这种非物质冒险从一般意义上脱离了与身体物质的联系，具体而言脱离了与种质的联系，它还脱离了与生物学或生理学、与解剖学或肉体、与神经元或大脑的联系。一边是作为根源的躯体，另一边却要求把整个注意力仅仅集中在精神方面，我们应该如何应对这种左右为难的局面呢？

弗洛伊德对于下诊断其实并不拿手……比如他在《自述》里说过这样一件轶事：作为年轻的住院医生，他搞的是有关神经系统器质病变的研究，之后又以解剖来精确确定患者脑部的病灶。他因此而名气渐盛，他就是这么说的，还真是自负啊！一些美国医生甚至到他用英语讲授自己科学的地方来听课。然而，有一天，他错把一位神经症患者诊断成了……脑膜炎。

不过，在弗洛伊德那里，这类坦白总会被那些能够消除它影响的信息抹掉："我还是要为自己说句话，在这件事发生的年代，即使是维也纳最大名鼎鼎的权威，也常常会把神经衰弱诊断为脑瘤。"（XVII. 60）因为有了这次错误诊断，那些上门求教且知道他犯了错的人都离他而去了——是不是正是这件事激发了弗洛伊德到沙可那里去完善自己在神经症方面的知识呢？不论答案如何，在弗洛伊德的自传里，关于诊断错误的坦白之后，立即出现的就是有关弗洛伊德离开维也纳去到萨勒贝特里埃医院的桥段……我们是不是应该得出结论，这次失败让弗洛伊德气恼，因此他才会想要拒绝躯体，从此以后仅仅关注精神现象？

弗洛伊德并非总对心理学疾病理解到位，他在身体疾病上也表现平平……真相是，他知道自己漫无目的的研究其实是会造成重大医疗错误的。他热衷于可卡因，然后他朋友便死了；他在电疗法上反复摸索；他用连他自己都承认不太有天分的催眠凑合搞出了一些治疗——尽管他加入了按摩子宫这种新奇的小伎俩；他以导管和向阴茎里灌冰水为基础给人治疗，还为这种危险且可怕的疗法开处方；非但如此，他还把个人经历中的创伤体验加了进去，比如爱玛·埃克斯坦的病例或被我称为"玛蒂尔德案例"的病例。

弗洛伊德在《梦的解析》里谈到了这件事。他说那是"一次令人悲伤的医学经历"（IV. 147）：一次开药方的错误导致了一个年轻女性的死亡。为了给自己辩护，弗洛伊德说，他经常给病人开这种物质的处方，当时的人们都不知道它有毒。这次医疗错误没有引起他的任何悔恨，他也没有说一句同情的话，非但如此，他还否认自己犯下了医疗错误，从而对这件事情的反应异常激烈：他选择用魔法原因来解释这次事故而不是用身体上的原因，他选择了精神，否定了身体。这与谈论种质的他相去甚远，我们在此又一次地看到了这位治疗师心中的非物质幻想。

让我们来读读他的解释："这位中毒而死的女病人与我的大女儿名字相同。我从来没有想到这层：现在，在我看来这一切就像是命中注定的报应。就像一个人的死会在反方向上带来另一个人的死；这个玛蒂尔德的死会招来另一个玛蒂尔德的死；以眼还眼、以牙还牙。就像是我在寻找一切机会让自己因自己缺乏行医道德而自责。"（Ⅳ.147）所以，弗洛伊德之所以会对这个导致病人死亡的医疗错误加以抑制，并非因为这件事情证明了他缺乏经验，而是因为死者与他的女儿有着同样的名字。

同样，我们还记得，1895年他的朋友恩斯特·弗莱施尔-马克索夫因为他为治疗恩斯特的吗啡瘾开出了皮下注射可卡因的处方而死，朋友的死没有引起弗洛伊德的任何悔恨或同情——尽管我们知道他应该对这件事负全责（他自己也清楚这点，因为他摧毁了关于这次罪行的一切发表过的可以作为证据的文件……），这次死亡在弗洛伊德那里换来的只有他的矢口否认，以及后来他对这件事情的重构。在提到玛蒂尔德案例的稍前几行，弗洛伊德回忆了这件致人丧命的不幸之事，并为此事给出了他的传奇版本："一个已经于1895年去世的亲爱朋友就是因为滥用了这种药而英年早逝的。"（Ⅳ.147）他说的药就是可卡因。至1900年时，已经有至少两起死亡是应该让西格蒙德·弗洛伊德感到自责的，这两起死亡的唯一起因就是他的无能……

在《日常生活心理病理学》的一个注释里，弗洛伊德还说到过意思差不多的另一件事情。依旧是否定躯体、拒绝身体和仅仅关注精神。在这部作品中，他谈到了有关遗忘之事的一个细节：当他查阅账簿时，他怎么都无法把一个人名字的首字母与记在他名下的诊金金额比对起来。然而在翻阅记录后，弗洛伊德发现自己曾在疗养院里治疗过这个人，而且他还和她接触过几个星期。但他怎么也无法在第一时间内想起这个人的身份。之后他才回忆起那是一个 14 岁的年轻女孩。

"这个孩子患有明显的癔症，在我的治疗干预下，病情得到了迅速、可观的改善。在这次改善后，他的父母从我这里带走了孩子。她总是因为腹痛而呻吟不已，腹痛又是她癔症症状表中的主要一项。两个月后，她死于腹部淋巴瘤。毋庸置疑［原文如此］，这个孩子本来［原文如此］就拥有易于患上癔症的条件，她所患癔症是由淋巴瘤造成，当我被癔症带来的那些虽不严重但声势不小的症状吸引时，我完全没有注意到最终让她送命的那个无法医治［原文如此］的潜伏疾病"（156 - 157）。

解释：甚至在一个小女孩送命的情况下，弗洛伊德也是一秒钟都没有怀疑自己诊断的卓越性——他再一次地下了癔症诊断——他也没有怀疑病人会得其他什么病……何况，她早就具备了患上癔症的条件，而且这点还是毋庸置疑的——那么谁还能去质疑他呢？同样，他对自己的疗法也没有怀疑：他对她进行了治疗，因此她的病情得到了可观改善——然后，她便离开了他所在的医疗机构。顺便提一下，弗洛伊德这些话让我们觉得他的言下之意是：如果女孩的父母没有从他那里带走女孩，结局就不会如此不幸。虽然他也承认说那是一个他没有觉察出来的身体疾病——但他依然强调有大学医学文凭的人是他，在医院工作且有权利做出医疗决定的医学从业者是他，因此在孩子家长把孩子带出疗养院而犯下错误的情况下，他是有权利去谴责家长的。

弗洛伊德不愿丢了面子：他没有诊断出瘤子，这不假，就医生而言这甚至是一个重大医疗失误，这也是真的，但他又说，这个瘤子才是癔症的根源，对此他永远不会改变自己的看法。当他承认自己被一个病症分心，而且这个不一定真实的病症还让实实在在存在的致命疾病被忽略的时候，他是否对自己产生过一丝怀疑呢？完全没有。一个年轻女孩死了，但是责任不在他，因为他只关注值得关注的东西——癔症，即便这种疾病仅仅是他的一厢情愿而已……

不要忘了：弗洛伊德曾说，他既快又好地对癔症（尽管我们知道这个病不大可能真实存在）进行了治疗，这让他可以免于承担女孩死亡的责任，因为错都落在了癌症身上——不过不管怎么说，他这个在维也纳大学里受过8年医学教育的弗洛伊德医生毕竟没有能够诊断出病人的癌症……这是同一个医生手下的第三起死亡……不用精妙掌握精神分析，读者也能从弗洛伊德的应对态度中毫无困难地明白"遗忘"的运作机制，连《日常生活心理病理学》里关于这个话题的章节都不用翻看。我们很清楚人为什么总偏向于忘掉那些损害到自我认可的事情。

有一个标志性案例能帮助我们理解弗洛伊德在自我分裂上，在他否认事实时，在他拒绝身体和肉体时，在他把自己的执念完全集中在他所称的精神生活时的运作方式：爱玛·埃克斯坦的案例。弗洛伊德写给弗利斯的一些信件能够让我们从细节上追踪这件事的发展——我们也会因此明白为什么弗洛伊德一家，首先是他的女儿，会对这件事情讳莫如深；我们会明白为什么这些人会期望让这些对这个伟人产生不好影响的文字远离读者的视线……从信件里，我们能够发现弗洛伊德这个人性格中不利于他声誉的那个方面：自欺欺人。这种态度被这个拒绝承认自己犯错的人固执坚持着，他宁愿把一切付之一炬也不愿意承认已经被证实了的错误。

1895年1月，爱玛·埃克斯坦刚满30岁。她从两三年前开始接受弗洛伊德的分析；对弗洛伊德而言，她有癔症，其并发症是胃疼、出血性月经痛——这些疼痛从青少年时期就开始折磨她。弗洛伊德否认了所有躯体病症的可能性，甚至拒绝让她接受医学检查……那分析师的假设是什么呢？就是性病因论，别无其他。更加特殊的是，还要加上弗洛伊德自己的那个强大执念：被抑制的手淫是她所有症状的根源。我们需要明白的是，手淫或抑制手淫都会以相同的方式构成神经症，它们的代表案例分别是冷却导管法的那个病人和这个病人……然而，谁又能不是这两项中的其中一项呢？手淫或是不手淫，同一个病却有两个完全不同的病因。

弗洛伊德解释了他为什么会得出这样的结论，而且他的结论一如既往地是以施行模式断言出来的——他在命名的同时创造了真理。那么，这个被命名出来的真理又是什么呢？所有胃痛的人都手淫，"这是众所周知的事实"，他如此写道……弗利斯和弗洛伊德对不少荒谬言论都意见一致：自称为科学的数秘术理论就是一例，鼻子和性器官之间具有隐秘对应关系的奇怪想法也是一例……

1893年，弗洛伊德给弗利斯寄去了一份手稿，谈的就是"鼻子和性器官之间存在多种关系"！他依然用的是施行式陈述……1895年10月8日，弗洛伊德鼓励他朋友以一本"名为《鼻子和女性的性》的独立小书"为载体发表自己的结论；他的朋友照做了，1897年弗利斯出版了一本名为《鼻子和女性性器官之间的关系》的书……在后来的书信中，弗洛伊德以"鼻子和性"为名来谈论这本书。不要忘记，这位精神分析师曾说他的朋友就像是"生物学领域的开普勒"（1898年7月30日）！

所以，弗洛伊德的想法是这样的：必须要对爱玛·埃克斯坦的鼻子动手术才能终结她的癔症症状。于是，弗利斯从自家所在地柏林去到了维也纳，为的就是实施定于1895年2月底的外科手术，他切除了病人左边中部鼻甲，手术后他回了自己的家，把病人留给自己的朋友照看。两个星期后，弗洛伊德去信告诉了弗利斯病人的情况：她面部水肿、鼻腔出血、出现血块、有恶臭的化脓分泌物、疼痛不止、处于感染状态……可以说是身体症状严重。

我们不知道弗利斯是如何回答的，因为弗洛伊德没有忘记毁掉他和这位前好友的所有通信。弗洛伊德决定谨慎行事，他做了一个可能会伤害到自己同事的报告，不过他同时也希望，尽管有他记录的这些信息，弗利斯还是能够尽快地振作起来。他记录的信息如下：虽然安了引流管并进行了清洁，躯体症状依然如故；直到某位助手在清洁病人创口时发现了某个东西，那是"一块长达半米的纱布"（1895年3月8日），这块纱布被外科医生和他的同伴忘在了病人的鼻腔中！纱布被取出后，病人因为失血过多而昏倒，脉搏下降。而此时此刻，弗洛伊德正在隔壁的屋子里喝水，据他自己的说法，得知这件事后的他突然觉得自己很**拙劣**——然而他的这个感受却没有持续多长时间，对此我们早已见怪不怪，而且有朝一日他还会为此去报复别人。他在喝了一口白兰地后，重新回到了病人所在的房间。爱玛·埃克斯坦看到了自己所受的伤害，对他说："——这就是男人?!"

一些日子过去后，重新清理鼻腔，进行刮除术。弗洛伊德对坚持让弗利斯离开柏林来做手术感到后悔，弗利斯来维也纳，做了手术，离开维也纳回自己家，丢下病人——弗洛伊德承认自己有过错，他认为自己不应该把朋友置于如此尴尬的境地！他还说这种事无论在谁的身上都会发生。他没有为受害者说过一句话。隔了一段时间后，弗洛伊德又在另一封信里说起了这件事。他们不得不为病人做另一场手术。"那什么都不是，我们什么都没有做。"他在 1895 年 3 月 23 日的信中这样写道！然后他又说："她躲过了毁容。"不过这点没有得到作为儿科医生的爱玛的侄女的证实，相反她写道："她的脸完全变形了……骨头凹了进去，一边塌了下去。"……

在 1895 年 3 月 28 日的信中，弗洛伊德再次发起攻击，而且还更猛烈：因为觉得自己**拙劣**而感觉受了侮辱的弗洛伊德，因为被嘲笑说他不是一个真正的男人而恼怒的弗洛伊德，凶相毕现："自然地，近期癔症症状在她身上再次出现，而我把这些病症都分解分析了。"为了避而不谈爱玛的身体、她受到伤害的肉体、她变形的面容、他们的失败给病人带来的剧痛、他们在外科手术中犯下的错误，最好办法就是重新使用癔症的论点。

一年之后，爱争执的弗洛伊德实施了更强力的出击："我将向你证明你是对的，她的那些出血都是癔症引起的，它们都是因为**欲求**（désirance），还很可能是因为性行为日期（因为女孩的抗拒，我还没有获得她的性行为日期）。"（1896年4月26日）就这样，弗洛伊德的想法暴露于光天化日之下了：失败的手术、被忘在鼻腔里感染发臭的纱布、因为外科手术中的错误造成的流血不止，所有这些对弗洛伊德而言都没有任何分量。问题的根源在哪里？在爱玛对西格蒙德的力比多欲望里——别无其他。一个被抑制的性吸引，看，这就是全部原因……

5月4日，弗洛伊德又谈到了爱玛："她出血是因为**欲求**。"情况越发严重了：在平时，不管怎么说，她自然而然就会流很多血……被割伤时，这个孩子的出血量都值得让人重视……她当时的头疼是因为头几次月经吗？这是暗示在起作用。弗洛伊德接下来的话本来可以让人忍俊不禁，但因为这件事本身的不幸，它更多的是让人觉得可鄙，弗洛伊德居然说："这就是为什么她会以欢快的心情迎接自己经期的大量出血，这就是能够说明［原文如此］她有病的证据，最后大家也都承认了。"

她的流血欲望从哪里来？它来自这个年轻姑娘对一个名为西格蒙德·弗洛伊德的具有难以抵抗诱惑力医生的欲望……看，这就是当被遗忘在鼻腔里的纱布被发现后，当这位精神分析师重新回到房间时，她会晕厥的原因！她的昏厥不是因为失血过多，不是因为脉搏下降，而是因为"她在自己生病的状态中实现了自己以前的爱情愿望"。所以当她处于失去意识的边缘时，弗洛伊德才会说"她感到了前所未有的幸福"……动脉血压骤降会导致昏厥这种想法在弗洛伊德的头脑里根本没有出现，他顽固坚持着自己要用性作为病因解释一切症状的那个幻想。

于是，爱玛·埃克斯坦离开了医院，于当晚去到疗养院。她没有睡好，为什么呢？是因为焦虑、紧张或担心吗？千万别这么想……从临床上看还有比这更清楚明了的原因。"因为她潜意识里存在引诱我的欲望，"弗洛伊德这样写道，"由于我那天晚上没有去她那里，她重新开始流血，这是激起我对她温柔的行之有效的可靠办法。"……由于她自发出血过三次，而且出血一直持续了四天（！），弗洛伊德便得出结论：这里面"应该存在某种意义"……

10年之后，40岁的爱玛·埃克斯坦依然痛苦不堪。她的面容完全毁损，弗洛伊德诊断说……她再次患上了神经症！他建议她重新接受分析。她拒绝了，并去询问了一个年轻女医生的意见，这位医生从她腹部取出了一个庞大的脓肿。多年以后，她最终得到了一个关于她的病情的严谨诊断，她被切除了子宫，原因是肌瘤——换言之，是一个肌肉组织构成的良性肿瘤，这很可能就是造成她未成年时总流血的病根……

被关入病房、没有日常活动、卧床不起且被毁容的爱玛·埃克斯坦，于1924年死于脑出血。1937年，弗洛伊德泰然自若地宣布说她是被精神分析成功治愈的病人之一。如果后来她又重新得了神经症，那是因为子宫切除术唤醒了神经症！在《有终结的分析与无终结的分析》里，弗洛伊德发出了最后宣判，这就像是落在死者身上的最后一击："她一直都没有、直到死也没有变回正常。"另外还需要明确一点，爱玛后来也成了一个精神分析师，这真是一个彰显西格蒙德·弗洛伊德卓越魔法师才能的好证据啊！最后还有一点需要指出：在欧内斯特·琼斯1500页的传记里，爱玛·埃克斯坦的名字没有在任何地方被提及……

弗洛伊德最著名的病人之一——那个众所周知的狼人——让我们认识到弗洛伊德可以用从尼采《善恶的彼岸》里节选来的这段话形容："'这是我干的。'我的记忆说。'我怎么会干出这种事呢？'我的自尊说，并坚持不退让。最终，还是记忆退让了。"……这段话说明了弗洛伊德犯下诊断错误后的通常情况：他的记忆实际上是能够告诉他说，他在诊断上、医疗预后上和治疗中都犯下过严重错误，然而他的自尊却总是让他下断言说这种事情不可能发生在他的身上。

在弗洛伊德的反应里，尼采的这句话体现为弗洛伊德的**自我分裂**与**否认**。在《防御过程中的自我分裂》（1938）中，弗洛伊德解释说，当冲动的要求与现实的反对形成冲突时，除非人们承认危险并因此焦虑，否则人们会采取拒绝现实的态度。为了避开危险、焦虑、不快的负面情绪、伤人的回忆，主体会断言现实之事并没有真的发生，至少不去把发生过的现实认作显而易见的事实。

因此，才有了这位叫西格蒙德·弗洛伊德的年轻医生错误地把神经症当成脑膜炎？弗洛伊德说，那一时期的整个医学界都在犯同样的混淆错误。一个有吗啡瘾的朋友被他用静脉注射可卡因治疗以断绝毒瘾，结果非但没有治愈，还死去了，这怎么说？弗洛伊德说了，他在处方里说明要服用而非注射——即便有文字表明事实与他所说的正相反……一个被弗洛伊德诊断成瘾症的年轻女孩却死于西格蒙德·弗洛伊德医生没有诊断出来肉瘤,这又算什么?弗洛伊德说了,这个14岁的小女孩曾被他的父母从他那里带走,因此没有继续治疗、没有处在他的医学洞察力下——而且她的癔症是实实在在存在的,何况她的癔症还是最后让她送命的癌症引起的,所以她的死不是因为他弗洛伊德缺乏能力。一个与弗洛伊德女儿同名、也叫玛蒂尔德的女人,因为弗洛伊德开处方时犯下的错误而死亡,这件事呢?弗洛伊德说了,当时的所有人都不知道这种药其实是有毒且致命的。被他诊断为癔症的一个女病人受尽折磨?弗洛伊德说,那是因为她无意识中爱上了他,因此产生了爱情移情。在他朋友给她做过手术后,她的鼻腔里就有了一块被遗忘的、长达半米且已感染的纱布,这又怎么说?还是断言:爱情移情……

弗洛伊德拒绝身体,因为身体带来了太多的问题。诚然,他也承认身体很重要,而且秉承同样的思路,他甚至肯定说最重要的东西都在种质中、都在生物学里、在有生存本能和死亡本能交锋的细胞中心物质里、在解剖学中、在生理学里,他甚至还谈到了神经系统且把精神活动定位于大脑,而在这之前他还清楚地指出,之所以所有关于无意识或精神装置的结论都是以比喻模式表达出来的,那是因为精神分析师身处一个无法对生物机制的性质知道更多的历史环境里。

所以,弗洛伊德了解身体,但排挤它。不论眼睛还是理智都是用来观察他那个根据施行式原则创造出来的世界的,他不再关心现实,对现实不闻不问。他关心的问题不再是世界的物质现实或人类肉体的厚重,而是他制造出来的那个概念世界的优越性——这是被他分析过的升华作用所结出的硕果……身体消失了,就像被施了魔法一样:身体太苛刻、要求太多、太突出、太沉重、太令人担忧，对于一个渴望发现新大陆的征服者而言它太过无趣。诚然，精神生活的真相存在于生物学中，弗洛伊德的一生都在说这句话，但一个无趣悲伤的真相又有什么用呢？它无法给征服带来任何前景，它无法让他圆了获得世界性名声的梦，它会阻止他命运显圣，而虚构才能打开更有意思的潜在可能，难道不是吗？所以弗洛伊德拒绝了实验室的瓷砖台：荣耀会属于精神分析的治疗躺椅。

第四部分

治疗奇术

治疗躺椅的内部弹簧机制

论点四：

　　精神分析术属于魔法思维。

第二十一章　弗洛伊德梦游仙境

> 逻辑思维规则在无意识内部不起作用，我们可以把无意识称作一个没有逻辑的国度。
>
> ——弗洛伊德，《精神分析学纲要》（32）

对身体的否定和对现实的拒绝让弗洛伊德向一个由他一手创造所有组成部分的世界迈进，这是一个由他赋予所有权力的世界。这个精神分析师，在对一切可触知物质否认的同时，将身体和灵魂都委身于虚构、概念、思想和本体。弗洛伊德在他著作甚丰的全集中——他的全集可与康德的、黑格尔的、其他德国理想主义伟人（比如谢林或费希特）的，又或者像诺瓦利斯（Novalis）这样的浪漫主义伟人的全集一较高下——以卓越的哲学才能激活了这个皮影戏台。

就像一个偏爱自己的世界而非成人世界的孩子一样，他创造了一个魔法世界。在其中，比起伴随着让人担忧的真相的真实存在，令他安心的虚构生活更有价值。弗洛伊德在路易斯·卡罗（Lewis Carroll）笔下的爱丽丝的陪伴下逐渐去到了镜子的另一边，那里整个就是一部混杂各色概念人物的电影，它是为那些兴高采烈地观看这场无止境放映的电影的观众放映的：力比多、冲动、本能、无意识、俄狄浦斯、原始部落、弑父、抑制、升华、摩西、神经症、心理病理学，看，这些就是这场神奇的哲学旋转木马①里的主要演员。

弗洛伊德与现实维持的关系是魔法的：在他的世界里，肉瘤并不存在，留在病人鼻腔里的纱布、吗啡瘾、子宫肿瘤或药物处方的错误也都不存在。相反，被弗洛伊德式法兰多拉舞激活的是等待弑杀的父亲形象、想要与母亲发生性关系的欲望、乱伦的愿望、谋杀的渴望、想要手淫的急切欲望、发情的子宫、父母交合时的情景、手淫的婴儿、食人盛宴、变形失真的梦境、被殴打的孩子以及其他通常与性有关的那些杂七杂八的东西——弗洛伊德因此而被别人说成是"唯性主义"②。他因为别人的这种评价而生气了，这让他感到不满、气愤、被顶撞、被得罪、被冒犯了！

如果弗洛伊德没有想要将他的魔法世界覆盖到全人类，并谴责那些比起他的虚构更偏爱现实的通达世理的人的话，这个魔法世界就不会对我们有什么特别的重要性。不管怎样，说到底都是一个人自己创造了一个世界，并且宁愿在其中活着，也不想去到让他觉得陌生的另一个空间中生活。一个像弗洛伊德这样的艺术家会不断地把自己的欲望当作现实，我们不会去责怪一个只用他自己的耳朵而非用他人的耳朵来聆听世界的音乐家，或是去责怪一个用自己眼睛而非邻人眼睛来看世界的画家。

但是，弗洛伊德不仅仅满足于创造一个魔法世界，他还引领了数量众多的其他人，且希望全人类都进入这个魔法世界，让整个人类都无一例外地接受它，与此同时他还辱骂那些拒绝

---

① 《神奇的旋转木马》是一部法国动画片，作者在此做了一个比喻。
② pensexualisme，意为一心只想到性，思想上以性为中心。

将他的这出戏视为真实世界的人,他把他们当作神经症患者、有毛病的人、因为精神生活的层层污泥而存在千千万万可以被指责之处而有抑制问题的人对待。为了做到这点,他发明了一种让人可以进入他的空想马戏的装置:治疗躺椅。躺在这个被弗洛伊德指定为一种概念的家具上,想要成为精神分析师的人被给予——时至今日依然如此——一张可以进入魔法世界的门票,进入这个中了魔法的世界,在这个世界里,这个艺术哲学家的造物们旋转舞蹈着。

看,如果这个世界涉及的只是一场旅行,就像我们在一幅绘画、一出歌剧、一本小说、一首诗歌、一部电影、一张照片、一个雕刻那里得到的那样的话,它就不会造成任何问题。然而,弗洛伊德却自称,在他的陪伴下实现这次旅行就可以治愈神经症、精神病、不适、神经衰弱、癔症、焦虑、恐怖症及其他灵魂疾患。这种治疗承诺意味着分享对精神分析的信仰、进入这个世界就可以恢复健康、获得灵魂的安宁和终结所有的心理疾患。

因此,弗洛伊德在他维也纳的诊所里提出,通过另一个世界中可治愈现实的骑士勋章授予仪式来保证这种双重脱节,从而治疗与现实的脱节。换言之,他提议逃避,提议在虚构世界里组团旅行,就像宗教所采用的方式那样,因为这是在为了承受当下世界而创造一个彼岸世界,在那个世界里所有事情看起来都是那么简单……为了结束在这个世界承受的生命痛苦,就去弗洛伊德的世界转一圈:当我们在这里看到他的父母性交,看到分食父亲身体的宴会,看到儿子与母亲交合,看到婴儿将食指放进肛门,看到父亲与用人肛交后,我们肯定就会觉得所有事情都好过得多了……启蒙主义思想家弗洛伊德？为什么不呢……

弗洛伊德的魔法世界从根本上拒绝以伏尔泰的理性为法则的世界！但尼采可不是这么想的……实际上，弗洛伊德的传奇提议将这位维也纳精神分析师纳入供奉着伟大解放者的先贤祠中，整个人类都对这些伟大解放者亏欠甚多，因为正是他们让人类摆脱了神话、虚构、传奇、幻想和无稽之谈！而弗洛伊德不停地坚持着的却是民俗信仰、神话、玄奥主义（occultisme）倾向——对此，大家可以去反复阅读很好地展现了弗洛伊德这方面倾向的《精神分析和心灵感应》一文，这是一篇无比虚伪的文章，不过它的作者却不大愿意让读者看到自己与玄奥主义相伴而行，因此他在这本书中表现得万分谨慎，但他在那些看似客观中立的分析里却依然附带强调了精神分析和玄奥主义这两个世界之间的众多结合点：学术机构对待精神分析学和玄奥主义的态度都很倨傲，精神分析和玄奥主义都有神秘主义（mysticisme）的坏名声，官方科学都对它们同样地蔑视，它们的源头同样都是"虽然神秘却持久不灭的人民预感"（XVI. 102）。看，这些就是让这个维也纳的启蒙哲学家说他能由此而得出结论的东西，它们让他得出了下面这个结论："分析师和玄奥主义者之间的联盟和研究共同体似乎很容易就能建立，就像设想它们的美好前景一样容易。"（出处同上）我们在这些话里面可没怎么看见伏尔泰式的**启蒙**（Aufklärer）宣言啊……

的确，这本可以作为诡辩式小典范的著作，其接下来的内容是说明是什么让精神分析学和玄奥主义分道扬镳的，而且斩钉截铁地说明了这两种学说是不可能成为同路人的。弗洛伊德的信件可以证明这点：基于策略原因，他心里明白，坦承与玄奥主义之间的众多相似处带来的都只是让精神分析永远信誉扫地。因此在他发表的那些文字里，弗洛伊德预先就告诉读者他会保持不偏不倚，人们不会在他那里找到任何与玄奥主义论点有联系的东西。可以肯定的是，他一方面公开宣扬要坚持不偏不倚的态度，另一方面却在谈论"心灵感应是事实［原文如此］"（XVI. 121），且论述说"睡眠有利于心灵感应是个无可争辩［原文如此］的事实"（出处同上）。如果他真的想不偏不倚、保持客观态度，那么他就很可能用其他方式来论述，而不是去谈什么心灵感应的**事实**……

弗洛伊德曾写信给爱德华多·魏斯（Eduardo Weiss）回答他所询问的关于玄奥主义的问题（1932年4月24日）："我不是那种一上来就对玄奥主义嗤之以鼻的人。……我真的［原文如此］准备好去相信，在一切被称为玄奥主义现象的背后都隐藏着某种十分重要的新东西，那就是思想传递这个事实［原文如此］，也就是说将思想在空间中传递给其他人的精神过程。我有证据［原文如此］可以证明这点，这个证据是建立在光天化日之下所做的观察上的，我打算公开发表我对此的看法。在作为意大利精神分析学先驱的同时却宣称自己是玄奥主义者，这自然是对您先驱的角色不利的。"……

所以，玄奥主义与精神分析的关注对象其实是一样的；思想和其他精神形式在空间中传递。弗洛伊德用他自己的试验来支持这个论点。我们回忆一下，就是那个他与自己女儿安娜做的试验，他还跟卡尔·亚伯拉罕说过，安娜有着"心灵感应的敏感性"（1925年7月9日）。然而，宣称自己是玄奥主义的同伴相当于在为精神分析自掘坟墓……

另一封给爱德华多·魏斯的信（1932年5月8日）更加显示了弗洛伊德的虚伪：玄奥主义，是；玄奥主义者，不；对此，他宁愿选择……精神分析师，因为他们更有……科学性！然而，底色总归还是同样的话语："一个精神分析者会避免公开对玄奥主义发表意见，这纯粹是出于现实操作上的考虑而且仅仅是暂时的［原文如此］，它不是什么原则性的东西。以蔑视态度拒绝玄奥主义的这些研究，对它们完全不感兴趣，这实际上是在步我们对手可悲例子的后尘。"

书信中的这种直白语调与存在于讨论这个问题的文章——《精神分析和心灵感应》（1921）和《梦和心灵感应》（1922）——中的那种高度外交的风格形成了鲜明对比。出于策略上的深思熟虑和对战术的灵活运用，弗洛伊德知道他有必要划清与玄奥主义者之间的界限且与他们保持距离，这么做的理由显而易见，那就是为了在维也纳、欧洲和世界的思想领域占得一席之地。正式路线是什么呢？精神分析是一门科学……承认自己是玄奥主义的同路人就会从事实上导致精神分析信誉扫地而损害到自己的目标。

在《日常生活心理病理学》中，弗洛伊德研究的是玄奥主义现象的意义：我们在思想传递、心灵感应和其他"超感觉力量"（278）的背后能够找到什么？它们纯粹就是想象的产物吗？弗洛伊德的回答是："我不愿意对这些现象做出这样既严格又绝对的判断，因为甚至连思想领域最杰出的人物都承认了这些现象的存在。"（出处同上）看，就这样，问题被解决了：玄奥主义现象是存在的，它完全不是虚构，也不是想象出来的东西或无稽之谈。**玄奥实在**，这的确是精神分析学的**科学**对象啊。

还缺什么呢？缺的是研究、分析和思考。缺的不是给玄奥主义定罪或对之嗤之以鼻，而是真正把它弄清楚。他完全没有对玄奥事实有所质疑，而只是关心如何去理解它：弗洛伊德的世界因此可以与玄奥主义的世界兼容。让我们再读读下面这段话："当我们可以成功证明其他另类现象的真实性［原文如此］时，比如那些以通灵论（spiritisme）为基础的现象，我们就将因为这些新经验而不得不改变我们原有的'法则'，但这一切又是在不去推翻事物的秩序和那些将它们互相联系起来的东西的情况下发生的。"（279）我们没有看错，弗洛伊德说的是通灵论。换言之，如果不带偏见且参见利特雷字典给出的定义来说的话，就是"通灵论者的迷信"。在这本字典里，我们会读到对"通灵论者"（spirite）这个词条的释义："自称能够通过灵媒而与亡灵沟通的人。"……

因此弗洛伊德并没有把通灵招魂排除在他的魔法世界之外：如果他像对待一神教那样去对待这种玄奥主义实践的话，他在作品中谈到这个话题时就不会是现在我们品出的这个味道了，这是显而易见的。这位所谓的启蒙思想家对一般意义上的宗教，尤其是对犹太-基督教做出了恶毒批判，但在心灵感应、思想传递和通灵的话题上却完全不见批判踪迹。

对于思想的传递，事情是再清楚不过了。"我相信**思想的传递**，而且继续对'魔法'持怀疑态度［原文如此］。"他在1901年5月5日对弗利斯如是写道——在最新版的弗洛伊德信件中，"思想的传递"变成了"对思想的阅读"，这种说法在思想上更谨慎……我们看到弗洛伊德用了"怀疑"一词，怀疑意味着他没有清楚说明自己完全不信魔法：在《文明及其缺憾》和《一个幻觉的未来》中，弗洛伊德在上帝或宗教问题上可没有丝毫疑虑，他清楚明白地表明了自己的无神论和他对倚靠着彼岸世界的那些安慰所持的拒绝态度。

弗洛伊德试图为他相信的那些东西给出一个科学解释：思想基于物质波的原则而传递到别处……无法反驳。然而是怎样的物质波呢？是什么类型的？而且一个思想怎么能够在空间里丝毫无损地传播呢？信息以波的形式发送出来、以某种物质形态被接收，它怎么能够从一个一言不发的发送人出发、没有损耗地到达那个将会明白其中信息的接收人那儿呢？

弗洛伊德的推理表现出了一个科学论证应该具备的一切形式，然而仅仅是形式而已，因为除了他的施行式断言外没有任何可以说明这件事的东西。对于心灵感应，弗洛伊德明确指出，思想的传递需要情感的同化，需要两个保持着复杂情感关系的人之间存在一种交流欲望。而且，心灵感应的材料还必须是使人伤心的事——一次事故、一次丧事、一个心灵创伤。理由何在？弗洛伊德没有说。就是这样而已……

在他的一生中，弗洛伊德多次声称自己经历过可算作玄奥事件的时刻。思想传递和心灵感应也是如此：在没有说话人的情况下听见别人叫自己的名字；梦见儿子在前线死去；因为相信收到了来自匈牙利的心灵感应力量而给某个人写信——这个人就是费伦齐，而费伦齐也确认说自己靠感应给大西洋彼岸去信……他经常对这个或那个人提问以弄清他们在他相信有值得注意的事情发生的那个精确时刻是怎么想的，说了什么话或做了什么事。

比如，当他不小心弄坏他的订婚戒指时，这个未来会写出《日常生活心理病理学》的人实实在在地慌了手脚。他，这个相信一切——绝对是所有一切——都会在世间具有某种含义而且这个含义还是以精神生活的魔法世界为参照而得出的人；他，这个认为连最小的细节都隐含着普遍含义的人；他，这个会不知羞耻地为了一个打碎的花瓶或扣错的纽扣就到别人那里去重造一个世界的人；他，这个认为言语停顿所暗藏的怀疑能够让人发现一个尚不为人知的新大陆的人。这样的他，在当时陷入了万分焦虑的状态，好似他自己病人中最脆弱的那一个。

1882年8月26日，弗洛伊德写了封信给玛尔塔，向她询问，在戒指断裂的那天、那个时辰，她对他的爱是不是有所减少，或者说她是不是觉得生活比以前无聊，又甚至是不是她有干出对他不忠的事！接下来，这位科学家还既不怕自相矛盾又不怕滑稽出丑地炫耀了自己一番：他才丝毫不怕戒指断裂呢，他的心也并没有因此而战栗不安，没有一刻如此，这是当然的，而且他没有因此而担心婚约被解除或者他也没有去想象这意味着他在自己女朋友心目中的地位有所下降（这是什么想法啊！）。既然如此，那么为什么他又会发出上面的那些问询呢？用他的词汇来说这些问题都是些"很没品"的问题⋯⋯我们还要明确指出一点，玛尔塔回复了她爱人的问询：当时，她正在吃一块蛋糕⋯⋯没什么值得动用无意识的严重事情啊！

让我们再把话说清楚一点，好让那些还没有明白的人明白过来，那就是弗洛伊德是个迷信的人——迷信显然与科学理性和理性的思维模式很难衔接。再一次地，在他与威廉·弗利斯之间的通信中存在很多证据。比如，在下萨克森（Basse-Saxe）的哈茨山（Harz）中，存在一种驱除厄运的习俗：用白垩在门上画三个拉丁十字架。弗洛伊德因为常在那里度假而知道这个地区。曾在某个时期内汇集了最忠诚的弗洛伊德信徒的秘密委员会的成员也到那里去拜会弗洛伊德。

当弗洛伊德想要驱走给朋友信中的某些东西时，弗洛伊德就会在信中画上三个十字架……所以，这个通鬼神的神秘符号被画在了他的一些信中，他在谈论女性（1899年11月5日）时画上了这个符号，在谈论《日常生活心理病理学》中的那些禁忌时——不过我们不知道具体是哪些禁忌（1901年5月8日）——画上了这个符号，在谈论到某个我们不知道具体内容的梦（1904年4月26日）时也画上了这个符号。我们也在像给荣格的信这种私人信件以外的地方看到了这个符号。《梦的解析》中存在一段文字，这位精神分析师不希望在其中写出自己那个得了白喉病的女儿的名字玛蒂尔德（IV.150），以此来避免给她带来厄运，因此而用这个符号代替了女儿的名字！

这种迷信同样也表现在他对数秘术妄想的崇信上。弗利斯是"周期循环"这个不可靠的理论的心悦诚服的拥戴者，这种理论认为一切都是按照某种蕴含在数字中的逻辑在发生。我们将以弗洛伊德做过的一个冗长计算为例——这不过是他众多计算中的一个，还存在很多与此纯属同类事物的计算——这样不用多说，大家就能明白。这个计算占据了1896年3月1日去信的部分空间——《癔症病因》就发表于这一年。弗洛伊德和弗利斯谈了身怀安娜的妻子玛尔塔头几次宫缩的发生："孩子出生于12月3日，月经于2月29日复来。玛尔塔的月经自从青春期以来一直就很规律，经期间隔是29天多一点，就让我们算作是29.5天吧。而从12月3日到次年2月29日，共88天 $= 3 \times 29\frac{1}{3}$。

28

31

29

―――――

$88 \div 3 = 29\frac{1}{3}$ 天

-28

从 7 月 10 日到 12 月 3 日，共 $5 \times 29\frac{1}{5}$。

21

31

30

31

30

3

―――――

$146 \div 5 = 29\frac{1}{3}$

-46

-1

考虑到她的经期间隔差不多是 29 天多一点，所以〔原文如此〕这次出生的日子很正，孩子的第一次胎动是在第 5 个应该来月经的日子里发生的。"看，这就是为什么您的女儿是哑巴……

不过，弗洛伊德不用这种科学——他朋友弗利斯的科学——的支撑，自己就能陷入更神经质的状态。因此他才会因为自己的电话号码而产生了数秘术意义上的恐慌。在维也纳，电信局给他分配了一个电话号码"A 1817 O"，这个号码让他很是高兴，因为在他看来这个号码集中了"18"和"17"这两个他的幸运数字，它们位于代表阿尔法的"A"和代表欧米伽的"O"之间。不过，在这个号码之前的他的另一个号码"1 43 62"却曾让他十分恐慌，因为这个数字对应的是死亡威胁：**因为**他当时"43"岁，又因为《梦的解析》刚刚出版，也就是那个"1"的意义了，**所以**，他将在"62"岁死去⋯⋯

因怕死而感到焦虑、恐慌、惊慌不安的弗洛伊德向弗利斯吐露说他会在⋯⋯"51"岁时死去。所以说数字"62"被他抛开了。1893 年 6 月 22 日，他以世界上最严肃的态度写道："我有一个在科学上无法证实的折中想法，那就是我还会在未来 4 年、5 年或 8 年里承受各种紊乱，这个时期的情况将时好时坏，然而，在 40 岁到 50 岁之间，我会因为心脏休克而猝死。"这样的想法，的确很难用科学证明⋯⋯

与此同时，还有两件事情不能忘。第一件事情是：当时，也就是 1892 年 6 月，西格蒙德·弗洛伊德在贝格街 19 号已经接待病人 6 年有余，他拥有自己的客户群，让病人躺在他的治疗躺椅上，他自称可以用自己的理论治疗且治愈这些病人，他以此来赚钱。第二件事情是：弗洛伊德最终并没有在 51 岁时因为心肌梗死而猝死，而是在承受了癌症带来的长达 16 年的苦楚后于 83 岁辞世。

这个在分析邻人眼里的稻草时极具才能的人，同所有人一样，也没有能力意识到，自己眼里的一根大梁会让自己无法正确视物。弗洛伊德在《日常生活心理病理学》中曾展开分析，他解释说，我们大可以随机选出一个我们认为没有经过思考、信手拈来的数字，但其实总是在遵循着精神生活的最严格的决定论行事。在弗洛伊德魔法世界里，没有随机偶然：只有纯粹的魔法必然。

为了支撑自己的论点，弗洛伊德在分析的主体部分中谈到了一封写给朋友的信，他写这封信的时候正值他修改《梦的解析》手稿举步维艰之时，他在信中吐露说面对这项令人厌倦的修改任务，他感到十分疲惫。他还说，即便还有2467个错误需要修改，他也再没有勇气去继续对稿子读了再读了。为什么是"2467"？西格蒙德·弗洛伊德自己给出了答案——而且我们能从中看出浸润了这位理论家全部作品的那种**魔法思维的逻辑**。第一个征兆：弗洛伊德在报纸上看见他在服兵役时认识的一个团长当时退休了。第一个结论：他在1882年时遇到那位团长，于1899年退休，从业状态与停止工作间隔了17年。

第二个征兆：弗洛伊德把这件小事给妻子说了，妻子问丈夫是不是也应该退休了。第二个结论：妻子不宽厚——她这么问是因为她觉得他就应该退休吗？弗洛伊德重新做了计算。让我们来读读他在《日常生活心理病理学》这部十分严肃的学术著作中那段异想天开的分析吧："我是在服兵役时候庆祝自己24岁成人生日的（那天我没有请假就外出了），那是1880年，或者说是19年前。这样就出现了2467中的'24'这个数字。现在，在我现在的年龄（43岁）上加上24：43 + 24 = 67！[原文中就有惊叹号]"也就是说，在妻子惊诧的目光中，弗洛伊德自己还给了自己24年的时间作为退休前的工作时间。因此，在我们的这位计算者的心中抑制不住地涌起了喜悦，因为他发现自己还有将近四分之一个世纪的时间可以用来为了完成自己的伟大作品而工作！

弗洛伊德是玄奥主义同路人，他相信思想传输，做心灵感应的试验，对魔法的存在仅仅是存疑而不是清楚直白地谴责它，而且他还膜拜通灵，在个人生活中甚至在他发表的精神分析作品里都应用了驱除厄运的符号。他对威廉·弗利斯的伪科学数秘术完全赞同，不但在实践中而且在理论上拥护迷信的数秘术，弗洛伊德的确生活在仙境里啊……关于他是启蒙主义思想家的传奇产生了裂纹，那张印着 20 世纪启蒙者的明信片翘曲变形了，说他是 18 世纪欧洲哲学的高贵继承者的虚构故事也失去了色彩……

第二十二章　魔法因果的国度

魔法的本质是什么？
"是以心理法则替代自然法则的错误认识。"
——弗洛伊德，《图腾与禁忌》（XI. 293）

西格蒙德·弗洛伊德是读过《魔法的一般理论》（*Esquisse d'une théorie générale de la magie*）一书的，这是马塞尔·莫斯写于1902~1903年的一本著作，之所以说他读过是因为他在《图腾与禁忌》一书的脚注中对其有所引用（XI. 286）。他究竟对这本著作有何想法？没人知道……我们知道弗洛伊德**怀疑**魔法，这意味着他没有全盘否定魔法。当他真的想表示对某件事物的纯粹反对时，他习惯于直切主题，而不是绕圈子：他曾断言说宗教是一种强迫症，说摩西实际是埃及人，说摩西创造了犹太人，还说基督教压抑了性道德，这一切都是被他当作真理清楚明白地说出来的，他也一直从理论上对这些论点予以支持。那么，为什么他从未对魔法甚或玄奥主义做出类似的充满敌意的、绝对的、直率的、纯粹的、确实的、毫不含糊的批判呢？

《图腾与禁忌》中有对魔法的分析。这些分析没有一丝贬损之意。弗洛伊德在这些文字中说了些什么呢？他区分了巫术（enchantement）和魔法（magie）：巫术是一种调和灵魂的技艺，它能令魂灵平息愤怒、加入自己那一方、剥夺它们的力量；而魔法，作为一种泛灵论技术，它作用于另一个世界，在那个世界里，自然的神秘之处尚未完全阐明，它寻求的是让某些自然过程臣服于人的意志，它被认为能够保护人们对抗一切负面事物，而且它还有造成伤害的能力。

然后，弗洛伊德考察了魔法行为：怎样用魔法求雨、增加生育、成功狩猎、伤害敌人、获得死者的力量或美德。他对民俗学家、人类学家、民族志学家的研究做了评论。接着，他对魔法下了定义，这个定义对像我这样想把精神分析和魔法思维结合起来看的人很有意义。那么，对弗洛伊德而言，魔法的定义是什么呢？它的本质又如何呢？它"是以心理法则替代自然法则的错误认识"（XI.293）。我们没有看错，他写的的确是：对现实的错误认识，对自然界中明显可见的运行机制的不了解，对无法用科学知识解释的事物的无法接受。看，正因为无法解释所以就出现了……**心理法则**，人们用它去解释那些看似无法解释的现象。

很明显，而且正如我们刚刚所见，弗洛伊德在他的整个思想生涯中，在半个世纪之久的思考和写作中，都一直在强调，处于19世纪和20世纪之交的人们，这些与他同时代的人（因此也包括他）尚没有真正令人满意的科学答案来回答涉及精神病、神经症以及在更普遍意义上涉及灵性装置运行之来龙去脉的那些最重要问题。弗洛伊德坦言说，正因如此，他才决定去搞有关精神的研究，因为体质是经得起知识考验的——比喻性的无意识对抗解剖学的种质，魔法性比喻对抗科学的晦暗不明。

因此，我们可以把弗洛伊德的这句话用在弗洛伊德自己身上，并进一步假设认为，精神分析也遵循了这种原始思维机制，换句话说，它遵循了：本初思维或源头思维。这种思维假设在未来科学因果会占据的地方存在一种暂时的魔法因果。因此，弗洛伊德的心理法则属于一种科学法则没有被发现之前的默认存在，科学法则会在未来的某个时刻取代这种近似于科学的权宜存在。我们的这个假设得到了这位精神分析师众多断言的验证——尤其是我们已经引用过的弗洛伊德关于"未来属于灵魂生物学和精神化学而不属于精神分析学"的想法，它更是体现了这点。在未来到来之前，弗洛伊德将他的言论归入到了**魔法思维**的逻辑中——我之所以这么说不是为了挑起论战，我不过是想给"魔法思维"赋予马塞尔·莫斯或克洛德·列维-斯特劳斯用到这个词时的词义而已。

对精神分析学而言，弗洛伊德有关魔法的另一处引用也极为精辟："由于相似性（ressemblance）和邻接性（contiguïté）是引发联想作用的两个根本原则，所以对这些魔法施术之荒谬的解释也就以思想联想为主。"（XI. 292）《梦的解析》整本书，尤其是那些用于介绍梦中出现的事物所具象征意义的地方，都完美体现了这个论点。

众多魔法行为都可以用相似原则来解释：比如，为了求雨，原始人会用乐器或歌声模仿下雨的声音；为了乞求丰收，他们会模拟与土地发生性关系来增加收成；为了得到好猎物，人们会穿着动物的毛皮进行仪式性舞蹈。总之，原始人会**假装**去做所求之物所做之事，而且对他们而言，他们也**的确**得到了所求之物：下雨、大丰收、充足的食物。

当弗洛伊德解析梦境的时候，他做的是什么呢？他是在**假装而且因此也**确实**得到了梦境的含义。比如，在《梦的解析》里有这样一个例子，这是"因为欲念焦虑而患上了旷野恐惧症的年轻女人做的一个梦"（Ⅳ.406），女病人叙述说，夏天时，她在街上散步，并"戴着一顶形状奇怪的帽子；它的中间部分竖起，而两边向下垂（在这里，病人在叙述时稍微犹豫了一下），其中一边比另一边垂得更低"。她心情愉快、兴高采烈且泰然自若，当她从一群年轻军官身边经过的时候，她想到的是他们无法伤害到她。

解析：弗洛伊德**假装**认为帽子不是帽子，于是在魔法思维的恩泽下，他**确实**得到了一个结论，即"这个中间部分竖起、两边向下垂的物件是男性性器"（出处同上）。医生弗洛伊德向病人提出的问题是：这位女士的丈夫是不是有一个硕大的性器？帽子女士给出了肯定回答……她话中的一个解剖学细节也肯定了弗洛伊德解析的准确性，她丈夫的睾丸一边比另一边低，正像帽子两端下垂的程度不同！真是令人目瞪口呆，不是吗？所以，这位女士在散步时发髻上顶着的其实是一个迷人的解剖学象征，而这样的女人是不会害怕那些多半只戴着很小帽子的军官的。

另一个例子也能表现类比思想是如何像魔法思维标记一样被应用的，那就是把雪茄类比成阴茎的例子。魔鬼就在细节中，整个弗洛伊德都可以用他与雪茄之间的关系来总结……24岁时，他开始抽烟，一如他那个抽烟抽到81岁的烟鬼父亲。然后，他开始抽雪茄，把雪茄说成是他持续了一生的爱好。的确，他是在承受了30多次手术和15年无法形容的痛苦后死于下颌癌的，而他的癌症看起来与他抽雪茄有直接关系——

"人们说细胞组织的病变源头正是烟草",弗洛伊德在 1923 年 4 月 25 日对琼斯写道。实际上,弗洛伊德每天要抽二十来根雪茄……我们还知道,他还有一些躯体症状,其中,心律不齐和鼻腔黏膜炎,是他在给朋友威廉·弗利斯的很多信中详细描述过的——出了多少脓水、颜色怎样、气味和血块大小之间的关系、分泌物的流出频率,事无巨细……

为了他的治疗,他的通信人嘱咐他不要再吸烟。弗洛伊德尝试戒烟而且写信让朋友知道他的戒烟进程:完全不抽,之后又开始抽,每天抽一到两根雪茄,随后是一个星期抽一根,最后又回到了他以前习惯的数量——他要抽优质的一包二十根的雪茄,他的用人之一葆拉·菲赫特尔(Paula Fichtl)每天出门去给他买。

弗洛伊德报告朋友说,停止抽雪茄在他身上引起的毛病比原来还要多:每天他都会出现三四次心脏方面的不适、心律不齐、血压问题、气闷、觉得心脏附近疼痛、左臂麻痹、呼吸困难等,此外,常想到死亡的他还患上了精神抑郁……

弗洛伊德谈起过他的这种"禁欲"——这个词是他自己选择使用的,而他也很清楚这个词在意识和无意识上的分量——他在 1894 年 4 月 19 日给威廉·弗利斯的信中写道:"自从那时开始(到今天已经三周时间了),我的双唇之间实实在在地没有含过任何热物。"……所以,我们也就不会惊异于他会把烟瘾也理论化了:"我终于相信,手淫是唯一的源头习惯,它才是'原始需要',而其他的欲求,比如对酒精、吗啡、烟草的需求,不过都是它的替代物,它们都是替代它的产物而已。"(依然是给弗利斯的信,1897 年 12 月 22 日)所以,《梦的解析》就成了烟或雪茄从象征意义上等同于阴茎的见证

(Ⅳ.432)……

整个弗洛伊德都在里面了：带有作为强制性瘾头的烟瘾的精神性神经官能症；他那些象征意义上的荒谬等式——雪茄＝阴茎，抽烟＝手淫；个人的本能冲动对他这个人思想运作的专制；他把拒绝死亡与拒绝戒除烟瘾联系起来；他的"毒物瘾"（琼斯的用词）趋向（即12年的可卡因瘾君子经历）。此外还有，尤其是他下面这种奇怪想法：他认为自己可以不受那个他自称对除他之外地球的其余部分均有效的理论的限制。

因此，当一个精神分析师朋友以他的手淫式雪茄学说为参考、起意问弗洛伊德他是怎么看待他对哈瓦那雪茄的强烈爱好时，弗洛伊德回答说："有些时候，雪茄不过就是雪茄而已。"于是，根据西格蒙德·弗洛伊德那个很有见地的理论，地球上所有吸烟者都是在吮吸母亲的乳房且按照手淫替代行为的逻辑行事——只有他除外，只有他一个人仅仅满足于吸烟本身……

另外一处清楚表现了弗洛伊德对魔法的分析和他精神分析学理论之间对应关系的地方是《图腾与禁忌》中的这段话："原始人思想过程的性欲化程度仍然很高……这也是导致他们相信思想全能的原因，这让他们对自己能够主宰世界具有不可动摇的信心。"（Ⅺ.299）在此基础上，还有这么一句话："总而言之，现在我们可以说：支配魔法的法则，即建立在泛灵论思维模式基础上的那种技术，是一种'**思想的全能**'法则。"（Ⅺ.295）这就是魔法思维的自画像？

因为没有可用或可能的科学思想，于是就用魔法思维去替代，在原始思想逻辑里是"联想思维在支配"，古老先民精神状态中存在的"思想性欲化"和"对思想全能的信奉"，这些不就是西格蒙德·弗洛伊德全集作品遵循的原则吗？不要忘了，弗洛伊德在《图腾与禁忌》这本书里分析的正是"野蛮人和神经症患者心智生活的一致特性"（这是这本书的副标题）。而每个人都知道弗洛伊德自己并不是他在这本著作里定义的那种原始人。

因此弗洛伊德是在根据魔法因果治疗人：**一边**是症状、疼痛、痛苦、精神性神经官能症、思想病症和灵魂医师在解释、治疗和治愈上的无知——无论弗洛伊德自己怎么想，他本人也属于这些灵魂医师的一员；**另一边**，魔法思维说，性就是所有神经症的病因，儿童被自己父亲性诱惑这一点是疾病之源，所有思想痛苦都有力比多创伤作为自然根源。在这两方面之间是言辞，言辞在他那魔法因果的帮助下让现实中从原因到结果毫无关联的事物最终扯上了关系……

爱玛·埃克斯坦的例子已经让我们看见弗洛伊德思维中的这种逻辑是如何运作的：一边是一个年轻姑娘在出血、痛经和偏头痛；另一边是爱上自己医生的女病人的歇斯底里的欲望。根据弗洛伊德自己的解析，这个医生就是弗洛伊德本人；介于这二者之间的是：治疗师的言辞。这位治疗师既是法官又是参与者，他**假装**这个女人对手淫欲望进行了抑制，之后又把这种欲望以一场移情的爱慕表现出来，而这**确实**又可以解释为什么弗洛伊德会下癔症的诊断并认为她身上的出血症状与癔症有关……

然而，一个年轻的女医生对这个病人下的诊断却十分不同。她的诊断不是基于魔法思维，而是一个借助于科学得出的诊断，她觉察到病人子宫中长了瘤子，从而对她实施了必要的子宫切除术，这又怎么说呢？弗洛伊德继续坚持他用魔法思维得出的那个熠熠生辉的观点：诚然，他没有否认子宫瘤这一身体病症——话说回来，他又怎么否认得掉呢？——但他把这个疾病放到了第二位，第一位疾病依然是癔症。如果他无法通过运作自己的魔法规则来治好这个病人，那么错都在外科医生身上，因为是外科手术惊醒了癔症病魔……真是无法反驳！

另一个例子也体现了弗洛伊德思想中一贯就有的这种魔法因果——而且不幸的是，在他的疗法中魔法因果也无处不在……卡塔琳娜（Katharina）是一个旅店老板的女儿，弗洛伊德1893年度假时住在他们的旅店。得知客人从事的职业后，她向他吐露了自己情况：眼睛有灼烧感，觉得头很沉重，耳朵里出现可怕的轰鸣声，多次遭遇差点失去知觉的晕眩，胸闷，无法均匀呼吸，咽喉紧缩，反复发作的咽峡炎以及出现幻觉——严重的临床症状……

弗洛伊德向她提了些问题，病人如实回答了他，当时这位维也纳医生正热衷于诱惑学说：她曾偶然发现父亲居然和用人睡在一起，这个父亲，不出所料地，已经试图想要与女儿发生性关系——但他遭到了女儿的拒绝。弗洛伊德没有给她做身体检查，也没有为病人听诊，事实上他在没有要求病人做任何临床检查情况下就根据魔法因果，诊断她得了癔症。时至今日，如果根据科学因果来看这个病人的症状，医生很可能把她诊断为颞叶癫痫……

弗洛伊德对出现了嗅觉幻觉的玛丽·R.（Mary R.）也下了同样的诊断——她总觉得闻到烧焦布丁的味道。就凭这一个信息，弗洛伊德便下了诊断：癔症……而当时的她实际上已经因为与筛骨骨疽（位于鼻子和头颅之间）有关联的慢性鼻腔感染做过治疗，她在那次手术后失去了嗅觉，此后这个症状才开始显现。从疾病分类学角度看，这个信息似乎不像是一个完全没有用处的信息。

但弗洛伊德可不愿意听这些：癔症，这就是能够打开他整个魔法思维大门的咒语。这个精神分析师搭建的解释如下：玛丽·R 曾经向雇主示过爱，但遭到了拒绝。从此以后，这件事情，这次拒绝，就成为可以解释她现状的原因，也就是她产生嗅觉幻觉的原因。弗洛伊德如此解释依据的是什么样的科学理由呢？施行式断言，依然是他一直用的施行式断言……一个知道当代科学事实的医生很可能会把她的情况诊断为因为手术让嗅觉神经受到破坏而引起了嗅觉紊乱……

在《梦的解析增补》（1911）中，弗洛伊德重新讨论了人们经常对精神分析学提出的一个看法，它涉及象征手法，反对弗洛伊德学说的人常常在这上面做文章。弗洛伊德为自己的观点做了辩护："从事精神分析的人不可能拒绝对这样的象征的假设［原文如此］。"（XI.3）象征思维是对魔法思维的另一种命名方式。象征思维把那些让世界形象改换的看法插入到现实与对现实的评价之间：存在的事物具有比它看上去的样子**更多**的含义，它是与看起来的那种东西**不同的其他东西**，它与它看起来的样子**有所区别**。要想在驱走现实的同时把想象摆到第一位，而这种想象又充斥着这个被驱走的现实的全部特征，没有比这更好的办法了。

在上面的例子中，帽子不是帽子，而是指代、象征、等同于另一个事物：在那个例子里就是做梦者丈夫的阴茎。是什么让弗洛伊德能够得出这样的结论？他用的是他的外推法：

因为在他看来,"帽子＝阴茎"这个假设可以在联想中与另一个联想互相比对:帽子的两边向面部方向下垂?好吧,于是因为"帽子＝阴茎"这个等式成立,所以"帽子的两边＝丈夫性器官的两个侧面部分",也就是:睾丸。睾丸被用来"支撑"——如果我真的可以用这个词来表达的话①——弗洛伊德的假设,而弗洛伊德的假设,至少在他自己眼里,正是因为这个类比过于夸张才被证实的。象征之物越是夸张,象征的真相就越会在弗洛伊德的假设里得到证实。根据象征思维的原则来看,真实的是虚假的,虚拟的才是真实的。物质内在都是虚构,因为只有象征才是现实。

一方面对现象的感知不问不闻,另一方面却对心智思维一味崇拜,我们无法再看到比这更柏拉图的思想了。那个不计代价期望自己的无意识具有本体性的弗洛伊德承认说,自己拥有想要将自己的学科纳入理想主义思想大传统中的欲望,而理想主义思想在用想象和象征替代现实和可感知物质性上、在对想象和象征的推崇上一直不遗余力。因此,精神分析的工作地点是在柏拉图的洞穴中,它论述的是各种观念,它转身背对世界事物的真相。精神分析的世界是一个逆世界,一个反世界,一个颠倒的世界,它是一出戏,在那里面,帽子是阴茎,锁是阴道,匣子是子宫,金钱是粪土,一颗掉落的牙齿是手淫的欲望,掉头发是阉割……

为什么会有这些以绝对武断的方式决定的对等物呢?鱼、

---

① 翁福雷在此处玩了个文字游戏,因为生理结构上睾丸处于支撑阴茎的位置,这里又是睾丸的例子支撑了弗洛伊德的假设,所以他用了"如果我真的可以用这个词来表达的话"一句来说明"支撑"一词具有背后意义。

蛇、领带、芦笋、树干、蜡烛、雨伞、飞行器、鼻子，它们都等于阴茎，盒子、匣子、箱子、柜子，它们都等于女性，雪茄等于男性性器官，不就是因为它们在外表上有相似之处吗？为什么摆好了餐具的桌子就等于女人味，唯一的原因难道不就是弗洛伊德将自己的男权主义实践到自身经历中吗？他简单地将母亲和妻子的角色（她们都下厨、洗衣、做饭）与女性联系起来，在他看来，忙于家务就是女人的命……他又是如何去解释一个小偷撬锁进到了房子里的梦的呢？它等同于为了让孩子撒尿而叫醒孩子的家长，这种等同不就是弗洛伊德心血来潮的施行式断言吗？

这种类比思维显露出弗洛伊德在思考上毫无建树。《梦的解析》没有为从2世纪阿特米多鲁斯（Artémidore）的著作《解梦》开始开创的象征类比领域带来任何进步。古代占梦术和弗洛伊德占梦术都源自同样的原则：武断地提出等式，根据解析时的心血来潮任意在两个事物之间画上等号——在弗洛伊德那里，这些符号显然还具有性方面的趋向：在弗洛伊德的头脑里，一个现实片段总是意味着性方面的某个东西。所以，他的论述、评论，那些被称为"分析"或"**解析**"（interprétation）的东西，与其说它们让人接触到了普遍真相，还不如说它们让人进入了注释者的主观世界。在他提出的对梦的分析里，弗洛伊德发现的不是关于别人的真相，他发现的是关于他自己的真相。梦境是引人进入解析者无意识的康庄大道……

证据如下：当多个精神分析师试图各自对一个梦给出自己的解读时，他们说出的不是一个基本一致的版本，这让人无法得出客观结论。事实上，每一个人给出的都是表现了他们自己的幻想的说法，这些幻想反映了他们自己心中的执念。对于同一个分析对象，得到的却是带有诊断者个人特征且完全不一样的多个诊断结果，比如：弗洛伊德的俄狄浦斯情结，阿德勒的器官自卑（infériorité d'organe），荣格的原型（archétype），赖希（Wilhelm Reich）的能量郁积（stase d'orgone），拉康的客体小a（objet petit «a»），以及其他组成精神分析历史的、以施行式断言得出的拓比造物。

因为如果对**同一个精神事实**而言**仅有一种解释**成立，如果所有的精神分析师在没有交流的情况下所得出的都是这个仅有的解释，那么这时我们才可以去谈真相、科学和确定性，在这些基础上才可能考虑把弗洛伊德和精神分析师的工作纳入像哥白尼在天文学上或达尔文在自然科学上那样的最终发明中去。但是，解析让人得到更多的不是关于被解析者的信息而是解析人的信息。对所有天体物理学家而言，地球是圆的，它在自转的同时还在一个椭圆轨道上围绕着太阳旋转。对于所有科学家而言，人都是由猿猴这个物种在人类历史过程中进化出来的产物。然而因为精神分析师的不同，一个精神事实有着很多种解读，这让我们有理由觉得，与其把精神分析看作一门科学学科，倒不如把它看作一种观点主义（perspectivisme）（尼采式的……）。

对象征思维力量的崇信假设了一个理论公设，弗洛伊德在《精神分析学纲要》中提出了它："逻辑思维的规则在无意识内部不起作用，我们可以把无意识称为没有逻辑的国度。"（32）我们还能指望比这更能说明问题的坦白吗？这就是弗洛伊德自己描述的魔法因果原则。正因为他关心的是没有逻辑的国度，所以他需要发明一种语言、一个表达方式以及一个世界，甚至一整个宇宙：它是一个概念的乌托邦，一种思想的非拓比，一种语言的架空虚构，而且他还要以把个人愿望当成现实的孩童式天真来让自己生活在想象中。孩子们会穿上全副玩具甲胄去对抗并不存在的敌人，弗洛伊德量身定做了一套新大陆征服者的戏装并以此去发现空想虚构出来的那个世界。在没有逻辑的国度里，精神分析师就是国王。

一直以来就譬喻、比喻手法而言属于门外汉的弗洛伊德却十分肯定地认为，无意识是一个需要解开的谜——这真是俄狄浦斯的命运使然啊！在给弗利斯的信中（1897年12月6日），弗洛伊德的本体概念丧失了它那无法为知识所认识的特征，因为它成了一种符号，更具体地说它是一种铭文，就像一种古老的语言，需要一块像罗塞塔石碑（Pierre de Rosette）那样能够解读象形文字的石碑才能让我们像读希腊文和拉丁文一样轻松地读懂它。解读，翻译，这就是精神分析师的任务。

然而，依靠一门被告知没有逻辑的语言，如何才能做到这点呢？而且，什么是没有逻辑的语言，这种不知所云的新语是什么？换言之，这种被一个人为了他的个人用途而发明出来的语言，这种阻断了一切交流的语言（——又是一个矛盾形容……）到底是什么呢？面对这种不知所云的新语，对待它的态度有两种：第一种是嘲笑之，揭露叽里咕噜讲着唯我论混合语的皇帝其实没穿任何新装，他其实赤身裸体；第二种是鹦鹉学舌，换言之，以严肃郑重的态度像鹦鹉一样不断重复这种特殊的表达方式，说服自己相信这种不知所云的语言其实不是言之无物，因为有那么一小撮门徒对它有意义这点深表赞同。简言之就是，要么认清真相、破除神秘化，要么在它面前跪下祈祷。

象征思维淋漓尽致地体现了鹦鹉学舌者的宗派主义思想。它以学习这门假语言，到学科宗主那里去印证知识的正确性，门徒的服从态度，为了得到他人赞同而用一种神秘去解答另一种神秘，微型宗教圣物——也就是让我们能够辨认出是弗洛伊德还是荣格又或是拉康在讲话的那二十来个概念——不断重复由一系列言语念咒构成的礼仪为条件。所以，弗洛伊德是在用他讲话的语言向我们提出一个世界。从此以后，那些对精神分析心悦诚服、志愿受精神分析学奴役的门徒也开始学习这门语言，他们同时还开始建构自己宗派的天地，在这片宗派天地间有朝一日还真有可能诞生出一门宗教。

弗洛伊德提出了一个梦境理论，这个理论使得拒绝理性思维变得合理正当，它赋予了象征思维所有权力。由于《梦的解析》在内容上与阿特米多鲁斯的《解梦》有很多相似之处，于是弗洛伊德想要超越古老的占梦术，他想把自己的著作说成是一部提出了某些新东西的革命性著作——他的一个创新就是，认为梦不是对未来**将发生之事**的预示，而是夜间对白昼出现的问题的解决办法，是因为抑制存在而**没有能够发生之事**的失真表现，这种抑制的性质显然是性方面的，他对这点极其肯定……

这本标题为《梦的解析》的厚书实际上所言之事甚少，至少它的内容以短短几行就可以概括，而且弗洛伊德的某些论点还在很大程度上从当时的科学文学里汲取了灵感。此外弗洛伊德还用了数量相当可观的文字去对大量与这个主题有关的著作评头论足，他的目的是想表明其他人在这个问题上错得是如何离谱。当然了,所有那些在弗洛伊德之前就阐述过他在这本书主体部分中介绍的那些思想的作者和著作都是没有机会在这本书中被提及的。

然而,不把梦看作预兆的想法并非新鲜;认为梦是解决人清醒状态下问题的办法也不是什么创见;很多科学家在很久以前就论述过上面这些问题。不用费力到图书馆里大找一番,我们就可以举出尼采为例,他曾在《查拉图斯特拉如是说》中清楚明白地这样写道:"啊,查拉图斯特拉,你自己的生活给我们解释了这个梦。"(OC, 156)——而且在尼采的其他哲学著作中也有相同的说法……

对各种梦的解释充塞了这本书相当大的篇幅——弗洛伊德提到的将近 50 个梦都是他自己做的,剩下的大约 200 个梦则是其他人做的。对他人著作的批判性评论以及对大量梦境细节进行的众多分析构成此书的大部分内容,剩下的很少的东西是弗洛伊德以证明过程来推敲的学说。如果想对他这本书的论点做概述的话,一页纸就够了,不然引用某段话也可以。他的论点可以用几个词汇集而成的下面这句话来体现:**梦是被抑制的无意识愿望的达成**。换言之:梦在睡眠中实现了那些清醒状态下被禁止的东西。看,这就是他论点的概括了。

不过,事情似乎也不像我们以为的那么简单:以弗洛伊德不断涌现的一个幻想为例,即以他想与母亲发生性关系的欲望来说,他的这种欲望并没有那么直截了当地出现在他的梦中!如果真是直截了当地出现的话,事情也太简单了……关于那个无视时间、死亡、道德、自相矛盾、逻辑的无意识为什么会把事情搞得这么复杂,弗洛伊德没有在任何一处做过解释!无意识为什么要这么做呢?为什么愿望不能在梦中被坦率、清楚、直接地表现呢？西格蒙德·弗洛伊德梦想着上母亲的床不是吗？为什么他没有梦见这个被抑制的愿望？为什么他没有梦见这个如果没被抑制就会发生的场景——儿子与母亲交欢同床？无意识真的就假正经到了这种地步，以至于非要借助一套复杂的梦境形成机制——弗洛伊德自称发现了这套机制——才行吗？

无意识出于怎样的合理动机要去如此乔装、隐藏、转移、修改、改变景象，以至于一个怀有乱伦愿望的儿子梦见的却是飞行器（它被说成是意味着勃起）、遗尿（它代表了力量）以及一个位于两个大房子之间的小房子（它指明了有利于实现他力比多愿望的性道路）？为什么他必须梦见一个自己认识的地方再去用它代表母亲的性器官？因为根据施行式断言法则，每个人都记得自己在从母亲肚子里出来、来到世间时经过的那个阴道……为什么有这么多缺乏说得通的理由的复杂之处？为了成为一个不关心历史和道德的精神机构，无意识似乎很喜欢拐弯抹角地隐藏自己的目的！

就这样，弗洛伊德发表了他的梦境理论，就像哥白尼和达尔文发表他们的科学发现那样。大家想知道弗洛伊德有什么过人之处值得让人在他故居前立下大理石板纪念他吗？让我们来看看吧。**第一**，梦里的内容存在**真实内容**和**表现内容**的区别。这是我们的第一条线索：真实将不会是真实，因为**真实的**内容必须通过解码才能**表现**出来。梦境中的那些真实情景并不重要，因为只有它的虚构才是现实。我们不能按照梦境的本来面目不加解读地去理解梦的内容——弗洛伊德这是在否定现实，正是对现实的否定构成了他魔法机制的基础。所以，这里涉及的是"两种不同的语言"（Ⅳ.319），而只有弗洛伊德一个人精通梦境语言的特殊表达方式。真实内容使用的是**画面**，表现出来的内容使用的则是**符号**……

第二，梦分三个步骤展开工作：凝缩（condensation）、移置（déplacement）和表现（présentation）。这三个机制分别是怎么样的呢？**凝缩**的工作在于将梦中用到的各种材料缩减成很少的东西，甚至缩减成十分贫乏且简练的某个内容。**移置**的工作，就像它的名称一样，对应的是一种对景象的转移和改变，这个假设非常好用，因为它让梦里梦见的东西大可因为一次小移动或小变动就与对它的解释最终不再有任何关联。为什么这么巧就会存在这种小变动呢？我们对此一无所知，但弗洛伊德就是这么设定的——他一如既往用的是施行式断言法。最后是**表现**的工作，通过这一步，无意识对梦进行了干扰，它将分布在时空里的不同东西聚集在一起，又将它们放到一个完全不遵循逻辑法则——支配前两个机制的正是这种逻辑法则——的时空背景里表现出来……

表现工作开展的时刻正是使用象征及将其合法化的最好时机……弗洛伊德说，性梦比其他梦更重要，因为我们的社会对力比多的压抑最为强烈。然后，他又说出了弗洛伊德概念核电厂的要害部分："当我向病人们强调俄狄浦斯的梦——梦者梦见与母亲有性上的联系——是经常会被做的一种梦时，通常会得到这样的回答：我记不起自己做过这种梦。而事后，病人又会很快地突然回忆起某个不好辨认、平淡无奇却重复出现的梦，而对这个梦的分析显示，它是一个内容相同的梦，即是一个俄狄浦斯的梦。我因此能够很肯定地说［原文如此］，经过伪装的、与母亲有性关联的梦比没有伪装的梦出现得更频

繁。"（IV.446）

所以，弗洛伊德断言，在一个既没有父亲也没有母亲的平庸的梦里，有的只是俄狄浦斯。病人对此表示惊讶，精神分析师于是重申：它之所以是个俄狄浦斯之梦，证据正在于这个梦从表面上看起来不是一个俄狄浦斯之梦，它将一个抑制得更深的梦藏了起来，而这个被抑制得更深的梦只能是俄狄浦斯之梦。所谓的临床经验给分析师提供了他想要的让自己的解析成立的理由，然而，他的解析不过是一种投射而已：大部分的梦都是俄狄浦斯之梦，包括（而且尤其是）那些看起来与这个扩展至全宇宙的断言相反的梦……

看，在这里我们抓住了弗洛伊德的现行，他在有组织地让现实消失。他用优秀的诡辩技术和华丽辞藻耍的一次花招，在今天变成了一个向全世界讲授的理论。这使得一个想要和自己母亲发生性关系的儿子，因为真实内容和表现内容之间的花招伎俩及凝缩、移置、表现这些歪曲作用的存在，而大可以梦见自己在一艘船的船首向海里撒尿。梦中的他享受着浪花激起的飞沫，看见数只海豚经过，而这些海豚都有着他工作中上级的面容，这个梦**不容置疑地**意味着做梦者的俄狄浦斯愿望——而且这种解释还绝不是解析者的幻想……

在这些能让弗洛伊德用魔法因果代替理性因果/科学因果的手段里，还必须加入第三种：在关于**表现内容和潜伏内容的诡辩**以及关于带有凝缩、移置、表现三个步骤的**梦的工作的诡辩**之后，还必须加入**偶然想法之纯粹内容这一诡辩**，它出现在一篇虽然短小但在对非理性进行理性辩护及从修辞上合法化魔法因果机制时堪称基础的文章里——拉康很好地理解了这篇文章的重要性，这位在发明无稽之谈上堪称弗洛伊德二次方的人物，极其灵活地运用了这篇十分精练的文章里提到的论点。

这篇名为《否认》（La Négation）的文章于 1925 年被刊在一本杂志上——似乎保罗－劳伦·阿苏的《精神分析著作词典》同样忘了收录这篇文章！不过，它对那些想要了解弗洛伊德的人可是无价之宝！这篇文章说了些什么呢？大体上是说，对于一个分析师而言，"不是＝是"，这个等式理所当然地能够开启所有进入魔法因果之魔法仙境世界的大门！精神分析师们的这道芝麻开门咒语就是这样奏效的："病人在分析工作的进程中讲述他们偶然想法的方式，给了我们观察一些有趣现象的机会。……（病人说:）'您问我在梦中的这个人可能是谁，我的母亲，不，不会是她。'我们对此进行纠正：正因如此［原文如此］，那个人才是他的母亲。我们允许自己［原文如此］在解析时拥有这样的自由，即我们可以撇开［原文如此］病人的否定而去提取病人偶然想法中的纯粹内容。"（XVII. 167）

这段话淋漓尽致地表现了，无论真相如何，无论病人的言辞如何，无论那些一般情况下被禁止说出的言语里可能表达的信息如何，精神分析师的圣言才是金科玉律。如果逻辑思维在无意识中不起作用，就像《精神分析纲要》（32）里面说的一样，那么它在精神分析师的头脑里也是不起作用的。因此我们也就更清楚地明白了为什么无逻辑在精神分析学中取得了支配权，因为处于病人身后的分析师，他借助的不是自己的理性、智慧或意识，而是他自己的……无意识，弗洛伊德在《给医生的精神分析治疗建议》（66）里清楚地表达了这点——我会在"分析躺椅，一张由笑气驱动的飞毯"一章中再次对之加以讨论。

否认，是对被抑制东西的一种肯定，之所以如此是因为被抑制的东西，从定义上说，是那些一直无法为病人的意识认知的、只有精神分析师才能对其有所认识的东西，精神分析师把自己说成是被抑制物的主人，只有他才可以建立下面这个打破了不相矛盾原则的等式："不是＝是"。这使得解析由于解析者在认识论上所处的治外法权地位而能够被用来肯定解析者想要的一切东西，即便是在病人极力反驳的情况下，按我的话说就是，**尤其**是在病人极力反驳的情况下。

弗洛伊德的做法和他在使用诱惑理论时如出一辙。他从对性侵犯的否认中看到的是证明这个被否认事情就是真相的证据，于是，这位精神分析师为他们的学科理论化出这样一条专横的规则：**分析师的话都是对的，因为他是分析师**；相应地，病人说的都是错的，因为他是病人。我们在这里看见的是一个需要绝对执行的命令，它是分析躺椅的背后机制，它从概念上组织了、在理论上合法化了、从辩证角度维护了分析师与被分析者之间的主从地位，而正是主从地位构成了进入魔法因果仙境的护照。

诡辩排斥理性思维，它排斥的是那种在哲学中被运用且让哲学变得有价值的理性思维——从德谟克利特到尼采，中间还经历了18世纪的历史启蒙时代——而排斥理性的目的又是为了确立神秘主义、心灵感应、思想转移和通灵术的地位，是为了邀人进入魔法因果中，是为了在转身背对现象世界的同时颂扬着了魔的本体世界，是为了在让感官世界失去影响力的同时在概念领域耍弄心智之物来取乐，即用纯粹"理念"来取乐。然而这样的诡辩有什么成果呢？它能带来的不过是毫无价值的结论……

人们可以一读再读下面这个案例,当我发现弗洛伊德贫乏的分析时我就是这么做的,因为这个案例妙不可言地表现了弗洛伊德魔法思维。在《治疗的开端》这篇发表于1913年的文章里,弗洛伊德写道:"第一次见面时,这个有着精致艺术品位且十分风趣的年轻哲学家匆忙整理着他裤子上的褶皱。我观察到〔原文如此〕这个年轻人是最考究的嗜粪者之一,就这个未来审美家的情况而言,**这点正如我所料**〔是我把弗洛伊德的这半句话用了黑体……〕。"(98)

我们将不去详述弗洛伊德是如何在此踢了哲学一脚的:他通过将哲学与纨绔子弟的形象联系起来而损害了他所属的这个学科——哲学。现在让我们试图去弄明白出于怎样的奇迹而让弗洛伊德从一个动作——**整理他裤子的褶皱**(这很可能是发生在他躺上治疗躺椅的那一刻,这点,我们不需要俄狄浦斯的帮助就可以明白)——就能得出这么不友好的诊断,他说这个病人是**"最考究的嗜粪者之一"**……这是登峰造极运用魔法因果的结果!因为整理裤子褶皱似乎无法从科学角度上被视作嗜好大粪的表现……

这个被说成是科学发现而迫人接受的真理,这个可能使弗洛伊德在人类历史上永垂不朽的所谓的科学发现,来自弗洛伊德一个人的简单断言。我们始终处在最纯粹的施行式断言中:他命名等式,由此创造出等式指代的现实。这就像教士或市长宣布丈夫和妻子成婚时用言辞实现结合一样,精神分析师宣布说,希望弄平裤子褶皱就意味着嗜粪癖好,就这样,这位审美哲学家被精神分析学的疾病分类学词汇贴上了标签!弗洛伊德声称说,为了建立他的梦境**科学**他分析过很多梦——正如他所说，也正如我们今天还能读到的那样。上面这类解释中的很多让人觉得这不过是他对阿特米多鲁斯《解梦》进行的简单剽窃，那么为了给出这类解释，真的有必要分析这么多的梦吗？

何况弗洛伊德的梦境理论就像他的其他理论一样不科学，因为构成他理论大厦拱顶石的施行式断言全都源于这位分析师自身的投射、暗示和愿望。弗洛伊德想要发现的东西，在他将个人幻想投射出去后就找到了。精神分析学起的作用就如同是去揭开自画像的面目。为了证明我们的论点，请参见《梦的解析》中下面的分析：一个14岁的男孩患有强迫性抽搐、歇斯底里性呕吐及头痛"等"〔原文如此〕。弗洛伊德让他闭上眼睛，说出在头脑中掠过的画面。男孩于是叙述了他和自己的叔叔在玩国际跳棋的一个场景。他想到了一些可能的情况和一些禁止的下法。他在棋盘上看见了一把匕首，那是他父亲的东西，还看见了一把小镰刀和一把长柄大镰刀。后来浮现在他脑海中的是一个农夫在自家地里用长柄大镰刀割地的情景。以上就是这个白日梦的**表现内容**。

弗洛伊德的评论如下：这位病人度过了一个艰难的童年。他的父亲是一个严厉且容易发脾气的人；他的母亲则很温柔亲切；两个人相处得很不愉快。他父母最终离了婚，之后他的父亲又再婚。父亲带回继母后不久，男孩出现了病症。解决办法："以神话为来源的回忆给了我分析它的材料。"（Ⅳ.674）所以，下面才是这段陈述的**潜伏内容**："小镰刀是宇宙之神宙斯阉割他父亲的工具；长柄大镰刀和老农夫的景象代表了残暴的老者克洛诺斯（Cronos），他把自己的孩子吃下了肚，对他的这种行为，宙斯予以了报复，宙斯的报复方式可一点不像孩子的所作所为。父亲的再婚给了这个男孩一个机会,让他把父亲在许久以前对他的责备和威胁回敬给父亲,因为他曾经因为玩弄自己的性器(国际跳棋、被禁止的下法、杀人的匕首)而被父亲责备过。在这个例子里,长期被抑制的记忆及由这个记忆导衍出来的东西一直存在于无意识中,现在却绕了圈子趁机通过一种表面上看似无意义的图像溜入了意识内。"(出处同上)

除非我们相信所有人都天生知道希腊神话的繁复奥秘,否则怎么能够想象一个年仅14岁的男孩居然可以梦见如此精确且专业的东西?因为要梦见这些是需要很好掌握神话知识的,也就是说,是需要下功夫读过荷马在《伊利亚特》及赫西俄德(Hésiode)在《神谱》(Théogonie)中关于这段神话的描写桥段才能做到的。诚然,弗洛伊德相信精神种系的存在,精神种系让神话历史以遗传的方式铭刻进了泛灵生命中。但这些神话历史真的能在精神世界里以如此细节的方式存在吗?父亲乌拉诺斯(Ouranos),母亲盖娅(Gaïa),儿子克洛诺斯,母亲制造出的镰刀,儿子与母亲在父亲要与她同床时合谋阉割了父亲,父亲的睾丸被割下且被扔进海里,所有这些,以及其他的神话情节,都能这么详细地在精神里存在?就像是一种可以被无意识随取随用的材料一样?

如果真是如此,那么的确,这个14岁男孩的白日梦是用镰刀指代了阉割——然而,一个只有这般年纪的小孩,做的仅仅是闭上眼睛,说出掠过脑海的画面,就提供了**恰巧**困扰了弗洛伊德的神话意象,如此巧合如何令人相信?之所以这么说是因为与自己妻子同床时遭到阉割的父亲、母亲同一个儿子合谋的这次象征意义上的弑父行为、儿子对其生父男性气质的废除，这些想法首先是弗洛伊德自己的顽念，而不是困扰那个初中男生的东西。

弗洛伊德说得有理，象征思维的确是没有逻辑的：它属于幻想、魔法、类比、投射、玄奥主义，它遵循的是与理性秩序不同的另一种规则，一种非理性、没有逻辑、失去了理智的规则。它以文字游戏、同音现象、语义滑变及一种没有禁忌的语言来进行，被允许讲这种语言的人都生活在一个非现实的、虚构的，因此也是孩子气的世界中。在这个世界里，愿望被当作了现实，现实因为解析而失了真，从而构成了另一个世界。这个世界遵循的是另一套法则、另一种时间、另一个空间及与平常世界不一样的另一套参照体系，在平常世界中人们是不会去寻求在理念的天空下生活的。尼采在《论德谟克利特》中写道，真正的唯物主义学说会教人"满足于你所在的世界"。以这句话来看，弗洛伊德无疑是 20 世纪哲学家中最反唯物主义的那一个。

第二十三章　分析躺椅，一张由笑气*驱动的飞毯

> 我的情绪十分依赖我的收益。金钱对我来说就是笑气。
> ——弗洛伊德，给弗利斯的信，1899年9月21日

弗洛伊德创造了一个世界，他就像用小说或诗歌写作的艺术家一样，发明了一套游戏规则，提出了一套文学程式。不同的是，他还把概念创造成了一种疗法上的主张。这样一来，精神分析学其实表达了两项内容。首先，它指的是一种学说主体：**精神分析学**（la psychanalyse），这门学科署的是弗洛伊德的名。然后，还存在另一种方式来用这个词语，即**一次精神分析**（une psychanalyse），这是另一回事了——尽管第二种精神分析来自第一种。

在《精神分析五讲》里，弗洛伊德说精神分析学是一种"研究和治疗的新方法"（X.5）——**精神分析学**，是一种新的研究方法；**一次精神分析**，是一种治疗方法，因为弗洛伊德清楚明白且没有任何保留地说：作为疗法的精神分析，能够消除病痛（X.36）。这个有关对灵性生命理解、精神机制运行、神经

---

* 笑气是一氧化二氮的别名，因为它会让吸入它的人感到欣快，致人发笑。

388　症病因学、梦境逻辑、形而上学奥秘及日常生活心理病理学理论，引出了一种实践，弗洛伊德先是在《精神分析五讲》里之后又在其他作品中把这种实践看作恢复心理健康的灵丹妙药。我们已经看到了传奇与历史真相之间的差距有多大！我们将在"只在纸上存在的大量治愈案例"一章中进一步分析这点。

弗洛伊德想让精神分析学成为科学中的科学。然而，我们总会遇到他的一些句子，这些句子让我们发现，比起科学家的严谨来，弗洛伊德在写文章时更热衷于神话叙事、传奇陈述、民俗故事和民间谚语。在《非专业者的分析问题》里，他宣称自己的学科属于非科学甚至反科学的脉络。如果我们重新回到克洛诺斯吞食自己孩子这个故事上来的话，这就是为什么他会说有了精神分析的帮助我们才能够理解到这个故事其实是关于阉割的：弗洛伊德在神话的晦暗中寻找光明。这让他说出了下面这句让人惊异的话："神话将让您拥有相信〔原文如此〕精神分析的勇气。"（XVIII. 35）……

既然精神分析有两种定义，那么什么又是"**相信精神分析**"？是去相信那个作为解释世界的理论的精神分析？还是去相信作为实践的精神分析具有治愈人的力量？还是说需要两个都相信？因为两者互相依赖对方而存在，因此我们无法想象在存在一种世界观的同时却不存在这种世界观自称实践的疗法。又或是，去相信弗洛伊德书中所说全部为真，而不论他就什么样的话题说过怎样的话？还是去相信弗洛伊德真的治疗且解决了那些他宣称治愈了的病例？相信他的学科是一门科学？不过，"相信"一词说起来是多么奇怪的邀请啊！是让我们像相信《创世记》里所写上帝创造世界这类基督教传说一样去相信哥白尼日心说吗？是让我们以这种方式去相信达尔文关于人由动物演化而来的论点？我们可以相信一个宗教教义、一个教派戒律，又或者要求别人无理由地赞成基督教教理，但让人相信精神分析，这话可真是奇怪啊，何况它还是出自一个永远在不失时机自诩为科学家的人之口……既然如此，让我们来看看到底什么叫作将精神分析作为疗法来相信……

分析躺椅之于弗洛伊德就像大木桶之于第欧根尼：这是一种为了以最简洁的方式——仅仅用一个画面、一个词、一句话、一个物件——表达出最多内容的取巧说法。在广大公众眼里——大众可能对弗洛伊德和弗洛伊德主义所知甚少——精神分析可以缩略为一件特殊的家具：它是一个类似于床但不是床的物体，它是变形为床形状的一张扶手椅，就像一间铺了地毯的维也纳贵妇的小客厅外加了一个枕头，在它的背后，一个男人在倾听，他不发一言或者偶尔会说点什么甚或一直都不说话，然后，他会看一下怀表，接着把现金揣进自己的兜里，并以此来结束这次持续一个小时的告解，然后，等待下一个病人的进来……

这位精神分析师身上体现出的魔法思维正是在这张躺椅上过渡成了应用于诊所的疗法实践：这张躺椅像一张飞毯一样起着作用，将人们从用施行式断言得出的概念带到恢复健康的状态，将人们从词语带到对疾病的有所意识，将人们从理论带到身体，将人们从书籍带到灵魂，因此也就是把人带到了血肉那里。言辞的波涛构成了羊水，它托住了这艘回溯的船，病人们躺在上面，他们的航行方向是自己灵魂的子宫，当他从那里出来时他的灵魂就会得到净化。弗洛伊德就是这么写的，弗洛伊德就是这么说的，弗洛伊德就是这么想的，弗洛伊德就是这么相信的——所以，这就是真的了。

那么，在这张躺椅上，到底发生了什么？在分析师和被分析者之间发生了怎样的交换？**一些词句**。弗洛伊德在《非专业者的分析问题》里简单地把这点写了出来："除了下面这件事之外，什么也没有发生：他们在交谈。"（XVIII.9）因此，这就是一次精神分析：病人朝一个一言不发的人说话——这个不说话的人说，他的不言语就是在治疗。所以，没有听诊，没有临床检查，没有用来测血压或温度的听诊器或其他器械，没有任何医学设备，没有处方，没有药物，除了一套进行言语治疗的设备外，别无其他。

一张躺椅，还要加上些靠垫，这样病人就能舒适地躺下，病人不是真正地呈坐姿，也不是像睡觉那样完全躺下，病人的后背被略微抬起，处于一种不受拘束的放松姿势：必须避免病人肌肉用力，避免对他的一切感官刺激，避免触觉刺激——不听、不嗅、不看……在贝格街19号，一张毯子被放在躺椅最下方，病人可以用它来盖住自己的脚。分析师同样让自己舒适地坐下来。从第一场分析开始，他就要求病人畅所欲言，不要有任何拘束，也不要担心话语的一致性：他要在没有控制、没有审查、没有禁令的环境里说出头脑里出现的东西。进入分析意味着停止一切化学药物的治疗。当然，也没有任何第三者会被允许进入诊疗的房间。这条规则在任何情况下都不能例外。

这个方法先后在约瑟夫·布洛伊尔和沙可的手下经过了长时间的演进。我们知道（II.98），治疗躺椅在1893年弗洛伊德与布洛伊尔合作时就已经存在了。在《治疗的开端》中，弗洛伊德这样形容被他称为"治疗期间要做的仪式"（93）的分析过程："我坚持认为应该让病人躺在躺椅上，医生则以病人无法看见的角度坐在他的背后。这一点具有历史意义，因为它表现了催眠方法的痕迹，精神分析正是由催眠方法发展而来的。"弗洛伊德解释说他之所以要这么做，是因为他无法忍受每天 8 小时甚至在更多时间里被病人盯着，而且这也是为了让病人无法从医生面部读出任何表情。他的理论论据是：这是为了避免分析师面孔上任何可觉察的细微变化对被分析者的无意识产生影响。庸俗的理由则是弗洛伊德自己在 1898 年 3 月 15 日给弗利斯的信中写到的那个理由："我在下午给病人治疗时睡觉。"……一些病人也证实了这点。比如，海伦·多伊奇（Helen Deutsch）这位未来的精神分析师透露说，弗洛伊德在给她做分析时至少睡过两次……

病人付钱来让人听他说话，而精神分析师却在给病人做分析时睡着了，这算不算是件严重的事呢？弗洛伊德回答说，不……而且一如既往地，他再次组建起一个理论来为自己的弱点辩护：分析师可以睡觉，因为他是在运用"自己的无意识，就像在使用工具一样"。他在《给医生的精神分析治疗建议》(67) 中如是写道，所以睡着的分析师是在运用自己的无意识而不是意识进行治疗。弗洛伊德没有说分析师的无意识怎么能够在他睡着的时候运作，不过，这里和别处一样，都属于魔法因果。分析进行时，分析师和被分析者的无意识互相交流着，无意识的法则的确是令人费解啊！

除此之外，弗洛伊德还发展了另一个理论来为他在躺椅背后昏昏沉沉的睡觉状态和他的小憩辩护：对于分析师而言，重要的不是处于完全清醒的状态，不是去把注意力高度集中在谈话上，不是去注意言辞以期不漏掉任何被表达的信息；

先入为主的设想是没有用的；分析师也没有必要记录，因为在纸上潦草涂写只会打扰到病人，让他将医生用笔记录的动作与什么才是值得记录的重要信息联系起来，这会让病人产生某些错误想法，从而使得治疗无法顺利开展；分析师需要的是"浮动注意力"（62）——这是个专门用来为他自己辩护的漂亮概念——即，在分心的情况下倾听，这样就可以避免让分析师对某个信息特别留意，于是治疗就能顺畅地进行。这位实践者理论化地说，**浮动注意力**是必要的，因为分析师一天有8个小时的分析工作要做——如果我们相信他所说的这个时间长度的话——让分析师整整8个小时保持专注是不现实的……

因此，分析师不用记下溢出的话语流里的任何东西，原因是他不知道什么才是重要信息。他等待会让自己惊讶的东西出现。分析中，情感是被严格禁止的，懂得精神分析艺术的人到这里来的目的不是为了爱或被爱，也不是为了取悦别人或被人喜欢。白天时间流逝，病人走了又来，分析师在那期间任由自己的"无意识回忆"（63）运作，如果他觉得有必要，到了晚上，当他做完对病人的分析后，他也可以记下某些日期以及这件或那件他觉得重要的事。

分析刚刚开始时是怎样的呢？分析师在第一次见病人时会说些什么？他会建议一个持续一个月到两个月的疗程，目的是尝试一下。第一次见面，他会与病人交流，这是为了确定以后的分析是否能在良好的条件下进行。他会解释诊疗的时间和费用问题：他会在自己的日程表里固定一个时间段，从此以后这一天的这个时间段就是属于这个病人的。如果在固定好的时间段病人没有到场，治疗场次的费用病人也必须付。多少天治疗一次是固定的：一般情况下是每天治疗一次，周日和节假日除外。对于病情较轻的病人，频率是每周三次。古斯塔夫·马勒（Gustav Mahler）和导师一起散步时也享受过几个小时的分析治疗……

弗洛伊德明确说了，被分析者可以根据自己的意愿随时停止这种探险，而且不用给出理由。当然，被分析者自己觉得可以停止治疗的时机与精神分析师判断认为分析已经全部完成从而可以停止治疗的时机，是不相吻合的。如果我们相信《弗洛伊德的精神分析方法》里的说法，那么治疗一开始，病人所承诺接受的治疗长度是"从六个月到三年不等"（18）。就分析师这方而言，他也可以因为个人原因单方面停止治疗。而狼人，他在半个多世纪的时间里都在接受分析……

谁能被分析？精神分析不建议某些人接受治疗：头脑糊涂的人、多愁善感型抑郁症患者、性格尚未固定的人、身心有先天缺陷的人、没有道德意识的人、智力不足的人、50岁以上的人（不过他倒没有对患者的最小年龄加以限制）、不是自愿找分析师分析而是在第三者带领下才躺到了分析躺椅上的人、厌食型癔症患者。在《精神分析的意义》里，弗洛伊德指出，"对那些严格意义上最严重的思想疾病，精神分析疗法毫无成效"（XII.99）。可以说，出于谨慎，弗洛伊德把很多人都排除在外了，一些人就这种谨慎开了下面这个并非完全不靠谱的玩笑：精神分析只能治疗那些状况好的人。

《论精神疗法》中的这段话似乎印证了这个玩笑："这让我们很愉快地发现，恰恰是对于那些有着巨大价值的人、那些最为发达的人格，精神分析能够最有效地为他们提供帮助。"（18）然而，一如往常，谦虚的弗洛伊德又说："对于那些连分析性精神疗法都疗效甚微的病例，其他一切疗法也必然［原文如此］会遭受全面［原文如此］失败。"（出处同上）因此，弗洛伊德的精神分析无法治疗所有病症，但是只要是精神分析治不了的，其他方法也不可能办到；而且，即便在疗效有限的情况下，精神分析也比所有其他方法做得更成功……

我们还需要补充说明一点，那就是还有另一类人也是无法被治疗的：穷人……弗洛伊德在理论化他对人民大众的蔑视时表现出的恬不知耻真是无法形容：首先，分析对于这些钱包空空如也的人而言过于昂贵……我们很快就会看见，弗洛伊德是不可能在生意上打让手的，付出一大笔钱＝他做出个人努力，即等于疾病被迅速治愈的保障！工人、贫民、失业者、劳动者都没有能力负担这个价钱，何况弗洛伊德还赞成当时颇为流行的一种看法，那就是，穷人因为忙于生计而没有多少时间去患神经症！

他还说了更恬不知耻的话，下面这段引文就是证明："贫穷的神经症患者想要摆脱他的神经症只能是极其困难的。事实上，神经症在他与生活斗争的过程中给他提供了重大便利，难道不是吗？他从神经症那里得到的附带好处数目相当［原文如此］可观。其他人拒绝对他物质上的可怜处境表示同情，于是，他们就以自己得了神经症为名来索要同情，来让自己从不得不以工作来对抗贫穷的责任中解脱出来。"（《治疗的开端》，92）还需要明确的是，弗洛伊德在进行上面这些理论思考之前，已经坦言："然而，我不像苦行之人那样，认为金钱本身值得让人蔑视。"（出处同上）

所以当穷人和那些病得太严重的人被排除掉后，当对最有教养的人和有着最高价值的人——维也纳资产阶级出身的富裕病人——的偏好建立后，精神分析就更容易取得成功了。但是，取得成功的具体条件是什么呢？弗洛伊德在《精神分析学引论》里毫不畏惧地把它们公开说了出来：信任，病人必须是有耐心的、顺从的、有恒心的。被分析者要把自己完全交给分析师，必须相信分析师会把分析进行到底，必须相信分析会获得成功。让我们用另一种方式来说：为了治愈，病人必须相信治疗师会将自己治愈。治疗的神奇和魔法之处在这个治疗契约中一览无余：这个治疗契约就是让我们把身心全都交到治疗者手中……

病人必须相信分析师的力量，精神分析师则需要让客户感到自己值得尊重和信任。在《精神分析疗法的未来机遇》里，弗洛伊德说他观察到："当我们开始赢得普遍信任之时，我们这种疗法的机遇就会增加。"（69）治疗师必须让人感受到他的威信，就像威力四射的魔法师、术士和巫觋那样。弗洛伊德说，在他刚刚开始精神分析的时候，当病人来到他的诊所，看见诊所装潢简单，发现他既没什么名气，也没有学院职称时，他们很可能觉得他们面前这个人不会具备他自称的那种能力，因为如果他真是个好医生的话，他就应该挣到了很多钱，也就不会住在这样的地方……

在这样的巫觋背景下，什么样的人才是一个优秀的分析师呢？如果精神分析遭遇了失败，那不是精神分析本身的问题，而是因为病人对精神历险的诚意不够。在《非专业者的分析问题》里，弗洛伊德很明确地指出了这点："神经症患者之所以会自己开始努力，是因为他信仰［原文如此］分析师。"（50）所以，分析师的"个人因素"（44）的作用十分重要：他必须有"会倾听的耳朵"（出处同上），而这双耳朵仅仅只能在分析实践中获得……

当然，分析师要接受为期两年的精神分析技术培训，不过这一过程不是通过研究理论来完成的，而是通过让他自己被其他精神分析师分析。从某种角度上说，这使得分析师在象征意义上属于父子相继的职业——后来也有女人成为分析师，于是成了父女相继，露·莎乐美、玛丽·波拿巴及后来的很多女人都成了分析师……这是被弑父念头纠缠的弗洛伊德唯一首肯了的继承关系。自行遴选（cooptation），这就是分析师生产和再生产的模式。通过让未来的分析师躺上分析躺椅，可以让他对自己有所认识，可以让他清楚自己无意识的一切奥秘，因此也就能让他避免将他自身的东西投射到要被分析者的实际情况上。精神分析师清楚自己在解决俄狄浦斯情结时用到的模式，他清楚自己遭受过的童年创伤，清楚自己对性对象构建过程的体验方式，也清楚自己灵性生命的细节，这样一个对自己力比多认同和精神认同了如指掌的人，当他与病人接触时，他是不会用自己的神经症问题去污染病人的。

做分析的分析师是已经被另一个被分析过的分析师分析过的人，毫无疑问，这属于乱伦生产：分析师互相组成一个小圈子，他们都是一家人，不过这个家族里面也存在由叛逆孩子掀起的内讧，比如荣格和费伦齐以及他们之后的很多人。我们注意到，根据这个神话性谱系原则，起首的那个人，整个家族谱系的生父，那个相当于《创世记》中亚当的人，就是弗洛伊德本人。归根结底，这个所有孩子的唯一父亲怎么看怎么像原始部落父亲的复制品，他是让分析师们每5年就必须回到他那里重新被分析的父亲。

诚然，分析师们保证说他们对学说和方法怀有忠诚，他们宣称从理论上保证分析工作具有客观性，但他们又通过反复重复、礼仪化甚至神圣化被弗洛伊德称为"仪式"的那些东西来固化分析历险……分析师会在未来某一天宣布分析结束，并对分析历险做出概括，他最终会开口说话，但在分析过程中他会尽可能地闭口不言。他不插话，或者说很少插话。他不问问题。他不提任何要求，也不引起对方的任何反应。他不会给出任何建议，除非在某些例外情况下——在这点上，一如既往地，弗洛伊德并不总是弗洛伊德的，因为他常常会给病人日常生活上的建议……

怎么能够确定分析师的沉默恰到好处呢？或者说怎么能够确定说话的时机刚刚好呢？"这就要靠直觉了"（44），弗洛伊德这样回答，他坚决呼唤精神分析师身上的动物本能：**耳朵的灵敏**，一定的**嗅觉**。如果我们用《文明及其缺憾》来看的话，这些才能都是原始人的天赋——是原始部落那些"超人们"的天赋……所有这些又都属于一个含糊不清且完全不具备科学性的标签，它们都属于"个人等式"（出处同上），简单说来就是个人主观性。

看，正是基于上述理由，只有这个穷尽一生想让精神分析成为一门科学而且还是一门自然科学——而绝非人文科学——的人，这个抨击大学机构不懂他学科严肃性质、具有很强报复心的作者，这个狂怒攻击那些因为怀疑而将他的作品归为幻想一类的人的论战者，才可以丝毫不惧话中的自相矛盾。他说，精神分析是"一门诠释艺术"（54），我们没有看错，连他自己都说精神分析是"艺术"，因此也就是与科学不同的东西……

所以，我们离科学、科学方法、科学客观性及科学发现普遍法则——这些发现可以通过重复试验得到相同结果得到验证——已经很远了,我们离可以用来总结最终发现类似于阿基米德定理或欧几里得公理那样的公式也很远了。所以说弗洛伊德要求得到承认的是一门艺术——我们同意他的说法。只是,这位艺术家在严谨的认识论方面并非典范,他更多属于古希腊的**创作**(poïétique)领域,换言之,他擅长于主观任意创造出前所未有的新颖事物,就像一个创作传奇作品的小说家。

无独有偶,分析科学的成功也在很大程度上依赖于分析师的性格和气质,真正的科学家坚持认为精神分析不是科学:精神分析之成功所需要依赖的那个著名的"个人等式"对哥白尼天文学或达尔文进化论而言是没有什么作用的。事实上,在给予哥白尼或达尔文的观点以科学真理的地位时,我们也的确不需要去考虑哥白尼是否有艺术家天赋,抑或是考虑达尔文是否有诗人的才华!

弗洛伊德提出了这样一个值得我们探究的问题:怎样才能证明我们面前的这个人不是江湖医生(charlatan)呢?弗洛伊德之所以会如此明确地提出这样的问题,是因为他在1924年切切实实地遇到了这个问题。一个精神分析师同僚让特奥多尔·莱克背上了江湖医生的骂名,最终使得莱克被法庭传唤。弗洛伊德在《非专业者的分析问题》一文里说到了这件事。另一位精神分析师,威廉·斯特克尔,起诉莱克说他以非医生的方式——**非专业的**方式——从业。这件事被维也纳报纸头版报道了出来。弗洛伊德给媒体寄了一篇名为《莱克医生和歪曲治疗的问题》的文章,他要为那些从未经过医学学习而从事精神分析的人辩护——他自己的女儿就是一例,她受的是成为小学老师的教育。

第二十三章 分析躺椅，一张由笑气驱动的飞毯

弗洛伊德解释了什么是分析：分析不过就是病人和分析师之间的言语交换。这位精神分析师捍卫的是言辞的权力、言辞的力量、言辞具有的摧毁或建设的能力以及它们在治疗上的力量。为此，他强调了语言的魔法力量，坚持**施魔法**的必要性："而且我们不能蔑视言辞"。他又说："但说到底，创世之言就是施魔法，是一种魔法行为，而且它还保留了很多古老的力量。"（XVIII. 10）这就是为什么在躺椅上进行言语交换其实是一种与施魔法很相似的行为：精神分析师清楚自己话语的魔法权力，他知道自己是**施魔法**的主要行为人，精神分析创始人没有对施魔法这种机制表示任何的否定和拒绝。而从习惯上讲，施魔法这种行为并不属于科学家的方式手段！

让我们重新回到江湖医生的话题。什么是江湖医生？在弗洛伊德看来，江湖医生不是那些没有医生文凭就行医的人，而是"那些没有获得相应知识和能力就实施治疗的人"（XVIII. 56）。弗洛伊德是一个厚颜无耻的雄辩者，一个伪善的诡辩家。他总结说，根据这个新定义，"医生构成了江湖医生的最大来源"（出处同上）……这是多么漂亮的一次对实际情况的大翻转啊：对治疗精神疾病而言，医生常常是江湖医生，而小学教师却可以让这门学科发生革命性的变化！

那么，如果依循这样的思路，谁来决定谁是江湖医生、谁又不是呢？这个人就是弗洛伊德自己，因为只有他才能决定谁可以成为分析师而谁又不能。诚然，**从理论上讲**，所有分析师都必须是被分析过的，这是一个严格的弗洛伊德观点。然而，**在实践中**，弗洛伊德却决定，比如作为柏林精神分析协会创始人和国际精神分析协会主席的卡尔·亚伯拉罕（Karl Abraham）医生，又比如奥托·兰克，他们都不需要躺在躺椅

上被分析就可以拥有让病人躺下被分析的权利——而且他们也没有因此被认为是江湖医生。

精神分析师奥托·兰克明显有行为障碍，他患有接触恐惧症，必须一直戴着手套，这又怎么说？这一点并不重要，因为他是精神分析虔诚忠实的门徒，他曾题词把自己的《出生的创伤》一书献给导师弗洛伊德，在这本书中他已经虔诚到把弗洛伊德奉为**自己思想之父**的地步。他还担任着精神分析协会秘书一职，属于秘密委员会的一员，所以，兰克这个**没有被分析过的分析师**不是江湖医生。兰克后来与弗洛伊德产生了理论分歧，这让弗洛伊德结束了对他的保护。弗洛伊德改变了对他的态度，要求兰克接受一次分析，正是这次实际上进行得十分马虎的分析得出结论说，兰克有精神方面的毛病，就这样，弗洛伊德冷酷处理了这个自己曾经为其提供保护的人。

国家与精神分析师的事务无涉。没有任何法律是针对躺椅人行会和他们干的各种勾当的。来自行业外部的、对精神分析效果的评估和评判被认为完全无效。到一个分析诊所去就治疗效率做统计，是一件完全不可想象的事（XIV.478）。公共健康、医疗公共利益、公共卫生管理，对他们而言都不重要。江湖骗术既不遵循民法，也不遵循刑法。分析师没有义务就他们诊所里发生的私密之事去向法庭交代。在《莱克医生和歪曲治疗的问题》这篇文章里，弗洛伊德还坚持在另一个领域**也不立法**——那就是玄奥主义（XVIII.64）！所以说，弗洛伊德要求的其实是他的职业和门徒拥有治外法权。直到今天，这种情况依然没有发生改变：今天的精神分析行会依然拒绝行会之外任何人的评估，换句话说就是精神分析行会既是法官又是参与者……

弗洛伊德其实是在将自我立法合法化，他也因此而将自己的学科封闭进了一个密不透风的小圈子。在当时，不论是谁，只要他不是得到导师弗洛伊德亲自认可的精神分析师，他就没有任何评价精神分析的权利。导师是专制的法官，他就像一个独裁者，他的话相当于法律，他的话制定了法。比如，他可以一方面说精神分析师必须要被人分析后才能去分析别人，而另一方面却允许自己挑选看中的一些心意虔诚的分析师在不受到教学式分析的情况下获得分析别人的权利；比如，他可以一方面宣称分析师不应该给自己的亲朋好友分析，另一方面又在后来分析了自己的女儿、自己女儿的情人以及这个情人的孩子；又比如，他可以一方面说进行分析时需要一套礼仪、一种"仪式"，需要病人躺在躺椅上，需要预定某个时间段，需要确定每星期见面几次，需要在一个时期里重复见面，就更别提分析需要在与外界隔离的地方进行以免病人受到感官干扰了，而在另一方面他自己又在花园散步时用了一个下午的几个小时对一个很有名气的病人——古斯塔夫·马勒——进行了分析。导师的话就是法，法创造了法律。

在分析中会出现什么样的情况呢？病人开始就被知会过了：不要觉得接受分析就是获得满足，因为治疗不是消遣娱乐。更有甚者，或者说更糟糕的是，弗洛伊德在《精神分析疗法新道路》中说，分析必须在"一种受挫状态中"（135）进行……不能让病人的痛苦太快消失——弗洛伊德平素就**憎恶**美国人，他对美国人进行分析的很多做法都加以指责，而最让他受不了的就是美国人那种期望快速治疗病人且让病人迅速康复的愿望……让这个维也纳分析师上心的并非病人的康复问题，而是他的研究，是更进一步发展他自己的理论。他多次这么说：比起治愈病人来，他更关心的是建构一种学说。

比如，在《精神分析学引论》中就有这么一段："只管研究，不问是否立即见效，乃是我们的权利，也是我们的义务。也许有一天，我们所有的零碎知识都能变成能力，变为治疗的能力，不过这一天究竟会在何时何地到来，现在还不知道。尽管精神分析无论是在治疗妄想上，还是在治疗其他神经病和精神病上，都还没有取得什么成功，却依然不失为科学研究的不可缺少的一种工具。"（XIV.264）换言之，即便治疗没有收到效果，精神分析学说也会起作用……

一如既往地，当弗洛伊德构建理论时，他所做的就是让他的**专横断言**、他的**突发奇想**、他的**直觉**，又或者他的**宝贵的心愿**变得正当合理——黑体字都是尼采的用词，尼采用这些词语来说明哲学家一直以来做的仅仅就是为自传体式的具体甚或庸俗的问题给出普遍的公式。此处，弗洛伊德需要对两点加以辩护：为什么分析需要维持这么长的时间，以及为什么需要用阻止病人迅速恢复健康来让病人觉得受挫。弗洛伊德的理论论据冠冕堂皇而且具有学说性：太快出结果迎来的可能是一种虚假胜利，这种成功假象因为缺乏足够的深入治疗而有很快旧病复发的隐患。所以，治疗必须是持续的，理论要求了这点……

既然是挫折感导致了病人的疾病，那么精神分析师就应该重新创造出造成创伤的条件，以便让被分析者重新陷入同样的情景，并以此认识到自己病症的根源。因为治疗中的言语交换是让病人讲出连他们自己都不知道的东西，是逼迫病人到自己无意识最幽深晦暗的地方找出引起症状的被抑制物——因为精神分析学说教导我们说，将抑制意识化就可以消除症状、治愈疾病……太快取得成功可能会在还没有时间深挖症状原因的情况下就已经消灭了症状。这有可能使神经症在不久以后死灰复燃，这正是因为分析没有做到位。而弗洛伊德想要把事情做得干净漂亮……

但是，我们也可以这么来想这个从理论上看冠冕堂皇、从医学职业道德上看富有魅力的理论，那就是他构造这个理论的理由其实很平凡，主要是出于金钱方面的考虑……因为使用这样的理论，这位精神分析师就可以保有对被自己俘虏的客人的控制、占有和支配，这些客人能在长时期内保证他的金钱收入。保证收入预算的需求知道怎么与学说内容配合赢利：让病人花更长时间痊愈有利于疗法成功，这不假，但它同样有利于保障那些以在躺椅边说话谋生的家庭们的收入。

弗洛伊德的学说也包含金钱上的要求：病人必须按时以现钞支付对他而言不菲的一笔钱，因为这个金额具有象征意义。在《治疗的开端》中，这一点被清清楚楚地印在了学说的大理石上："分析师不会否认，金钱首先应被认为是一种生活手段和获取力量的手段，但与此同时他也会说性的因素在对金钱的评估里扮演了重要角色。正因如此，分析师才会对文明人以同样方式处理金钱问题和性事务这点毫不惊奇，在这两件事上他们都显示出表里不一、假装正经、口是心非。"（90）

于是，这位精神分析师就这样不掺一点假意、直率地谈到了金钱问题：他要求人们以相对高的频率在固定日期付款给他，比如说按月付款。分析师不能假惺惺地扮演大公无私的慈善家角色："我们知道低价给人治疗是不会让病人意识到治疗的重要性的。"（出处同上）因此，"当分析师谈及自己收费金额时，他完全有权说他们的辛勤工作永远也不会让他们挣到与其他专科医生同样多的钱"（91）。天下没有白吃的午餐，因此……

弗洛伊德还写道："出于同样的理由，他可以拒绝免费为人治疗，即便是对同僚或同僚的亲戚他也可以这么做。上面这个条件看似违背了医学界的团结，但请不要忘记，比起所有其他医生而言，免费治疗对分析师而言更为苛求。要知道，分析要花费他相当一部分的可用时间（他可用时间的八分之一甚至七分之一），而他本可以把这些时间用来获取物质收益，而且这种状况还会持续数月之久。让他在一个时期里免费治疗两个病人，就相当于减少了他四分之一或三分之一的可能收入，这么做的严重性并不亚于某些会带来创伤的严重事故。"（出处同上）所以没什么团结可言。学说就是这么说的：免费会增加抵触情绪，造成治疗延缓甚或阻止治愈……换言之，你付款，就会被治好；最好是你支付昂贵的费用，这样就会被迅速治好。

同样的理由也可以用来解释为什么弗洛伊德完全不想医治穷人……为此，他再一次动用了理论来为自己的观点和信仰辩护。这个隐藏了个人道德污点的理论被称为"**疾病好处论**"……实际上，某些人之所以没有在分析治疗中康复，并不是因为精神分析师，更不是因为精神分析，而是要怪病人自己。一些病人之所以会一直生病，那是因为他们从生病里得到了更大的好处，得到了无法比拟的收获，这使得他们宁愿在疾病、疼痛、痛苦、不适里硬撑，也不愿意重获健康。

《精神分析疗法新道路》教导我们："生存的需要让我们不得不仅仅限于治疗社会富裕阶层的人。"（140）要治疗世界上的一切悲惨，那是不可能的……国家会去关心人民的治疗问题，换句话说，就是弗洛伊德所说的酗酒的男人、受挫的女人、堕落或患有神经症的孩子的治疗问题。然而，如果真有一天国家因为关注这群人而为他们建起了免费施诊所，只把私人诊所留给富人，那么"我们很可能发现，穷人比富人更加不愿意让自己的神经症治愈，因为病愈后他们需要重新面对生存之艰辛，这对他们没什么吸引力，而疾病却能让他们拥有获得社会救助的权利"（141）！

可以说，弗洛伊德清楚明白地表明了自己的立场：他支持双轨制就医服务，一套是给富人准备的，需要付钱，十分昂贵，即他自己提供的治疗，另一套是给穷人的免费治疗，属于"民间心理疗法"（出处同上），属于社会救助性质的施诊所，而弗洛伊德从理论上蔑视后者。弗洛伊德在他的理论思考中还加入了另一点，他说可以在属于人民的地方分发少量的钱财——用这些钱以施舍的方式来治疗无产者，并加上点"催眠暗示"……这可是一整套政治计划：一点慈善外加很多催眠！这里，我们离安放在维也纳上等街区的弗洛伊德躺椅和精神分析师规定的极为昂贵的酬金已经十万八千里了。自由资产阶级者弗洛伊德，在一生中都显示了左派胸怀？又是一张需要被撕毁的明信片……

弗洛伊德，正如我们所见，他拒绝以虚伪的态度谈论金钱。让我们认同他的这种态度，并且以同样的坦诚态度来考虑这个问题：**在弗洛伊德诊所进行一次精神分析的费用到底是多少？**显然，这位理论家不会屈尊来谈这样的琐事。他强调对待金钱的态度必须清楚明白、没有顾忌，甚至建立理论论证对待金钱的方式其实反映了一个人的全部，但我们在他的全集里却找不到任何可以回答这个疑问的具体细节；荣格坦言说，在贝尔格街19号进行一次咨询的费用十分高昂。这是肯定的，但到底是多少呢？

在我为写这本书而读的所有文献（将近一万页）中，没有任何与此有关的东西。弗洛伊德要么害臊地干脆避而不谈这个话题，要么采用另一种方式，这种方式让他可以快速地掠过这一话题，这比直接不谈更虚情假意，因为他给出的是读者不知道到底价值几何的1920年时美元的价格或奥地利先令的价格（以战前货币计算的价格或战后贬值后的价格，因此读者无法知道确切情况）。比如，在彼得·盖伊长达千页的弗洛伊德传记里，我们正好得到了这一信息："每次咨询20美元，然后涨到了25美元；弗洛伊德的收入很好；但［原文如此］随着他的年纪越来越大，他总是需要硬通货。"（521）在这个传记学家头脑里，什么叫作"收入很好"呢？

这本厚书就其他问题也提供了许多细节。在另外一处，我们知道了有关金钱的信息。第一次世界大战让弗洛伊德损失了4万克朗（445）；在1914~1918年之前，弗洛伊德积攒了超过10万克朗（出处同上）；他在海牙有一个硬通货①账户（444）；1925年前后，他的咨询收费是25美元一次，这符合了"收费相对［原文如此］较高"这一描述（679）；当他流亡时，他留给了自己姊妹6万先令（724）。看，这就是他的斩获——贫瘠的斩获……当然，没有任何用当今货币计算出来的数字让我们知道这些价格对应的到底是多少钱，这位作者只

---

① 当时的硬通货是美元。

是含糊其词地说弗洛伊德的收入很好,这一点我们已经确定了,但他再没提供更多的细节。

所以我自己做了必要的研究,以便用2010年时的欧元来标出这些价格——为此我得到了一个做会计的朋友的帮助……下面就是我得出的结果:1925年时,弗洛伊德一次咨询的收费大约为415欧元——这里面还包括了他在咨询的同时打盹的那些场次;在1914年大战前,他积攒了大约800万欧元;一战让他遭受的损失应该大致为325万欧元;他给了后来死于集中营的姊妹35万欧元……看,这样我们就更加清楚地知道他的收入水平了。

在《治疗的开端》(93)里,弗洛伊德解释说,他之所以要把自己的椅子安放在治疗躺椅后,是为了避免病人——他的客户——的目光:"我无法忍受一天8个小时(甚至更久)被人盯着的感觉。"(出处同上)所以我们可以得出结论:弗洛伊德医生一天要接待8个病人,甚至更多。1921年,他自己坦言说一天会看10个病人……只需要**以他的基础收费为假设**做一个简单乘法计算就可以得出以下结果:工作一天,他的收银箱里会有相当于3300欧元的收入,而且大多数时候还是现金。1913年,当在《治疗的开端》中说到咨询频率问题时,弗洛伊德主张**每天一次**,星期天和节假日除外(85)。症状最轻的患者也需要每周三次。这样算下来,一个月下来,他的收入高达8万欧元。如果乘以11个月,治疗躺椅能为他带来大约87.5万欧元的年收入。

现在我们明白了,在他的理论里,免费治疗当然会阻碍治疗的顺利进行;而且因为穷人能够得到**疾病带来的好处**,所以躺上治疗躺椅对他们而言没什么益处,因为比起治愈来,他们在患神经症的情况下能够从社会中得到更多的东西；我们还明白了为什么咨询需要如此频繁地进行，而且整个治疗过程为什么需要持续这么长的时间；我们也知道了为什么美国倾向于迅速治疗病人的态度会给……他的学说带来问题！

同样，我们也能更好理解，为什么精神分析师才是唯一有资格决定什么才是结束分析的好时机的人！那什么才是好时机呢？在《有终结的分析与无终结的分析》里，弗洛伊德简单地回答了这个问题："必须用直觉来判断。"（234）……处于生命最后阶段的弗洛伊德，也就是1937年时的他又在此基础上加入了另一点，他说，分析……是永远无法终结的！诚然，治疗的目标应被定为消除症状，但我们永远也无法彻底消除本能冲动的要求。这位精神分析师理论化了分析具有的没有终点、永不会完结的特征。"为了避免误解，对下面这一说法做进一步说明还是有必要的：持续瓦解冲动提出的要求，并不是要让这种冲动销声匿迹到完全无法表达的地步。一般情况下这是不可能办到的，而且它也完全不是合乎希望的恰当之举。"（240）为什么呢？

实际上，我们已经清楚了他是出于怎样的学说理由和理论理由才不希望病人被彻底治愈的，而且**导师说了**（magister dixit），必须要学会和自己不好的一面共存。用这个维也纳人的语言来说，那是一种"完全融入自我和谐中的"（出处同上）负面冲动。换言之，如果用基本语言来重新组句的话，就是：忍受痛苦，**与之共存**。这里，我们看见精神分析与库埃疗法①之间具有相似性。

弗洛伊德的态度不可谓不谨慎：为了让精神分析产生效

---

① 库埃疗法是一种病人自我暗示的心理疗法。

果，必须避开那些过于严重或不适合治疗的病症，也就是说需要选择那些病得不是很重的人治疗；原则上要把穷人排除在外；在选择病人时要偏向选择那些有文化的、受过教育的、思想上"恭顺的"及已经对谈话疗法效果心悦诚服的人；要优先治疗那些资产阶级出身、有钱支付长期治疗所需巨额花销的客人；挑选的病人不应该是那些可能沉溺于自己的生病状态而让疗法失败的人；最后还需要知道的是，分析，说到底是永远不会结束的，它具有永无终点的特点，而且为了让分析很好地进行，还必须让病人做好一生都与痛苦相伴的思想准备……为了得到上面这个贫乏结论，真的需要绕这么大的圈子吗？

第二十四章　只在纸上存在的
　　　　　　　大量治愈案例

不可否认的是，就分析师自己的人格而言，他们并没有完全达到他们希望自己病人达到的那种正常的精神状态。

——弗洛伊德，《有终结的分析与无终结的分析》

或许需要考虑我从事精神分析研究带来的一大后果，那就是我变得几乎［原文如此］无法撒谎。

——弗洛伊德，《日常生活心理病理学》

我们把精神分析治疗叫作"将黑人洗白"。如果我们从高于已知内科医学水平的角度来看的话，这种说法并非完全错误。我常常这样自己安慰自己说，即便我们在治疗水平上不够出色，至少我们明白无法做得更好的原因。

——弗洛伊德，给宾斯旺格的信，1911年5月28日

一直以来，弗洛伊德都以成功来为他的分析作结。那安娜·欧呢？1892年，弗洛伊德在他《癔症研究》一书里确认说："我已经描述过其奇迹［原文如此］效果，那就是从治疗开始直到疾病结束，所有由次级状态导致的刺激以及这些刺激

带来的后果都通过催眠中的言语表达被长久地消除了。"在这本书的稍后部分，他甚至清楚提到了"癔症的最终治愈"（Ⅱ.65）。朵拉的案例？她解决了自己的问题，"让生活重新走上了正轨"，弗洛伊德在 1905 年《一个癔症分析片段》（Ⅵ.301）里就是这么说的。小汉斯呢？那是一次"最终成功治愈的分析"，1909 年他在《针对 5 岁男孩恐惧症的分析》（Ⅸ.128）里斩钉截铁地确认了这个结果。鼠人？这个人也被治愈了，因为弗洛伊德在 1909 年解释了"如果让疾病继续发展下去"将导致怎样的后果（《对一个强迫症案例的评注》，Ⅸ.214）。狼人？弗洛伊德在 1918 年发表的《从一个儿童神经症故事说起》一文的文末注释的结尾几行里毫不犹豫地肯定了下面这点：他实施了治疗，而且还在第一次世界大战爆发前夕治愈了这个病人。在他身上仅仅剩下"一处没有解决的移情问题"，不过这不是因为治疗缺乏效率，治疗当然不会是缺乏效率的，就治疗已经治好的那部分而言治疗很好地发挥了作用，治疗只是没有完全治好他而已！除了这点瑕疵，这个病人还是被治愈了的，因为弗洛伊德在形容他的状况时用了"康复"（ⅩⅢ.118）一词。

既然如此，那么为何 1974 年时谢尔盖·潘克耶夫会在《对狼人的访谈》里不假思索地对记者说："您知道吗，我感觉很不舒服；最近这段时间，我得了极其严重的抑郁症"。这位弗洛伊德最著名案例的当事人，当时已经 87 岁，这个 60 年前就被宣布治愈且有能力正常生活的人，这个在理论上已经康复了的人，却说他一直都在每周二下午去看精神分析医生（60），尽管他自己早不相信还有什么疗法会对他起作用……

弗洛伊德在文章中和书籍里以坚定的态度发表了由自己的

分析疗法得到的那些所谓积极结果——在《精神分析五讲》这本被他说成是精神分析圣经的书里尤为如此——这些作品通过信誉卓著的出版社在著名的学院人士中流传，在无可争议的权威机构里得到传播，在精神分析师开会时、在国际跨学科的交流中被点评，所有这些都参与维持了这个由大型媒体在四分之一个世纪里交相传颂的神话：**精神分析能够治疗而且治愈人**。

西格蒙德·弗洛伊德从理论上指出，他的方法并非对所有人都管用，而且分析很可能没有终点，某些失败也是存在的（因为坚持抵抗、病症带来的好处及剩余的移情都会导致失败……）。尽管如此，他却没有提供任何关于失败的细节和原因，也没有在任何一处提到过失败的案例（而失败案例是有助于增加他学说的可信度的）。如果不成功在理论上并非不存在，那么为什么他没有把失败案例作为研究对象呢？为什么他从没提起过这个或那个临床上的不成功？为什么在弗洛伊德论点得到展现的同时却不存在任何负面案例的展示？为什么弗洛伊德只有攻克百病的治愈者的一面，而不存在失败的另一面？

这是因为尽管弗洛伊德在《精神分析的意义》（XII.99）里说明了精神分析具有局限性，却没有举出证据证明这点，而这种情况又被只展示成功案例的做法强化了效果。不过，制造传奇所需要的烟雾总有一天会被历史真相和历史学家驱散。比如，在精神分析领域最有建树的一位历史学家亨利·艾伦伯格指出，从1892年起就开始被说成是完全成功的安娜·欧案例事实上是一次可悲的失败。

另一些历史学家的著作也同样表明那些被弗洛伊德说成是治愈了的案例其实都失败了。根据颂扬精神分析学科那些人的说法，正是因为得到了精神分析实践的支撑，精神分析这一理论才被确认为真实正确。然而，弗洛伊德的科学合法性从来没有超越过施行式断言的局限，施行式断言是他论证的特征。《精神分析五讲》这本书靠的是组织形式上的巧妙，它先是展现了精神分析在**癔症**领域的成功，然后是在治疗**恐惧症**和**神经强迫症**上的成功，再是对**妄想症**十分有效，最后说它在**儿童神经症**领域也十分成功，所以这些都是为了证明：弗洛伊德在他那个时代的心理病理学的所有领域都十分出色！

弗洛伊德在他的《精神分析学引论》里让人们知道，不管病人是不是被治愈，真正重要的最终还是学说是不是得到了发展。对于一个新大陆征服者来说，胆量才是首要品格……他的这种说法也正好反映了他给人治疗的真实情况，因为他的那些所谓的治愈案例其实都远远没被治愈，时至今日，所有希望知道真相的人都能通过严肃认真的历史学家一丝不苟地完成的相关调查明白这点。

这位维也纳的医生其实不喜欢他的病人。这点很少被人强调，强调这点自然是会影响到弗洛伊德的声誉的……不过，路德维希·宾斯旺格曾谈起他在1912年5月25日到28日期间到克罗伊茨林根（Kreuzlingen）拜访弗洛伊德时的情景。在《回忆西格蒙德·弗洛伊德》一书里，我们可以读到这样的文字："另外有一次，我问他，他和他病人之间的关系如何，他回答说：'我真希望拧断他们所有人的脖子。'这点我绝对不会记错。"到了1932年，弗洛伊德讨厌客人的态度由桑多尔·费伦齐在《临床日记》里再次确认："我还能记起弗洛伊德的一些评论，也许因为相信我会严守秘密，他在说这些话的时候并不介意我在场，他说：'病人，都是社会渣滓。病人存在的好处仅仅在于让我们挣钱生活，他们都是学习的道具。不管怎么说，我们其实根本无法帮到他们什么。'"……

认为精神分析疗法无效的这种想法还以一种古怪的比喻形式出现在弗洛伊德于 1911 年 5 月 28 日给宾斯旺格的信里："我们把精神分析治疗叫作'将黑人洗白'。如果我们从高于已知内科医学水平的角度来看的话，这种说法并非完全错误。我常常这样自己安慰自己说，即便我们在治疗水平上不够出色，至少我们明白无法做得更好的原因。"对此，我们还有什么好说的呢？

临床治疗、结果、痊愈，这些统统都不重要，因为真正重要的只有那个弗洛伊德花费全部时间去建构的世界观。作为一个想要制作一件精美艺术品的唯美主义者，这位精神分析师对真相、健康、精准和痊愈根本就是毫不关心。为什么要去关心这些呢？让他的城堡变得精美绝伦、庞大无比、气势恢宏、雄壮庄严、让人印象深刻，这才是最根本的——至于说这座城堡是不是仅为一个纸糊的建筑，是不是一个不能实际居住的想象或一件像小说或歌剧一样的艺术品，这些都不重要。

弗洛伊德在《癔症研究》中写道："有一点连我自己都惊讶……那就是我的那些关于疾病的故事读起来很像小说，或者说它们都不带［原文如此］学者式的严肃笔调。"弗洛伊德的机敏的确让人惊叹！以小说模式来叙述病案，在文学性记述中获得乐趣，为不采用科学家所必须用到的严肃笔调而心生喜悦，弗洛伊德再没有做过比这更好的无意识坦言了，它让我们明白为什么他无论如何也不可能得到他想要的诺贝尔医学奖，他去得个诺贝尔文学奖倒是更有希望。

为了在一天的咨询工作结束后轻松轻松，弗洛伊德时常读侦探小说，他在写作大病案时（朵拉、汉斯、狼人、鼠人等）运用的手法就来自这种文学类型：侦探小说擅长描绘处于有待解开的谜题中的人物们的心理状态。俄狄浦斯在伺机而动……如果在衣橱里发现了一具尸体，那么要做的就是找到凶手。换言之，需要这位侦探去发现蛛丝马迹，即疾病症状，他还必须逮捕凶手，而他面对的凶手则可能是给父亲进行过的口交、与母亲发生过的性关系或看见过的父母交媾。

只是就算这些病例读起来像小说，它们也不过是些篇幅很短的小说，确切而言就是短篇小说。因为历史学家在半个世纪之前就已经发现，弗洛伊德会从许多不同的临床案例里搜集散碎材料，再将它们聚拢起来形成一个病案，并在病案中创造出某个概念人物或拉布吕耶尔式的某种性格类型：朵拉是"癔症患者"的典型，汉斯是"恐惧症患者"，史瑞伯（Schreber）是"妄想症患者"，狼人是"神经症患者"。描述这些典型形象的目的在于创立一个用于展示心理病理学典型类型的陈列廊。他的这些虚构让他建立了一套疾病分类学，正是得益于这套疾病分类学的存在，他才可以创立学科并从理论上和实践上对这门学科的有效性进行合法化。

就像意大利文艺复兴时期的画家会将不同的时间和空间集中于一个审美创造，并依靠自己的艺术手法让这一审美创造获得一致性一样，这位叙事者也会把许多不同的时间集中于他用以叙事的同一思想空间内。他为了使自己的假设变得可信而重新组织了事情发生的时间顺序——尽管他的假设总与他自身的执念有关……他的这种做法有时候使得**历史中**、**以前发生的**、那些**应该**作为**原因**的事情变成了**虚构叙事中**、**后来发生的结果**……这里，再一次地，弗洛伊德要的是魔法因果的把戏，诚然，这让他的叙述文字很成功，但他的这种做法却与科学方法完全背道而驰，他在不停强调科学方法的同时又以自己不用遵循而欢喜。如果说历史真相在他那里遭遇了毁灭，那么文学真理则因为这位精神分析师所具备的不可否认的小说天赋获得了滋养。

尽管弗洛伊德不喜欢自己的病人且宁愿以他们为基础进行杜撰，但他的素材依然是真实的历史，其中包含着活生生的人、真实的痛苦、实际的身体疾病、强烈的不适、活着的苦难和具体的疼痛。在尊重病人匿名权这一理由的掩护下，这些病例被以化名介绍了出来，不过采用化名也可能是因为不想让病人因为他所写的故事去追究他的责任……又或者是为了可以在不顾及故事主角现实原型的感受的情况下——这些病人被强行拉入到这场把弗洛伊德的无稽之谈说成是一门科学的战役中——通过一个概念人物或一个虚构英雄，创造出有利于精神分析学科的建立及其合法化的人物形象……

然而这些作为精神分析炮灰而被伤害的血肉之躯实际上被工具化了。之所以这么说，是因为在弗洛伊德的自圆其说后面，在他为表面令人满意的分析所做的总结后面，隐藏着一系列谎言：弗洛伊德没有真正治愈那些他声称治愈了的病例。不然，我们也可以换一种说法：弗洛伊德是在纸上治愈了那些人，他治愈的只是虚构的病例、理论上的病例和概念人物，这才是实情。他没有治愈那些隐藏在化名之后、隐藏在弗洛伊德戏剧布景背后的真实的人……

比如，弗洛伊德的确治愈了安娜·欧，却没有治好柏达·巴本哈因姆，他治愈的是朵拉而非伊达·鲍尔（Ida Bauer），是小汉斯而非赫伯特·格拉夫（Herbert Graf），是鼠人而非恩斯特·兰策（Ernst Lanzer），是狼人而非谢尔盖·潘克耶夫①；换言之，他在理论上、在他寂静的办公室中、在逐渐写出的文章和文字里治愈了人；对于以他为圣人来立传的传记作家们来说，他治愈了人；根据有关他的传奇、百科全书、辞典和门徒的说法，他治愈了人。但实际情况却是，他没有治愈任何身体，为了理论上的治愈，他甚至拒绝了现实的身体……弗洛伊德的痊愈都是本体概念上的、思想上的和理论上的——而现实已经证明这帮崇信这个魔法师有魔法力量的人犯了错。因此，这些纸上的治愈故事值得我们详细论述一番……

我已经考察过安娜·欧的病例了，而且还揭露了它在怎样的程度上可被称为制造了弗洛伊德宗教经典之《创世记》一章的首个虚构故事。在此基础上，我们还要把弗洛伊德写就的福音书《精神分析五讲》添加进来，这本书被制作成了一本原型病例的合集，被用作临床精神分析的教材、分析疗法的教理书和弗洛伊德大传奇的小版本。在为第一个病例朵拉写的序言里，弗洛伊德指明说，病人们大可以表达说不愿意将自己的问题展示给公众，但他们怎么想并不重要，因为真正重要的是让这门科学在将来能够服务于其他病人。于是，将病人在医疗诊所中吐露的有关自己精神的阴暗部分公之于众，这种本属于违背职业保密原则的做法，在弗洛伊德的笔下却成了一种英勇无畏的科学行为，功劳自然最后也都归于他自己。

---

① 在以上列举的名字中，前者为化名，后者为真名。如安娜·欧的真名为柏达·巴本哈因姆。

所以，我们才会在《一个癔症分析片段》里读到下面这段辩解，它旨在合法化弗洛伊德透露伊达·鲍尔（化名朵拉）隐私的做法："向公众告知我们认为已经得知的癔症形成原因和机制是一种义务，不这么做就属于可耻的懦夫行为，只要透露行为没有对病人造成直接的人身伤害就行。"（Ⅵ.188）所以说，在弗洛伊德笔下，违背医学保密原则成了一种义务，而对这个原则的遵守，则是懦夫行为……

在《精神分析运动历史文集》的一个脚注里，弗洛伊德谈到一位病人表示不愿意将自己在分析时所说的话用于公共目的。对此，弗洛伊德这样写道："我在没有得到他同意的情况下使用了他的话语，因为我无法接受［原文如此］让精神分析技术以严守秘密的保证［原文如此］来保护病人。"（Ⅻ.312）看，弗洛伊德已经说得很清楚了：对他而言，不给病人保守秘密是一种科学品格，严守秘密则是意志薄弱的懦弱表现……

于是，我们也就能够理解为什么弗洛伊德会在《日常生活心理病理学》里对朵拉做如此古怪的形容，他说，她属于那群"甚至无权保有自己真实姓名的可怜人"中的一员。然后，弗洛伊德又写道（259）："当我后来在为这个没有权利保留自己名字的人寻找别名的时候，我脑中出现的只有'朵拉'这个名字。"这是他姐姐家一个用人的名字……献身精神分析事业的主人弗洛伊德用用人的名字来命名自己的病人，这种做法的喻义不言自明。

那么，**没有权利保留自己的名字**，到底意味着什么？它依据了哪条规定？它根据的是哪个法院的判决？谁是法官？这完全是由弗洛伊德单方面决定的：指挥一切的是科学，而非病人。客人花大价钱来咨询，他们躺在治疗躺椅上说出自己性生活最隐秘的细节，希望这些秘密只有弗洛伊德一个人知道而不会外传到尽人皆知，他们不愿意让自己的父母、朋友、孩子、家庭、其他的父母们知道。然而，弗洛伊德真的关心客户的隐私吗？对他而言，这种琐碎平庸的问题才不重要呢：精神分析科学必须让一切现有抵抗都屈服，因为未来病人的救赎都系于此。只要是为了人类的未来幸福——尽管这个肯定会到来的未来还很遥远——就大可以在此时此地牺牲一小撮无辜的人。就这点而言，我们倒是从弗洛伊德的想法中辨认出了20世纪意识形态理论家们的惯用逻辑……

弗洛伊德采取了谨慎的态度：对朵拉的分析是事后才公布的，它被刊登在一本科学内刊上，遵守了匿名原则，他说这个病人被治愈了。"当然，我无法阻止病人在偶然情况下［原文如此］看见自己的疾病故事并因此感到难过。但是她不会从她已经知道的故事里获取任何新东西，她应该去想，别人能从这个案例分析中知道什么有关她的东西。"（Ⅵ.188）于是我们明白了，弗洛伊德向宾斯旺格透露的想要拧断病人脖子的欲望也可以有这种**升华**形式……

批判历史学家们，甚至是像欧内斯特·琼斯和彼得·盖伊这类被允许给弗洛伊德立传的传记作家们也说，弗洛伊德在书信里、在研讨会上和在包括维也纳精神分析协会会议在内的各种分析师会议上，没有遵循匿名原则。他把躺椅上的秘密泄露给那些他想告诉的人，只要是关乎性幻想的有趣细节、私生活或与私密关系有关的事，他就从来不会保持沉默。比如弗洛伊德先后对琼斯和费伦齐吐露了他们各自的情妇在他的分析躺椅上透露的隐私。以发展科学为借口，分析师们互相交换着病人在诊所里吐露的隐私。一旦弗洛伊德觉得昔日之友缺乏对他学科的虔诚而决定将他作为敌人对待时,他就会不顾廉耻地运用他从以前的分析里得知的对方的隐私——很多失去他宠信的朋友都受到了这种残酷对待……

现在让我们来考察一下构成弗洛伊德教义的那 5 个案例。1900 年,朵拉 18 岁,她被介绍给弗洛伊德,尽管她是在不情愿的情况下被自己父亲带来的。她的父亲曾因梅毒到当时还是神经科医生的弗洛伊德那里诊治过。这位商人父亲,患有结核病,他与一个朋友的妻子维持着通奸关系,而他的这个朋友又想勾引他年轻的女儿……14 岁的朵拉拒绝了父亲朋友的殷勤。

这个年轻女孩用一记耳光作为对这位先生露骨要求的回应,感觉大事不妙的他于是反咬一口,说是朵拉先勾引的他,他造谣说朵拉看放荡小说,想以此来让别人相信自己的谎言!这个举止轻浮的好色老头就这样把一个拒绝了他的年轻女孩说成是让他成为受害者的性强迫症患者。朵拉来诊所时具有的症状是咳嗽、失声、抑郁、容易发怒、想到自杀,以及时常发作的偏头痛。

正常情况下,也就是说如果不用俄狄浦斯、原始部落或儿子们分食被谋杀父亲的吃人筵席这些东西来解释,如果不让病人躺在躺椅上接受分析,也不借助形而上学的重重规则,只用常识来解释的话,我们可以想象:一个 14 岁的年轻女孩很自然地会去拒绝一个想和她上床的 44 岁男人。因为与一个上了年纪的男人发生性关系对一名少女而言是一件令人恶心的事……她先是觉得倒胃口,然后又很恶心地发现,刽子手一如既往地披上了受害者的外衣,他把拒绝了自己的猎物诬蔑成一个性强迫症患者；在正常人看来，朵拉因此而觉得不自在且十分苦恼，并导致出现身体症状，都是再正常不过的事……

但弗洛伊德却不是这么理解的：如果一个少女拒绝了某个贪淫好色的父辈的性要求，那就说明她得了……癔症——因为朵拉是被作为癔症的标志性病例写入《精神分析五讲》里的……下面就是这位维也纳医生在这本书中给出的解析：这个男人靠近她，**因此**他是处于勃起状态的，**因此**他用自己的身体去摩擦她的身体，**因此**她透过衣服感觉出了他下身的肿胀，**因此**……她性兴奋了！弗洛伊德完全没有想到，结论也可能是下面这样：**因此**，她觉得很倒胃口。

于是，他这样解释说：一个少女若拒绝上年纪人的性要求，她就是癔症患者！如果我们一如既往地根据这位精神分析理论家的诡辩式辩证逻辑来看的话，我们就必须把这个年轻女孩口中的"不"理解成"是"。弗洛伊德在《否认》里展开的分析已经让我们习惯了这类价值蜕变：从理论上讲，反对意味着想要，拒绝意味着接受，否定意味着肯定。因此具体而言，拒绝一个年纪比自己大好几倍的好色男人的性要求就相当于为他的性要求感到兴奋和高兴……

自此，她喉咙发紧的症状也得到了解释：那自然是因为她想到了口交……朵拉在咨询时强迫式地玩弄着自己小钱包的搭扣，这意味着什么？她的这一举动暴露的既不是她在为生活苦恼，也不是她在因淫猥撒谎者让她遭受的那一切而克制不住地焦虑，相反，在弗洛伊德看来，这一举动显然代表了一种无法克制的手淫式活动……她不是有呼吸困难的症状吗？这与焦虑引起的胸腔压迫感无关，它当然与此无关，因为她不过是在模仿她所意外撞见的父母做爱时发出的喘息声而已……

当分析师为了继续他的科学小说而让朵拉讲一个梦时，朵拉说的是她从大火里挽救回来了一个首饰盒，这又怎么解释呢？凝缩、移置和表现，通过运行这一诡辩机制，弗洛伊德证实，这个年轻女孩无意识里有着想要与他父亲朋友上床的欲望，因此也就是存在想与自己父亲上床的欲望——然而，我们只用发挥一下最最基本的比喻联想，就可以反驳弗洛伊德：从一场大约50岁人的"火"（力比多性欲）里挽救回她的首饰盒（性），这种做法给人的联想，与其说是她同意他的做法，还不如说是她想要逃脱他的魔掌……

如果我们相信弗洛伊德发表这个病例时所做的总结，那么当时的朵拉已经在经过分析治疗后重获了平静：她结了婚，实现了对父亲的情感独立，她的生活重新走上了正轨。大致说来，这就是弗洛伊德在对这个案例进行了百余页论述后在分析末尾告诉我们的结果。然而，这却完全不是事实……事实上，在弗洛伊德给出了这个怪罪朵拉且为50岁恋童癖开脱的荒谬解释的一年半后，朵拉重新因为面部神经痛来就诊，而这一次弗洛伊德把她的症状诠释成……她因当初给了那个勾搭她的老头一巴掌而产生了迟到的内疚！于是这又成了新的证据：她后悔打他，这说明她在内心真的想和这个男人上床——即便朵拉否认上面这些说法，那也只会被认为是在为弗洛伊德当初给她下的癔症诊断的合理性提供另一佐证……

弗洛伊德又说，既然他刚刚才被任命为教授，而且这一消息已经被报纸报道，所以朵拉不会不知道他的晋升，因此她带着面部神经痛走进他的诊所就是在让他丢脸，她是在把对她父亲朋友的攻击意图转移到……他弗洛伊德的身上！有些人认为，应该把这个被报纸发表且仅仅被勉强隐藏了姓名的女孩朵拉的案例解读成弗洛伊德在实施报复：弗洛伊德因为这个年轻女人而伤了自尊，由于朵拉不同意他给出的可以说是不靠谱的分析而在1900年12月31日主动结束了治疗。弗洛伊德以这次荒唐的分析写就的文章曾两次遭到拒绝，而且是被两位主编拒绝，他们的理由都是这篇文章违背了医学保密原则。弗洛伊德对这篇文章做了修改，让它最终得以发表，但是他做的改动十分有限，根本不足以真正隐匿这个病人的身份。

很多年后，朵拉成了一个脾气很坏的人，她跛足而行，还得了美尼尔眩晕症（vertige de Ménière）。她的慢性消化紊乱长期没有被从生理角度检查医治，导致最终发展成了结肠癌，癌症被诊断出时为时已晚，它在1945年夺去了她的生命。当弗洛伊德完成关于她的那篇分析文章时，他曾这样对弗利斯写道："这是迄今为止我写过的最洞察入微的文章，这篇文章也因此会让读者们觉得比平常更丑恶。"（1901年1月25日）——事实上也的确如此……

第二个案例：小汉斯。小汉斯的父母分别是音乐学家和演员，他们自1907年开始依据弗洛伊德的原则来教育儿子。弗洛伊德在《针对5岁男孩恐怖症的分析》中把这对父母说成是他"最亲近的门生之一"（IX.6）。在孩子成长过程中，力图不让会导致创伤的挫折感产生，没有性欲上的压抑，没有阉割威胁，没有强迫，没有与性化身体相连的罪过，因此也就没有滋生神经症的危险……孩子的父亲，也是位分析师，经常按时在星期三来弗洛伊德这里咨询。他记录下孩子做的各种梦，他关心孩子的成长，观察孩子说的每个字句，光是用来记录对孩子行为观察的本子就有很多。

然而，即便这对夫妻在精神分析上颇有经验，他们却依旧在某些地方表现出了蒙昧无知，因为当母亲确认发现自己儿子正在自慰时，她威胁儿子说她会让医生到家里来剪断他"用来嘘嘘的东西（faire-wiwi）"（IX.7）［旧版中的翻译为"用来撒尿的东西（faire-pipi）"……］。而且父母还对他说，妹妹的出生是鹳鸟把她带来了。这些做法的存在说明弗洛伊德主义在家庭的实践上具有局限性，正是这些局限性让圣人传记作家们得以解释为什么神经症会出现在一个按照弗洛伊德想法教育的5岁孩子的身上……

小汉斯的确表现得像是患了恐怖症，他害怕被马咬，他也害怕从马上坠落，这样的事故在当时维也纳的湿滑路面上经常上演——不难想象，以孩子的身高而言，一旦套车在车行道上打滑，它所发出的哗啦声将会多么巨大。这种惧怕让他避免去到任何有可能撞见马匹的地方。此外，在动物园里，大象和长颈鹿的硕大性器很是令他着迷。极其弗洛伊德的这对父母向孩子解释说，阴茎的大小与动物的大小和高度有关——父亲当然不会让孩子把自己同动物做比较……

弗洛伊德对小汉斯的诠释和诊断如下：小汉斯的父亲留着粗大的胡髭，他的脸庞因此像被画了一根横线——他就像……一匹戴了嘴套的马！所以，根据弗洛伊德魔法思维的推断，加上对"事物永远不是它自身的面目而总是另一个东西"的这种象征手法的运用——因为在这个比较理性的思维世界里，在这些纯粹虚构中，由类比或类似引起的思想碰撞的产物被说成是真理——我们可以想象出下面的场景：马不是马，它是其他东西，所以它就是……父亲。胡子就是证据——它不是胡子而是马嘴套……

就这样，依据俄狄浦斯情结，小汉斯被认为有想和自己母亲实现性结合的欲望——弗洛伊德觉得他的母亲实在是美丽绝伦——但小汉斯的父亲却禁止他实现这种欲望。父亲因此对他造成了阉割威胁。害怕被马咬的恐怖症因此可以用害怕看见自己阴茎被割这一经典的阉割逻辑来解释。弗洛伊德显然再一次地运用了众所周知的俄狄浦斯三角虚构关系来解决具体问题，而在他看来，害怕从马上跌下也必须用同样的虚构关系来解释。

很多年后，小汉斯长大成人，他说真正让自己害怕的场景与弗洛伊德给出的解释简直风马牛不相及。当时他的父母已经离婚，他成了一家歌剧院的经理，他的工作让他也有机会参与舞台布景。他坦言自己并不赞同弗洛伊德的假设。相反，他认为自己幼年怕马的原因很平常，没什么魔法性的东西，也就是说完全不神秘，而且也与乱七八糟的成人性幻想完全扯不上边，他给出了原因。1908年1月7日，他在散步的途中，看见了一个让他心灵受到极大伤害的场景：一匹挽马[①]倒在了他的脚下。

硕大的肌肉滑向地面，损坏的马具在倒下时发出了巨大的哗啦声，马的四个蹄铁在道路上擦出点点火星，马儿拼尽全力想要恢复站姿，更别说当时很可能辕木或车轮均被损毁，马车装载的货物也一一倾倒。我们可以想象，一个只有大约一米高的孩子，因此而受到了惊吓，从而导致他害怕马匹，这种解释完全说得通，根本不需要用什么阉割恐惧作为解释……自然地，当几个月后这件事情在孩子脑中淡化，他就不再害怕马匹

---

① 挽马：专门拉重物的马，身材高大。

了，而弗洛伊德却将这种自然发生的心理演变说成是自己疗法取得的成功，他把一切都算到了他的成就里……

1922年春天，19岁的赫伯特·格拉夫（小汉斯其实是他的化名）拜访了弗洛伊德，他说他什么也记不起了。根据弗洛伊德自己理论化出的那套逻辑，记不起事情这点本身就证明了事情是真实存在的。因为根据抑制理论，正因为我们记不起事情才说明了事情的真实。汉斯/赫伯特对弗洛伊德的分析展现的东西完全没有了印象？好，因为这能够最好地证明弗洛伊德当初的分析的确有理。那在真正的维也纳街道发生的那次真实的坠马事故呢？这件事情根本不值得置评：因为世界之真实对弗洛伊德而言永远是虚构，反之，只有他自己的虚构才是真实。

第三个案例：继一个**癔症患者**和一个**恐怖症患者**之后，弗洛伊德给我们带来了鼠人这个**强迫神经症患者**。在《对一个强迫症案例的评注》一文的开始几行中，弗洛伊德专门提到，维也纳人那"不识趣的好奇心"（IX.135）让他无法写出全部的真相，他不过是想说出真相而已，却都不行……因此，如果他写的东西不是千真万确，那也只能怪他太过老实，一心只想着保证病人的匿名！所以说，弗洛伊德对现实的一切歪曲都是处于很高的道德层次考虑才做出的……

弗洛伊德说，如果说他最终还是无法参透强迫神经症的所有奥秘，那并非因为他在思想上或理性上有局限，而是病人的抵抗心理造成的！尽管如此，在分析结束时，弗洛伊德还是公开表明自己治疗了鼠人而且真正治愈了他。看，事情原来是这样的：尽管他不清楚这种疾病的理论细节，却能够在不清楚自己在治疗什么的情况下实施治疗，而且还取得了完全的治疗效果。

那些已被毁掉的笔记显示，对鼠人的治疗并非像他在《对一个强迫症案例的评注》一文中写的那样持续了"大约一年"（Ⅸ.135），而是仅仅持续了"三个月零二十天"。弗洛伊德以孩子父亲提供的记录分析小汉斯，他仅仅在1908年3月时与这个5岁男孩有过**短时间**见面；不过，朵拉也仅仅被分析了11个星期而已，即从1900年10月到同年的12月31日；鼠人的情况也与他们类似，他没有在治疗躺椅上躺很长时间，总共就7次咨询而已；就更不用提史瑞伯法官了，弗洛伊德仅仅满足于在纸上分析他，在现实中与他从未谋面……

1908年4月26日和27日，弗洛伊德计划在于萨尔茨堡（Salzbourg）召开的第一届精神分析师国际大会上发言。但到4月19日他还什么都没有准备，他给荣格的一封信证明了这点："这次发言无疑将是孤立观察和笼统交流的混合物，它将以一个强迫神经症病例为主题。"（1908年4月19日）来自6个国家的40多位来宾等待着精神分析之父的发言。弗洛伊德在预计的开会日期到来之前的一个星期才决定介绍鼠人的案例。开会当天，弗洛伊德展现了他演说家的才华，有关弗洛伊德的传奇告诉我们，他让他的听众全神贯注地听了5个小时之久。

鼠人时年29岁，是一位才华横溢的法学家，他不但充满智慧而且很有学问，正是他让弗洛伊德得知了尼采在《善恶的彼岸》中提到的那个著名观点，即可以用"自尊会导致某些记忆被抛弃"这点来解释人们拒绝承认现实的心态……弗洛伊德不止一次地引用过这位德国哲学家的这篇作品。兰策在咨询中详细讲述了自己的症状：想给自己或他人带来痛苦、突然很想杀人或突然想用剃须刀割开自己的喉咙，与此同时又害怕失去自己的父亲及自己深爱的女人。此后他又讲述了一系列不但数量惊人而且思路混乱的故事。于是，就出现了下面这个信息：童年时，他应该被父亲打过屁股，而且很可能是因为他犯了与性有关的某个罪过而遭受的惩罚。

在讲述自己性生活细节的同时，恩斯特·兰策说，他的第一次恋爱的对象是一个名叫罗伯特（Robert）的年轻女人。而罗伯特，那可是男性名字啊！此外，兰策还起了他在军营里听到的一个故事，那是一个施刑折磨人的故事：施刑者在罐子里装满老鼠，并将罐子与受刑人的屁股相连，让老鼠可以进入到受刑人的直肠里。

就此，弗洛伊德搭建出了一个理论：再一次地，老鼠不是老鼠，而是除了老鼠之外的其他东西……不过也不用太费脑筋就能知道弗洛伊德的答案："老鼠＝阴茎"。弗洛伊德绕了一个大圈子，以施行式断言提出了一些具有象征性的等式，最终他让老鼠变成了类似于父亲的东西。这让故事中的受刑人对应的其实是重述这个故事的人的自我幻想。这位维也纳医生的结论是：鼠人希望被自己的父亲鸡奸……

治疗结束几周之后，弗洛伊德说他做到了"完全恢复这个人的人格以及……消除他心中的压抑"（IX. 135）——但在几个星期后，弗洛伊德又写信给荣格说，鼠人恩斯特·兰策的问题丝毫没有得到解决……然而，大会已经开了，治愈的消息已经公布了，还有什么好说的呢？重要的是科学已经像弗洛伊德盼望的那样进步了。鼠人死于第一次世界大战初期，他的死消除了这个生命的所有痕迹，于是永恒重归弗洛伊德：他再也不用担心这个有血有肉的生命会来否认他的假设了。

第四个案例：史瑞伯法官（1842～1911）。这是《精神分析五讲》的倒数第二个案例，它清楚地展现了，弗洛伊德对病人的身体状况和具体事实都不怎么关心，因为他从未见过史瑞伯，他对这个人的分析仅仅建立在对他1903年出版的《一名神经病患者的回忆》这本厚书的阅读上。再没有比这更能体现弗洛伊德在作品和信件里广泛表现出来的下面这个观点了：病人的肉体对他而言没什么重要性，因为只有科学才是唯一重要的东西……比如他在给爱德华多·魏斯的信中这样写道："只有很少的病人配得上我们为他们耗费的精力，因此，我们不应该把重心放在治疗上，而是应该为能从病例中学到东西而感到高兴。"（1922年2月11日）所以，病人和他的精神健康根本就不重要，因为重要的是通过对某种疾病类型的展示——此处是妄想症——来完善精神病理学一览表。

史瑞伯是上诉法庭的首席法官，这位颇有名望的法学家在选举失败后陷入了疯癫。他在精神病院待了数周后，重新恢复了工作，直到后来旧病复发而被关入精神病院，这一关就是9年。在此期间，他写了著名的《一名神经病患者的回忆》（下文简称《回忆》）一书，在这本书里，他以一种十分荒诞的神学为依据，提出了一个模糊的世界理论。他说上天赋予他的任务是要求他改换性别，以此来让世界重拾失去的极乐……

首席法官史瑞伯因此成为弗洛伊德的一个分析对象，他在1911年发表了《对一个以自传形式描述的妄想症病例的精神分析评注》一文，而那个并非出于本意就成为弗洛伊德病人的法官史瑞伯也是在这一年去世的。在文章一开头，弗洛伊德就写道："很可能史瑞伯至今还活着，或许今天的他，会因为已经远离了自己在1903年创造且深陷其中的那个谵妄系统而在看到我对他的书所做的这些评注时感到难受。"（X.232）不过，这不重要……

当弗洛伊德写下上面这些文字的时候，那个被他在公共场合展示卖弄的病例主角刚刚才过世：首席法官史瑞伯卒于1911年4月14日。但弗洛伊德在一点儿也没有征询自己研究对象意见的情况下，于1911年夏天发表了这篇关于史瑞伯的文章。而且还在同年9月22日召开的魏玛精神分析国际大会上宣读了这篇文章。为了就这篇文章的发表为自己辩护，弗洛伊德引用了这个病人在为其著作《回忆》的发表辩护时采用的理由：尽管书中涉及的那些人物的真实身份都清晰可辨，但为了更重要的科学——这里的所谓科学其实就是这个病人的谵妄想法——它还是应该被发表。就这样，弗洛伊德清楚明确地以一个妄想症患者的谵妄来为自己的粗俗行为辩护并将这类行为合法化：如果一个被关入精神病院的疯子都可以不去顾忌，为什么他弗洛伊德要去顾忌呢？

这位首席法官患有焦虑症，他害怕被人用酷刑折磨，他把自己想象成数量庞大的一系列幻想事件的受害者。弗洛伊德把精力集中在研究这位妄想症患者发表的文字上，因为妄想症是他非常感兴趣的东西。实际上，当他准备研究这个课题时，正值他先后与阿德勒和荣格发生争执、关系不和的时候。于是我们很有趣地发现，在他毫不关心史瑞伯的鲜活身体、一心只想就妄想症提出普遍理论的那段时间里，他又觉得自己的一些门生对他有意见，而这仅仅是因为他们没有盲目地赞同他的观点……

于是，我们明白了为什么仅仅只对《回忆》一书关注的弗洛伊德会从一开始就有把首席法官史瑞伯塑造成一个同性恋妄想症患者的想法。这样便可以把这位被拘禁的人的文字看作是一个儿子在寻求对父亲的爱情。接着，我们又一如既往地看到，太阳被他看作父亲的替代物，手淫被认为与阉割焦虑相连，儿子充满了对父亲又爱又恨的矛盾情感等。因此，对与父亲同性乱伦禁忌关系的抑制导致法官史瑞伯得病，并最终导致他被关进了精神病院。证明完毕！

如果弗洛伊德没有把分析重心放在妄想症患者所写的文学虚构上，而是更加关注被分析者本人的存在状态，那么他就会想到去把那些在史瑞伯法官笔下神秘谵妄世界里频频出现的器械与法官父亲真实制作的器械做个比较！事实上，首席法官的父亲是一名保健医师，而且他在历史上并非无名之辈，他是治疗医学的奠基人，是一本广为传播、数次重印的书籍的作者：《室内保健医学》。史瑞伯医生制作了一些强力矫形器，比如有一些器械是用来框住身体以保持头部垂直的。这些用钢铁做成的器械会给那些参与正形、纠正、矫正的人带来肉体创伤，而这位父亲一贯用自己儿子来做试验……我们完全可以想象，史瑞伯在孩提时期受到的那些创伤导致了后来出现在这位首席法官身上的那些症状，并且对他身心都产生了影响。这样的解释是不用借助弗洛伊德那套说法的——而弗洛伊德认为，法官的病是由于他抑制了对父亲的同性恋欲望！弗洛伊德从理论上就首席法官病例给出的解释模型，对于这个备受痛苦的生命的存在真相和生平情况而言，省略了太多东西。不过，这么做都是为了这门学科和分析科学的进步……

第五个案例：这也很可能是弗洛伊德最著名的病例，就是狼人。谢尔盖·潘克耶夫是在1910年23岁时来到弗洛伊德诊所的。这个年轻的俄国贵族子弟过着奢侈的生活，拥有数目众多的仆役。在这之前，他已经到几个有名望的精神医师那里咨询过，他患有动物恐惧症，具有强迫症性质的执念、时而发作的焦虑以及下流的情色爱好。他的姐姐在他三岁时应该与他发生过性行为。当他在保姆面前手淫时，保姆应该是威胁过他说要割掉他的性器。因为这一警告而惊恐不安的他，退回到了施虐-肛欲和受虐期的阶段并在其中寻求庇护。结果，有时候，在治疗咨询进行时，他会想象自己正把蝴蝶的翅膀拔掉或想找碴儿让自己的父亲揍自己。他爱上的女人全都出身贫寒，当他看见这些女人中的某一个在四肢着地做清洁时，马上就会充满激情……

在弗洛伊德的治疗躺椅上，他讲述了19年前做的一个梦：当时他只有四岁，他躺在自己的床上，窗户自动敞开了，他发现在窗户对面的一棵树上有六只或七只白色的狼，它们的模样很像狐狸或牧羊犬，全都坐在树干上面。当时是冬天。还是孩子的他害怕被吃掉，于是惊醒了过来，大哭大叫……喜欢画画的狼人画下了自己的梦中所见。在这幅画上，所谓的六七只狼实际上只有五只——如果我们知道弗洛伊德对梦里数字所代表的含义进行了怎样的一番向外推论的话，一定会禁不住发笑……

对狼人的分析持续了四年——从1910年2月到1914年7月。如果重新回到钱的问题上——与前一章不同，这次我们有关于这个话题的直接材料——我们观察到，在凯琳·奥布霍尔泽（Karin Obholzer）对潘克耶夫的访谈中，潘克耶夫解释说，除了星期天，他每天都去贝格街 19 号进行一小时的咨询治疗。如果我们把当时的美元换算成 2010 年时的欧元，狼人四年来花在精神分析上的费用差不多达到了 50 万欧元。

弗洛伊德生活在位于维也纳高档街区的一套有着 17 个房间的公寓里，他雇了三个用人，葆拉·菲赫特尔也在其中，她每天晚上都用折叠床睡在过道里。"弗洛伊德教授"——就像他的职业标牌上注明的那样——有 6 个孩子，所以他必须解决连同米娜姨妈在内的家里 12 口人每天的生计问题。潘克耶夫的确有在 1974 年这样说过："精神分析的不足之处，无疑就是只有富人才可能享受。很少有人能够支付这样的治疗费用。"（68 – 69）……事实上，弗洛伊德已经于 1905 年在《论精神疗法》（15）中从理论上确认了这点……

那么这个著名分析带来了些什么呢？我们知道，弗洛伊德梦境理论遵循**凝缩、移置、表现**的逻辑建立了一系列关于梦中物品的等式。这个分析占了大约 100 页篇幅，其中到处充斥着荒诞夸张的等式：狼，其色为白，因此"狼 = 羊"；"狼的不动 = 父母的动"；"做 = 被动"；"被看 = 看"；"树 = 圣诞树"；"那些狼 = 一些礼物"；"白狼 = 父母白色的内衣"；"狼 = 一个姓氏为沃尔夫（Wolf，英文为狼的意思）的拉丁老师"；多毛尾巴 = 没有尾巴；打开的窗户 = 性方面的期待；圣诞节场景 = 夏季场景；白色 = 死亡；被剪成碎片的绳绒线 = 被切成几段的孩子；父亲给自己女儿钱财 = 生父给自己女儿一个象征着孩子的礼物；5 匹狼 = 凌晨 5 点钟；蝴蝶翅膀的扇动 = 女人做爱时双腿的动作；翅膀末端 = 生殖象征；蝴蝶的翅膀 = 一个梨 = 保姆的名字；在地板上撒尿 = 试图引诱；害怕蝴蝶 = 害怕阉割；淋病 = 阉割；害怕被狼吃掉 = "被父亲进入"（XIII. 103）……

弗洛伊德先是用一种无从反驳的逻辑制作这些等式，然后他给出了自己对这个梦的解释：当潘克耶夫还是孩子时，更确切地说是当他一岁半时（XIII. 35），他在父母房间里睡午觉，那是一个夏天的下午 5 点。"当他醒来时，他看见了三次后进式性交过程，他不但看见了母亲的性器官，还看见了父亲的，而且他也明白了父母在干什么及这个过程的含义。"（出处同上）弗洛伊德设想一个一岁半的孩子会数数到三，并且已经明白什么是性行为，而且还能在二十多年后记起这件事，弗洛伊德也很清楚他的这种说法会让随便哪个秉持理性和理智的人感到惊讶……然而他解释说，他会在后文中具体解释，他请求读者在此先"暂且相信这个场景的真实性"（XIII. 36）！

证据其实在比这远得多的地方。潘克耶夫看到了弗洛伊德对自己一岁半时看见的场景所做的评论，弗洛伊德在《从一个儿童神经症的故事说起》里写道："看见父母做爱的场景、幼年时期被性引诱并受到有关阉割的口头威胁，这些毫无疑问 [原文如此] 均为遗传的产物，是种系发生的遗留，不过它们也可以是因个人遭遇而被得知的。"（XIII. 94）于是，事情就变得简单了：要么潘克耶夫的确看见了那个场景，要么是他什么也没有看见。不过不论是哪种情况，按照弗洛伊德的说法，他都是看见了的，因为第一种情况属于他用**个体发生之眼**（œil ontogénétique）记录下了具体发生的情景，第二种情况则属于他以**种系发生之眼**（œil phylogénétique）从人类最原始的上古时期就在无意识中保存了这一场景。所以，不论哪种情况，**他都是看见了的**……

怎么治疗这个病症呢（我说的自然是这个病人身上的症状）？弗洛伊德的回答是："唯一的办法是他能够替代女人，

替代母亲,让他的父亲从他那里得到满足并且为父亲生一个孩子,这样才能让他摆脱这种病。"(XIII.97-98)既然我们很容易就能想到,要让这些条件一并满足是一件难上加难的事,那么我们也能料到这个病人事实上很难在有朝一日真正被治愈——至少如果我们相信弗洛伊德自己做的诊断的话就会得出这个结论……而事实上,这一预见最终得到了证实:狼人一直都没被治好。

然而,弗洛伊德在总结分析时却用了"康复"一词(XIII.118)。那么,狼人的状况到底如何呢?让我们听听谢尔盖·潘克耶夫自己是怎么说的吧。关于弗洛伊德对他那个梦所做的解析,潘克耶夫说:"这种解释终究还是太过夸张。"(70)他说自己从来就没有在父母房间里睡过觉,他只在用人的房间里睡过;他的一生都是在抑郁中度过的,他说自己每天要抽30根烟,到了87岁高龄时还是如此。关于他的健康状况,他说:"我有一些肠道疾病,这些病——很不幸地——是由于做精神分析而染上的。"(81)我们知道,在精神分析中,那个因为仅仅相信精神分析的高效性就拒绝所有药物治疗的弗洛伊德仍然**还是会**给人开药物处方(81)。关于焦虑反复发作这点,潘克耶夫说:"如果我真被治愈了的话,就不会再发生这种情况了。"(86)关于弗洛伊德宣称的他已被治愈的说法,潘克耶夫说:"我已经被这样分析过了……我实在厌倦了被分析。"(123)他指出自己在87岁时还一直处于治疗状态(149)。事实上,被弗洛伊德**治愈**的潘克耶夫,直到1979年他92岁生命结束为止,前前后后被10个精神分析师治疗过。他是这么形容的:"所有这些在我看来就是一场灾难。我觉得自己重新回到了在接受弗洛伊德治疗之前的状态。"然后他又说:"精神分析师没有让我觉得好受,反而让我更加难受。"(149)……

弗洛伊德教导我们,只要理论可以获得进步,治疗本身并不重要;只要为了学说,不管对病人做什么都可以……然而,理论真正前进了吗?科学真正进步了吗?可以肯定的是,新大陆征服者自己在大步前进着。至于他真的因此而赢得了可以与哥白尼和达尔文并驾齐驱的位置了吗?我们对此深表怀疑……相反,我们今天已经知道,这些治愈案例其实都只在纸上存在。西格蒙德·弗洛伊德回归了一种治疗术士的、巫觋的、魔法师的、巫师的、磁气疗法施行者的、用物体放射线治疗别人的人的,以及后来出现的其他旁门左道术士的悠长传统。只是,在历史上的某个时期,治疗术士用了精神分析师这个名字……

第二十五章　弗洛伊德没有发明精神分析

> 让我首先提醒一下你们，心理疗法并非现代治疗方法。恰恰相反，它是医学上最古老疗法的一种。
>
> ——弗洛伊德，《论精神疗法》（Ⅵ.48）

弗洛伊德没有发明精神分析：他并没有像人们四处传播的那样创造了"精神分析"一词，他也没有创造精神分析这个从上古时期就已存在的事物——这个古老事物不过是在以新的形式继续存在于世间。让我们先来说说精神分析这个事物本身。不难想象，**史前医学**源于一种巫觋宗教，这种宗教假设存在一个非物质的精神世界，并认为非物质的精神可以因某些动作、某些程式或某些特殊咒语而被吸引过来治疗人或向人施咒。可以假设，煎剂、烟熏疗法、油膏、药水、汤药在当时都承担了治疗的任务——实际上这些东西也的确给人带来了安慰。

埃及人——弗洛伊德清楚埃及人的医学且发自内心地尊敬埃及人——拥有一种魔法，它不但包括暗示、神话影射、列举、把戏、秘传语句、慰藉、护身符、仪式和其他可能对治疗有效的、用言语开展的方法，还有以处方形式开具的药理学力量作为支撑。这种属于前科学的埃及医学对古王国时期

（l'Ancien Empire）的很多病人都产生过巨大影响，直到科普特时期（l'époque copte）也都如此。考古学家证实，他们在纪念石上发现了很多雕刻上去的感谢话语……

谁都知道，希腊化时代的**希腊医学**就一般意义而言与戏剧，尤其是悲剧，维持了一种特殊关系：灵魂病症在含有疗法的戏剧中被治疗，治疗师会先将钱收入口袋，接着进行暗示，然后再运用歌曲、兽皮上的舞蹈、沐浴、言语、咒语、唤来魔法力量、在圣所过夜、按手礼等进行一套仪式化的演出，最后，病人便理所当然地被治愈了。就此，考古学家在发掘时找到了病人在疾病痊愈后所贡献的还愿物——就这些还愿物，第欧根尼还无不讽刺地说，如果病人在治疗失败时也敬献还愿物，那它们的数量还将多得多……

通常，主流的历史编纂不会提到雅典的安提丰，因为他总让人觉得是他发明了当代意义上的精神分析，弗洛伊德第一个就会对这个人的存在保持沉默！人们几乎对这个人一无所知，除了他被主流历史编纂归类为诡辩家这点之外——诡辩家可是一个万金油类别——他被说成公元前5世纪时在科林斯广场上给人建议的分析师。对于他，我们知道些什么呢？他教导人们说，灵魂指挥身体，但他没有推进到说明这两者之间存在不连续性的地步；他声称可以在内在因果逻辑的帮助下为付给他钱的人诠释梦境；他也是一本已经失传的、名为《逃脱苦痛的艺术》的书的作者。

我们还通过一个匿名作者（Pseudo-Plutarque）——其著作在长时间里被认为是普鲁塔克（Plutarque）的——证言得知，安提丰发明了一种意义治疗法（logothérapie）："在科林斯，离集会广场不远的地方，他在那里有一间招牌店面，他声称自己能够用谈话来治疗人们的精神痛苦；他询问人们为何忧伤并安慰他的病人。"这个作者还写道，安提丰还在公开讨论会上传授他的理论。另外一位诡辩家高尔吉亚（Gorgias）也告诉人们，言语是可以用来治疗和治愈疾病的——言语治疗，这恰恰是弗洛伊德在《非专业者的分析问题》（XVIII. 9）里给自己学科下的简单定义。

基督教也颂扬这种魔法思维，解除魔障的**基督教医学**也以同样的方式开展：它可以在没有其他药剂帮助的情况下终结苦痛，它借助的是具有治疗作用的语言、系统化的手势、疗法仪式以及具有十分严格精确的开展步骤的需要由教士——他们从上级教士那里学习到了驱魔宗教仪式或咒语的秘诀——按部就班地组织进行的礼仪化仪式。看，这就是长久以来在天主教土地上发挥着作用的医学。而且，即便到了今天，每个主教辖区都还有自己的被魔者……

如果给从人类最古老的巫觋时代到我们的 21 世纪后工业时代被认为是传统医学的医学列个清单的话，就会发现这种对治疗术士（guérisseur）、治疗师、魔法师、催眠师、巫师的信仰遍及世界各个大陆。魔法思维会根据时代的不同披上相应的科学外衣，但它拥有的仅仅是科学的形式而已，它建立在古老的非理性甚至不理智的文化底色上，这种文化想要让巫觋凭借超出科学的神秘力量消除疾病。

催眠就属于诸多旁门左道科学形式（parascientifique）的一种，麦斯麦的木桶和布洛伊尔的治疗躺椅——它在后来又变成了弗洛伊德的治疗躺椅——也在这些形式之列。精神分析就诞生于 19 世纪这样的魔法氛围中，这点也不让人觉得惊异，比如在 19 世纪，萨穆埃尔·哈内曼（Samuel Hahnemann）发明的顺势疗法也大行其道，它被看作一种"温和"医学，被很多人说成是科学，这些人假设尽管依据顺势原则所进行的多重稀释会令药物中化学物质消失，但没有了化学物质的这些药物依然可以用于治疗和治愈人……这又属于安慰剂的作用了。

我喜欢耶罗恩·博斯（Jérôme Bosch）那些经得起分析的绘画。他的画让人觉得画中的奇异天堂和神秘地狱都很可能与晦暗不明、保持低调的千年末世教派有着关系，正是这种低调使得这个作家的绝大部分绘画都犹如一个谜。但是，有两幅出自这个画出传世作品画家之手的木板油画，在15世纪末16世纪初就表现出了未来精神分析的全部道理：《切除疯癫之石》（*L'Excision de la pierre de folie*，大约创作于1494年）和《变戏法的人》（*L'Escamoteur*，大约创作于1502年）。

第一幅画的题材没有什么特别之处，我们经常可以在当时的法兰德斯派雕刻或绘画里见到这类题材。事实上，当时的人们相信疯癫是因为脑袋里存在某种异物，因此只要清除了异物就可以重获健康——画中是一个外表有着全部外科医生特征的男人，他就是那个取出异物的人，大多数时候异物就是一块石头。这个男人向清醒着的病人头的方向倾斜着，而且还有公众在场，具体说来，是一个修道士和一个头顶一本书的修女！我们几乎可以想象，这位头戴漏斗（漏斗象征着疯癫）的外科医生会灵巧地从自己口袋里取出一块石头，然后将它展示给那个蠢货看，并说那是刚从他脑袋里取出来的。这个蠢货会对满是鲜血的纱布、外科手术的动作和石头产生联想，然后显然就会觉得自己被治好了——当然他是在付给了这个江湖医生报酬后才被治好的……博斯这幅画表现的其实是安慰剂的作用。

很可能这块石头就是我们在第二幅画里看到的那个夹在变戏法的人拇指和食指之间的那块，这个人向人们展示的是猜杯游戏，画中的那些杯子证明了这点。他在变戏法过程中将以巧妙灵活的手法外加言语催眠来使这块石头在他想要的地方出现或消失，他会一开始就把人们下注的钱收进腰包，他就是靠这些钱来维持生计——我们注意到，被骗了钱财的这些人实际上遭遇了两次盗窃：一次是变戏法的人收取赌注的时候，另一次是扒手偷钱包的时候。后者很可能是前者的同谋，他趁前者大吹牛皮使得观者不注意时伺机下手。

安慰剂作用是所有前科学医学的基石，尽管它让人觉得是科学在起成效，但实际上它不过是对各种可以缩减成言语的暗示、咒语、魔法、言语治疗力量、手势、仪式实践的**情景布置**而已。毫无疑问，那个让头戴漏斗的医生医治自己的病人——从让医生头戴漏斗这点可以看出博斯没有隐藏自己对这位医生的真实看法——对那位医生具有十足科学派头的动作所蕴含的力量充满信任。这位江湖医生借助的其实是技术、言辞、宣布取得疗效及某些科学小玩意——在这幅画里，它是一个金属提取器，属于对真实外科医生器具的笨拙仿效。病人为了治病而付钱，骗子做的则是宣称自己治病的能力，他宣称自己做了应该做的，然后宣布病人已经被他治好了。于是，欣喜的客人，就会去四处宣扬他的痊愈。那么我们是否因此而应该总结说，变戏法的人确实具有某种治愈力量呢？当然不。因为只要病人相信就足以让疾病治愈，这种治疗其实属于精神与身体自我复原的范畴，它获得了不少成功。

为了弄明白被运用于言语治疗法中的魔法思维逻辑，到马塞尔·莫斯那里兜个圈子会对我们有所帮助。因为弗洛伊德知道莫斯的分析，而且不管是不是因为潜忆，许多构成精神分析的因素都与这位法国人类学家建立的魔法类别相似到了可以发生误认的程度。我们知道，在《图腾与禁忌》中弗洛伊德引用过莫斯的《魔法的一般理论》一书。那么，莫斯说了些什么呢？他说可以把施魔法的人定义为魔法师。这是当然……但是什么才能被称作"魔法的"呢？那些被除魔法师以外的人认为是魔法的东西就可被称作"魔法的"……不过，还有什么其他标准吗？有，那就是魔法会借助庄严隆重的形式和具有创造性的行为。用语言学家奥斯丁的词汇来说的话就是：魔法师是用施行式断言的人。他在话语中创造，在描述一个世界的同时让这个世界突然产生，他创造了他所命名的事物。"所有言辞最初都是施魔法，都是一种魔法行为，而且它还保留了很多古老的力量。"（XVIII.10）而精神分析师的做法与魔法师不正如出一辙吗？精神分析师出售自己的沉默，把自己的沉默说成是一个珍贵的盒子，盒子中藏着珠玑，正因为吐字如金，它们的疗效才更是强大。

那么，怎样才能变成一位魔法师呢？莫斯回答说：通过启示、祝圣或传统。在弗洛伊德那里就是俄狄浦斯的、原始部落的、弑父的、食人宴会仪式的**启示**，弗洛伊德一个人通过可以照亮人类最久远历史晦暗部分的自我分析所得到的那些发现。导师自己给自己**祝圣**，自己授爵给自己，而且由导师授爵这种做法还被说成是对这门学科最纯粹逻辑的遵循。传统则是父亲西格蒙德的传统，这位父亲启蒙了自己的女儿安娜，安娜又启蒙了自己的情妇多萝西，多萝西又启蒙了自己的学生，这些学生又启蒙其他人，**永无止境**（ad libitum）……

魔法师的行为是各种仪式，这些仪式的开展条件就是一些附属规则：分析要在一个星期中的选定时间开展，需要决定分析的频率，需要确定付款的细节，在诊所里开展咨询时需要遵循一些仪式，治疗躺椅的逻辑，分析师需要保持沉默而病人必须畅所欲言，精神分析师决定结束咨询时会做一个总结并以此为仪式来宣布魔法历险结束。除此以外还有一点——尤其要加上这点——莫斯说，要想魔法存在，"某些思想倾向是必需的，必须要相信才行"（41）……当弗洛伊德在《非专业者的分析问题》里讨论如何让分析工作成功时，他说的也是必须要"相信分析师"（XVIII. 50）。

魔法因果逻辑已经毫无疑问地向我们表明它属于非科学的初级领域。比如我们在《魔法的一般理论》中可以读到："魔法扮演的是后来科学扮演的角色，它占据的是尚未诞生的科学的位置。"魔法师"以机械的方式去设想言辞或象征物所具有的功效"（69）。事实上，弗洛伊德是一个魔法因果逻辑大师，他是象征性对应关系的国王。《梦的解析》中所充填的例子都是对**某一**事物的见解，而不是对**特定**事物本身的见解，是由弗洛伊德任意为之的诠释所决定的对**另一**事物的见解：帽子＝阴茎，锁＝阴道，秃头＝性无能，掉落的牙齿＝手淫，狼＝羊，等等。

马塞尔·莫斯说："魔法，就像宗教，它们都是铁板一块，人们要么相信，要么不信。"（85）看，这就是为什么弗洛伊德从来没有承认自己在精神分析疗法上有过失败，甚至当他面对最显而易见的失败案例时，他也没有这么承认过。因为只要有一个缺陷，整个大厦都将倾覆。安娜·欧就是一则被弗洛伊德撒谎说成是治愈了的病例，这个病例被说成是奠定了精神分析科学基础的原型案例。如果这个案例被证明是虚构的，那么弗洛伊德主义整体都将沦为虚构——因此，为弗洛伊德立圣人传记的传记作家们有理由去掩盖历史真相，并让传奇赢得胜利。

人们去魔法师那里的原因与人们去精神分析师那里咨询的原因是一样的：人们相信他们。人们之所以相信精神分析师，是因为精神分析师到处公开地——在大会上、在文章里、在报刊上、在书籍中——宣称他可以用躺椅治病，并且从不失手，总能将人治愈；人们之所以信任他们，是因为他们的门徒们也在宣扬那些所谓的成功案例；人们之所以对弗洛伊德的能力没有怀疑，是因为他在自己的作品（例如《精神分析五讲》）中详细说明了他是如何消除癔症患者朵拉的病症的，是如何消除安娜·欧这个与朵拉一样都患上了这种在19世纪泛滥的疾病的人的病症的。他还说明了他是如何治好恐怖症患者小汉斯、强迫症患者鼠人和儿童神经症患者狼人谢尔盖·潘克耶夫的。

如果上面这些做法行不通怎么办？即便如此，精神分析还是取得了成效。因为"魔法拥有如此巨大的权威，即便有相反经验，也无法动摇对它的信仰"，莫斯如此写道。如果分析没有起作用，没有产生效果，那么需要质疑的并非精神分析：因为精神分析治得好人；如果精神分析让人觉得它没有把人治好，那是因为病人不愿意被治好，他们被无意识的欲望所左右而让自己继续保持了得病状态，他们被"疾病的好处"所吸引而不愿康复。看，弗洛伊德的理论就是这么解释的：病人的"抵抗"，家属的干扰，这些都让精神分析疗法无法很好地运作。所有分析上的失败都彰显着精神分析的成功，因为精神分析会用精神分析来解释失败，因为失败的原因可能是其他任何事物，但绝不会是躺椅疗法本身……

莫斯解释说，魔法的失败总是因为另一种让魔法观点成立的反魔法。我们在精神分析那里看见的不正是与此相似的思想机制吗？让我们读读下面这段文字：魔法"摆脱了一切控制。即便是对魔法不利的事实也会被反转过来变得对它有利，因为这些事实总会被说成是在发挥反魔法的作用，它们要么是因为仪式上出了差错，要么是因为实践它们所需的条件没有被遵行。因此，不成功的施魔反倒会增加巫师的权威，因为这样一来人们就更需要巫师去消除事件的可怕影响，否则这些因为求助者出错而招来的邪恶力量就会降临在求助者身上"。

比如，弗洛伊德决定，他治愈了狼人。如果这位客人回头来说，觉得自己没被治好，怎么办？精神分析师就会力求让狼人明白，他已经治好了他身上那些被治好了的疾病，这点没有任何疑问，因为那些已经被治好了的疾病的确是被最终治好了的。但是，这里还有个"但是"，狼人身上依然有症状，这又怎么说？那是被弗洛伊德称为"移情残余"（restes transférentiels）的另外一种疾病。所以，错显然不是出在精神分析师身上，也不是精神分析，而是在分析过程中没有足够投入的病人自己。一般意义而言，错显然不是出在魔法身上，具体而言，它也不是因为魔法师的错误，因此出错的只能是客人自己——看，这就抓出了出错的元凶了……

最后，莫斯还说，魔术师在声称自己会于仪式操作中摘出那些被看作是坏东西的小石头时，他其实心里清楚，这些石头都是他事先放在自己口袋里，他只是到一定时候将它们从口袋里拿出来而已……尽管如此，还是有魔术师在想要自己获得治疗和被治愈的时候，去找自己的同僚给自己看病！为什么会这样呢？这是因为魔法行为中包含了一种"令人相信"（88）的持续力量……因此，被弗利斯/弗洛伊德这对搭档损毁了面容的爱玛·埃克斯坦，这个清楚地了解外科手术的失败的女人（因为手术后她的鼻腔里还留有被医生忘记了的感染了的纱布），才会继续求助于精神分析，而且最终还让自己也成了一名精神分析师……

魔法师就像是一位出演唐璜的演员，他入戏太深以至于自我欺骗，在演出结束后依然相信自己是唐璜，进而以为生活中的自己也是唐璜……这个魔法师在作假，但人们又正因如此来捧他的场。为什么会这样呢？莫斯写道："魔法师之所以能作假只可能是因为存在公众的轻信盲从。"（90）为什么会存在轻信盲从呢？那是因为脆弱的普通人宁愿选择错误的答案也不愿意面对真正的问题，宁愿相信轻松的谎言也不愿意面对不安的真相，宁愿选择带来安慰的虚构也不愿意处于惶惶不可终日的担忧中，因为焦虑会让人手足无措，而祛除焦虑的东西则能让人获得安全感。为了获得安全感，哪怕是魔法师的话语，他们也愿意接受……

所以说，弗洛伊德把他的精神分析纳入了魔法疗法和仪式治疗的悠长传统中，他是史前时期巫觋的直系后裔。他的治疗奇术**从本质上**与世界一样古老；但**从形式上**看却是新的，其形式源于人的科学主义嗜好，源于其对精神领域语言的病态重复，源于当时在解剖学和生理学上的发现，源于他个人经历中的起落，以及他所处的既定历史地理背景：弗洛伊德的精神分析是与茜茜公主和巴伐利亚路德维希二世同时代的维也纳巫觋信仰的化身。

如果弗洛伊德没有发明**精神分析这一事物**，同样他也不是**精神分析这个词**的发明者，这段历史就更少有人知晓了……因为辞典或百科全书都在为下面这种想法作保，它们说弗洛伊德在发明精神分析这一事物的同时也发明了这个词，说得就像这个维也纳医生在哲学王国成功发动政变之前——正是这场"政变"让人们最终将他的名字与这门被认为仅仅是靠他的天赋发现的学科联系了起来——从来就没有经历过对前人诸多继承的阶段一样。

事实上，这个词在他的作品里第一次出现时，他用的并非"精神分析"一词，而是"心理分析"（psycho-analyse）。以"心理分析"为形式，这个词在弗洛伊德笔下的第一次出现是在《神经症的遗传和病因》这篇以法文发表在1896年3月30日《神经学杂志》上的文章中。弗洛伊德在文中谈论了一种治疗方法，他说借助这种方法可以将导致神经症的性创伤消除。当时的弗洛伊德在这篇文章中把"心理-分析"（Ⅲ.115）方法的创始人地位归给了……布洛伊尔。据他说，这是一种比其他方法——比如让内用来到达病人无意识的方法——更加有效率的新的心理学分析方法！

1910年，弗洛伊德对布洛伊尔的崇敬依旧持续。他在《论精神分析》中清楚明白地写道："如果我们将发明精神分析视为一种功劳的话，那它也不是我的功劳。我并不是做精神分析的第一批人。我也曾经是个学生，忙着想办法通过最后考试，而与此同时的另一位维也纳医生约瑟夫·布洛伊尔却已经率先在一个患了癔症的年轻女孩身上开始了精神分析疗程。"（Ⅹ.5）弗洛伊德自己在1910年54岁的时候写下且发表了这样的信息：他没有发明精神分析，功劳归于约瑟夫·布洛伊尔，"我取得的这些成果都归功于对一种新的心理－分析方法的使用，它是约瑟夫·布洛伊尔开创的一种探索性方法"（Ⅲ.115）。

在那个时代，在所有人的眼中，包括在自己都这么说了的西格蒙德·弗洛伊德的眼中，精神分析毫无疑问是约瑟夫·布洛伊尔的发明。比如，路德维希·弗兰克（Ludwig Frank）在1910年出版了一本名为《精神分析》的书，他在其中批评说弗洛伊德过度偏离了真正的精神分析——换言之，就是布洛伊尔发明的那个精神分析。更确切地说，在1910年时，就已经有弗兰克这位瑞士精神病医生在指责弗洛伊德的唯性主义（pansexualisme），而这一批评将在精神分析学历史上不断被人提出来作为对它的批评。弗兰克的这本书完全不讨弗洛伊德的喜欢……

那些用了"精神分析"而并非"心理－分析"一词来著书的学者——比如刚才说的路德维希·弗兰克，还有杜蒙·贝佐拉（Dumeng Bezzola）或奥古斯特·佛瑞尔（Auguste Forel）——他们都以温和的方式奚落过弗洛伊德这种用词错误。他们指出，根据希腊词根创造新词的逻辑规则，不可能有什么"心理－分析"，而应该是"精神分析"。1919年，奥古斯特·佛瑞尔，这位用催眠术治疗且治愈病人的瑞士医生，在《催眠术》中写道："我像贝佐拉、弗兰克和布洛伊勒（Bleuler）那样用了'精神分析'，而没有像弗洛伊德那样用'心理－分析'，这是因为我是根据正确的词根变化形式和发音形式在选用词汇。就这点而言，贝佐拉指出的精神病学一词应该写为'psychiatrie'而非'psychoiatrie'，那也是基于同样的正确理由。"……事实上，弗洛伊德在"narcissisme"（自恋）一词的写法上就已经

第二十五章 弗洛伊德没有发明精神分析 / 431

发生过失误,他起先把这个词写成"narzissmus",换成法语就是"narcisme"(X.283)。

随着成功的到来,弗洛伊德越来越想取得欧洲精神分析运动的霸权,因为当时的他还不是这场运动的领袖,只不过是个参与者而已。建造一个用来攫取权力和稳固学说至高无上权力的弗洛伊德战争机器,这项工作是通过构建一个极其复杂的网状系统来达成的。它首先包含了一个由忠诚的合作者、臣服的门徒、出版机构及正统出版物构成的网络,其次包括了弗洛伊德对某些想法的净化、排除行动。这些想法全都因为认为存在不同的精神分析形式及认为在治疗同一精神疾患上具有多种方法而被整肃,被弗洛伊德排挤掉的最著名的两个人要数荣格和阿德勒。对这些人的排挤先后在欧洲和世界范围内树立起了弗洛伊德精神分析的正统框架。

接着,弗洛伊德决定确立他对"精神分析"这个词和这一事物的全部权力。他改变了着力方向:如果说弗洛伊德在1910年时承认布洛伊尔才是精神分析创始人的话,那么1914年出版的《精神分析运动历史文集》则纠正了这一说法。当时美国的世界地位已经改变,为了征服全世界,就要先征服这个新世界。《精神分析运动历史文集》是一部精心写出的著作,而且它成书于弗洛伊德与阿德勒和荣格发生分歧之后。自此,弗洛伊德再也不去尊崇精神分析的创始人——约瑟夫·布洛伊尔,弗洛伊德面对历史、为了历史而决定他自己才是精神分析的唯一发明人:"精神分析的确是我的创造,在那10年里,我是唯一研究它的人,忍受了同时代人对这个新事物的出现所表达的种种不满,这些不满都以批评的形式被宣泄在我的头上。我认为自己有权力[原文如此]这么认为,即使往昔如同今日都并非只有我这一个精神分析师,但没有任何人比我[原文如此]更清楚什么是精神分析,清楚它与其他探索精神生活的方式之间到底有着怎样的不同,清楚哪些做法才应该被叫作精神分析、哪些方法又最好被叫作其他名字。"(XII. 249)

就这样,弗洛伊德自己把自己称作了精神分析的发明者、创造者、导师、发现者、作者和拥有者。那布洛伊尔呢?弗洛伊德可是在1910年《论精神分析》里将这一发现的所有功劳都归功于他的(X. 5)。那种说法已经结束了……布洛伊尔变成了一个先驱,他发挥的作用无关紧要(XII. 250),他因为缺乏勇气去承认性欲在神经症病因学里扮演了关键角色这一点而错过了发现精神分析的机会。而他,弗洛伊德,却有这个勇气、这个胆识、这种精神力量、这种新大陆征服者所具备的果敢:只有他敢于这么做,因此只有他才配得上精神分析发明者这个头衔。

《精神分析运动历史文集》所起的作用就像是一场真正的政变:弗洛伊德解释说,精神分析是由他独自一人创造的天才发明;他说,要想成为分析师,或许一次自我分析就足够了——对他而言就是如此;他说只要承认移情和抵抗为真理就足以自称为分析师——事实上,这就把布洛伊尔最终完全地排除在精神分析之父的位置之外了;他说拒绝精神分析就意味着这个人肯定需要躺在躺椅上接受治疗;他还说,从此以后,所有拒绝弗洛伊德主义的人都是需要治疗的病人;他说对精神分析的拒绝也可以用反犹太主义来解释——这一论据也的确在很多地方都被用到过。

然后,他又详细说明了他征服世界的作战计划:从1902年开始聚集一定数量的朋友,让他们学习和传播精神分析;

创立每周三聚会的心理学协会（Société psychologique）；扩大协会这个小圈子；1907年荣格的到来不但将精神分析的重心从维也纳转移到了苏黎世，还让精神分析从艺术家、医生及其他文化人的圈子扩展到了精神健康机构；弗洛伊德写道，荣格保证了学科向非犹太人开放，这从战略上避免了让精神分析封闭成"一种犹太人的科学"；建立国际精神分析协会（l'Association internationale de psychanalyse）；创建一本由弗洛伊德主编的杂志；定期召开大会。弗洛伊德步步为营，在其他精神分析分支没有想到需要自我武装的情况下，就独自打响了战争——他因此而赢得了胜利。

从此以后，就存在一个由弗洛伊德给出的精神分析的标准定义。他在1922年夏天为马克斯·马库塞主编的《性学手册》供稿，写了《精神分析》和《力比多理论》两文，并在其中给出了精神分析的定义："**精神分析**是1）为了考察用其他方法很难进入的灵性过程的一种手段方法；2）一种建立在这种考察上的神经症治疗方法；3）由上面途径得到的一系列的心理学观点，它们的数量会慢慢增加，最终汇集形成一门新的科学学科。"（XVI. 183）从此，那些不为弗洛伊德精神分析辩护的人就不再属于精神分析师了，那些不以虚构的俄狄浦斯情结为基础来建立疗法的人就更加不是了——荣格出局了，阿德勒出局了，所有没有严格遵循导师言论的人都出局了。

精神分析本来不是弗洛伊德的发明，却在弗洛伊德实施了20世纪最令人叹为观止的意识形态抢劫后，变成了西格蒙德·弗洛伊德一个人的发明和发现。从此以后，谈精神分析，就等于谈弗洛伊德的文学心理学。没有人再会去想是不是还存在其他的**非弗洛伊德的精神分析**，换句话说就是**先于弗洛伊德**

的精神分析（比如，如果我们相信弗洛伊德在 1896～1910 年说的那些话，那么就存在布洛伊尔的精神分析，以及被十分不公正地遗忘了的皮埃尔·让内的精神分析，皮埃尔·让内取得了大学教师职衔，获得了哲学博士学位，他还是法兰西学院的教授和一名医生）以及**弗洛伊德之后的精神分析**（卡尔·古斯塔夫·荣格、阿尔弗雷德·阿德勒，这是肯定的，不过还有很多其他人），其中还包括了弗洛伊德主义的马克思主义（威廉·赖希、赫伯特·马尔库塞，不然还有埃里希·弗罗姆）或者路德维希·宾斯旺格的存在主义精神分析，后来让－保罗·萨特重拾了这种精神分析且对其进行了发展。

第二十六章　用诡辩来封锁

> 真相是无法宽容的。
> ——弗洛伊德,《精神分析学引论·新论》(XIX.244)

那么,如果我们不去相信弗洛伊德的虚构呢?如果我们不赞成他的那种文学心理学呢?如果我们怀疑俄狄浦斯情结的普遍性呢?如果我们不去迎合有关所有男孩都对母亲怀有性欲望,因而导致对父亲具有象征意义上的弑父欲望的这种假设呢?我们所有人要么是**亲眼看见**(de visu)、要么是在无意识里保存了那个在人类起源阶段必定上演过的景象,而全都属于自己父母交配原始场景的目击者,如果我们不接受这种想法呢?如果我们认为乱伦倾向仅仅是一个人的事,而非全人类的普遍倾向呢?如果我们认为神话与科学是相反的两个事物,因此我们也就没有权利去谈什么"科学神话"了呢?如果我们不赞同所有父亲都具有性侵犯自己孩子的无意识幻想呢?如果我们认为原始部落吃自己父亲身体的原始宴会不过是一种荒谬想法而已呢?如果我们认为,比起假设本体性无意识具有一神论上帝的所有特质,有形身体的真实情况应该在考察他人疾病时占更大的比重呢?如果我们宁愿选择辩证因果逻辑而非魔法因果逻辑呢?如果我们在解决健康问题上更多求助的是医生或外科大夫,而不是巫觋或术士呢?如果我们怀疑治疗躺椅根本就是用现代道具去上演治疗术士的古老把戏呢?如果我们在考察相关资料后认为,弗洛伊德谎话连篇,他只治疗了很少的人,而且几乎没有让任何人痊愈呢?如果我们怀疑这个精神分析师根本就不关心自己的病人痊愈与否,而一心只在意他自己、他的收入、他的学科和他的行会呢?如果我们认为,与其说他是一个科学人,还不如说他是一个活在其他世界中的新大陆征服者呢?如果我们觉得精神分析即便是一种卓越出众的疗法,那也只是对发明了它的那个人而言如此,且仅仅对他一个人而言是如此呢?如果我们真的有上面这些想法,那么,我们就属于病得很严重了,我们必须马上让自己躺到躺椅上被分析治疗……

事实上,弗洛伊德为了阻止我们从思想上怀疑他的发明做了充分准备,因为**他的学说里包含了一个拒绝学说的学说**……这使得我们不得不隶属于弗洛伊德的帝国,我们无法逃脱它那囊括一切的支配,即极权性思想在意识形态上形成的支配,在这种思想里不存在其他任何选择。从意识形态角度来说,精神分析协会是一个封闭的协会,它是一个向内闭合的协会。协会事先已经为反对它的人准备好了审判他们的法庭,协会为维护精神分析所做的辩词都能在弗洛伊德的作品中找到,所有这些论据都被一遍遍地拿出来说。协会作为为无意识辩护的检察官,它的话语可以在弗洛伊德全集的字里行间随处找到。

因此,对弗洛伊德个人传奇的建构是通过弗洛伊德的**自我辩护**达成的,弗洛伊德在自传里将自己雕琢成了一个圣人——《自述》和《精神分析运动历史文集》就是这尊雕像的基座;之后这种建构工作通过一个虔诚门徒所做的**传记模板生产**

(production d'une matrice biographique)而被继续了下去。这个门徒就是欧内斯特·琼斯，他通过用文字铸就纪念碑的方式，发展了导师弗洛伊德在为自己立传时写下的那些无稽之谈；然后，传奇还需要在各种会议、出版社、杂志、门徒、各种秘密的或公开的组织的帮助下，有效地建成一个覆盖维也纳、奥地利、欧洲、美洲及全球的**意识形态支配机制**（un appareil de domination idéologique），而所有这些得益于父亲、神明、首领和原始部落主宰者的模式都被出色地统筹协调了起来。因此，**要想制造出用在弗洛伊德革命法庭上的那套论据**，就需要先以诡辩封锁一切：只要遭遇哪怕一丁点批评，这种封锁机制都会被触发。

这是一个典型的与真正履行自己职责的历史学家唱反调的辩护模式。真正的历史学家主张通过将事实、真相、真实、证据、无可争辩性、确定性和显而易见性摆在首要位置来解读传奇。而这位新大陆征服者，在精神分析界团结精神的帮助下，先是称王于无意识的魔法王国，又在一个世纪之后，拥有了一支由虔诚门徒组成的军队，他们为了保卫魔法因果逻辑的王国而一往无前，他们将具有欺骗性的辩证法作为手段。

让我们来看看他们的武器：**第一**，所有出自没有接受过分析之人的反对意见全都无效；**第二**，所有对分析采取了"抑制"态度的人都肯定是神经症患者，因此这些人说的话显然没有效力；**第三**，所有对精神分析的批评都相当于是对犹太人弗洛伊德的批评，因此，所有对精神分析的批评总归脱不了反犹太主义的嫌疑；**第四**，所有属于分析师/被分析者关系以外的、来自第三人的批评都不成立；**第五**，精神分析的所有失败都应归咎于病人自己，错永远不在精神分析师——请参见病人的抵抗行为、得病的好处、分析因为成功而失败、一个神经症背后可能藏着另一种神经症,比如力比多的黏滞性(viscosité de la libido)、负移情、死亡本能、受虐倾向及想要证明自己比分析师更胜一筹的欲望;**第六**,在穷尽了以上这些为精神分析学科辩护的理由后,有时候还可以这样去解释失败,即那是因为某个精神分析师还不够精神分析师……下面我们便一一详述这六点。

第一个诡辩:所有出自没有接受过精神分析之人的反对意见全都无效。为了能够就精神分析、其文字、其学说、弗洛伊德的强大思想、他所做假设的有效性和他临床结果是否成立发表意见,自己就必须已经是被分析过的。这点在《精神分析纲要》的前言里被提了出来:"精神分析告诉我们的是从无以计数的观察和试验中得出的结果,不论是谁,只要他没有对自己或他人完成过分析,他在观察中就不带有任何独立评判的能力。"所以,独立性,成了依附于弗洛伊德体系的臣民才有的特权和特性。

即使将精神分析与基督教做比较确有不周之处,但我们还是要说,这样的意识形态障碍让人想起基督教徒是如何禁止别人对基督教予以批评的:无论是谁,只要他没有受过10年的基督教教育,没有受洗,没有在坚信礼时领过圣体,没有得到主教的承认,他就没有资格批评基督教。就像是只允许参加过神学院修业学习,得到了神学博士学位,发过贫穷、贞洁和顺从三愿心,会继承"治疗"(cure)传统的人——当然在基督教里是指会成为神父的人——成为不信神的无神论者……在让人发挥批判精神之前,先给人灌输思想是必要的,这种做法是所有封闭团体——如果我们留情面不把它说成是一种独裁、专制或极权做法的话——需要遵循的绝对必须。

精神分析的历史表明，即便弗洛伊德在《精神分析纲要》前言里在从理论上承认了被分析者和分析师具有批判学科的权利，他在现实中其实根本不会允许有人这么做，因为被弗洛伊德认为不符合精神分析正统而在弗洛伊德活着的时候就被开除、被扫地出门、被排挤走、被放逐、被流放及被辞退的精神分析师不在少数。在给路德维希·宾斯旺格的一封信里，弗洛伊德提到要"清除所有的可疑因素"（1915年12月17日）。弗洛伊德将一生中数量可观的时间花在了监视自己门徒的服从度和虔信度上，他没有少去推动最热情的分子，也没有错过任何机会去摧毁——有时候还是很粗暴地摧毁——那些因为虔诚度不够、在后来成为他敌人的老朋友。

第二个诡辩：所有对分析采取了"抑制"态度的人都肯定是神经症患者，因此这些人说的话显然没有效力。拒绝弗洛伊德、弗洛伊德主义和精神分析，对这位维也纳医生而言，都相当于是在拒绝那些必然会在分析中获悉的真相，也就等于是没有感恩于这门学科给我们带来的科学真理。如果我们拒绝躺上躺椅以获知那些我们在无意识里清楚自己理应躺上躺椅去获悉的东西——这种拒绝态度本身就证明了的确存在某些需要发现的东西，即我们的确有躺上躺椅的理由。抵制表明了抑制的存在，而抑制又意味着神经症……

让我们来看看弗洛伊德在《精神分析运动历史文集》中给出的论据："病人的意识会因为内在抵制情绪而拒绝承认我发现的那些联系，如果这点正确的话，那么这些抵制在精神健康的人身上也存在，只要外部对话触及被他们抑制的东西，这种抵制就会被引发。精神健康的人当然会运用理智思考来为自己的抵制情绪辩护，这点并不惊奇。因为病人也同样频繁地这么做辩护……无论是精神健康之人还是病人，他们的辩护理由都无法成立。"（XII. 266）换句话说，精神健康之人的抵制理由与病人们的抵制理由没什么区别……

没有人想知道他孩童时期的性生活状况、他和自己母亲的乱伦关系及他的弑父欲望。没有人想从种系发生的角度去发现他的无意识其实继承了父母交媾、生父性侵犯自己后代、兄弟们在弑父后举行分吃父亲尸体的宴会及父亲强迫孩子们为他口交等这类原始场景。没有人想去知道在他幼年时手淫并因此而对"禁止他这么做的那个人发起反抗，也就是［原文如此］反抗母亲"（XIXI. 17）。无意识知道这些事情，但意识抑制了这些隐藏信息（不过，它是怎么去抑制那些我们本就不知道的东西的呢？），这就形成了隐瞒行为的确存在的证据。拒绝精神分析，就是拒绝了解自己。

不管怎么说，弗洛伊德在他的作品里不停地说，病人和健康的人没什么区别，他们有的只是程度上的不同而已。从《精神分析协会会议纪要》（II. 532）到《摩西与一神教》（167），中间还有《性学三论》（VI. 169）、《日常生活心理病理学》（296）以及《精神分析纲要》（68）这些作品，弗洛伊德不停重复着这句话："一般而言，我们承认，正常人和神经症患者之间不存在质上的区别，只存在量上的差异。"（《精神分析协会会议纪要》，IV. 59）

因此，弗洛伊德热衷于摧毁正常和病态之间的区别，他和他在这方面的追随者推行的是充满危险的虚无主义革命。根据这种观点，正常人和非正常人之间，心理疾病和精神健康之间，神经症、精神病、恐怖症、幻想症与心理平衡之间，有恋尸癖的人、有恋兽欲的人、恋童癖者与身心平衡的人之间，支持死亡集中营的反犹主义变态和高贵的犹太牺牲者之间，区别都不复存在，有区别的是分析师和被分析者、病人和精神分析师——换言之，就是弗洛伊德和其他人……于是，吉尔·德·莱斯①、萨德或拉斯纳尔②也都可以成为英雄人物——而其他人，比如他们手下的牺牲者，则需要被带到最近的分析师诊所接受治疗。

第三个诡辩：所有对精神分析的批评都相当于是对犹太人弗洛伊德的批评，因此，所有这些批评总归脱不了反犹太主义的嫌疑。弗洛伊德在一生中没有少重复说他的人生与精神分析相互交织——"精神分析成了我的人生内容"（XVII.119），这是我们可以从他的《自述》中读到的话；弗洛伊德还说，他有时候给人的印象可能是他远离了犹太教，因为他没有遵循犹太的风俗习惯，也没有遵守犹太的礼仪和传统，但在他内心深处、在他内心最隐秘的地方，他其实依然是个犹太人；弗洛伊德在《图腾与禁忌》的希伯来文前言里写道，自己的这部著作属于"新犹太精神"（XI.195）的一部分；弗洛伊德在其一生中都阴险地借助了自己的犹太人身份以对抗别人对他的批评（XII.285）。于是，一切反对意见都被怀疑成是有意识地——当然也可以说是无意识地，而且将其说成是无意识的还

---

① 吉尔·德·莱斯（Gilles de Rais，1404~1440），著名的黑巫术师，崇拜撒旦，把大约300名儿童折磨致死。
② 拉斯纳尔（Lacenaire，1803~1836），19世纪最臭名昭著的杀人犯之一。

会更方便弗洛伊德的反击——与反犹主义同道。

比如，当他没有如愿以偿在大学系统里得到晋升和在当时的医学界得到承认时，弗洛伊德就把罪过推到了反犹主义上。在他看来，同样的理由也可以用来解释为什么精神分析没有被所有人接受。在成名之后抱怨自己没有像希望的那样誉满天下或得到配得上自己功劳的声誉时，他又用了这个理由。为了打击摧毁皮埃尔·让内（尽管皮埃尔·让内的批判对他也并非完全没有用处），弗洛伊德选择的是开展一次流于表面的论战——在这一过程中没有发生任何深层讨论——而且再一次借助了反犹主义。他具体是怎么做的呢？

在1913年的伦敦国际医生大会上，皮埃尔·让内批评了弗洛伊德的唯性主义，让内阐述说唯性主义源于维也纳的特殊氛围，在这座城市里性在生活中具有十分夸张的重要性。即便让内的论据看起来的确十分薄弱，却没有任何地方提到犹太人或有任何能让人想到反犹态度的东西。不喜欢不被人喜欢的弗洛伊德就此在《精神分析运动历史文集》中对让内的言论做了注解："根据这种说法，精神分析，具体而言就是认为神经症是因为性生活方面紊乱而引起的这种想法，只可能在维也纳这种城市产生，只可能在一种其他城市都不具备的性感氛围和不道德的氛围里产生，所以，精神分析不过是在反映或从理论上映射维也纳特殊的生活条件。"（XII. 285）弗洛伊德写道，这种说法毫无道理，我们也赞成弗洛伊德的看法。不过，弗洛伊德接着又写道，这种说法是如此没有道理以至于让我们想要知道，这个论据的背后是不是暗藏着其他东西……弗洛伊德没有再往下写，不过这篇作品出现在弗洛伊德全集中时，此处被加入了一个注释："很可能是在影射弗洛伊德的犹太籍。"（出处同上）因此，弗洛伊德尽管没有明确说让内反犹，但似乎又在什么都没有说的情况下把什么都说了出来。这样的表达形式叫作**暗示**（insinuation）——它有着能令人猝死的毒液，让人来不及抵抗就已经被杀死。

弗洛伊德在《对精神分析的抵抗》中以更少暗示、更加直接的方式再次谈到了这个问题："作为结束，我想不做保证地谈谈下面这个问题，那就是那个我从未想过去掩盖的犹太身份是否已经部分地成为人们普遍对精神分析抱反感态度的原因。这个缘由罕被清楚地讨论。不幸的是，我们已经变得如此多疑，因为我们无法相信我的犹太人身份不会对此产生任何影响。而推行精神分析的人是我这个犹太人，这很可能并非偶然。因为为了宣扬精神分析，就必须有能力应付反对意见所营造的那种孤立，而犹太人比其他民族更加熟悉这种注定的孤立。"（133 - 134）只是，弗洛伊德是不是真被孤立了，这还是个问题……

对《弗洛伊德时期的精神分析年表》（*Chronologie de la psychanalyse du temps de Freud*）的阅读减弱了弗洛伊德的这种幻觉对我们思想的影响：他用了一生的时间去述说人们怎样不爱他，怎样很少给他关爱，人们又是多么晚才承认了他的才华、他的工作和他的学科。然而，如果我们将这份将近200页的年表中的各种信息加以精简，就会发现：弗洛伊德的研究从1899年开始就已经在巴伊亚萨尔瓦多（Salvador de Bahia）的医学院里被讨论过，当时连《梦的解析》都还没有出版；同年，在美国的克拉克大学（Clark University）里，人们开始讨论他的著作《癔症研究》；1900年，在里昂，一篇以他的著作为基础的博士论文通过了答辩；1902年，柏格森在心理学研究所（Institut général de psychologie）举行的讲座上谈到过弗洛伊德；1903 年，在日本，森鸥外（Mori Ogai）这位明治时期最负盛名的作家，在一篇医学文章里提到过弗洛伊德的性理论；次年，在阿根廷，一位犯罪精神病专家在一篇文章里提到了弗洛伊德；1904 年，《论梦》被翻译成了俄语；同年，在瑞士，布鲁勒（Bleuler）在一家诊所里采用了精神分析；1905 年，在印度，《心理学简报》（Bulletin psychologique）指出了精神分析的存在；同样的事情也发生在了挪威；在荷兰，奥古斯特·斯塔克（August Stärke）开了一家分析诊所，而且还就此发表过文章；1909 年，当弗洛伊德跨越大西洋去美国时，他说他在船上遇到过一个专心致志阅读《日常生活心理病理学》的服务生，而他自己则是去美国接受荣誉博士称号的；1910 年，精神分析进入了古巴；等等。我们可以想象，随着时间的推移，这张年表还会因为新的精神分析在全球传播的事迹越变越长……

第四个诡辩：所有属于分析师/被分析者关系以外的、来自第三方的批评都不成立。弗洛伊德禁止外人在实践上或理论上干预精神分析的治疗对话。他认为，这种发生在分析师和被分析者之间的对话只应该与参与双方有关。为此，弗洛伊德在他的《精神分析学引论》中借助了一个比喻，他以外科医生作比：外科医生是绝不会让病人亲属进入手术室的，躺在手术台上的病人也绝不会听见自己亲属对动刀医生指手画脚。同样，在精神分析诊所内，分析师也必须避免外人在场："在精神分析的治疗中，亲属的干扰是一个确实存在的危险。"（VI. 476）他又写道，某些亲属有时候还会表现出不想让病人被治愈的态度。

弗洛伊德将这个规则扩展到了所有与分析师的关系中。精神分析师和他的病人之间没有第三方介入的位置，因为言语关系只涉及精神分析师和病人这两方。而在治疗中，也的确会碰到病人突然谈论自己父母、兄弟姐妹、朋友同事、情妇情人及其他存在于他日常生活中的人的时刻。这些被谈论的人都不应该被实际卷入这个发生在两个人之间的、保密的甚至秘密的精神历险中，这是一个移情和反移情的过程，换言之就是病人会先确立对分析师的正面情感，然后再出现对分析师的负面情感，这是病人对分析师引导他时会有的正常反应。

移情意味着分析进展顺利，因为被分析者把自己幼年时与父母经历的情感转到了分析师身上——这不正意味着治疗在将病人孩童化吗？在这一场景里，病人重新体会了自己与首个力比多依恋对象之间的联系。知道这个逻辑的分析师明白，那些看起来像是爱情的感情，其对象并不是他这个分析师，而是病人的父母。同样，当移情消失后，出现的将是挑衅情绪，而这种挑衅感情也不是针对分析师而发的：分析师会从容泰然地面对病人，以沉着冷静来处理这些情绪湍流。于是，外人是没有道理去介入这种隐私关系的。

第五个诡辩：精神分析的所有失败都应归咎于病人自己，错永远不在精神分析师——请参见得病的好处（这是弗洛伊德建立的第一个小诡辩）、分析因为成功而失败、一个神经症背后可能藏有另一种神经症等。**第一个小诡辩**：在《一个癔症分析片段》中对朵拉的分析里，弗洛伊德论述了下面这种思想，即有时候，人们会无意识地维持生病状态，因为病症带来的好处对无意识而言显得比获得痊愈所获得的好处更大。实际上，病症能够为得病的人带来他人本来没有给予他的注意、关心、爱情、温柔、亲近和花时间陪伴……疾病让人可以避免面对他们最不喜欢的事情：一个患有战争神经症的人会用得病避免上前线，一个想要逃避自己职业生涯中理应面对的斗争的人会去维持得病状态（VI. 225）。

弗洛伊德举了一个例子来说明（从这个例子中，我们可以顺便感受到这位精神分析之父对工人是何等瞧不起……），这个例子说的是一个盖屋顶的工人因为从屋顶掉下来而残废，他从此便以乞讨为生。这时候如果有人建议将他的身体恢复到从前状态，这个工人会如何反应呢？他很可能会不高兴，因为他已经在以他的残疾谋生了："如果人们治愈了他的残疾，就会让他陷入完全无助的境地，因为在他残疾期间，他已经忘记了曾经的职业，失去了工作习惯，习惯了游手好闲，甚至可能已经染上了酒瘾。"（VI. 224）无独有偶，弗洛伊德在《治疗的开端》里也曾举过工人的例子来说明得病的好处是如何作用的。

这样，通过生病，孩子获得了父母的关怀，被忽视的妻子重新吸引了丈夫的注意力，这使得他们的精神生活会无意识地维持那些让他们生病的因素。的确，在这种情况下，没有任何精神分析师，哪怕是最有才华的分析师，可以战胜如此强大的力量！因此，治疗的失败不是因为治疗师的不足，不是因为分析师在分析上的无能或治疗师没有能力成功引导治疗，而是因为疾病的好处。疾病的好处对分析师而言是一个十分美妙的发现，因为它有一个特性，即它可以让分析师轻松推卸自己的责任……

第二个小诡辩：除了疾病的好处之外，还有另外一种方式可以将这门学科封锁起来以对抗可能出现的对它的批判。为了解释为什么精神分析从不失手，为什么每当一次失败落到它头上的时候，失败的责任总不是精神分析方法本身，而是除此之外的其他原因，具体说来就是精神分析师描绘的病人精神结构上的那些原因，这个学说谈到了"因为成功而引起失败"——这是一种多么美妙的说法啊！它淋漓尽致地展现了弗洛伊德式的诡辩。这个华丽的遁词出现在《有终结的分析与无终结的分析》中。

当一个分析快要接近成功时——我们其实不知道弗洛伊德是依据什么认为分析已经接近成功——病人的治疗却失败了，而失败正是因为分析接近成功这一情况。尽管弗洛伊德没有举出明确的例子，弗洛伊德全集的读者还是可以从他的描述中辨识出他其实是在说狼人，因为他描述的是一个由私人仆从陪伴的悲伤而富有的年轻人。我们还记得弗洛伊德对狼人的那些分析的细节，正是这些分析让弗洛伊德得出结论说自己的疗法很成功——而且我们也没有忘记，谢尔盖·潘克耶夫又是如何在他的一生中不断否认这种所谓的治疗成功的。

据弗洛伊德说，狼人在接受一个时期的分析后，对自己的状况很满意，于是他停止了对弗洛伊德治疗的配合。所以，如果精神分析最终在他身上没有起到全效，原因不在弗洛伊德，而是因为潘克耶夫停止了配合。当凯琳·奥布霍尔泽给狼人做采访时，狼人提到了一个弗洛伊德的比喻。让我们也来听听："弗洛伊德曾经说，如果接受做精神分析，我们就**能够**被治好。

但是要想真正做到，还需要我们自己**愿意**被治好才行。其中的道理就像是一张火车票：车票让我有可能进行一次旅行，却没有强迫我一定要去。决定权在我自己。"（77）

于是，在精神分析的过程中，成功归功于分析师的英明，而失败则总是因为病人缺乏被治好的意愿，他们不愿意被治好，因此就不可能被治好。我们是不是该就此而得出结论，对分析躺椅这种治疗方法来说，"愿意"就是"能够"？我们在此看到了一种维也纳式的库埃疗法。如果真的"愿意"就是"能够"，那么病人根本不用借助弗洛伊德的那些重型理论装备也能痊愈。如果我们知道弗洛伊德患有火车恐惧症，而火车正是那个他开始理论化俄狄浦斯情结的地方，我们就不会惊讶于他会一方面给人提供车票，而另一方面却对人们用不用这张车票丝毫不存责任感。

在分析的开始阶段，狼人重新找回了生活的乐趣、个人自主性，他又能与亲人正常相处了。弗洛伊德弄清楚了他孩童时期的神经症，弗洛伊德对此很满意："我们可以清楚地认识到，这个病人在他目前的状况中感到很舒适，他不想再往治疗结束的方向迈动一步。这种情况属于自己禁止自己在治疗中进步，它会让治疗因为已经获得的成功而出现最终失败的危险。"（232）于是，弗洛伊德开始炫耀自己的大无畏精神："我做了一个英雄的［原文如此］举动，即为治疗确立了一个最后期限。"而且，一切还真像施了魔法一样，狼人还当真就这么痊愈了——弗洛伊德就是这么说的……

这位分析师在《自我和本我》中解释说，治疗中出现的负面反应，表达的是一种无意识的犯罪感、受虐感、对超我的抵制和死亡本能。分析师做好了治愈病人的准备，而且疗法本身也的确有让人痊愈的能力,但就是**因为**目标即将达成,痊愈的结局没有出现,功亏一篑。要让弗洛伊德承认疗法失败,那是不可能的,因此他必须让惨败成为成功,精神分析不知道失败为何物。如果旁观者认为自己看见了一个精神分析治疗失败的案例,那就是旁观者弄错了:**这一处**的失败实际上是**那一处**的成功引发的。面对这样的诡辩,我们还能说什么呢?

第三个小诡辩:一种神经症背后可能藏着另一种神经症。弗洛伊德用这种新的诡辩手法去治疗人、治愈人、让治疗顺利开展、消除症状并下结论说疗法很成功,甚至他还以此解释了为什么病人会在一些时日后重新发病。精神分析师很好地治疗了被他治愈的那部分,人们不能就那些没有被治疗到的地方怪罪他。他的这些话给人的感觉就好像神经症是多个部分的结合体,我们可以在不触及其他方面的情况下抽取其中的某一部分去治疗而让人痊愈……

比如,当爱玛·埃克斯坦——就是那个在被弗利斯实施手术后有纱布被忘记在鼻腔里的病人——因为新的症状重新出现而去找弗洛伊德治疗时,弗洛伊德也不可能因此就去承认自己治疗失败:弗洛伊德说,他是治好了第一种神经症的;他说,那种神经症已经完全消失了。因此,病人再次来咨询只可能是因为另一种还没有被治疗过的神经症,而它之所以没有得到治疗那是因为当初给病人看病的时候这个神经症尚未出现……在两个神经症出现的间隙,爱玛动过手术,因此这次手术便成了新问题的源头。病人总是流血,精神分析认为,这种出血与她根本上的歇斯底里精神结构有关。她已经被治疗且治愈过一次,因此人们没有权利因为她在接受其他手术后出现的新神经症而要分析师负责。即便弗洛伊德在这位病人身上犯的诊断错误给病人带来了灾难性后果，这位精神分析师依然是个成功者，因为这意味着他先后治好了两种神经症。

这个花招让弗洛伊德能够在《有终结的分析与无终结的分析》里写下这样的话，他说必须"预见一个痊愈状态今后的命运"（232）。这个奇怪的说法让人觉得痊愈不是最终的，这句话让人觉得他是在说**没有痊愈**的情况，因为"痊愈"应该是一种完成了的最终状态，否则就该用"病情缓和"而不是"痊愈"来形容病情……因为如果病人痊愈了，那就没什么后续治疗需要考虑了；如果需要考虑后续事宜的话，就说明病人还没有痊愈。但在这点上，再一次地，要想让弗洛伊德承认精神分析无法治疗它所接触到的所有疾病，那是不可能的。如果精神分析治疗且治好了人，那么重新出现的症状就与已经治疗的那部分没有任何瓜葛了，因为那部分已经被治好了。因此这些症状必然属于另一种疾病——因为第一种疾病是被消除了的……

第六个诡辩：精神分析的无效不是用放弃精神分析来解决，而是用更多的精神分析来解决。因此，当所有用来阻止别人批评的手段（禁止没有被分析过的人去评判精神分析；把有批判精神的人说成是有病；把思想上的对手说成是反犹人士；将对分析抵制的病人贬损成是贪恋疾病带来的好处；通过把失败说成是成功的结果来为精神分析师开脱；让魔法方法免于责难）都用尽之后，就只剩下让同行来质疑精神分析师这种可能了。不过，这种质疑并非以随便哪种手段进行的，行业的团结决定了这点……

世上没有不好的精神分析，只有不够精神分析的精神分析师……换句话说，失败是因为分析师们还不够老练、不够资深、缺乏足够的经验。就像用马克思－列宁主义的不足来阐明马克思－列宁主义一样，治疗的失败并不能证明疗法不好，而是说明疗法的力度还不够强，力量还不够大，还没有制造足够的效果……如果精神分析没有达到治疗目标，那就必须用更多的精神分析来取得成果。

用这种推理来辩护，不论怎么说都会有理。弗洛伊德、精神分析和精神分析师们都是碰不得的，因为他们被弗洛伊德学说从思想上赋予了治外法权。弗洛伊德把任何一点对他观点的质疑都当作对他的人身攻击。这不是也很正常吗？既然弗洛伊德已经清楚地告诉我们他的生活与精神分析实为一体，精神分析是他的生活标识、他的孩子、他的造物和他的创造。这位声称解决了自己身上**十分严重的精神性神经官能症**的维也纳医生，实际上是将神经症融合进了自己的生活。他的门徒从一个世纪之前就已经跪伏在一个成为禁忌的图腾下。然而，哲学家的任务可不是在图腾下跪拜。

第五部分
意识形态

保守的革命

论点五：
　　精神分析并非自由主义的，
　　　而是保守主义的。

第二十七章　坏事肯定会成真

并不是所有人都值得被爱。
　　——弗洛伊德，《文明及其缺憾》（XVIII. 289）

用诡辩进行封锁体现了精神分析的封闭性质：精神分析作为一个自我封闭的系统，无法在不把对手看成有病或患有神经症的情况下，无法在不使用精神疾病方面的东西去说明治疗躺椅的使用的确不但必要而且正当合法的情况下，大大方方地接受讨论、批评、评论。具有这种表现的精神分析，它体现的完全不是启蒙主义哲学的**自由**（libérale）传统，因为启蒙主义不会去罪犯化、疾病化自己的反对者，也不会去侮辱或蔑视他们。

在18世纪发生的论争中，好斗不是知识渊博的哲学家的特质，而是属于**反哲学的人**（anti-philosophe），这些人与"百科全书精神"（l'esprit de l'Encyclopédie）的捍卫者作对，他们采取的手段则是对对手进行人身攻击、嘲笑奚落对手、曲解对手的观点、搞臭争论、让争论沦为恶意中伤、诽谤或含沙射影。这让我们想起了"嘎咕"（Cacouac）① 的案例——"嘎咕"在希腊语中是kakos，意指恶毒的人……反哲学的人用论战式论

---

① 嘎咕（Cacouac）是反启蒙哲学者于1757年发明的一个反启蒙概念，其目的主要是嘲笑《百科全书》的作者。

据和抨击文章来攻击启蒙思想家，这让人联想到弗洛伊德及属于他那派的人，他们也是用这些东西来诋毁他们的敌人。

反启蒙的人（anti-Lumières）具有怎样的特征呢？他们都是极端的悲观主义者：他们信奉基督教的原罪思想，相信由亚当犯错开始而传承下来的人性乃绝对邪恶；他们维护这样的观点，即认为人性因为禁果被食而是黑暗、阴郁及邪恶的；他们讨厌那些秉承卢梭传统、维护人性本善思想的哲学家，也不喜欢那些被孔多塞影响了的哲学家，因为这些哲学家相信人类会进步而且秉持了认为人类必将愈来愈完善的历史目的论；最后，他们还讨厌那些秉承百科全书派逻辑的哲学家，因为这些哲学家认为只要很好地运用理性，就可以击退迷信。

我们已经看到，弗洛伊德既不喜欢哲学家也不喜欢哲学；他不相信人性本善——在《为什么有战争？》中，他在说明这点时丝毫没有拐弯抹角，我稍后会对此做具体解释。他对任何认为人性会进步或完善的理论都抱有绝对的不赞成。他不相信历史，而且拒绝理性因果逻辑，他膜拜的是魔法因果逻辑，维护的是与生物学常识相反的种系遗传思想：俄狄浦斯情结、弑父、原始场景、父母交合、分食生父，这些场景对弗洛伊德而言就像是基督教原罪一样在人类身上代代相传。而且我们还记得，弗洛伊德是相信数秘术、玄奥主义、思想传输、心灵感应的，他运用仪式以求驱除坏运道，这些全都是与启蒙哲学思想格格不入的崇信。

但弗洛伊德的明信片却把弗洛伊德塑造成了 20 世纪**继承启蒙哲学的人**……这种形象常常伴随了对他的双重肯定：首先肯定他在政治上是**一个深知自由思想的犹太人**，然后又在风俗层面肯定他是**伟大的爱情解放者**……我们将在后面几章里看见，弗洛伊德对总理陶尔斐斯（Dollfuss）统治下的奥地利法西斯政权和贝尼托·墨索里尼是何等殷勤，弗洛伊德主义者又是如何在导师的首肯下与戈林研究中心（Institut Göring）——它是第三帝国统治下对精神分析"不加禁止"且规范其用途的执行机构——进行了合作，我们还将看到弗洛伊德犯罪化手淫，宣扬恐同主义、厌女思想和本体论男权主义思想，他对一切性解放采取的都是断然拒绝的态度。我们最终将明白所有这些事实都在怎样的程度上破坏了弗洛伊德门徒传播的弗洛伊德神圣形象。

拒绝历史、否认现实、诋毁物质因果逻辑，这些都是精神分析的特征：精神分析偏向的是幻想、象征、魔法思维、想象、神话叙事和形而上学的无稽之谈。这种异想天开的认识论解释了为什么精神分析会在意识形态上如此没有根基。毫无疑问，这些没有根基的思想游荡让西格蒙德·弗洛伊德、弗洛伊德主义和精神分析实实在在地属于反哲学的一派，属于与启蒙运动所对立之人的古老遗脉。说得好听点，精神分析是在为保守派添柴加火，说得难听点，它是在为反动派推波助澜……

弗洛伊德明确批评了将精神分析用于实现性解放目标的做法。只有与弗洛伊德原教旨主义者走上相反道路的弗洛伊德主义的马克思主义者，才重新将历史纳入到了他们的世界观中，使用精神分析来批判资本主义世界。根据威廉·赖希、赫伯特·马尔库塞和埃里希·弗罗姆的说法，资本主义才是导致现代神经症的元凶首恶。如果想在长达6000页的弗洛伊德全集里找出对资本主义的直接批判，这种努力只会是枉然。同样，在他的全集里我们找不到任何对法西斯主义或民族社会主义的批判——相反，我们却可以找到论据齐全的对社会主义、共产主义和布尔什维克主义的批判。从1922年墨索里尼上台到1939年弗洛伊德去世，他在这期间发表了上千页的文字，但其中没有任何一项是对欧洲法西斯主义进行的批判性分析。从1933年希特勒上台到6年后弗洛伊德去世，我们同样无法在他在这期间发表的任何文章里看到希特勒这个名字……

弗洛伊德对性解放的看法散见于他全集的不同作品中。如果把有关片段从全文孤立出来且切断其与弗洛伊德整体思想运动的联系，就会出现弗洛伊德在一处的说法与他在另一处的说法看起来自相矛盾的情况：在此处，他似乎为文化压制对人们的性行为影响过大而感到懊恼，并揭露说这种道德压制与神经症的病因脱不了干系，然而在彼处，他又为一些人想要减轻这种道德压力而感到遗憾；在此处，弗洛伊德批判宗教的影响过大，在彼处，他又指出说宗教的削弱才是让精神疾病变本加厉地爆发的原因……我们应该怎么去理解这些自相矛盾的说法呢？

弗洛伊德对性解放问题的看法其实比乍看之下更为复杂，这意味着我们需要注意不同观点之间的配合问题。**第一**，弗洛伊德观察到，所有的社会、文明或文化都是在对性冲动进行抑制的基础上建成的；**第二**，他为这种抑制转化成了神经症的首因感到惋惜；**第三**，他说他期望这种情况得到改变；不过，**第四**，他也知道这是一个痴心妄想，因为他很清楚情况永远也不会改变，因为他在彻底拒绝历史之时已经将人性本质化了：人是永远不会变的，他们从最遥远的上古时期开始就和现在一般模样，而且他们还会一直保持这样。他所有的这些观点显示的是一种本质悲观的哲学，根据这种哲学，坏事肯定会成真。

第二十七章 坏事肯定会成真

弗洛伊德认真阅读过《道德的谱系》一书，他知道性本能、力比多、激情、冲动构成了能够对日神社会建筑造成破坏的酒神力量。同时，他也清楚社会秩序的存在需要重新引导这些力比多力量来实现。对自我的抛弃使得集体形成，即存在一种以力比多冲动为材料构成的社会契约。第一拓比中的无意识或第二拓比中的本我，都追求快乐、欢欣和对冲动欲流的满足。

力比多机制是享乐主义的：冲动渴望扩张，它的表达与身体快感相吻合。人生来就是享乐主义的，是社会将人限制在了禁欲理想之中。《文明及其缺憾》指出了这点：人都"追求幸福，他们想变得幸福并保持幸福"（XVIII. 262）。从积极的角度来看，他们是在寻求快乐；从消极的角度来看，他们是在避免不愉快，这是人类和动物共有的行为。这使得"我们发现生命的最终目的其实很简单，就是遵循快乐原则"（出处同上）。此处，我们超越了善恶。弗洛伊德谈的其实是一种独立于道德的力量运作。这种力量不是不道德的，而是非道德的。它无关邪恶和美德，不关心善恶，也不在乎对错：**它存在**。

不过，这种快乐原则无法主宰一切，因为现实原则阻碍了它。首先，从组织层面上讲，快乐原则没有独自主宰一切的条件：快乐的出现是短暂的，无法持续的。如果快乐持续下去，就会变成一种痛苦。因此，欢欣的固有特性就是它的昙花一现，它的转瞬即逝。一旦得到快乐，一些新的力量也就会去渴望得到满足。快乐永远不会停歇。力比多享乐主义会永无休止地运动下去。

其次，我们从快乐状态本身中得到的欢乐甚少，我们更多是从快乐与不快乐的反差中享受到快乐。我们的享乐能力被我们的生理构造所局限。一次持续数小时之久的性高潮会以摧毁享受高潮的人为结局。痛苦则更加容易……它更加频繁地、更加持久地、也更有可能驻留在我们的生活中。痛苦的根源无处不在，我们可以从三个地方找到它的源头：痛苦源于日益走向衰弱、毁灭和消亡的身体；它来源于充满各种攻击性的外部世界；还来源于我们与他人的关系，那是负面情绪的滋生地……

大多数人都有这种自知之明，他们不会对生活要求太高，因为他们清楚世间暴力有将他们摧毁的可能。没有人不知道幸福是脆弱的、转瞬即逝的、难以得到的，而且还会随着时间推移越来越难获得。孩子们忽视现实原则，秉持着快乐原则，但快乐原则最终必将让位于意味着放弃、牺牲、丧失、克己，即挫折感的现实原则……岁月不饶人，人们不再像孩童那样寻求简单单纯的快乐，人们处于外部世界的暴力之下，他们满足于没有痛苦的状态。因此是消极的享乐主义在主导，伊壁鸠鲁派的不动心在弗洛伊德激情状态下重新运作了起来。

弗洛伊德就"生活艺术的技巧"（XVIII. 268）建立了一种类似于目录的东西。这些技巧其实就是各种不让自己感到（过于）不幸，即让自己感到（一点）幸福的策略……不过，弗洛伊德的悲观主义浸润了这些用以避免被负面情绪压垮的方法。这些方法里的每一种都有相应的效率权重，都有局限性，都有其无能之处：所有方法似乎都是死路，都像帕斯卡定义下的消遣或某种最终无法突破本质的权宜之计——所谓的"本质"就是生灵遵循的涅槃原则，换言之就是让生命回归到生前状态、回归到虚无的那种自然趋向。

那么，让我们来详细看看弗洛伊德目录中列出的、为了在等待死亡期间尽可能避免不幸福的人们所能采取的生存之道吧……第一，人们可以去渴望不受任何限制地满足自己的所有需求。的确，这种想法最是诱人，**但是**它的代价也最大，因为人们很快便会发现，这种不谨慎将让自己付出多么高昂的代价。第二，人们可以将自己从世界中孤立出来，与其他人保持距离。对于快速获得一定程度的平静和达到真正的安静而言，这不失为一种实用且富有效率的办法，**但是**，切断与世界的联系是无法成为人生目的的。第三，人们可以投身到文明赋予的普罗米修斯式任务中，力求成为自然的主人和拥有者，以所有人的幸福为目标。**但是**，这种理想却没有实现的可能，因为在这世上不满足的人永远都比满足了的人多。第四，人们可以求助于致幻物质、对身体有害的物质，就像在世界的各大洲、所有纬度和所有人群中都有人这么做一样。**但是**，这属于麻醉自己的感觉、摧毁自己的身体，这么做会让数量可观的能量因此而丧失、浪费、摧毁，从而没有被用在很可能更有意义的计划上，所有人都明白这种方法会更加导致沮丧和不幸，弗洛伊德对此深有体会。第五，人们可以把熄灭欲望作为目标，就像东方智慧建议我们去做的那样。**但是**，这样的选择意味着无法尽情生活，意味着人的生气的消亡和慢慢迈向死亡。第六，人们可以通过让现实原则一直取得胜利来寻求主宰自己的本能冲动。**然而**这样一来，主体就降低了自己享乐的可能性，因为满足不在自我控制之下，未被驯服的本能冲动所获得的快感要比满足受到自我控制的本能所带来的快感更强烈。第七，人们可以将自己的力比多能量转移到其他对象上去，比如在自己的精神上和思想上下功夫，升华便是一例。**但是**并非所有人都能做到升华，它仅仅涉及艺术家、创造者和研究学者，而且——弗洛伊德应该对此也是深有体会——这种满足依然并非完满、完整。第八，人们可以堕入幻觉的深渊，从内心选择艺术世界，选择在审美中行动和生活，从而与现实完全失去联系。**但是**，这么做之后，很快失望就会如期而至，因为没有人能够一生都沉浸在幻想中。第九，人们可以一心扑在工作上，因全身心的投入而在职业活动中获得满足——在这些职业活动中，组成力比多的各种强有力因素（自恋、攻击性、色情）都扮演着重要角色。**但是**，有能力让人在一个自己想要的、自己选择的、自己渴望的工作中获得绝对快乐的工作极端稀少，因为大多数人都在被迫工作，人们不得不谋生，他们在那些让人头脑愚钝、给人带来挫折感而且还会带来政治上的不满情绪的工作中丧失了真正的生活。第十，人们可以躲避到爱情生活中去，重新退回到那些在孩提时期给我们带来过满足的情感里。**但是**，爱情实为一种痛苦，它需要放弃自己，将自己的命运交到我们所属的别人手中，我们与这个人手足相连，这个人可以让我们的生活变得无法忍受，他可能会离开我们，他会生病，他会老去，他会死亡，这些层出不穷的脆弱之处都会增大让我们痛苦的可能。第十一，人们可以渴望重新塑造世界，渴望建设一种更少给人以挫折、压抑、阉割的新文明，在其中，享受快乐原则的代价更低，因此本能冲动会更容易得到满足。**但是**，沦为谵妄的风险与乌托邦主义者总是如影随形……

弗洛伊德对所有渴望改变社会、让社会朝向享乐主义方向或性解放方向发展的乌托邦主义者都持泼冷水的态度。他假设了这样一种情况："有相当多的人一同行动，想要通过以谵妄再造现实的方法来保证幸福足以对抗痛苦。我们应该把人类宗教也归类到这种群众性的谵妄中。不用说，处于谵妄之中的人自然是永远也不会承认自己在谵妄的。"（XVIII. 268）这难道不是对那些希望改变现有世界的**谵妄者**最明确的警告吗？对弗洛伊德而言，解决办法并不在另一个世界中，而在于如何去管理已有的世界——我们将在后面讨论首领和群众之间的关系时详细考察这个问题……

弗洛伊德提到的所有这些办法都没有让人看到获得积极幸福的可能。个人幸福同集体幸福一样，它们都被定义为虚幻。家庭呢？夫妇之爱的危险与家庭存在的危险是一样的：这些微型共同体邀请人们与世界分离，它们增加了消极面出现的可能性，因为涉及一个人的事情也涉及所有成员，一个成员的脆弱成为另一个成员的脆弱。

同样的道理，如果我们将夫妇关系扩展至家庭，又将家庭扩展至其余人类，我们所走的道路始终都是没有出口的死路。这是因为，首先，对所有人都抱有普遍的爱，就等于没有特别地去爱任何一个人；其次——在此我们会看见弗洛伊德政治思想的本质——还存在一个十分简单却正确的道理，那就是"并不是所有人都值得被爱"（XVIII. 289）。这是所有悲观政治思想都绝对会说的话，从马基雅维利到约瑟夫·德·迈斯特（Joseph de Maistre），再到萧沆（Cioran），这种悲观政治思想正是反动思想的本体论之一。

解决办法是什么呢？"在承认幸福可能被适度实现的情况下，幸福是个人力比多的管理问题。适用于所有人的金钥匙是不存在的，每个人都必须自己去寻找让自己获得福乐的特定方式。"（XVIII. 270 - 271）在这个充满了嘈杂和疯狂、战争和侵略、暴力和蛮横、死亡本能和兽行、残酷和未开化、野蛮和冷酷、独裁和革命的世界中，人各为己……弗洛伊德描绘的这幅图景是黑暗的，而且十分之黑暗，他邀请《文明及其缺憾》

的读者都去尽个人之能寻找办法解决自我冲动的满足问题,<u>丛林法则</u>——这就是他的**政治**立场……

每个人都要根据自己的气质、性格和力比多类型自寻出路:自恋者会在满意自身中享受快乐,从而找到出路;好动的人会在行动中找到获得满足的方法;情欲强的人会在适合自己强度的性生活中陶醉。但是,那些生病的人、神经症患者、有心理问题的人呢?这些人的处境将十分艰难,他们不会找到出路,他们会一直不满足、不满意。不管怎么说,幸福本就不是为这些人准备的,给这些注定不幸的人剩下的只有"替代性满足"(satisfaction substitutive,XVIII. 271),比如以疾病来逃避或去信仰一门宗教。不然呢?还剩下一个比这些都更厉害的有害之物,一种更暴力的毒药:**精神病**……

这就是弗洛伊德笔下的人类无法避免的人生苦难:幸福是不可能的;它只能短暂存在,而且它在满足享乐主义方面也令人失望;一切关于创造安逸的假设都在失望、沮丧和幻灭中失败了;可以设想的最大幸福就是尽可能地少受痛苦;集体性的、共同体性质的或利他主义性质的解决办法也都注定失败;爱情增加了堕入最高痛苦的风险;夫妻关系和家庭增加了痛苦出现的可能;政治对人类的幸福完全无能为力。

解决办法?就是不要忘记世界上的生命永无止境地在与威胁它的死亡做斗争。虚无总会获胜,因为它构成了我们的中心物质。我们的命运是什么?是向虚无迈进,我们生命的每一秒都在向着获得生命之前的那个状态——换言之,就是什么都没有的虚无状态——前进。知道这个有什么用呢?一旦知道这些,我们就会明白一切都要靠自己,只能靠自己,要尽自己的最大努力去学会怎么承受最坏情况,学会怎么在无药可救的人生里修修补补，并设法与自己的动物本能共存。如果我们能自己找到某种满足自我的方法，那很好。如果找不到呢？找不到的话就会得神经症，或者结局还会更糟糕，那就是得精神病，即在这个世界里虽生犹死。弗洛伊德不断重复着一句话：坏事肯定会成真……

第二十八章　见不得光的性解放

> 建议人们去完全满足自己的性欲，这种做法是不能在分析疗法中占一席之地的。
>
> ——弗洛伊德，《精神分析学引论》（XIV.448）

在对《有终结的分析与无终结的分析》做总结时，弗洛伊德谈到了孩子的性教育问题。一些人赞成对孩子进行性教育。小汉斯的父母在他们的儿子最终被写进《精神分析五讲》恐怖症一章之前，就已经这么做了，他们是儿童性教育的先驱……这是否算是对弗洛伊德的本体论悲观主义浇了一盆冷水呢？完全没有……诚然，弗洛伊德还没有到大谈儿童性教育危害性的地步，他也没有认为教育很多余，但是他说性知识的传授对孩子而言毫无用处，因为事物原始本性的根基是如此之深，以至于任何教育都无法实现教育的目的。

"我相信，孩子们并非真正这么快就准备好放弃他们脑袋中的性理论去接受这些性知识——我们可以把他们的性理论称作自然的、自发的性理论——孩子们以既调和又独立于他们不完整的力比多构造的方式形成了对于鹳鹤在生育中扮演的角色、性交往性质及孩子出生过程等的看法。即便他们得到了正确的性解释，在很长一段时间内，他们依然会像原始人那样行事；即便我们已将基督教的观念强加给了他们，他们依然会在暗中继续崇拜自己的旧有偶像。"(249)换句话说,历史对此无能为力,无论是教学、教育、学识还是文化全都无能为力,因为是人类无法掌控本能冲动的法则。弗洛伊德将性欲本质化和非历史化了:性欲就是自己本身,今日之性欲一如昨日之性欲,未来之性欲一如今日之性欲,它永不变化,认为可以在这方面有所改变的想法,不过是一厢情愿……

弗洛伊德悲剧式的悲观主义让他认为,本能冲动的专制不但全面而且不可避免。快乐原则引领着所有想要实现自己无意识强烈渴望的人。然而,现实原则却钳制着这种欲望,限制欲望的扩张,阻止快乐引领一切。文明和文化以快乐和现实之间的这种持续紧张关系为基础来运行。全面解放根本超出想象:它对应的是一片普遍化了的丛林,在其中,要么是暴力统治一切,要么是阴谋诡计的天下。力量最强的、最狡猾的、最精明的、最油滑的人会支配力量最弱小的、势单力薄的和处于不利地位的人。

弗洛伊德这种**快乐原则**和**现实原则**的经典对立,无法不让人想到尼采的**酒神**和**日神**之间的对立:一方面是酒醉、葡萄藤、葡萄园、舞蹈、歌曲、诗歌、音乐、神话、神秘力量、主观的艺术家;另一方面是雕塑、秩序、格式、建筑、节制、安静、智慧、适度、逻辑三段论、辩证、科学、对话。阿尔基罗库斯(Archiloque)对荷马……不管哪个原则获胜都是灾难。必须达成一种来回于两个原则之间的精妙辩证。酒神称霸的世界会和日神称王的世界一样地疯狂;同样,只有快乐原则的世界不会维持多久,只有现实原则的世界亦然。

因此,性解放意味着不顾及现实原则地授予快乐原则全部权力。弗洛伊德不会为这样的做法背书:"建议人们去完全满足自己的性欲，这种做法是不能在分析疗法中占一席之地的。"（XIV.448）问题不是出在存在性压抑这点上，而是出在无意识的内在运行上。无论我们在解放主题上如何做文章，这个问题总是存在，因为本能冲动的运作自然而然会产生抑制。一旦压抑消失了，它的替代物便马上会伴随新的症状出现。因此，**性压抑**出问题的部分不在**压抑，**而在……**性。**

弗洛伊德维护的想法是：为了刺激性欲，某种障碍或反对物是必要的。实际上，在《论性爱领域最普遍的衰退趋势》一文中，我们可以读到下面这段文字："显而易见，一旦性满足变得非常容易，性欲需要的心理价值就会降低。为了提高力比多的能力，障碍是必要的，对人类而言，不论他们处于哪个历史时期，只要对性满足的自然抵抗力度不够，他们就会立刻建立起习俗的障碍，以让自己能够真正地享受爱情。在这一点上，无论是个人或民族都是如此。在毫无困难就能实现性满足的那些时期中，比如古代文明的衰落期，爱情变得一文不值，生活也异常空虚，人们不得不通过建立强烈的反作用物来恢复对于爱情而言不可或缺的情感价值。这种情况下，我们可以认为，基督教的禁欲倾向其实创造了爱情的心理价值，这是古代异教徒从未想到过的。禁欲倾向赋予了苦行生活最重要的价值，因为他们的生活几乎充满了与力比多诱惑的斗争。"（XI.138）这真是一个性欲解放者在说话吗？

不过，弗洛伊德还是认为可以让钳子夹得松一点——但是不要钳子却是万万不行的……就性欲这点而言，弗洛伊德不是一个革命者，他不过是一个万分谨慎的改革者而已。明白了这点，我们就更能理解他的某些言论。比如，他曾在一封信中鼓励弗利斯尽快找到一种新的有效避孕方法以替代中断性交避孕法，因为在他看来，中断性交避孕法简直就是灾难，这种做法是数量众多的神经症产生的根源。在弗洛伊德的想法里，找到一种避孕方法，就等于"在通过实行不会出现怀孕的性交的同时获取一种明显可以用来改革社会——社会的构件和社会的组织——的方法"（1896年3月7日）。还是弗洛伊德，还是这个说私房话的弗洛伊德，他又说自己希望出现一些让人能够学会做爱的学院……

这样，在分析论证了性压抑和让快乐原则臣服于现实原则这两点都具有必要性之后，他又对自己的说法做过两次调整并提出了某些改进。比如，在《精神分析学引论》中他不愿意别人把自己看成一个主流道德的维护者："我们无疑不是改革家，我们仅仅是观察家；然而既然有观察，就离不开评论，因此，我们不可能拥护传统的性道德，或赞许社会对性问题的处置。"（XIV.450）弗洛伊德不希望在对病人的分析中去鼓励病人选择更加自由的性生活或提出让他们禁欲的建议。

在他看来，无论是谁，只要经历过精神分析，他"就会持续具有对不道德危险侵袭的抵抗力，哪怕他的道德标准从某个角度上看与社会上的一般人有所不同"（XIV.451）。治疗躺椅在这里给人的印象是，它能够非物质化性欲，于是，在分析炼金术的操作下，治疗躺椅成为一种纯粹象征，分析炼金术能够把无意识转化成意识，并借此消除抑制及由抑制带来的症状。我们也可以换个说法：不需要在政治和社会上进行性解放，只靠精神分析就够了，精神分析会对躺在治疗躺椅上的人起到像性欲净化剂一样的作用。

正如在《精神分析学引论》一书里，弗洛伊德先是表达了他对性解放的拒绝态度，后又主张使用治疗躺椅让个人获得解放。同样，他在《论性爱领域最普遍的衰退趋势》一文中先是继续了对主流性道德的批判，后又得出了一个开放式结论：弗洛伊德先是指出了存在于冲动诉求和社会要求之间、快乐原则和现实原则之间、力比多利己主义和社会正当要求的压抑代价之间的那种对抗具有无法约简的特征，然后又以一些装腔作势的句子作结，"我随时准备着自愿让步，……或许人类发展的其他道路也有能力去改变我在这里单独加以论述的这些办法所得出的最终结果"（XIV.141）。其他什么道路呢？我们永远也无从知晓……

《"文明的"性道德和现代神经症》发表于 1908 年 3 月，这是一篇直接批判主流性道德的文章。弗洛伊德认为主流性道德将性欲限制于一夫一妻制的严格且狭窄的框架里，这种限制迫使人们谎话连篇、口是心非、互相欺骗，每个人都在自欺欺人。弗洛伊德对此深有体会……压抑会引起性问题、性变态或性倒错。诚然，一些人能够做到用升华来解决这个问题，但其他人呢？他们会深陷神经症……

婚姻让欲望熄灭。妇女生育让夫妻之间的力比多性欲转移到了孩子或孩子们身上。欲望消失了，快乐也跟着消失了，挫折感主宰了一切。理想的状态是一种完全自由的性欲，但社会却不允许这样。因此，男人们频频光顾妓院，女人们则在孩子们长大离家后用性欲冷淡或神经症来逃避。至于手淫，这样一种无辜的权宜之计，西格蒙德·弗洛伊德却令人惊讶地将它罪化成了心理疾患的重要源头……

在无情地指出上述事实后，弗洛伊德开始推销他的学科：1925 年，在《对精神分析的抵抗》这篇一如既往拒绝在社会、政治、团体、整体上实施普遍性解放的文章中，他吹嘘精神分析的价值，认为精神分析"能够减轻对本能冲动的抑制强度，而且能给予诚实更多的空间。某些冲动情绪受到社会过于严厉的压抑，它们应该被允许得到更多的满足，而对其他那些以制造抑制来进行的且不适合实施压抑的冲动情绪，则应该用更好更保险的方法去替代压抑这种旧办法"（XVIII. 132 - 133）。除了给予诚实更多空间这个办法外，我们当然没法指望弗洛伊德详细告诉我们应该在什么地方、什么时候、用什么办法去减轻抑制的强度……我们也无法期待弗洛伊德告诉我们社会到底在哪些地方实施了过于严厉的压抑……我们没有想过能在他那里找到有关他提到的那种能够代替他所谴责的压迫办法的更好方法的细节……或者……

或者，我们应该这样去理解：弗洛伊德的解决办法不是广义上的政治办法，而是针对个体的办法，弗洛伊德建议大家都去使用治疗躺椅，**他**的治疗躺椅。他不赞成普遍的、整体的、政治上的性解放，而是建议每个人都去主观调节自己的力比多。社会靠性压抑得以存在且会一直存在下去，那么就让它保留这个角色吧；相反，精神分析可以弥补个人因此而遭受的损坏。因此，弗洛伊德的解决办法不是**非政治的**，而是**反政治的**：它是个人主义的、利己主义的、个体的、量身定制的。治疗躺椅仅仅靠社会造成的抑制而存在，因此弗洛伊德自然也不会去思考要用怎样的政治手段才能减轻、缩小这种压抑。弗洛伊德主义的马克思主义者这么做了，如果弗洛伊德还在世，他必定会憎恶他们的这种僭越……

弗洛伊德力图从理论上与禁欲的修道院和纵欲的妓院都保

持距离，他将性生活理论化在了一个适当的尺度里。他秉持的不是纯理论，不是政治学说，不是对普遍性原则的宣称，而是一种本体论立场：他建议的是个人主义的量身定制，以此来让每个人在已有世界中为自己的性生活找到一个解决办法，至于其他人、人类的神经症或存于世间的性苦难，就不是个人操心的范围了。治疗躺椅，才是解决之道：性革命和解放习俗，都属于没有出路的做法。精神分析提供的这种以自我安慰为中心的库埃疗法同样来源于被弗洛伊德外推成了普遍理论的他自己的个人生活。

弗洛伊德的确是与玛尔塔·贝尔奈斯结了婚，她给他生了6个孩子。他给弗利斯的信件证明了这点：正如我们前面所见，弗洛伊德的性生活似乎阴晴不定，而且某些时期中，他虽与自己的合法妻子行房事时性无能，但与自己的妻妹却性生活和谐——他与自己妻妹的通奸关系是在玛尔塔的同意下、在她的心照不宣或沉默中进行的。根据弗洛伊德传奇的说法，弗洛伊德很早——大约37岁——就放弃了性生活，这么说是为了让弗洛伊德在对精神分析学的发明中得到了升华这个虚构故事显得合情合理，而这种没有被现实验证的说法又给弗洛伊德带来了双重好处，一是让他的学说得到了佐证，二是给这位导师的通奸关系和象征意义上的乱伦关系蒙上了一层面纱……

治疗躺椅因此成为一种工具，人们可以通过它去调节性的主体间的关系：让其不过多，也不过少；既不过僧侣的禁欲生活，也不过极端自由主义者的放纵生活。悲剧式的悲观主义让弗洛伊德在性方面和政治上都保持了保守主义立场：他是不可能把精神分析用来帮助性解放的，在他眼中，对本能的压抑与生命共存，而且通过升华，它也与文明和文化的持久性共存。

如果在此处解放了人，那么在彼处就必须给人以限制，因为正是禁令才让社会得以存在。弗洛伊德自称要让具有基础意义的禁令得到保障。精神分析就是他达成这种保守主义愿望过程中的左膀右臂。

不过，他同意将精神分析用于修补损坏——但他绝不会让这种修补干预导致损坏发生的那种机制……《"文明的"性道德和现代神经症》就像一部战争机器一样，它在反对犹太基督教性欲中起着重要作用：不容置疑，它带有尼采的哲学口音，它对被认为是导致了神经症的**那个**因素——性压抑——骂骂咧咧、大发雷霆、叱骂反对；它揭露虚伪，揭露它对身体的损害，揭露它让人们往神经症这条死路里投入精力；它批判一夫一妻制和家庭主义的邪恶作用；它把基督教禁欲理想说成是造成精神疾患、性冷淡症、手淫、变态性行为及焦虑的罪魁祸首——然而这一大堆夸夸其谈的演说却不过虚有其表："治疗婚姻内焦躁不安的办法可能是对婚姻不忠。"（Ⅷ.211）自此，所有人都明白了弗洛伊德提供的解决之道不是性解放，而是个人层次上的修修补补，这怎么说也是一条显得可怜的小出路。在这条道路上，治疗躺椅才是人们的最后依靠……

第二十九章　手淫，弗洛伊德主义笔下的儿童疾病

> 如果我们从象征意义上去看待俄南（Onan）的行为，那么他的行为就意味着他把自己的精液给了母亲（大地母亲）。他的罪过因此是乱伦。
>
> ——弗洛伊德，《维也纳精神分析协会会议纪要》
> （Ⅲ.335）

我们在弗洛伊德笔下看到了令人惊奇的对手淫的批判。它之所以惊奇，是因为弗洛伊德对主流道德实施的性压抑之粗暴性所怀的清楚认识让我们觉得，对弗洛伊德而言，独自享受性快乐是可以被设想成一种对身体的压抑专制没有威胁的解决之道：这种得到满足的方式既没有伤害自己也没有伤害别人，怎么能够用与最教条主义的听告解的基督教神父一样的既热切又顽固的态度去批判它、归罪于它和对它穷追不舍呢？

对《维也纳精神分析协会会议纪要》的阅读让我们惊异于精神分析师们在这个问题上思想是如此落后。萨缪埃尔·蒂索医生（Samuel Tissot, 1728~1797）曾写过一本预言手淫者的最严重疾病的著名教材，而他在精神分析师那里找到了自己的思想继承人，因为精神分析师对手淫发表的绝大部分言论都符合蒂索对此的看法。《手淫：论手淫引起的疾病》在

当时是欧洲的畅销书，这本书以预防这种被说成会极端危害健康的常见的性行为为基础而创作。弗洛伊德紧跟蒂索的步伐，这甚至让他错过了让自己成为一个在性方面的启蒙主义医生的机会……

精神分析协会从1910年5月25日到1912年4月24日用了11次会议讨论手淫问题，而每一次会议最后的结果都是开会的权威人士们被说服认为手淫具有危害性——他们无疑是在说他们自己的手淫！第一次会议的题目是"对手淫危害作用的讨论"。立场已经很明显了……弗洛伊德说"神经衰弱是由过度手淫引起的"（Ⅲ.540），却没有说什么样的程度算过度。

诡辩的技巧也提供了帮助，精神分析师们怪罪的不是手淫本身，而是伴随手淫发生的那些幻想！此处的逻辑同我们在告解中看到的神父的逻辑是一样的：错都不在行为本身，而是在行为背后的坏思想中……这些与会的分析师们在既没有证据也没有证明的情况下，一如既往地根据把主观断言转化成客观真理的施行式原则，把手淫与乱伦幻想、同性恋和性反常联系了起来！

弗洛伊德逻辑中对诡辩的依赖和对施行式断言的借用继续存在于对这个主题的讨论上，就像在对其他主题的讨论中一样：这些幻想对应着某个事实，如果手淫者自己记不起这个事实，那并不能说明事实是不存在的，而是说明这个事实被他抑制了……手淫的行为因此意味着手淫者幻想与母亲发生性关系和与同性发生性行为，而根据最纯粹的弗洛伊德逻辑，这两种行为都属于违背弗洛伊德所称的正常性欲的行为。换言之，就都是违背异性恋和生殖性性行为的异常行为，即便手淫者自己都否认这种联系，但尤其是在这种否认中，此幻想被认为确实存在。

手淫出于某些原因而必须被劝阻：这是一种**反社会行为**，它让个人与社会作对，因为手淫事实上表现出个人并不需要社会；这是一种**过于简单的行为**，它让个人习惯于不在取悦别人或吸引别人上下功夫；这是一种**与现实脱节的行为**，它让主体将现实摆在第二位，而满足于自己幻想和想象出来的东西；这是一种**享乐主义行为**，在习惯手淫后人就更难接受社会在夫妻生活上对人们施加的必要限制；它是一种**倒退的行为**，它让人滞留在孩提时期的性阶段，其中隐藏着作为精神性神经官能症源头的精神危害物；它是一种**反自然的行为**，因为女性的手淫具有男性特征……

弗洛伊德对这一连串用不容置疑的语气说出的评论观点没有进行任何进一步论证：这种行为到底给社会带来了怎样的危害，或者说是什么让它破坏了社会？既然手淫不是以**反对社会**的姿态进行的，而是以**当社会不存在**的态度来进行……为什么在性欲方面，复杂的理解比简单的理解更好呢？真的是越复杂越好，越简单就越难站得住脚？凭什么这么说呢？有什么证据表明传统意义上的性关系——男人和女人之间以性器官插入方式发生的性关系——比手淫行为更少产生幻想、更多依托现实？还有，哪怕精神分析师们的看法是对的，我们又凭什么要更偏爱让人沮丧的现实，而不偏向于令人喜悦的幻想呢？话又说回来，为什么要禁止快感？为什么要批判性欲方面的享乐主义？而关于倒退的快感，为什么要去禁止人们享受这种快感呢？如果手淫者在这种倒退的快感中获得了满足，也就是说他暂时地或在长时间内没有机会享受其他在当时没有被他看作快感的快感，那么为什么要认为放弃这种简单的快感、选择挫折才是对的呢？最后，在双性恋问题上抄袭了弗利斯观点的弗洛伊德，曾经引用柏拉图《会饮篇》中阿里斯托芬的话来说明每个人在性上都有双重性的弗洛伊德，怎么能去否认女人获得的带有男性特征的快感或男人获得的带有女性特征的快感呢？而且又怎么能够在男性快感和女性快感的区分上如此斩钉截铁呢？分析师协会给出的论据看起来是那么单薄！手淫是反社会的？是过于简单化的？是与现实脱节的？是享乐主义的？是倒退的？是反自然的？那么……为什么性快感就必须是社会的、复杂的、现实的、忧伤的、成人的、自然的呢？而且要知道，以上列举的所有这些概念还是没有确切定义的。

宽宏大量的弗洛伊德同意这种似乎在他个人生活中也有实践的性行为的确具备一些优点：手淫不管怎么说还是避免了完全的性缺乏，因为不然的话，性上的完全缺乏会导致疾病——不过，弗洛伊德的理论将性缺乏引起的疾病与由手淫引起的病症区分了开来，手淫会降低性能力——因此，它对文明而言是件好事，因为在文明中人们必须解决好自己的力比多问题，需要忍受在夫妻间进行的、虽然有益于身体却令人忧伤的性生活；手淫允许年轻男人投身于其他工作；它能够让人避免感染上妓院的梅毒……尽管弗洛伊德低调承认了手淫具有这些好处，但手淫依然被认为会引起性方面的疾病，因为社会规范依然是异性恋的、生殖的、夫妇的和一夫一妻制的，而在分析师大会里没有一个人对社会规范提出质疑。

1911年11月22日的那次会议再一次讨论了手淫问题。弗洛伊德发了言，他检视了由手淫者维系的手淫和乱伦幻想之间的关系。无法与自己的母亲发生性关系，可以用来解释人为什么会陷入严重的抑郁状态，并沦为俄南的门徒①！弗洛伊德描绘了一个手淫者：他害怕与人聚会；他倾向于独处；他表现出对人的过度轻蔑；在青少年时期，他因为"病态地渴望真实性"而与众不同；他贪恋真正的友情；他无法不假思索地率性而为；他害怕暴露在众目睽睽之下；在某些场合，他无法使用自己的双手；他会身不由己地完全献身于某些事物；他要么是个过于自私的人，要么就是个极端利他的人……

有时候，手淫倾向也能由某些值得称颂的素质所体现：倾慕于美德或某种特殊的道德完美性；倾向于在纯科学中选择一行作为职业；倾向于使用"洁净不粗俗的语言"；倾向于对所有愤世嫉俗都反感厌恶；喜欢固定日期；害怕性无能；倾向于高估建立家庭的价值；手淫的女孩感觉自己似乎已经失去了处女身份和生育能力。最后还有一句压轴的话："每个手淫者实际上都是一人分饰两角，自己的第一个养育者（母亲）和他自己。"……

就此话题还需要再召开一次会议，它让弗洛伊德可以把手淫与《圣经》里俄南的故事联系起来，而且让他有机会解释为什么手淫者的确是与自己母亲维持着一种乱伦关系……"如果我们从象征意义上去看待俄南的行为，那么他的行为就意味着他把自己的精液给了母亲（大地母亲）。他的罪过因此是乱伦。"（Ⅲ.335）……这就是为什么所有的手淫行为都会伴随着犯罪感……

弗洛伊德清楚地知道真正的俄南故事，因为他从开始论证

---

① 俄南（Onan）代表性交中断及手淫，法文中的"手淫"（Onanisme）一词由俄南之名而来。

之初就讲述了这个故事。如果俄南将自己的精液洒向了大地，他并非在实施**象征上的乱伦**，而是在拒绝**现实中的乱伦**，因为上帝已经发出了命令，令他要让自己死去兄弟的妻子怀孕。俄南拒绝与自己的嫂子发生性关系（这种情况很可能让弗洛伊德想到了自己生活中的一些事情……），于是他就做出了最终让他成名的那个举动——将自己的精液洒向大地……然而，弗洛伊德想做的是忽视这个故事本身的含义——拒绝乱伦，而让这个故事去代表与其原意相反的东西：通过将大地类比成母亲而表现出象征上的乱伦……

在另一次会议上，弗洛伊德批判了认为犯罪感源自宗教的观点："历史［原文如此］已经证明了［原文如此］，犯罪感早在宗教问题尚不存在的时期就已经存在了。"（Ⅲ.83）大家都还记得，实际上，在弗洛伊德那里，犯罪感要追溯到原始部落里弑父的"科学神话"，大家也还记得他在《图腾与禁忌》里开展的那些众所周知的历史论证。犯罪感因此与乱伦幻想关系十分密切。

第四次关于这个话题的会议——不要忘了，一共有 11 次关于手淫的会议——召开于 1912 年 1 月 24 日。弗洛伊德在会上提出的一个假设表明他从来就没有真正放弃过自己的诱惑理论。他认为，手淫的女人让曾经在幼年时期吸引过她们的对父亲的幻想死灰复燃，以至于她们陷入了自己孩提时期的性活动中。在第 7 次会议中，弗洛伊德继续强调手淫的危险性。下面这段引文值得我们一看："认为手淫有害的观点得到了完全客观的评论者所进行的观察的支撑，他认为年轻阿拉伯人之所以最后变得愚钝是由于他们过度而且毫无节制的手淫。"（Ⅲ.62）

"手淫讨论的最终章"，这就是1912年4月24日召开的最后一次会议的标题。弗洛伊德做了个概括，然后他给出了他的结论。他集中了11次会议中关于这个问题所做的所有讨论，又在此基础上添加了手淫会导致器质性损害的论点——但他没有说具体是哪种损害……手淫会导致神经症，因为它让人回到孩童时代的性而且让人对此产生固着。这使得我们如果回溯得更远一些，就会发现俄狄浦斯情结和乱伦幻想。因此，这些持续了两年之久的冗长讨论相较于1898年发表的那篇《神经症病因中的性因素》而言没有丝毫进步。弗洛伊德也没有去寻求什么进步，因为他已经找到了最终答案：所有这些会议的目的都是确认这篇文章的论点而已。

当时，他主张让手淫病人到医院里在医生的控制下及医生规律的监控下"戒除习惯"（230）。弗洛伊德不想知道为什么人们会手淫：因为他已经认定了手淫的病态性质，认定手淫在神经症生产中所扮演的本源角色，认定采用手淫是由于唯一的真正快感——与母亲发生性关系——无法被满足……弗洛伊德，这个声称发明了精神分析且以这种方法来治疗人并以此得到不容置疑的结果的人，面对那些根据精神病模型来看会因为实施手淫这种既常见又不会造成任何后果的行为而产生犯罪感的可怜人，他会如何让他们**戒除习惯**呢？通过催眠？通过布洛伊尔的方法？通过在恰当时候把手按在病人的额头上？还是通过那张从各种意义上都可以算是给弗洛伊德带来了好运的治疗躺椅？

不，都不是。我们在前文中已经说起过他采用的那个物体：在那个被称为冷却导管法（psychrophore）的方法中用到的物件。弗洛伊德在1910年4月9日写给路德维希·宾斯旺格的一封信中建议宾斯旺格在病人身上使用这种方法，而宾斯旺格是一位试图用胡塞尔现象学支持弗洛伊德理论大厦的精神分析师……我们知道，这个物件是一根冷却过的导管，它类似于导尿管的中空导管，把它插入病人的尿道后，就能在其中注入冷水。在另一封信中，弗洛伊德写道："我不认为导管会把他弄疼，导管更多的是会起到代替手淫的作用，让他不再手淫。"（1910年4月21日）这个能够弥补躺椅不周之处的疗法是多么具有革命性啊！

第三十章　女性那发育不良的阴茎

> 解剖学即命运。
> ——弗洛伊德，《论性爱领域最普遍的衰退趋势》
> （Ⅺ.140）

弗洛伊德的一生都在性上为自己的母亲所吸引，这种吸引甚至达到了让他将自己的情况外推成俄狄浦斯情结普遍理论的程度；他在娶一个年轻姑娘做妻子的同时又去勾引这个姑娘的妹妹；他一生都是自己妻妹的情夫——我们知道，他的妻妹与他们夫妻同住一个屋檐下，她就睡在那个出入必须经过他们夫妇卧房的屋里；他通过对自己的小女儿进行精神分析，通过让她而不是自己的妻子在自己生病那个时期充当看护角色，通过把她作为自己的安提戈涅，而与她保持了象征意义上的乱伦关系；他可以在对安娜的精神分析中看到安娜是怎么慢慢走向完全拒绝男人的道路并最终成为同性恋的；他还先后对自己女儿的情妇以及这位情妇的孩子进行了精神分析。让我们换个说法：现实生活中，他与女性之间的关系都很扭曲。

因此我们也不会对他的理论所具有的同样的扭曲特征感到惊奇……弗洛伊德在翻译斯图亚特·穆勒的女权主义著作时，只要有机会，就会对功利主义哲学的进步观点加以抨击，因为在他看来——他在《论性爱领域最普遍的衰退趋势》里直接表明了自己的看法——"解剖学即命运"（XI.140），女人们都臣服于她们的女性生理构造……当时是1912年，西蒙娜·德·波伏娃那年四岁……

这篇文章属于《爱情心理学文集》的第二篇，第一篇发表于1910年，名为《男人对象选择的一个特殊类型》。第三篇发表于1918年，名为《处女的禁忌》。这本《爱情心理学文集》值得一读：如果我们用当代词汇来形容这本书的话，可以说他正是通过这本书建立了厌女的、男权主义的和恐同性恋的理论。实际上，弗洛伊德认为，女人不应该寻求工作自主，因此也就不该追求经济自主，女人就应该做贤妻良母；他把女性的生理构造设想成一种相对于阴茎模型而言中途停止了发育的状况；他还相信存在一种正常模式去引导主体走上一夫一妻的、婚姻的和家庭的异性恋道路；最后，他还把同性恋看作一种没有完成力比多发展道路的结果。既然自然赋予了女人美貌、魅力和善良，她们就不应该再奢求什么了，他在1883年11月15日对自己的未婚妻这样写道……

在《处女的禁忌》里，弗洛伊德兜售的是一种带有厌女情绪和男权主义思想的大众观点，这种观点认为被解放的女性总是会因为得到了解放而敌视男人：弗洛伊德认为，当一个女人想要自由的时候，她就威胁到了男人的自豪感，从而破坏了男人的力量。所有寻求自主的要求都类似于阉割威胁。于是，就有了下面这个被理论化了的所谓的女人们的共同欲望：女人们渴望拥有自己身上所没有的男人的阴茎，这就是她们对男人充满恶意的原因。弗洛伊德的模型因此是男性的，因为具备阴茎的是男性。于是，阴茎，就是法则。

"在阴茎妒羡的背后，我们观察到她们对男人那含有敌意的怨恨。这一敌意从未在两性关系中消失,我们可以从那些'被解放了的'女人们的憧憬中、从她们的文学作品中明显看出这点。"(XV.93)费伦齐就女人们产生"怨恨"的原因提出了自己的看法,弗洛伊德紧跟他的观点认为,女性在人类起始时期的性行为中表现出的体力逊色让她必然臣服于男性,她的无意识对此保留了痕迹——这让对男人的怨恨、敌意和仇恨通过种系发生的方式遗传了下来。

如果男权主义者是以阳具为中心建构自己世界观的人,阳具被他们认为是这个世界观中的最关键,那么,很显然,我们的确可以用男权主义这个词来形容弗洛伊德……在《非专业者的分析问题》里,他写道:"成年女性的性生活难道对心理学而言不是一片**黑暗大陆**(dark continent)吗?我们意识到,女孩因为缺乏与男性等价的性器官而感到痛苦,她因此认为自己的器官低人一等,这种'阴茎妒羡'是一系列女性典型反应的源头。"(XVIII.36)

阴茎在性生活中具有相当于标尺的价值:女人们痛苦地感觉到自己缺少阴茎;男人们因为自己的性器官拥有了优越性,女人的低下也是由于这种解剖学上的缺陷;缺乏阴茎解释了女性心理学为什么属于心理学上晦暗不明的那部分。还有什么好说的呢?当整个理论大厦都是以拒绝身体、否认生理学、回避肉体为基础建构时,被抑制之物的现身自然就会成为大问题——当然,它是弗洛伊德的大问题,而不是女人们的大问题!

在弗洛伊德看来,女人的所有问题都出在她们不是男人这点上……有两篇文章很好地体现了弗洛伊德的这种看法:一篇是于1925年发表的《解剖学性别差异在精神上造成的一些后果》，另一篇是于1931年发表的《论女性性欲》。我们在这两篇文章中看见了一个突然开始关心解剖学、生理学和肉体的弗洛伊德，换言之，弗洛伊德开始考虑现实身体了。看，这个在一生时间中都为以譬喻、比喻和概念拓比为基础的形而上学辩护的弗洛伊德，却对女人双腿之间的东西着了迷。他在它面前目瞪口呆、手足无措，只因为那里没有他身上长的那个东西……女人没有阴茎，这就是他所认为的女性的一切奥秘所在以及女性苦难的原因所在！

1925年的那篇文章考察了小女孩的俄狄浦斯情结问题。顺便提一下，这篇文章是弗洛伊德为了参加在德国巴特洪堡（Bad Hombourg）召开的第九届国际精神分析协会（IPA）准备的稿子，不过当时他的健康状况已经不允许他出席，是他女儿代他在大会上读的这篇文章……所有人都知道，就小男孩一方而言，事情很简单：他怀有与母亲性结合的欲望，但他父亲禁止他这么做，于是他就产生了象征意义上的弑父愿望。然而，小女孩呢？是否应该倒过来看，认为她想要与自己的父亲结合，因此把母亲看作需要清除的竞争对手？荣格曾用恋父情结（complexe d'Electre）来指代年轻女孩的这种心理演变，应该怎么去看待此类观点呢？

所有读到下面这段话的人都会联想起弗洛伊德与自己女儿安娜之间的关系："所有的分析师都曾遇见过这样一些女人，她们对自己父亲怀有的依恋之情不但十分强烈而且执拗无比，她们期望与自己的父亲有孩子，这种期望的产生表明父女之间的依恋关系已经达到了无以复加的高度。我们有很好的理由〔原文如此〕认为，这种纯属幻想的愿望为她们孩童时期的手淫行为提供了本能冲动力量，我们很容易就能察觉出此处我们碰到的其实是一个儿童性生活中的基本现象,而且我们无法就此再向前追溯找到组成它的相关片段。"(XVII. 194 - 195)可能正是弗洛伊德作为父亲给女儿做的那些精神分析才让他得以提炼出这个看似有效的理论……不过,它只对一个案例有效:西格蒙德 & 安娜的关系——它又能对地球上的多少其他人有效呢……

弗洛伊德叙述了当一个小女孩发现事情真相时的情景:"她吃惊地注意到她的一个兄弟或玩伴长有阴茎,这个器官十分明显而且块头不小,她马上〔原文如此〕就辨认出这是她自己那小且隐藏起来的性器的高级对应物,她于是就〔原文如此〕无法抑制地开始妒羡起阴茎来。"(XVII. 195)这就是事情的经过:仅仅察觉自己缺少阴茎,就能够让阴茎妒羡突然涌现出来——这是弗洛伊德式的"于是就"……在小男孩身上,性器官无疑是"让人印象深刻"和"尺寸惊人的",而在小女孩身上,阴茎的替代物阴蒂却只能是"小"且"隐藏起来的"……在《精神分析纲要》里,弗洛伊德继续用"小且隐藏起来"形容阴蒂,他将小男孩那"得到良好发育的性器官"与小女孩那"发育不良且常常没什么用处的退化了的器官"(58)对立了起来……在后面的行文中,他还继续提到了小男孩的"生殖器官"和小女孩那"发育不良的阴茎"(64)……

当小男孩发现小女孩的阴蒂时,他会表现出犹豫不决,不太感兴趣,他要么根本没有注意到,要么就是否认自己的确看到了什么。等他再长大一些,突然感到阉割威胁之时,就会最终明白其中的关键:如果有一天他犯了个错误,比如手淫或对自己母亲怀有性欲望,那么等待他的可能就是一样的下场——女孩的身体、没有阳具的下腹、双腿之间没有阴茎、被阉割的身体。《解剖学性别差异在精神上造成的一些后果》一文很清楚地指出：女性身体是"一种被毁坏的造物"（XVII. 196）。还能有比这更好的方式去把女性身体当作**惩罚**吗？在弗洛伊德的思想和实践中，原始部落的父亲在女性成为"人下人"的同时化身成了"超人"。换言之，高高在上的阳具与阴茎缺乏相对立……

弗洛伊德并不关心自己的断言有无证据支持，他继续发展他的理论：发现自己没有阴茎，就等于想要得到那个缺乏的阴茎。弗洛伊德从伤疤、低人一等的感觉和自恋创伤这三方面进行了论述……因此，小女孩会去期待有朝一日自己也能有幸拥有这个器官。不过，她也有可能依据否认逻辑而自以为有阴茎，然后像男人一样行事。就这点而言，对弗洛伊德的批判性研究向我们显示了《一个孩子被打了》一文在多大程度上出自弗洛伊德对自己女儿的分析。

正是在有关对女同性恋起因的认识中，弗洛伊德提起并引用了这篇文章。面对她们没有阴茎这一明显事实，弗洛伊德断言，摆在年轻女孩面前的路有三条：其一，通过发展出一种对母亲的憎恨和对父亲的爱来抛弃自己的性欲；其二，拒绝阉割，不遵循女人注定该走的道路，成为女同性恋；其三，选择父亲为对象，憧憬从他身上得到一件礼物，即一个孩子……我们怎么可能不联想到安娜·弗洛伊德在这种被说成是具有普遍性的理论中的命运呢？

一如既往地，在一无证据二不关心有无临床案例支撑的情况下，弗洛伊德斩钉截铁地说出了下面这个假设：放弃阴茎意味着选择另一条道路，即拥有一个孩子。对此，我们想到的可能是，这是在根据外婚制逻辑于家庭之外为自己的孩子选择一个男人做父亲，但弗洛伊德提出的却是这种对孩子父亲的寻找要在内婚制下进行……实际上，女人，"放弃了拥有阴茎的愿望，用希望有个孩子的新愿望替代了它，而且还把自己父亲当成爱慕对象以实现这个愿望"（XVII. 199）。在这一格局中，母亲成为嫉妒对象。弗洛伊德因此得以自圆其说：俄狄浦斯情结在男女两种情况下都运行良好，这两种不同情况要达到的目的是一致的：孩子对与自己不同性别的父母一方怀有欲望，把与自己同性的父母一方看作需要摧毁的敌人。

俄狄浦斯发展中的这种不对等让女性具有一个特别之处：她们更少地臣服于超我。于是，"存在一些人们长久以来加以批评的女性特征，具体而言就是女人的正义感比男人弱，在生活中比男人更少倾向于服从大局，更经常地被温柔或敌对等感情左右，这些或许都能用超我功能在女人那里被更改这点来解释"（XVII. 201）。换言之，尽管弗洛伊德有极其繁复的理论，但其观点却最终落入了厌女和男权主义观点的俗套：女人们不知道什么是公平正义，她们让自己的行为受感情和激情的左右，她们不以理智或智慧去行动……于是，这位在习惯上被说成是进步主义者的哲学家得出结论：千万不能去"听信女权主义者，以免误入歧途，这些女权主义者想要把两性之间在地位上和评价上的完全平等强加给我们"（XVII. 201）……

弗洛伊德的另外一篇文章《论女性性欲》确认了上面的假设。将解剖学视为命运，这意味着要以一种新形式来看待双性恋。阴道被看作女性的特有器官，阴蒂则被视为男性残存，因此女性就有了双重性欲。小女孩，为了成功获得女性的性欲，就必须先放弃阴蒂手淫这一男性遗存，只有这样她才能发展出以阴道快感为基础的被视作正常的传统性欲。在《性学三论》中，弗洛伊德解释说，从阴蒂阶段到阴道阶段过渡的失败是很多女性神经症的起因，尤其是女性癔症的起因。

阴蒂与阴道的这种分离在弗洛伊德那里意味着一种具有主体意义的割礼：在伴随着对阴蒂快感道德谴责的情况下——而且怪罪的原因还是因为阴蒂带来的高潮被认为是男性才拥有的——我们如何去把这种阴蒂与阴道的分离想象成可能呢？作为女人，在被告知只有阴道才有资格作为成人性敏感区，因此需要避免使用阴蒂的情况下，她们该以怎样的方式去看待自己的快感呢？弗洛伊德在此似乎找到了一个比冷却导管更有效的方法去说服女性放弃让人过于容易得到满足的手淫：手淫会让她退回到以前的性欲阶段，即不好的性。好的性——就那么偶然地——需要男人们具备某种能力，而似乎很少有男人能够做到这点……

最终，尽管在双性恋的构型中弗洛伊德不认为存在纯粹的男性或纯粹的女性，但他还是无法抑制地在有关性别定义方面秉持了大众观点。比如，在《精神分析纲要》中，他说自己的定义不太确切，因而不太令人满意，因为这些定义都是经验性的、约定俗成的："我们把强壮的和主动的称为男性的，把弱小的和被动的称为女性。"（59）然而，这一定义却还是出现在了这篇被认为是对他的发现做概述的作品中。

在另一部作品《摩西与一神教》中，弗洛伊德谈到了从母系社会过渡到父系社会的问题，他指出，这一事件是人类历史上的一个巨大进步。这种母权向父权的转移"标志着灵性对感性的胜利，它是文化中的一次进步。因为母爱是由感觉来表现的，而父爱则是以人为推论和假设为基础的一种结合运用。这一思维过程超越感官知觉的事件产生了重大的影响"

(153)。一如既往地，我们在此再一次看见了感性的，不理智的，为激情、冲动、本能、脏腑、子宫驱使的女人与男人这种理性的、思维的、思考的、有思想的、有控制力的、有头脑的存在相对立……

弗洛伊德不光有男权主义和厌女观念，他还抱有一种**本体论的恐同主义**。出于诚实，我们必须要指出，1897年，弗洛伊德在德国性学家马格努斯·赫希菲尔德（Magnus Hirschfeld）以废除德国刑法中惩罚男同性恋的一个法条为目的而发起的请愿书上签了名。同样，1905年，他在《性学三论》中清楚地指出过："性倒错者不是道德败坏之人。"（Ⅵ.71）这句话的意思实在是再清楚不过了。这就是为什么我说他所持有的是本体论上的恐同主义，而没有说他是政治上的或社会运动中的恐同主义。怎么区分二者呢？

政治上的恐同主义是对同性恋这种性实践加以歧视，甚至犯罪化同性恋；而主体论上的恐同主义则意味着采取了一般习俗规范看待同性恋的眼光去看待它，把它视为不正常或**变态**（perverse）——如果用弗洛伊德自己的词汇来说的话。这里说的变态不是道德意义上的变态，而是拓比意义上的：正如我们所说，弗洛伊德将性看作两个不同性别的人通过生殖器官交媾进行结合。我们可以引用下面这句话来说明，它摘自《性学三论》中"性目的方面的变异"一章："一般情况下，我们所说的典型性交行为，总是以两性器官之交为正常性目的。这种交媾可以清除性方面的紧张感，暂时扑灭性欲之火。"（Ⅵ.82）手、口、肛门，在弗洛伊德看来，都不属于生殖器官，生殖器官专指阴茎和阴道……

在《精神分析纲要》中，弗洛伊德表达了与他在《性学三论》中阐述过的几乎相同的观点。他细致描绘了所谓"正常"的性发展过程，并提出了一种典型的阶段性发展模式——口欲期、肛欲期、施虐-肛欲期和性器期；然后他描述了俄狄浦斯情结及接踵而来的潜伏期；最后又理论化了生殖期，在这个阶段中，个人会将自己的力比多性欲锁定在一个与自己性别相反、处于外婚制世界中的性对象身上。这就是弗洛伊德眼中的正常规范。在这一图景里，同性恋被看作一种"发展的阻断"。

同性恋行为也可以是偶发的、一时的、不具最终性的：这样的同性恋行为只会在主体性发展过程的某个时期出现，个人出于一些暂时原因（比如监禁、军营生活、战争、只有男性的集体生活等）远离了异性。这种经历可能让个人感到耻辱，也可能被看作一件骄傲的事。它有时还会与异性恋关系发生关联。不过，同性恋行为也可能表明此人就是同性恋，其表现为个人无法与异性发生性关系。（在这种什么都有可能的情况下）所有关于同性恋的社会学研究都成了一种碰运气的冒险。

相反，在同性恋的起因上，弗洛伊德却没有丝毫疑虑，他在《论自恋：引论》中给出了自己的解释：初期的性满足属于自我挑逗、吮吸、手淫及其他与自我保存的冲动相关的活动；然后，力比多的固着对象会演变为那些维系我们生存的人，首先是父母，尤其是母亲和奶妈。

弗洛伊德以"错乱"（perturbation）来解释为什么某些人——比如同性恋者——没有依循这一模式，而是选择把自己作为力比多对象。"我们可以非常清楚地在那些力比多发展出现错乱的人身上——比如在性倒错者和同性恋者身上——发现他们最后的爱恋对象并没有按照母亲的模式来选择,他们把他们自身作为了对象。显而易见,他们是在寻求把他们自己作为恋爱对象,而我们把这种对象选择类型叫作自恋式的对象选择。"(XII. 231)

因此,在弗洛伊德眼中,同性恋者没有能力爱上别人,即爱上一个与他自己性别不同的第三者,因为他爱的是他自己。所以,每个人都有两种可以走出自己力比多道路的方式:一是,要么将欲望倾注在养育自己的那个人身上,比如母亲,要么将欲望倾注在保护自己的那个人身上,比如父亲;二是,将欲望倾注在自己身上,倾注在现在的自己、自己希望成为的自己或曾经的自己身上。弗洛伊德将这两条道路分别称作"依恋式的爱"(l'amour par étayage)和"自恋式的爱"(l'amour narcissique)。第一种定义了异性恋,第二种则是同性恋。

在于1910年被加入《性学三论》"性畸变"一章的一个注释里,弗洛伊德进一步阐述了有关同性恋的自恋式起源。他说,儿童在一般情况下都会对自己的父母,尤其是对喂养他的母亲产生依恋之情。这种固着必须仅仅短暂存在于选定新的性对象之前的那个时期里。而同性恋者却无法按照这样的**正常**道路走下去:依据自恋的原则,他们会爱上一个与他们有相同性别的人,因为他们把他人认同成了自己,认同成了那个曾经被爱过、宠过、被母爱所包围的孩子。这使得同性恋者"寻找的是与他们自己相像的年轻男人,他们想要像自己母亲曾经爱自己那样去爱这个人"(VI. 78)。

尽管弗洛伊德因为赞成不应就同性恋行为对这一性群体加以谴责而在请愿书上签了字,但他内心的另一部分想法还是让他情不自禁地写下了下面这段话:"在性倒错的各种类型中,我们无一例外都观察到了古老心理结构和原始心理机制的支配性。自恋式对象选择被赋予的重要性以及肛门作为性感区的意义得以维持，这两点看起来就是性倒错的最根本特征。"（出处同上）此处的"古老"和"原始"应该被理解成那个被弗洛伊德认作"典型"的发展过程在尚未结束或尚未完成时的特征。正如女性是不完整的男性一样，同性恋是一种不完美的性类型。

弗洛伊德的法则其实是一种占有女性且让女性臣服的男性法则，是**强壮和主动**的支配者运用习惯上人们赋予男性的素质，尤其是韦洛伊德赋予男性的素质所进行的历险。从缺少阴茎的女性到未完成力比多道路的同性恋，它们在弗洛伊德眼中同属一个不在弗洛伊德地图中的世界——**性畸变**（aberrations）的世界……西格蒙德·弗洛伊德赞同的风俗真的是进步的、具有革命性的吗？

第三十一章　弗洛伊德对独裁者们的"致敬"

>　　一位记者（在向赖希谈起弗洛伊德时）问："他是社会民主党人士吗？"
>
>　　赖希回答道："我不这么认为。"
>
>　　　　　　　　　　　——威廉·赖希，《赖希谈弗洛伊德》

　　弗洛伊德**在本体论上的保守主义**让他一方面认为性抑制是神经症的源头，会对个人造成损害，另一方面又认为性解放会危害社会构造；弗洛伊德**在性方面的保守主义**让他在批判主流道德的同时又在力比多问题上为人人为己大唱赞歌，在力比多问题上每个人都必须自己想办法找到出路，如有必要，还可以请求精神分析施以援手，以臆造一条个人本能冲动的救赎之路；弗洛伊德**在习俗方面的保守主义**让他给手淫贴上不好的标签，把女性看作比男性低下的人，把同性恋者看成是没有完成力比多发展道路的人。这些都让西格蒙德·弗洛伊德与启蒙主义哲学背道而驰，而他的政治态度还将为他这种反哲学形象画上最后的浓墨重彩的一笔……

　　就本体论而言，弗洛伊德的政治态度十分阴暗，以至于让人很难从中看到哪怕一点乐观色彩……悲剧式悲观主义使得所有对社会的乐观看法在他那里都变得不可能。西格蒙德·弗洛伊德的政见如何？很少有人对这个问题感兴趣。有关弗洛伊德的史传快速地掠过了这个问题，理由是在这个问题上没什么好说的。一般而言，弗洛伊德在政治方面的明信片形象可以用下面这个句子来简短概括：这位维也纳的精神分析导师是**一个政见温和、知识渊博、秉持自由主义的犹太人**……然而，现实看起来真的与这种为了让人消除疑虑而制造的虚构形象相去甚远，因为说弗洛伊德是犹太人，这没有问题，但说他是自由主义者，而且还是个政见温和、知识渊博的自由主义者，就肯定不对了。

弗洛伊德似乎从来就没有真正意识到在他那位于维也纳贝格街19号的诊所之外还存在一个现实世界。他给人的印象是他生活在一个由神话、传说、虚构、幻想组成的世界中。在那里，他以读者和作者的身份生活在自己收藏的亚述或希腊－罗马小雕像之中，比起与他同时代的、迈进他咨询诊所厚绒大门的人的真实人生故事，他似乎对希腊神话和亚特里德斯（Atrides）更加熟悉。

他对历史的态度可谓是完全的否定：我们知道，他的历史不但是"他个人的人生历史"，而且是"他所处时代的历史"，对于后者，不论他个人态度如何，他和他的作品都是在其中演变的；他拒绝承认自己的思想与他所处时代的社会趋势、读物、交往和交流有关联；他热衷于成体系地摧毁资料，以求清除所有体现了他思想进程状况的痕迹；他这种清除痕迹的欲望早早地让为他立传成为一项十分艰难甚至不可能的任务；他在信件中对那些敢于把他的概念产生与特殊历史条件联系起来理解的人——比如，把死亡本能这个概念的提出与他儿子上前线或他女儿去世联系起来的人——清楚地表达了自己的恼怒；

521　他的作品对具体的政治事件保持了完全沉默。所有的这些，都让弗洛伊德置身的是一个由纯理念构成的剧场，他在其中操纵着自己的概念人偶，除了想给自己演场思想好戏外，别无他念……

在弗洛伊德全集里，我们有时候会瞥见现实历史的影响：比如《战争和死亡今论》（1915）中的第一次世界大战，比如他在《群体心理学与自我的分析》（1921）中就群众运动及领导人和群众之间的关系发出的评论以及他对社会主义进行的影射（XVI. 38），又比如我们在《文明及其缺憾》（1930）这部作品中看见了他对布尔什维克革命和共产主义的批评。但是，在他发表过的作品中却没有关于墨索里尼法西斯主义或民族社会主义的**任何分析**……

唯一让弗洛伊德感兴趣的历史似乎就是他自己的一生：他写了两部自传，即《精神分析运动历史文集》（1914）和《自述》（1924）。这两本书显示出弗洛伊德在书写自己的历史和书写那个他反复说是与他人生互相交融的学科的历史方面——请读者原谅我又一次地重复了精神分析和他人生交融这一点——是多么地得心应手。写自己的历史，没有问题。写别人的历史，那就不同了。他的个人历史有时也会与他人的历史相交，但他人的历史就像是唱戏的装饰，唱主角的永远都是弗洛伊德自己。

所以，我们需要到弗洛伊德发表的杂志文章或著作之外的地方去寻找他对政治问题的看法。信件？它们体现的是我们心中对弗洛伊德的一般印象：他排除了有关世界历史事件的内容，所有信件的内容过度集中于精神分析学及其门徒那自我中心主义的自恋式历史上——大会的生活、力量博弈的状况、对正在进行的研究的评论、逝者的私人信息、疾病、家庭的建立和友谊的产生、谁是虔信者谁是叛徒、孩子们的消息、精神分析在欧洲及世界的发展……

那么，我们是不是应该去求助于其他人的关于弗洛伊德的记忆或回忆呢？事实上，我们的确从中得到了更多的信息。因此，尽管我们知道弗洛伊德的私人仆从不认为他是什么伟人，但去听听葆拉·菲赫特尔这个服侍了弗洛伊德父女53年之久的谦恭女人（她先是在维也纳为导师服务了10年，之后又跟他一起流亡伦敦）的说法还是有意义的，看看她能够就这么多年的弗洛伊德的私人生活提供出怎样的信息。

实际上，我们可以在《弗洛伊德一家的日常生活：葆拉·菲赫特尔的回忆》一书中读到："弗洛伊德曾对他的医生朋友马克斯·舒尔这样说：'毫无疑问，奥地利政府或多或少是一个法西斯政权。'尽管如此，据弗洛伊德的儿子马丁在十多年以后的回忆，'这个政权在当时获得了我们所有人的好感'。弗洛伊德也确实对奥地利保安团（Heimwehr）屠杀维也纳工人无动于衷。"（75）……

让我们来看看总理陶尔斐斯。陶尔斐斯是谁？简言之：他是奥地利法西斯主义的创始人。1933年3月4日，这个秉持保守主义和民族主义的基督徒取消了共和制，建立了一党专政，废除了新闻自由，建立了一个社团主义的天主教专制国家。他取消了罢工权和集会权，取消刑事法庭。同年5月30日，他查禁了社会民主党。6月20日，他查禁了民族社会主义党，这么做并不是由于学说上的严重分歧，而是由于希特勒提出的奥地利与德国的联合。他创建了一党制下的那个党：爱国阵线（le Front patriotique）。通过政令来管理国家。1933年

4月3日，弗洛伊德在给身处柏林的麦克斯·艾丁格（Max Eitingon）的信中写道："这里没有人搞得懂我们面临的政治局势，我们都不觉得我国的形势会发展成与贵国相仿的情况，这里的生活像以前那样不受干扰地进行着，除了那些四处巡查的警察之外。"……

在维也纳，1934年2月12日，发生了工人起义，最后起义被军队残酷镇压：有1500~2000人丧命，还有5000人受伤——看，这就是那场**弗洛伊德对其无动于衷的**屠杀……这次起义是手持冲锋枪的社会民主党人对抗炮兵部队。战斗持续了36个小时。起义人士炸毁一座铁路桥，以阻止前来镇压起义的装甲运输火车开进维也纳。陶尔斐斯的大兵们使用了毒气和空中支援。镇压的情形十分恐怖。各个特别法庭迅速做出判决，判处工人死刑。工人们纷纷被绞死。在1934年3月5日写给希尔达·杜利特尔（Hilda Doolittle）的信中，弗洛伊德说镇压挫败了布尔什维克——而现实却是社会民主党人被镇压了，不过这对他而言也没什么大不了的，因为根据他的说法，他对政治本来就没有什么好的预期……

传记作家们对弗洛伊德如此**清晰分明**的政治立场是如何评说的呢？我们在欧内斯特·琼斯写就的长达1500页的传记《西格蒙德·弗洛伊德的生活与工作》中没有找到陶尔斐斯这个名字……在《弗洛伊德传》里，彼得·盖伊用的词则是"弗洛伊德的中立"（684）！热拉尔·休伯特（Gérard Hubert）在2009年出版的有关弗洛伊德的最新传记《如果这才是真正的弗洛伊德》中写道："面对这个奥地利总理统治下的'本土特有的法西斯主义'，弗洛伊德转过身去。"（786）同样，我们在保罗·罗森（Paul Roazen）的书中也没有看见他提这位法西斯独裁者的名字，即便这本书的书名还叫《弗洛伊德的政治社会思想》……

葆拉·菲赫特尔的那段回忆只有在上面提到过的 1933 年和 1934 年写成的信件为其佐证的情况下才能予以考虑。这些文件实际表明，弗洛伊德对发生在维也纳街头巷尾的十分明显的法西斯警察活动视而不见，因为当时的弗洛伊德依然心平气和地认为"生活像以前那样不受干扰地进行着"；至于那场用大炮、毒气、空中力量和绞刑实施的，被他错认为是对布尔什维克其实却是对社会民主党人起义进行的粗暴血腥的军事镇压，对他而言，也不算什么坏事，因为它是为了阻止比这更糟糕的布尔什维克夺权而实施的镇压——尽管现实的政治历史经验已经证实，社会民主党人士其实是一道抵制马克思－列宁主义的屏障……

弗洛伊德写的短小文字基本就是他的信件本身，不过也包括某些他亲手署过名的句子。比如他为……贝尼托·墨索里尼所题的颂词。事情是这样的。爱德华多·魏斯，是一个在维也纳学习过医学的精神病科医生，他是 20 世纪 20 年代唯一身处意大利的精神分析师，他在自己的国家组建了精神分析协会，创办了《精神分析杂志》。所以，他代表的就是意大利精神分析。1933 年，一位女病人对魏斯的分析产生了抵制，于是魏斯写信给弗洛伊德，希望弗洛伊德允许自己将这位病人介绍给他。之后，病人在父亲和这位分析师的陪同下去了维也纳。

这位年轻女孩的父亲是墨索里尼的朋友，他请求弗洛伊德选出一本自己的著作，并题上赠词，以便在自己回意大利时送给领袖。当时的弗洛伊德已经 77 岁，并且获得了国际声誉。

他可以说不，**但他同意了**。这样，弗洛伊德就需要选择送出哪本书，是被自己认为是成名作的《梦的解析》，还是其他更加易读的著作，诸如《日常生活心理病理学》或《诙谐及其与无意识的关系》。《形而上学》或《超越快乐原则》这类技术性书籍自然是不能选的……他最后选择了《为什么有战争？》一书，他打开书，写下了这样的文字："致贝尼托·墨索里尼，这位称得上是引领文化的英雄的领袖，一位老人向您致以敬意。1933年4月26日。"**然后，他签了名**……

那么，1933年4月时的墨索里尼是怎样的一个人呢？首先，他是陶尔斐斯法西斯政策的支持者……其次，他是一个独裁者，已经铁腕统治意大利11年，他实行的法西斯政策在很大程度上与陶尔斐斯的类似：一党专政，消除政治对手，驱除左派，解散其他政党，实行激进的民族主义，迫害工会，任由特别警察实施街头暴力、政治暗杀，任意抓人入狱，立法禁止非法西斯分子成为公务员，新闻检查，取消罢工权、社团主义，在地中海开展具有明确帝国主义特征的军事行动，对儿童实行法西斯主义的军事、思想和体能教育，通过对未婚者收税来促进生育，提供生育奖金，禁止堕胎和避孕，控制广播。这就是弗洛伊德写下这个致命签名时的墨索里尼……

这个题词表达了什么意思呢？它是一次**致敬**。所有人都知道，在法西斯政权里，"致意"就相当于表明对独裁者效忠。我们也不用再去对"敬意"多说什么，因为它表达的也是对独裁者效忠。而且，这次致敬还是以强调领袖的领导人身份的方式直接向领袖本人表达的，它把领袖身份与引领**文化的英雄**相提并论……要想直接说这些词句体现了弗洛伊德模棱两可的态度，这是不可能的，因为这种含糊性根本就不存在：1933年

4月26日，77岁的西格蒙德·弗洛伊德，这位世界闻名且神志清楚的精神分析师，在他位于维也纳贝格街19号的诊所内，向一位法西斯独裁者题词敬献了一本书，他在题词中将其尊为一个文化伟人……

这件事千真万确。证据？欧内斯特·琼斯叙述了这件事，但篡改了题词。我上面引用的是罗马国家档案馆中保存的题词原文，下面则是《西格蒙德·弗洛伊德的生活与工作》一书采用的说法："来自一位老人，他向作为文化英雄的领导人致意。"为什么要删掉原文"致以敬意"中的"以敬"二字呢？为什么要去隐瞒弗洛伊德对独裁者文化伟人地位加以**承认**这一行为呢？如果真的没什么好隐瞒的话，为什么要多此一举地去篡改？这种隐瞒行为最能说明问题……在这件事上需要隐藏的地方如此之多，以至于尽管爱德华多·魏斯给欧内斯特·琼斯讲了此事的细节，却也明确叮嘱琼斯不要说出去。

然而，圣人传记作家没有权利对这段题词视而不见。为了替他们心中的英雄挽回名誉，仅仅需要在隐藏意思上、在文字深意上、在其象征性或者也可以说是在那些潜在内容上做文章，这能让他们解释说，这段向墨索里尼表达尊崇和尊敬的题词不可能是真正在向墨索里尼表达尊崇和尊敬，它另有深意。他们把这段题词解释成了与弗洛伊德传奇，以及将弗洛伊德宣传为一位秉持自由主义的思想进步的维也纳犹太人的明信片更加契合的东西。

因此，世上最虚伪的诡辩被用在了隐瞒弗洛伊德的这件罪过上。**第一个论据**：弗洛伊德是个文物爱好者，他是古代艺术品收藏家，他喜欢罗马，而且读了很多考古书籍。而墨索里尼也热爱罗马帝国，并将其当作典范，所以弗洛伊德才会写下题词。的确，法西斯主义式敬礼与罗马帝国时期敬礼的方式颇有渊源，法西斯主义的罗马与恺撒的独裁主义精神同稍后在非洲进行的帝国主义远征也有相近之处，还有很多其他事情都表明，法西斯的确对古代罗马十分钟爱。然而，在1933年的情势下，在希特勒已经掌权四个月的情况下，将墨索里尼当成一位文化英雄，这不是在说墨索里尼是一个具有尤利乌斯·恺撒时期特征的罗马人，而是在法西斯化整个罗马古代史……

第二个论据：他们说，弗洛伊德全集表现了一种发自内心的反法西斯主义，所以，这段题词真正想说的意思不可能是像文字本身显示的那样。然而，他们的这个论据依然仅仅是满足弗洛伊德传奇和明信片的表现，因为它拒绝考虑弗洛伊德就领袖和群众关系所持的观点；弗洛伊德认为需要有领袖来遏制集体冲动，他还认为政治大人物不可避免地会与原始部落的父亲具有相似性。弗洛伊德的这些看法可以在《群体心理学与自我的分析》或《图腾与禁忌》又或《文明及其缺憾》中找到……我将在下一章中考察弗洛伊德的众多论点与法西斯主义政治之间的种种兼容。

第三个论据：他们说，这位在选书上并非随意为之的老智者，之所以选择送出《为什么有战争？》这本书——要知道，这本书在弗洛伊德传奇中被看作是和平主义的必读书籍——其实是在讽刺，是在暗示墨索里尼……然而，只有没有读过这本书的人才会说这种蠢话！因为这本书的每一页展现的都是作者恺撒式的悲观主义：他的确希望战争消失，但他又认为自己的反对只是徒劳，因为他相信，他的所有作品也在表明，人永远无法终止死亡本能、侵略欲望和人与人之间那不死不休的仇恨。

第三十一章 弗洛伊德对独裁者们的"致敬" / 503

因此,与其去期待战争在这个星球上消失,还不如理性地去考虑其他办法:要么去信任伟人,信任这位"文化英雄",相信他能够处理这种黑暗能量;要么就是即便不情愿,也将战争当作现实来结束,换言之,接受战争会不断发生这一事实……

《为什么有战争?》是一本小书,是弗洛伊德应国际联盟文学艺术委员会的要求而作,因为委员会提议西格蒙德·弗洛伊德和阿尔伯特·爱因斯坦就这个问题通过信件进行讨论。评论界通常忘记说了的是,如果这本书被认为是一次对和平主义的颂扬,那也仅仅是就爱因斯坦撰写的那部分而言,爱因斯坦的和平主义立场非常清楚,而且他还十分积极地为裁军辩护。弗洛伊德是靠了这位物理学家才获得了对话的角色——弗洛伊德并不十分喜欢这一角色,因为他没有成为主角。

1932 年 9 月 8 日,他写信给艾丁格说(而且他还因此奉送给后者一个漂亮的笔误!),他已经结束了"与爱因斯坦[原文错写为艾丁格,弗洛伊德发现错误后改为爱因斯坦]那无聊乏味且没有成果的讨论(我希望您不会因为我错写了您的名字而觉得受辱!)"。一如既往地,弗洛伊德没有看见自己眼中的稻草,他很可能以为艾丁格会因为自己把爱因斯坦错写为他的名字而觉得脸上有光,不过,我们还是要明确一点,那就是在这句话出现的前面几行,他还在说与爱因斯坦进行信件交换是件"苦差事"……

1933 年 2 月 10 日,在给让娜·兰普尔-德·格罗特(Jeanne Lampl-de Groot)的一封信中,弗洛伊德就自己知道的爱因斯坦的和平主义论点发表了自己的看法。他写道,那都是些"蠢话"……结果,我们能从《为什么有战争?》一书中区分出两种笔调。**一方面**,是明确希望找出和平办法的爱因斯坦。

他劝说国家出让一部分主权,以便建立一个能够阻止战争的国际组织,换言之,就是一个拥有实践其理论手段的国际联盟。那是为存在武器买卖而痛心的爱因斯坦:买卖武器的人因此而发财却永远不会受到国家的惩罚。那是一个揭露了国家意识形态宣传真相的爱因斯坦:国家依靠新闻、学校和教会的服从,让人民的头脑愚钝,并将人民送上战场。那是没有忽视人类身上的侵略性和死亡本能却依然对煽动"群众性狂热"(XIX. 67)的独裁者加以抨击的爱因斯坦。那是把"对少数民族的迫害"(XIX. 68)也理解为战争的爱因斯坦。这就是弗洛伊德口中那个滔滔不绝地说着**蠢话**的爱因斯坦。

之后,**另一方面**,则是弗洛伊德的言论。爱因斯坦问了弗洛伊德一个十分明确的问题:"是否存在一种办法,可以将人类从战争宿命中解放出来?"(XIX. 66)爱因斯坦很久才得到关于这个问题的回复,而在这么长的一段时间里,弗洛伊德所做的不过是写下了关于暴力、身体力量、强者称王、工具和武器之间的关系、暴力向高级权力机关转移的观点,换言之就是有关常见的社会契约的、毫无特色的大众观点,并作为回信于1932 年 9 月寄给爱因斯坦。出于礼貌,弗洛伊德在信中花了几行笔墨称颂建立强力机构这一想法,恭维了成立一个管理各种利益冲突的国家联盟的想法。然而,他又颂扬了历史上的某些战争,他说这些战争都"对以法治暴有帮助,因为它们建立了更大的政权,在这些政权中暴力得以中止,新的司法制度得以建立,从而平息了冲突"(XIX. 73)。这可是在为战争辩护,是在以国家暴力代替原始暴力为理由,合法化战胜了其他力量的强权。这种言论可不是真正的和平主义。因为以国家暴力去平息冲突虽然可以转移战争,却做不到根除战争。弗洛伊

第三十一章 弗洛伊德对独裁者们的"致敬" / 505

德的**这些文字不会不对墨索里尼的胃口**……

对爱因斯坦问题的回答终于在信件的结尾之处出现了："为什么我们还要反应如此激烈呢？您、我及其他许多人，我们为什么不能把战争作为生活中必须接受的苦难之中的一个接受下来呢？说到底，战争似乎是一件符合自然的事情，它有其生物学基础，战争几乎不可避免。"（XIX.79）他还说："问题是去知道共同体是否有权决定个人的生死；我们不能不加区分地怪罪所有类型的战争；只要还有帝国和民族一意孤行地要去消灭其他帝国和民族，后者就不得不武装起来准备战争。"（出处同上）

所以，出于明智和实用主义，我们不得不得出结论，战争是生命中的一个残酷必需；战争有其生物学基础；它几乎不可避免；共同体对组成它的个人拥有权利；不是所有战争都具有邪恶的本质；必须接受战争；非武装化只是一种乌托邦空想，一种痴人说梦；只要其他国家有武装，就必须把自己也武装起来，因此武装状态会持续下去。诚然，我们应该去憧憬和平，去渴望终结战争，去发展教育和文化以让人们远离侵略，然而，谁是教育者？而教育又应该怎样进行呢？弗洛伊德在这点上提供的办法同样不会冒犯到墨索里尼：实际上，弗洛伊德认为，应该教育出一个精英阶层来领导人民大众。这就是弗洛伊德就战争问题给出的解决办法：为了教导群众放弃本能冲动而提倡贵族精英主义。

这是**弗洛伊德的政治乌托邦**，我们只能十分遗憾地说，他的立场与法西斯主义颇有相似之处。于是我们也就明白了为什么弗洛伊德会送《为什么有战争？》这本书给墨索里尼，他并不是像喜欢奚落别人的第欧根尼那样去嘲笑这个权力人物，而是像柏拉图派哲学家那样去向这位君主提出建议。他写道："应该将更多的精力集中在那些直到现在还没有被给予足够重视的事情上，那就是去培养出一个上层阶级，让这些人具有自主思考的能力，并在面对恫吓时能够做到无动于衷、继续为真理斗争，我们会将领导没有自主性的人民大众的权力交给他们。国家权力交织的现实状态及禁止人们思考的教会自然不会赞成这种教育方式，这点无须再证。理想的国家理应是这样的一种共同体，在其中，人们都让自己的生命冲动臣服于理性的独裁专制［原文如此］。没有什么其他办法能够造就如此完美、如此牢固的人类共同体，即便为此我们要冒上否认人们之间情感联系的风险。不过，它更多地不是一种真实存在的东西，而是一个乌托邦式的憧憬。其他可以用来阻止战争的间接方法无疑具有更大的现实可行性，但它们都无法保证迅速取得成功。我们无法不对这么一个磨面速度极慢的磨坊表示反感，因为我们在得到它所磨出的面粉之前可能就先饿死了。"（XIX.79）……

当弗洛伊德说教会对这种培养**上层阶级**的教育计划发表批评并对之加以抨击时，他真正想到的是什么呢？弗洛伊德没有明言，但我们可以想到，他其实是在暗指墨索里尼法西斯主义与罗马教廷的天主教会之间的对立斗争——当时，始终忠实推行普遍主义和平等主义的天主教会正在与憧憬让"新意大利人"诞生的贝尼托·墨索里尼所奉行的民族主义和不平等主义做斗争。我们知道，这一势不两立斗争的最终结果是1929年2月11日双方签署了《拉特兰条约》，它是罗马教宗与意大利国家政府间的政教协定。

在政治上，以**公开**立场来看，弗洛伊德发表的所有作品都

第三十一章 弗洛伊德对独裁者们的"致敬"

证明,他秉持的是反共产主义、反布尔什维克、反社会主义、反社会民主党人士的立场;如果仅仅就**私下**场合来看,他的信件又证明,他是赞同奥地利陶尔斐斯法西斯主义和墨索里尼法西斯主义的。这就是他会为十分明显的不平等观点甚至种族观点辩护的原因——尽管这些种族观点还没有发展到种族主义的程度。如果不这么理解的话,我们又如何去理解他在《为什么有战争?》一书中写下的下面这段话呢?他写道:"今天,没有受过教育的种族的增长速度和人民中落后阶层的增长速度,已经超过了受过高等教育的阶层的增长速度。"(XIX. 80 - 81)我们是不会在爱因斯坦的笔下看到如此卑鄙龌龊的言论的⋯⋯

所以,无论弗洛伊德有无题词,《为什么有战争?》都是一本能够取悦墨索里尼的书。从和平主义的角度去看,这本书对墨索里尼的思想、哲学和道德建构而言没有帮助,有关弗洛伊德的圣人传记之所以说这本书对墨索里尼有帮助,其目的是想维持把弗洛伊德看作一个立场温和的自由主义犹太人,一个启蒙主义思想家,以及一个推动了社会、伦理和文化进步的人这种传奇。既然如此,我们应该怎么去理解存在于以书籍形式发表的那封长达13页的信件中的弗洛伊德的可怕立场呢?作为战争源头的死亡本能要到最后一个人死去的那天才会消失;战争因此是不可避免的自然必需;所以,对于这一再明显不过的本能冲动,我们只能接受;某些战争通过力量建立了法律,这对于用法律之力量终结战争而言是一个好方式——这种想法显然属于说不通的谬误推理⋯⋯理想的状态则是一种能让少数上层人士领导人民大众的精英主义社会,它可以逆转没有受过教育的"种族"成倍增长从而不利于受过教育的上层"种族"

的那种现状。

在读过弗洛伊德的这些令人难以忍受的文字后,我们完全可以理解为什么爱因斯坦的和平主义观点会被弗洛伊德看作"蠢话"了。而且我们还明白了他并非偶然地选择了《为什么有战争?》这本书作为礼物送给那位文化英雄——那位已经在意大利实行了10年以上独裁统治的专制者!同样,他的题词似乎并非一个失误,它也不是一位老智者在讽刺一个需要被教育的独裁者,而是实实在在的致敬。因为这个发出致敬的人,他的观点,他那些分散于他全集各处的精神分析观点,都没有推翻他的这一题词,而是恰恰相反……

第三十二章　弗洛伊德的超人和原始部落

> 所有个人必须是彼此平等的，但他们又都想被一个人所统治。……人不过是个部落动物——由一个首领支配的部落中的个体生物。
>
> ——弗洛伊德，《群体心理学与自我的分析》
> （XVI.60）

圣人传记作家们只认弗洛伊德正式发表的作品。因此，他们自然会对老用人的回忆嗤之以鼻，这位用人揭露说，这位一家之主曾对陶尔斐斯的奥地利法西斯主义政权抱有好感；他们也十分蔑视认为弗洛伊德给墨索里尼的赠书题词不过是个讽刺性玩笑的说法，因为按照这种说法，这位维也纳英雄在此事中被看成一个讽刺别人的审美者，一个嘲笑意大利独裁者的苏格拉底派智者，他嘲笑的这位独裁者受不起他冠以的文化英雄称号；圣人传记作家们还完全不将那些其实与正式出版的文章具有同样价值的私人信件纳入考虑，因为考察信件对他们而言就像是去翻找垃圾堆——即便这些信件由著名的出版社在"精神分析"书系中出版了出来……

那么就让我们来玩个游戏，让我们仅仅通过考察弗洛伊德生前在杂志上发表的那些文章以及弗洛伊德生前明确认可过的那些出版社出版的书籍，来谈谈弗洛伊德主义和法西斯主义之间的相容性。让我们把他做的时事评论，他的那些由听众记录下来的、在转述中或许有失谨慎的广播发言，他对正在发生的事情做的快速判断，他对时事的一时看法，以及他在与听众互动等短暂时刻说的所有话统统都抛到一边，不予考虑。也就是说，让我们只去看他的"巨著"，而不去看他的一时言论。

《为什么有战争？》讨论了布尔什维克主义的问题："所有想要消除人类攻击性倾向的努力都只会徒劳无功。有人说，这世间存在幸福之所，在那里，自然提供了人类所需的一切丰富资源，人们在部落里过着平和的生活，那里没有拘束限制和侵略攻击。我极为怀疑这种说法，因此我想知道有关这些幸福人民的更多情况。布尔什维克人，他们也一样，他们期望通过保障人们的物质需求及建立起共同体各成员之间的平等关系来消除人类的攻击性。我认为这是一种幻想。"（XIX.78）弗洛伊德指出，在等待幸福时刻到来的期间，武装到牙齿①的布尔什维克人通过维持憎恨来构建自己群体的凝聚力，他们憎恶所有与他们不同的人和事……幸福、极其丰盛的物质、繁荣、平和、取消限制、攻击性消失、以革命来建立平等？弗洛伊德根本不相信这些，墨索里尼也不信。

《精神分析学引论·新论》也提到了有关布尔什维克主义的问题。弗洛伊德对马克思主义学说的决定论表示了赞同：的确，经济基础是可以决定上层建筑的，就像马克思的思想，弗洛伊德的哲学也认为自由、自由判断、自由自主主体所拥有的

---

① 原是指一个人除了两手持武器外，嘴上还咬着一把刀，后用来形容全副武装的人或武装到极限的人。

意识，以及个人认为自己可以不受任何牵制独立存在的那种信念，都属于令人难以置信的形而上学假想。马克思的斗争和弗洛伊德的斗争在此汇合，他们似乎身处同一本体论阵营，都在否定人类的自主性。无论是对马克思还是对弗洛伊德而言，人都是事物的结果，而不是事物的起因：在弗洛伊德那里，人是力比多本能冲动及其精神生活的结果；在马克思那里，人是经济生产条件的结果。不过，他们之间的相似性也就仅仅存在于这些形而上的观点中了。

因为当弗洛伊德认为仅仅靠经济条件并不足以解释人的异化的那一刻起，他与马克思就分道扬镳了。事实上，还应该将弗洛伊德说的那些"冲动情感"和持久不灭的"攻击欲望－快感"（XIX.264）也算在他俩的分歧中：马克思的乐观主义让他认为无产阶级革命会消除现有的经济模式，进而进行生产资料的集体所有，以此消除异化；弗洛伊德的悲观主义却不允许他去想象有朝一日死亡本能和人类相互攻击的自然趋向是可以消失的。对弗洛伊德而言，布尔什维克主义的分析出发点虽然一半正确，得出的结论却还是全错；精神分析的出发点比前者更公允，而且还成功得出一个持久不变的确定结论……

弗洛伊德继续自己的分析，他说化身为布尔什维克主义的马克思主义变成了一种禁绝批评的"科技宗教"："被认为是启示来源的马克思的著作替代了《圣经》或《古兰经》，尽管他的著作无疑不会比那两本更加古老的圣书有更少的自相矛盾和晦涩不明之处。"（XIX.265）马克思主义自称唯物主义，它要对唯心主义的幻想加以批判，但它并未因此免遭"幻觉"的毒害，其中最甚的是，它为人类设想了一个幸福和平的未来，认为到时候人们将生活在爱与友善之中。

所以说，马克思主义的乐观从本体论上与弗洛伊德的悲观背道而驰：设想人类可以进步（这是所有启蒙主义哲学的力量所在，因为世间并不存在悲观的"启蒙"……）。如果用18世纪对反哲学的定义来看的话，就是这点让弗洛伊德的悲剧式思想转化成了一种反哲学的世界观：换言之，就是一种将绝对的恶作为本体论基础的学说，那是一种类似于原罪的东西，是与原始部落弑父种系遗传具有相同性质的史前阴影。

弗洛伊德强调说，在断言的和平未来与指向相反结局的当下现实之间存在的差距十分显著：苏联的确武装到了牙齿，它好战，为进攻做好了准备，把一切与它不同的存在都看成敌人，为有产者和赤贫者之间的仇恨添柴加火，维持着穷人对富人的怨恨。布尔什维克像宗教一样运转：它追求的是一个存在于十分遥远的彼岸世界中的假设出来的幸福，它以此为名要求现世牺牲、痛苦和剥夺。今天，是血与泪；以后，才有所有人的极乐至福……

这种对苏联的谴责本可以让弗洛伊德转变为对欧洲法西斯主义有清晰认识的先驱者之一，然而，我们马上就会看到，事情完全不是这样……《精神分析学引论·新论》写于1932年，发表于1933年，也就是希特勒掌权那年。在对马克思主义、俄国革命、布尔什维克主义和苏联集权主义的批判上，这部作品让我们看见了弗洛伊德作为深思熟虑的政治思想家的一面，这点毫无疑问。这些论述在《文明及其缺憾》一书中又被论及，它们的存在让弗洛伊德不涉足政治的形象完全毁灭了……

在《文明及其缺憾》中，我们看到弗洛伊德对苏维埃本体论实施了周密的批判。从其中的观点来看，他认为马克思-

列宁主义主要错在它的**乐观主义目的论**上。不过，它还犯了另外一个错误，那就是它的**社会不平等理论**：弗洛伊德不相信人与人之间的不平等是因为人与人之间在政治、经济进而在文化上的分配不均；在他看来，人与人不平等乃是自然现象，我们对此无能为力。

因此，无产阶级革命、生产资料集体所有制、财富的重新分配、苏维埃重新配置消费资料，确切而言就是左派政治，所有这些在弗洛伊德眼中都属于乌托邦。社会永远不可能有和平，永远不可能存在人与人之间的和谐共处，人类的幸福是不可能通过无产阶级专政实现的。

因为人类攻击性的源头不是一种可更改的文化，而是一种无法改变的自然：人生来如此，死亡本能与资本主义生产财富的方式毫无关系，它不会因为政治变革的魔法而消失，因为死亡本能来自每个人本能冲动的深处。只要人类还在繁衍，就会有战争、杀人、犯罪、谋杀、暴力、蛮横、攻击、剥削，没有任何革命能够消除不平等。

比如，我们大可把所有可以想象的、可能发生的革命都想一遍，就会发现没有任何革命有朝一日能够阻止性别的不平等。一旦布尔什维克人以消除社会不平等为借口清除了所有的资产阶级，从而不得不直接面对更难解决的性别不平等问题之时，他们会怎么做呢？在人与人之间自然冲动的不均衡面前，他们又会怎么做呢？社会并非一切，政治也不是，相反，本能冲动问题，却是当我们以为一切都得到解决时最后剩下的那个东西……

不过，弗洛伊德对布尔什维克的冒险中的一点给予了肯定：它让**伟人的诞生**成为可能……当他谈 1917 年十月革命时，他先是对这次革命的特征做出了十分负面的评价，之后他写道："有一些活动家，一旦着手于他们的雄图大略，就会信仰坚定，毫无疑虑，更无凡人所具有的痛苦感。我们应该感谢这类人，正是因为他们，创建一个新秩序的宏大试验才得以在目前的俄国实际进行。在很多大国满足于宣称它们要做的仅仅是在对基督教的虔诚中期待被拯救时，发生在俄国的天翻地覆的变化——尽管这些变化全都让人欢喜不起来——却似乎正在传递一种有关更美好的未来的信息。"（XIX.267）他的这段话还真是让人不寒而栗啊……

于是，弗洛伊德的政治乐观主义也随着这段话渐露端倪：布尔什维克革命让那些奋起行动的人、那些毫不顾及他人的性格、那些对基督教同情心漠然待之的范例和气质、那些顽固坚持自己信念的人得以诞生，具备这些性格的人中的每一个都代表着一个美好的未来……这些都写在弗洛伊德《精神分析学引论·新论》的第35堂课里。当他出版这本书时，克里姆林宫里正住着一个被人们称作斯大林（原名叫约瑟夫·朱加什维利）的人。

正如我们在他给墨索里尼的题词里看到的一样，弗洛伊德对历史的看法属于布克哈特（Burckhardt）或黑格尔一派：一边是没有受过教育的群众，他们被自己的冲动所控制，受到本能的驱使；另一边是化身为伟大人物、能够处理这些阴暗力量的雕琢家。看，这就是历史真相。与以前一样，弗洛伊德在这个问题上再一次地表现得不像一个启蒙主义哲学家，换言之，他不像是一个憧憬人民民主主权的人，而像是一个反哲学的思想家，他将权力与代表权力的个人结合起来——这个个人在昔日是国王，在今日，至少在弗洛伊德的那个时代，就是……**独**

裁者。

我们刚刚写下的这句话完全可以被看作对弗洛伊德在1921年8月出版的《群体心理学与自我的分析》中所述论点的回声。这本书中的一个章节与我们正在讨论的政治话题有关，即"群体和原始部落"一章。在这章里，弗洛伊德重新谈起了《图腾与禁忌》中关于原始部落和弑父的主要观点，并把它们作为群众和首领之间、大众和领导之间的关系模型。部落心理学是什么呢？这种融合人类的方式意味着有意识的个体的人格的消失，感情和思想都朝向同一个方位，情感性和无意识之灵性占了主导，涌现到意识中的种种意愿会无视个体差别并要求在现时现地马上得到满足。

部落首领又如何呢？他是自由的。他的思维活动充满力量且独立自主。他的意志不来自其他人。他的自我与力比多几乎没有联系："他除了自己以外谁也不爱，他只是基于其他人能满足他的需要去爱他们。他的自我仅仅在十分必要的情况下才会让位于对象。"（XVI. 63）把这一形象与《精神分析学引论·新论》中引导布尔什维克革命的伟人们加以对照，还是很有意义的：原始部落的父亲、马列主义革命者、奥地利法西斯主义首创者陶尔斐斯总理或意大利总理贝尼托·墨索里尼，以及克里姆林宫中的领导者斯大林，这些人统统都被包含在同一逻辑中，那就是……尼采的超人！

事实上，弗洛伊德完全没有弄清楚尼采笔下超人形象的本体论性质，但他却将超人的想法写入了自己的理论当中——这在当时的法西斯主义和专制主义圈子里属于一种常见倾向。只需要简单读一读尼采的《查拉图斯特拉如是说》就会知道，超人是指懂得现实之悲剧性质的人，他明白事物永恒轮回的机制；他在自由意志问题上得到了解脱，因为他知道自由意志是一种幻觉，他知道除了接受这个悲剧、去爱这个悲剧之外，别无他法。于是，他获得了快乐……看，这就是**尼采那里**的超人定义。

在弗洛伊德那里呢？尼采的超人与弗洛伊德笔下原始部落首领的契合度实在是太高了："这种人，在人类历史的开端就是'超人'——这是尼采唯一期待在未来出现的人。甚至在今天，一个群体的各个成员仍然需要持有这样的幻想，即他们受到他们领袖平等而公正的爱，但领袖本人不需要爱别人，他有权拥有作为主人的本性，即绝对的自恋、自信且不依赖除了自己以外的任何人。"（XVI. 63）看，这就是弗洛伊德的超人：一个原始的父亲，他是父亲们的父亲，他除了自己以外不爱其他任何人。他嫉妒，他褊狭，他拥有所有的女人，他禁止自己的儿子拥有这些女人，他通过禁止一切感情关系而让群众禁欲。这个弗洛伊德的超人，这个原始部落的父亲，就这样创造了群体心理。弗洛伊德在分析时用了不到一页文字，就神不知鬼不觉地把话题从**原始部落的父亲**转到了**尼采的超人**身上，之后又转到了**国王们**身上，最后又转到了**领袖们**那里……

人们入迷地注视着领袖：他的强大产生出一种催眠力量。催眠者唤醒了被催眠者身上的"部分古老遗传物"（XVI. 66），每个人都保存着让这些最阴暗部分再生的特殊力量。"群体的领袖仍然是令人畏惧的原始父亲，群体仍然希望被无限制的力量所支配，它极端钟情于权威。用勒庞的话来说，它渴望臣服。原始父亲是群体的理想，它占据了自我理想的位置，支配了自我。"（XVI. 67）

弗洛伊德抄袭了费伦齐的分析，他解释说，催眠就是去促使被催眠者陷入睡眠,因此催眠者"处于父母的位置"(XVI.66)。如果处于的是母亲的位置,催眠者就是以温柔的话语去安抚;如果处于的是父亲的位置,催眠者就属于威胁状态。在催眠中,催眠者被要求完全不关注世界,这样才能将精神集中在那个想要陷入睡梦之中的人身上。虚无化现实和现时化催眠者,这就是催眠的操作机制。同样,这也是处于群体中的个人在面对首领时的心理模式:他倒退回去,成为一个服从自己父亲的儿子。

这就是理解弗洛伊德政治态度的钥匙:世界被分成了两边,一边是原始部落,另一边是父亲;一边是群体,另一边是首领;一边是大众,另一边是超人;一边是集体,另一边是指挥者;一边是人民,另一边是伟人。现在,让我们离开本体论,将其外推,并结合西格蒙德·弗洛伊德当时的历史情景来考察,于是我们看到的,一边是奥地利人,另一边是总理陶尔斐斯;一边是意大利人,另一边是领袖墨索里尼;一边是德国人,另一边是元首希特勒。这些都是符合弗洛伊德理想模式的具体例子。

群众是野蛮的、褊狭的、粗鲁的;它遵循的只有力量;它希望被统治;它渴望惧怕一个首领;它是保守的;在它身上,所有的胆怯都消失了,所有的自相矛盾也都消失了;它不知道真理;它经受不住暗示;它容易被影响、容易轻信;它的情感既简单又过盛;它因过度刺激而兴奋不已;它忽视逻辑;需要不断向它重复同样的事情;它只尊敬力量,不会被善良影响;它要求自己的英雄力量强大;它的灵魂是原始人的灵魂;它臣服于言语的魔法力量,它会被言语所抚平或煽动;它特别依恋幻觉;它服从于一个权威,而权威人物威信之强大又会让所有批判或自由思考的能力全都陷入瘫痪……

这就是追随古斯塔夫·勒庞思想的弗洛伊德对现实的想法。如果我们超越善恶之道德判断，不考虑应该笑还是哭，而是仅仅出于希望弄懂弗洛伊德的心态去看的话，弗洛伊德描写的这个现实是一个非历史性的（anhistorique）现实：从人类历史的开端起，一切存在就都遵循了这一秩序，包括在他写下这部作品、展开分析论据的时候，也是如此；而且这种情况还会继续下去，在以后，在很远的以后，在只要有人类存在的所有时间里，这一现实都不会改变，因为弗洛伊德相信自己断言的是超验真理。

然而，这种本体论立场，这种形而上学的立场，让乐观主义政治变得彻底不可能。反哲学在18世纪时意味着悲剧式悲观主义与独裁政治的串谋，也就是将原罪这一悲剧与君权神授君主制存在之必要性联系起来；而在弗洛伊德的时代，反哲学就是让死亡本能这一宿命与一个有能力采取恰当政策掌控这种冲动且享有无上威信的领袖人物联系起来。

现在，我们可以做出如下概括：群体都是没有定型的存在，必须要有一个带领它们的领袖；死亡本能是一种自然存在，根除它是一件无法想象的事；社会不能是享乐主义的，它必须以保持群体的内部稳定为目标；人性本恶，没有任何革命能让他变善；不平等的起源并不在我们有能力发挥作用的经济或历史里，而是在我们无力反抗的自然里；理想的状态是，由受过教育的精英来领导其他人；战争无法避免，我们必须理智地让自己接受永远都必须与它相伴的现实；马列主义所犯的"错误"不仅仅在它的本体论基础，还在于它秉持了乐观主义的目的论；尽管如此，布尔什维克主义还是隐约留下了能够让伟人诞生的希望,这些伟人相当于超人,他们粗暴且冷酷,却拥有引导群体大众的能力……

前一章我们说到弗洛伊德在1933年时将墨索里尼誉为文化英雄,而且还在1934年时站到了陶尔斐斯总理那边。而1937年3月2日他又对欧内斯特·琼斯写道:"现在的政治局势看起来越来越晦暗不明了。很可能再没有办法阻挡纳粹的入侵以及它将带来的不幸,它对精神分析和其他一切都会造成不幸……唉,迄今为止都保护着我们的唯一保护者,墨索里尼,似乎也对德国的为所欲为置之不理了。"……我们从这段话中清楚看到,在1937年的这一天,弗洛伊德依旧把墨索里尼看作援助……

从弗洛伊德给墨索里尼题词到他给琼斯写这封信的那段时间,领袖墨索里尼在埃塞俄比亚犯下了战争罪行。他在那里对平民使用化学武器,还有意去轰炸医院、屠杀平民,被屠杀的人中还包括了几百位科普特僧侣。而且,他还与阿道夫·希特勒达成了协议,同意派遣军队支持西班牙内战中的佛朗哥一方。但是,这些对弗洛伊德而言都不重要,他没有写一个反对墨索里尼的字——而且在他那里,我们也没有找到任何与他对马列主义和布尔什维克主义的批评相像的,旨在反对法西斯主义的分析……

显然,作为一个犹太人,西格蒙德·弗洛伊德是不能为民族社会主义说好话的。然而,墨索里尼的独裁专制统治和陶尔斐斯的奥地利法西斯主义与《群体心理学与自我的分析》中的论点又出奇地一致:"人是一种部落动物,是由一个首领支配的部落中的个体生物。"(XVI.60)为了离开被希特勒的纳粹德国武装侵略的奥地利，弗洛伊德希望通过爱德华多·魏斯——他就是那个请弗洛伊德题词给墨索里尼的人——从这位意大利独裁者手中得到出境签证。然而，这位"文化英雄"却没有屈尊给他答复。

于是，我们发现他在《摩西与一神教》里写下了这样的句子（而且在弗洛伊德整个人生中也就只有这么一次）——尽管这是一个我们希望 16 年前就能读到的句子："意大利人被以［与苏维埃俄国］类似的粗暴方式一再灌输着秩序感和义务感。"（76）不过，在这句话下方不远处，弗洛伊德却写道，在意大利，"至今为止天主教会都是思想自由和知识进步最无法姑息的敌人，现在教会正极力对抗着［纳粹］这个祸害"（76）……弗洛伊德于 1938 年 6 月在伦敦为此书写了第二份前言，他在其中推翻了自己认为教会在为减轻纳粹祸害做努力的看法。在《西格蒙德·弗洛伊德的生活与工作》中，欧内斯特·琼斯不无讽刺地写道，弗洛伊德"不是一个识人的行家"（Ⅱ.436）……

很可能正是弗洛伊德的这一缺陷才让他觉得，留在被纳粹控制的奥地利继续生活和工作也不是完全不可能。尽管当时有大量犹太分析师因为清楚自己的生命受到了怎样的威胁而走上了躲避纳粹德国的放逐之路，弗洛伊德还是不相信他本人也可能受到同样的攻击——他把自己想得太有名了……当时，他的两个儿子已经踏上了流亡之路。1933 年 5 月 10 日，一场大型的焚毁行动被组织了起来，为的是焚烧左派的、社会民主主义的、民主主义的、马克思主义的以及犹太人的书籍。在众多被焚毁的文学巨匠、哲学伟人、大思想家、大科学家和精神分析师的书籍中，爱因斯坦和弗洛伊德的书也在其中。但是纳粹销毁他们的书并不是出于对爱因斯坦相对论这一物理理论的反对，也不是因为弗洛伊德的精神分析学说本身，而是因为**他们都是犹太人**。

从 1933 年 1 月开始，欧内斯特·琼斯，这位忠诚的英国朋友，即便在由于非犹太人分析师的反对而不得不从柏林精神分析协会（BPI）辞职的情况下，想的仍然是让非犹太人精神分析师费利克斯·玻姆（Félix Boehm）晋升为机构的一把手，以便"有利于奉行一种与新政权合作的政策"，这是伊丽莎白·卢迪内斯库（Elisabeth Roudinesco）在著作《重谈犹太问题》（136）中的说法。1935 年，依然是琼斯，他身为英国精神分析协会的主席、弗洛伊德的立传人、美国精神分析协会的建立者和国际精神分析协会主席，却同意到柏林去主持德国精神分析协会的会议，而那时正是犹太人纷纷被德国精神分析协会辞退的时候……

精神分析官方机构采取的与纳粹政权合作的策略是弗洛伊德决定的，此事有他与同为犹太人的麦克斯·艾丁格之间的通信为证。这位俄国精神分析师在 1933 年 3 月 19 日给弗洛伊德写的第一封信中就此直言不讳地提出了问题。柏林协会该怎么办？如何为很可能降临在协会头上的灾难做准备？弗洛伊德分三步给出了回答。在详细说明之前，他先指出，艾丁格的问题不是当前亟须考虑的问题，不过还是可以用下面的办法来解决：在遇到精神分析受禁或行政机构被迫关闭的情况时，一定要坚持到最后一刻；假如协会本身的存续不成问题，而身为犹太人的艾丁格却因其犹太身份必须被辞退，那么艾丁格应该继续留在柏林，在不引起官方注意的情况下为协会工作，以保障协会继续存在下去；如果协会还在，而艾丁格必须离开柏林，并将位置留给弗洛伊德学派在意识形态上的对手，那么，国际精神分析协会办公室就应该取消柏林协会的正式资格。在3月21日的信中，弗洛伊德给出了需要遵循的方针路线："我要给你们指出下面这个原则：不挑衅，更不妥协。"艾丁格在1933年3月24日的回信中建议将柏林协会交到一个"不处于利害关系之中的人"手中，他是为了躲避审查而用了"利害关系"这个词，它的实际意思是：**非犹太人**。之后他又说，他并不打算离开柏林——事实上，他于1933年底逃亡到了巴勒斯坦，并在62岁生日时因为心脏病发作而死在了那里。

549　　精神分析，与人们通常以为的正相反，它并没有因为学说本身而受迫害。相反，犹太精神分析师却因为犹太人身份遭了毒手——他们不是因为分析师身份受的迫害。戈林研究中心，这个以戈林元帅的堂弟之名建立的协会，让精神分析在1936年初到1945年间继续存在于第三帝国中——这是杰弗里·科克斯（Geoffrey Cocks）的《第三帝国下的心理治疗》一书提供的信息。这本历史著作依托翔实的细节和大量的文献证实了在民族社会主义政权的统治下，"一个纳粹机构"是如何"帮助精神分析继续存在"的（21）。马蒂亚斯·戈林（Matthias Göring）的妻子接受过分析，他们的儿子则进行过一次教学分析——尽管这些看似小事，却依然不失为补充证据，证明了精神分析在当时并非**从本质上**对民族社会主义而言是敌人。

　　1933年4月17日①，西格蒙德·弗洛伊德在信中向艾丁

---

① 原文为1939年4月17日，结合前后文来看应是有误，应为1933年4月17日。

格讲了他当天在维也纳与费利克斯·玻姆见面的事情；在下一封日期为1933年4月21日的信中，艾丁格又把自己同这位帝国密使就精神分析和民族社会主义之关系的问题进行会晤的细节告诉了弗洛伊德。这些会面的结果是，精神分析能够继续生存下去，当局不会动手对付精神分析——但这并不意味着犹太精神分析师不会因为他们的犹太人身份免受迫害。

我们看见，在计划于1933年7月驱逐威廉·赖希的问题上，西格蒙德·弗洛伊德、麦克斯·艾丁格和纳粹密使费利克斯·玻姆三人毫无困难地达成了一致：威廉·赖希因秉持共产主义立场而让安娜·弗洛伊德及其父亲蒙羞。就纳粹政权对一个左派犹太精神分析师实施的这次驱逐，弗洛伊德对麦克斯·艾丁格写道："我期望这次驱逐仅仅是出于科学上的动机，不过我也不反对这一行动最终由政治来完成，而且我也允许他把自己想成是他自以为的殉道者。"（1933年4月17日）……弗洛伊德已经预先说了：在民族社会主义政权面前，不挑衅，更不妥协。挑衅？的确，一次都没有发生过……

结 论

辩证的幻觉

就这本书的分析而言，有一个问题必须被提出：如果弗洛伊德真的是一个被众多证据证明了的虚构造假者；如果他的确是一个一方面讨厌哲学，另一方面却在哲学框架内很好地发展自己思想的哲学家；如果他的确很早就开始讨厌传记作者，因为他知道这些败类有朝一日会翻出他和他的朋友们为了铸就传奇而竭尽全力所做的手脚并将其书写为历史；如果他的历险的确就是一个"冒险者的经历"——用他自己的话来说——而且这个"冒险者"会不惜一切手段坚持追求那些被他视作自己理应得到的那些东西：名声、财富、荣耀和享誉全球；如果在他那通过临床实践合法化了的、声称自己是科学家的宣言的背后，隐藏的的确就是属于文学心理学范畴的主观臆断、个人判断和自传性质的断言；如果他对乱伦有着巨大的激情，而且他将自己的乱伦幻想扩展到了全宇宙，为的只是让自己更能忍受这个命定的负担；如果他的确是将自己走过的道路上林林总总的理论证据和临床证据都消除了，而这么做的目的又是把自己的发现说成是仅仅为一己天才所造就的呈线性发展的科学连续体；如果他为自己立传的工作——尤其是《自述》和《精神分析运动历史文集》这两本书——制造出的的确是一个美丽传奇，这个传奇说的是一个独自发现了无意识新大陆的天才男人的故事；如果弗洛伊德的诊所在许多年中都是"奇迹之地"，

554 其中包括了他使用治疗躺椅的那些年；如果这个精神分析师为了掩盖自己分析方法的失败而有意篡改了临床结果；如果治疗躺椅在治疗上的确只具安慰剂作用；如果弗洛伊德的认识论不过是施行式断言；如果他的确是在重新利用西方哲学的古老二元论，而将身体和灵魂的对立换成了生理的种系和精神的无意识之间的对立，而且这样做还是为了在忽视前者的同时更好地颂扬后者；如果弗洛伊德在忽视一切理智的和思考的理性的同时使用象征手法崇高化魔法因果；如果这个维也纳人的历险不过是结合当时的社会趋势将巫师、法师、治疗术士和驱魔人身上的古老巫觋逻辑体现于自己所处的时代；如果弗洛伊德的悲观主义让他与启蒙主义哲学背道而驰，从而站在了在18世纪被人们称为反哲学的那一方；如果，基于这一事实，我们发现弗洛伊德实际支持的是陶尔斐斯或墨索里尼的独裁专制政权；如果我们在他的著作里发现了支持厌女主义、男权主义和恐同主义的本体论论点，却没有发现支持性解放的思想材料——如果所有这些都是真的，**怎么去解释弗洛伊德、弗洛伊德主义和精神分析在一个世纪里所取得的成功呢**？

显然，这个问题的答案并非只有一个，而是有很多个。下面就是我对此的回答。当然，我的这些回答并没有囊括有关这个话题的所有内容，这个问题本身就可以构成继这本书之后的另一部续篇。**取得成功的第一原因**：作为历史上的第一次，**弗洛伊德让性**堂堂正正地**进入了西方思想的视野**，而基督教的欧洲已经抑制了它上千年的时间，而且还因为要求人们去模仿耶稣那天使般的身体、基督那受刑人的身体和圣母（！）玛利亚
555 的处子之身而造就出一个神经症化的身体——总之这些要求导致了真正的精神问题，而这一事实又足以说明神经症是性上的

原因引起的……

　　以这一逻辑来看，弗洛伊德最具革命性的作品无疑当属《性学三论》，因为他直接将性欲视为了能够让哲学分析得到更加明确的结果的一个手段。事实上，主流西方哲学史曾经有意识地将性排挤在外。这段遭受抑制的历史、这种被排挤的经历、这一被排除的事迹、这段被否定的遭遇，这些本身就构成了众多著作的素材：摧毁古代唯物主义的感官主义思想以支持柏拉图主义的身体的非物质化；以基督圣灵的名义，用模仿耶稣的非肉体（anti-corps）或模仿死去基督的受刑躯体的方式，去蔑视异教可以感受快感的肉体。西方哲学主体部分都是为了支持思维世界、思想物质和本体领域（nouménal）从而忽视感性世界、实际物质和现象领域。现象学的、结构主义的、新康德主义的现代性都可以被纳入这个传统主义谱系中：对于以**性作为其结构的**基督教西方而言，性欲依旧是最大的隐衷……

　　当性欲出现在西方哲学史中时，它是被极力简化了的、被修改了的、被改变面目了的、被理论化了的，所有这些都是排除身体、肉体和性的做法……它是以抑制之反弹方式出现的，取了与基督教版本相反的路径：比如萨德和乔治·巴塔耶，这两个新诺斯替者（néo-gnostique）① 以颠倒基督教价值的方式去想象身体，他们拒绝像一般基督徒那样以苦行赎罪……雅克·德·渥哈俊（Jacques de Voragine）的《黄金传说》、萨德侯爵的《索多玛的一百二十天》及巴塔耶的《爱德华妲夫人》三本著作在这点上具有毋庸置疑的相似性……

---

① 诺斯替者（gnostique）来源于希腊词 gnostikos，意思是"知识的掌握者"，主要指对"灵知"的掌握。这个称呼在现今学者中经常用来表示那些以个人智慧来获得拯救的人。

弗洛伊德追随的是在《偶像的黄昏》中写下下面这段文字的尼采的步伐："仅仅是因为基督教从根本上**反对**生命，性欲才被看成是不洁之物：基督教**污浊化**了人类的开端，污浊化了生命诞生的第一条件……"（《我要感谢古人什么》，第4节。弗洛伊德试图正视性欲，用道德主义之外的道德眼光看待它。他以超越了善恶的眼光来看待力比多，不对它进行道德评判或罪责化。与萨德和巴塔耶的路径相反，他不是以享受违反道德规范的过程为路径重新让性回归的：的确，弗洛伊德是犹太人这点让他没有在反天主教这点上走与萨德侯爵及其门徒相同的荒唐路径。

《性学三论》出版于1905年，但之后不断被修订，分别于1910年、1915年、1920年和1925年被重新编排过。这三篇文论分别是：《性畸变》《幼儿性欲》《青春期的变化》。我们从中可以看到儿童手淫并且沉湎于与同伴进行的性游戏、幼儿从排出粪便的过程中获得快感、婴儿通过吮吸母亲奶头经历快感、同性恋者及他们的欲望、自慰的青少年、每个人都有的双性恋倾向、实践舔阴和鸡奸的人、将脚或头发作为对象的恋物癖、兽交者、窥淫癖、裸阴癖、施虐者和受虐者，以及其他性方面的怪癖，还有只感受到阴蒂高潮的女人和只感受到阴道高潮的女人，他写所有这一切时都没有带价值判断，没有以道德度量，也没有判定有罪。他像一个哲学家一样在无影灯的冷光照射下处理性解剖学……我们可以想象，这样的一本书在那个20世纪刚刚开头的年份对思想产生了怎样的效果……在一个一直以来都在神经质地掩盖性的文明中谈论性，必然会有听众。

取得成功的第二个原因：弗洛伊德很快而且很早就明白了，

需要以圣保罗的战斗模式为基础，通过创建一种建立在天主教罗马教廷模式上的极端等级化的战斗组织才能让精神分析运作起来。秘密委员会，在忠诚成员之间建立内部通信，由"上帝选民"组成的协会，精神分析之父的神圣地位，网络（先是全国性的，之后在欧洲范围内，再就是国际性的），创办协会、学校、杂志、专门的出版社，召开研讨会，发表会议纪要，所有这些都让精神分析成为**一门清楚追求普遍支配权的学科——为此它不择手段**，而且这些手段还都处于道德之外。

弗洛伊德同意将门徒等级化，如同金字塔一样地组织起来。秘密委员会——兰克、费伦齐、琼斯、亚伯拉罕、艾丁格及弗洛伊德自己——总共运转了10年，从1912年由欧内斯特·琼斯创建到1923年8月最后一次会议，之后它便由于成员之间的不和而解散。琼斯在1912年8月7日对弗洛伊德确认说，他创立了"一个像查理曼大帝十二重臣那样以保卫导师的王国和监督导师学说被很好应用为己任的紧密团结的小团体"。从第一次就这个话题交换意见开始，弗洛伊德就充满了热情，他回答说"这个由我们朋友中的最优秀和最信得过的人所组成的秘密委员会"能够让他更从容地思考生命……和死亡！这个主意是费伦齐和琼斯在一次讨论中想到的，但弗洛伊德把它据为己有："你们说这是费伦齐的主意，然而，它很可能其实是我的主意，它产生于一切都发展得很顺利的那个时期。"（1912年8月1日）——他指的显然是他期望由荣格来引领这一战争机器的那个时期！

秘密委员会允许信徒们佩戴一种凹雕宝石——那是一种镶在戒指上的贵重的古代石头。那些最亲近的、最忠诚的、对精神分析最竭尽全力的、最虔诚的信徒，会收到导师弗洛伊德赐予的这个礼物，它代表着导师的祝福。安娜自己于 1920 年 5 月也从他父亲那里收到了这枚象征着虔敬的戒指。露·莎乐美、欧内斯特·琼斯的妻子、他女儿的情妇多萝西·伯林根、玛丽·波拿巴及其他某些女性也同样被赐予了这枚戒指。所以说，比起使徒来，弗洛伊德更注重表彰他的福音传道者。

使徒，至于他们，最开始有 5 个，他们在星期三的精神分析协会中活动。从 1902 年秋天开始，由斯特克尔发起（后来弗洛伊德因为同他怄气而不再提他……），每个星期三晚上，弗洛伊德都在他的家中为由医生、对精神分析感兴趣的业余人士及精神分析师们（即首批精神分析师）组成的小团体举行聚会。斯特克尔在他的《自传》中写道，他曾经是"弗洛伊德的使徒，弗洛伊德曾是我的基督"。而且他还说："思想的火花迸射，从一个人身上传到另一个人身上，每个晚上都像是一次启示。"……

在烟雾腾腾的聚会上，在狂热的氛围中，使徒们奠定了学说主干的基础：香烟和雪茄摆在桌上，他们喝着咖啡，吃着糕点，讨论着。1906 年，这个群体发展到了 17 个人。奥托·兰克成为秘书，开始用登记簿登记出席人员，开始收份子钱，并就讨论的东西做概括。弗洛伊德会在最后发言，并为每次聚会作结。人们在会上谈论临床案例、阅读的书籍、写作计划，人们也会吐露一些爱情或性生活的细节：人们坦白自己的手淫行为，讲述在没有性生活的日子里精神问题是怎样躯体化的。小汉斯的父亲也参加了这些聚会……

气氛很快变得富有攻击性，每个人都想让自己显得与众不同，开始争夺作为这个或那个想法的创始人的头衔。弗洛伊德建议说，每个人都去选择决定将哪些想法变成集体共有，哪些想法继续为个人所有。缺失的不只是交涉，还有礼貌和分寸。敌意、憎恶、攻击性占了上风。争论时，对抗变得十分粗鲁。1907年，在一次聚会后，弗洛伊德对宾斯旺格说："看，您看看现在这帮人。"……

这个小型社团为1908年成立的维也纳精神分析协会提供了模型，它也被国际上的精神分析协会奉为原型。一开始，每个人都必须至少发一次言；然后，以后的发言就是自愿和随意的了。这些令人肃然起敬的聚会的会议纪要被保存了下来，而且还被编辑出版了。正是在这些每逢星期三举行的晚间聚会上——先是在弗洛伊德家中举行，后于1910年移至医生社团里举行——与会者们讨论了手淫问题，而且为这个话题开了11次会之多……

为了方便交流，弗洛伊德筹划了一个网状系统。首先是内部通信，第一封信于1920年10月7日被寄出。最开始，它是用来弥补秘密委员会成员之间信息交换的不均衡，每7天一次，之后是10天或15天一次。它用于通告每个成员学说上的显著改变以及各种事件。最后它与秘密委员会一同被撤销。1909年，荣格创立了《精神分析和精神病理研究年报》，他自己担任主编一职，弗洛伊德在上面发表了他对小汉斯的分析。此后，在1912年，又有奥托·兰克和汉斯·萨克斯创办的《意象》（Imago）杂志。这份杂志旨在鼓励将精神分析用于人文科学。很短时间内，它就拥有了230个订阅户。第二年，还是兰克，他创立了《精神分析国际期刊》。1919年，安东·冯·弗罗因德（Anton von Freund，他是想感谢弗洛伊德帮他摆脱了患上癌症后遇到的神经症问题的富裕啤酒制造商，他将于几个月后因为癌症而去世）的巨额捐赠终于让成立出版社具备了条件，它就是国际精神分析出版社（Internationaler Psychoanalytischer Verlag）——依旧是兰克，他既是社长又是创刊人。内部通信、期刊、杂志、出版社：精神分析学说可以传播开来了，它拥有了一个独立自主的媒介学（médiologique）意义上的网络。

在此基础上还要加上一个以代表大会为形式的国际交流体系，这些会议在决定谁是朋友谁是敌人、哪些是学说的公认正统哪些是叛徒的异端思想以及学科的主要定位上所起的作用就像是宗教评议会：1908年4月26日在萨尔茨堡（Salzbourg）举行的大会做出了创办《年报》的决定——42名成员在场，包括弗洛伊德在内的9个人发了言，弗洛伊德的发言内容是《对一个强迫症案例的评注》，这篇文章以《鼠人》之名而闻名；1910年3月30日和31日，在纽伦堡大会上，与会者同阿德勒及阿德勒的拥护者交锋，支持苏黎世人、荣格及荣格的拥护者，排挤维也纳人；弗洛伊德和荣格在1911年9月21日和22日的魏玛大会上进入蜜月期；之后，弗洛伊德与荣格于1913年9月在慕尼黑大会上断交；1918年在布达佩斯大会上就战争神经症和成立免费精神分析施诊所的可能性的讨论无果而终；还有一次围绕着弗洛伊德和他女儿召开的会议，大会在1920年9月8日到11日于海牙召开，大会上来自一战交战国的双方医生达成战后和解；在1922年9月23日到27日的柏林大会上，一个女性——卡伦·霍妮（Karen Horney）——对弗洛伊德的阴茎妒羡理论发表了不同意见；1925年巴特洪堡的大会，弗洛伊德因癌症病重而让女儿代他出席——她在大会上读了父亲那篇充满厌女观点的文章，而麦克斯·艾丁格在会上讲了加入精神分析学会、做教学分析和分析师培训的各种条件；依旧是安娜代表父亲参加了1929年于牛津召开的大会，他建议安娜不要把欧内斯特·琼斯的言辞太过当真，还庆幸安娜当初没有嫁给琼斯；弗洛伊德在1932年威斯巴登（Wiesbaden）大会上与费伦齐绝交——从此以后，弗洛伊德竭尽所能地在理论上把自己的这位老朋友说成是有病的人，从而对他施行了理论谋杀；在1938年巴黎大会上，安娜读了她父亲对摩西的部分分析；精神分析之父于1939年去世。

精神分析的这个网络在全球都十分有效，而且在很短时间里就被推广了出去。这些在弗洛伊德生前召开的大会每一次都没有聚齐100个分析师。在1910年在纽伦堡举行的大会上，桑多尔·费伦齐建议创立国际精神分析协会（IPV），荣格担任其第一任主席。一个世纪之后，到2010年时，这个协会已经扩展到了33个国家，拥有11000名成员。精神分析学已经渗透进了大部分可以被称为正派人的意识中。不要忘了，1902年的星期三心理协会可只有6个人……

取得成功的第三个原因：在性和战斗之后，第三个原因就在于精神分析有着宗教的传奇模式。精神分析被说成是一种回答了所有问题的综合世界观，它提出了一个概念——无意识，这个概念将地球上所有发生过的、正在发生的和将要发生的事情都归入一个整体。它在一个没有形而上学的世界中发挥着形而上学的作用：第一次世界大战摧毁了一切伦理的、道德的、宗教的参照点，精神分析提供了**在后宗教时期建立新宗教**的材料。随着作品的普及，精神分析的著作成为一种对教理的讲授，一种圣经，正是以这些著作为基础才建构起了被罗伯特·卡斯特（Robert Castel）贴切地称为精神分析主义的大厦。

精神分析是被"为它提香炉的辅祭们"（thuriféraires）① 根据一种类似于天主教宗教模式的模式建构起来的。同理，欧内斯特·琼斯写就的弗洛伊德传记，就是根据天主教在书写耶稣生平时所采用的标准来将弗洛伊德写成典范。比如，被圣灵敷过圣油的生命从一出生就与其他孩子不同，而弗洛伊德一出生就有光环照头，算命人的预言说他会前程似锦，他那与众不同的命运又在普拉特咖啡馆中被一位诗人所证实；在他读了歌德的《自然颂》后，神圣使命就像火舌一般降临在了他的身上；他与沙可的结识就如同他与施洗者约翰相遇了；他在恰当的时候放弃了自己的性生活，为的就是将所有的思想力量和力比多能量都集中起来且升华到自己的作品创作中；生活中的禁欲造就了才华；耶稣被引入沙漠接受试炼，对应的则是他在父亲死后开展的自我分析，当时的自我分析被所有圣人传记作家都说成是一个前无古人的了不起的英雄时刻，精神分析将诞生于此；宣讲上帝的好消息，即福音，对应的是精神分析提供的救赎；创造一门有能力改变人类思想进程、创立新纪元的科学；奇迹般地痊愈——在耶稣那里是治愈出血、拉撒路（Lazare）的复活、盲人复明和瘫痪者恢复行动能力，在弗洛伊德这里则是安娜·欧、朵拉、小汉斯、鼠人、狼人被治愈；耶稣备受冷落的讲道对应的是弗洛伊德声称的同时代人对他的诽谤；癌症和流亡被作为现代版的"耶稣受难"；弗洛伊德的死就是弗洛伊德传奇的诞生日……

圣人传记作家因此需要掩盖一切与这种传奇叙事相抵触的

---

① 也指阿谀奉承者，一语双关。

说法，还需要对文献和资料加以控制以免任何涉及下面这些情形的内容显露出来：弗洛伊德在事业道路上的举棋不定；弗洛伊德是为金钱、野心、成功和荣誉所驱动；弗洛伊德摸索、寻找且犯错；弗洛伊德到处寻找那些可以让他迅速在维也纳积聚起各种类型的财富的办法；弗洛伊德只是从形式上做了自我分析；弗洛伊德整个一生都与妻妹通奸，背叛自己的妻子；弗洛伊德抄袭了很多当时精神疾病治疗方面的发现以提出一种叫作精神-分析（psycho-analyse）的拼凑学说；弗洛伊德把没有成功的治疗撒谎说成是痊愈的病例；弗洛伊德将自己的衣钵传给了自己的小女儿，她为此被转化为贞女——而我们仅仅需要知道一点历史，就能明白所有他传承的都不过是纯粹的传说。

学说本身也无法不让人以天主教的模式去解读：精神分析如同**耶稣再临人间**，它是为了替世界上通过种系遗传的**原罪**（弑父、食人宴会、俄狄浦斯情结）赎罪而来到人间；感性世界的真相包含于一种思维原则中，即无意识，它是一种不可见的、全能的、无处不在的、无所不知的、非创造的、不朽的、永恒的和不受时间流逝所影响的形而上学的存在，它就像一个禁止所有自由意志的**上帝**（Providence）那样行事；**禁果**是乱伦，**救赎论**（sotériologie）则是精神分析和在治疗躺椅上进行的仪式，这些仪式都是为了保证救赎能够通过言语疗法达成，而言语疗法又在很多地方让人无法不想到心灵**告解**（confession）……

精神分析学说的逻辑似乎就是根据教会的原则建立起来的，它有自己的教宗（弗洛伊德本人），自己的主教和枢机主教（第一批精神分析师：阿尔弗雷德·阿德勒和卡尔·古斯塔夫·荣格、桑多尔·费伦齐和卡尔·亚伯拉罕、威廉·斯特克尔和奥托·兰克),自己的仪式(治疗躺椅和治疗过程),自己的宗教评议会(代表大会、公认的教义、弗洛伊德主义、异端、阿德勒主义和荣格主义),自己的福音传教士和自己的使徒(欧内斯特·琼斯),自己的犹大(阿德勒和荣格),自己的圣职授任礼(从授予凹雕宝石到拉康培训分析师的通过制度);精神分析和天主教之间在模式上的相似之处数都数不过来;弗洛伊德是一神教的上帝;他的人生是神之子的降世;他的作品是救赎的学说;将成为普遍真理的精神分析学说以教会形式传播着……

取得成功的第四个原因:20世纪是弗洛伊德的世纪,也是死亡本能的世纪。从1914~1918年的屠戮到卢旺达种族灭绝,以及纳粹主义和其他国家的法西斯极权主义,然后还有奥斯威辛、广岛和其他所有可能发生和可以想象出来的各种战争,这一百年是虚无主义的一百年。而精神分析在正常和病态之间画上了一个危险的等号,它提出的是一个虚无主义的本体论。它确实否认了健康思想状态和病态思想状态在性质上的不同,它认为两者之间有的只是程度上的差异,这使得疯癫、变态、神经症、精神病、妄想症、精神分裂成为一种新常态,它确实是一个疯狂时代的常态,在这个时代里拥有"良好健康"(Grande Santé,这是尼采的词汇)会被谴责为咄咄逼人的炫耀……**弗洛伊德的虚无主义与时代的虚无主义契合**,这有助于弗洛伊德成功。

事实上,弗洛伊德在自己的全集中不停地说,正常和病态不是不同质的两种存在模式,而是同一种存在模式下程度不同的两个状态。换言之,坐在椅子上的精神分析师和躺在治疗躺椅上的神经症患者之间并没有根本上的区别，一个施虐的虐待者与无辜受害者之间也没有绝对的区分，没有什么能让诸如陶尔斐斯、墨索里尼或希特勒这样的病态独裁者与被冤枉的受害人——布尔什维克拥护者、反抗者和犹太人——截然对立起来。希特勒？艾特·伊勒桑（Etty Hillesum）？从精神主义的角度来看，他们属于同一种人。

大家想看证据？在《维也纳精神分析协会会议纪要》中，1910年5月25日开会时，书记员写道："弗洛伊德教授……提出反对意见，认为正常人和神经症患者之间的区分原则似乎从根本上值得争议。"（Ⅱ.532）不仅如此，在《摩西与一神教》这本1938年才出版的最后著作中，我们可以读到有关精神生活现象的论述，其中的一些现象会被人们确认为"正常的"，另一些则被认为是"病态的"："两者之间的界限很不显著，而且它们的机制从大体上看都是一样的。"（167）他还在很多地方表达了这种观点。1910年在《日常生活心理病理学》中，他说："我们所有人都或多或少是神经症患者。"（296）1910年在《性学三论》中："精神神经症患者是一个数量庞大的人群，他们与健康人的差距并不是很大。"（Ⅵ.169）1912年，依然是在《维也纳精神分析协会会议纪要》中："我们从普遍上承认，正常人和神经症患者之间的区别是数量上的，而不是性质上的。"（Ⅳ.59）1937年，《有终结的分析与无终结的分析》写道，正常的自我"就像是一般意义上的正常状态，它是一种理想的虚构……所有正常人事实上有的只是一种平均的正常状态，人们自我中这个或那个部分或多或少地会与精神病状态相似"（250）。1938年，在《精神分析纲要》里，他写道："在正常状态和不正常状态之间以科学方式构建起一条分界线是一件不可能的事。"（69）……

如果这位精神分析师说的是对的，我们就可以得出结论认为，我们可以去谈论**弗洛伊德的案例**，就像弗洛伊德自己去谈论狼人的案例、鼠人的案例或安娜·欧的案例一样。而且，事实上，一生都折磨着他的乱伦激情、他想杀死**自己**父亲的欲望、他想与**自己**母亲同床的欲望、他做的与**自己**的一个女儿发生关系的性梦、他与**自己**的小女儿安娜之间亲密无间的性压抑关系、他与**自己**妻妹的通奸关系、手淫虽然被他在理论上看作是疯狂行为但在生活中却似乎是**他**的癖好——我们还记得葆拉·菲赫特尔回忆说，令她惊讶的是弗洛伊德的裤兜处"总有一些大洞"（36）——所有这些都展示了一个在精神状态方面与柏达·巴本哈因姆、谢尔盖·潘克耶夫、恩斯特·兰策或其他著名病人相近的弗洛伊德……

我们明白的是，出于维持自己精神状态的需要，弗洛伊德公开主张说，被他分析的那些人与他那失去了平衡的精神生活之间差距并不远。然而，从更高一个层次说，这种斩钉截铁式的理论断言建立了一种可持续的本体论上的虚无主义：如果疯子与具有健康精神状态的人无二，如果精神病院中挤满的精神病人与那些应该去治疗他们的医生之间有的仅仅是勉强的区别，如果医生与病人之间几乎没什么区别，那么，一切东西就都具有了同样的价值。从此以后，就不再有什么能把刽子手与其受害者区分开来的东西了。

既然如此，我们应该如何去想与弗洛伊德一家有关的犹太人大屠杀呢？我们在思想上应该采用怎样的方式去**从精神角度**将在特雷津（Theresienstadt）集中营里被饿死的弗洛伊德的妹妹阿道芬（Adolphine），又或者他的另外三个于1942年在奥斯威辛的焚化炉中消失的妹妹与这个噩梦般的集中营的指挥官鲁道夫·赫斯（Rudolf Höss）之间做出区分呢——**如果没有任何东西能从精神角度将这两者区分开的话**，又或者如果对弗洛伊德而言两者之间的区别程度仅仅是勉强可见且实在是小得可怜，以至于让他一直没有对这种在他看来十分微小但实际上是天壤之别的区别加以理论思考的话？

这种牵扯到精神主义的本体论虚无主义，完全对应了在整个20世纪里都可以从死亡本能获胜的情势里清晰看见的那种形而上学的虚无主义。因为以他自己同样的概念为基础，弗洛伊德大可以想象出另一种人的存在，在他们身上是**生存本能**占上风，他们与那些将一切献给**死亡本能**的人无法画上等号，但弗洛伊德却没有这么做。要将正常与病态区分开，比如要将恋尸癖、兽交者、恋童癖、性变态者、虐待狂——对这些人而言其他人如同不存在——与其他那些在世界观里融入了他人存在并将其视为一种伦理必需的人区分开来，只需要将弗洛伊德的精神分析从那个堕落的世纪末背景中分离出来，因为世纪末的环境让精神分析像有毒植物一样四处生长。因此，20世纪成了精神分析滋长的温床，它吸引了如此多的知识分子像接力赛跑一样不断将这种悲观主义世界观传递下去。

欧洲的知识精英很快就被迷惑了。弗洛伊德，这个激进的反哲学人士，这个悲观主义思想家，这个相信本能冲动命定性的理论家，不合常理地在艺术领域被视为了一个前沿思想家：他是能先后让达达主义和安德烈·布勒东之《超现实主义宣言》汲取灵感的人，是于达利（Dalí）的偏执狂批判法（Méthode paranoïaque-critique）而言是缪斯的人，是使纪德这个让伽利玛出版社破例接受其著作的人在内省中获得灵感的人。尽管安德烈·布勒东这位年轻诗人在1921年于维也纳见到这位老医生时，很失望地发现弗洛伊德就像是一个平庸的医生，他规规矩矩地把客人们安排在等候区等待，他是个不喜欢法国的爱抱怨的老人，而他不喜欢法国的原因又是因为法国人对他的喜爱不够。尽管如此，弗洛伊德对他而言却依然是第一次世界大战后虚无主义现代性的楷模，即便弗洛伊德自己并不如此认为（弗洛伊德曾激烈反对超现实主义）。

弗洛伊德的理论是否对我们的后现代时代而言也是圣经，这点尚待研究：精神分析，作为一门产生于维也纳的学科，是如何生产出一种作为1968年五月风暴之后失望情绪之弥补物的意识形态的呢？——关于这个问题，有一大本书好写。1968年的街垒战在当时的确被想成是革命时代来临的时刻，在它后面是诸如马克思、毛泽东、列宁、托洛茨基所代表的未来……大家都知道，结果却不是这样。这使得20世纪70年代时大量的左派人士甚或共产主义者被吸收进了精神分析，当时的精神分析已经变成一种新的宗教选择，处于一个新导师的奴役之下。这个新导师是雅克·拉康——一个被……超现实主义深刻影响了的糟糕演员！所以，精神分析的成功其实是一种特殊形态的催眠的成功——不然的话，也可以说是集体幻觉这一古老事物所采取的新形式的成功……

精神分析与忽视政治如影随形，它注重的是新的自我——堕落时代的上帝。现实中政治革命的终结，对马列主义或毛主义之天堂的放弃，蓬皮杜主义的胜利，商品的支配，没有可与之相抗衡的对手的自由主义突然间一方独大，向自我的回返成为法则。于是，其中就孕育出了自由个人主义的魔鬼，它类似于利己主义甚至是自恋。由于没有了改变世界的兴趣,后现代的主体都专心于追求在现有世界里怎样让自己过上舒坦的生活。治疗躺椅的方式是要让病人到一个四处漏水的世界的虚无主义中去找到自己的位置……

最后,还有**第五个原因**可以用来解释精神分析的成功:**在弗洛伊德式的马克思主义的帮助下精神分析在 1968 年后获得了关注**。弗洛伊德在本体论上的悲观主义和他恺撒式的政治立场(给墨索里尼的题词;对陶尔斐斯奥地利法西斯主义的支持;对布尔什维克主义、马克思主义、共产主义的激烈批评;在法西斯主义及纳粹主义面前缄默;弗洛伊德的"超人"理论,他把"超人"定义为部落所必需的首领;认为需要一个贵族阶层来领导群众的精英主义政治乌托邦……),在那些既倚仗弗洛伊德理论又赞同革命的精神分析师所高举的红旗下统统消失了。

例如,威廉·赖希在 1927 年出版了《性欲高潮的功能》的第一版。在这部作品里,他对弗洛伊德的神经症性病因说进行了另一番演绎,通过将历史引入分析过程而拓宽了这种分析。弗洛伊德以本体性为基础来思考,他概念化和加以操作的是譬喻和比喻,比起现实和历史来,他赋予了神话和象征更大的力量,他的思想属于唯心主义的传统哲学框架;而赖希则相反,他以生物学和历史的眼光来看精神分析,他从来就没有将无意识和让无意识存在的历史条件分开来看。

这部作品的第一版以给弗洛伊德的生日献词为开篇:"以深切的敬意将此书献给我的导师西格蒙德·弗洛伊德教授。"不过,这部作品在后来的版本中有所扩充,比如对"抑制之社会根源"或对"法西斯主义之非理性"的评论,这些内容是不可能取悦接受献词的弗洛伊德的,赖希看待性高潮的方式也会惹弗洛伊德不高兴,因为他将性高潮想成是被社会束缚的那些能量的发泄过程,而且社会还有发生变革的可能。当弗洛伊德认为文明对本能的压抑最终还是不可避免甚至根本就是一种必需的时候,赖希提出的却是另一条道路,他所著作品的标题很清楚地表明了他的想法:《性革命》《青年的性斗争》《法西斯主义的群众心理学》。在《法西斯主义的群众心理学》这部重要作品里,赖希以激进的方式对法西斯主义进行了批判。他在论述中将他所谴责的法西斯主义与家庭和教会联系了起来,展现了家庭和教会这两种机构在怎样的程度上与法西斯主义共同运转。他的批判与弗洛伊德给领袖墨索里尼的友好题词相去甚远……

当《性欲高潮的功能》的初稿——《生殖的含义》出版时,弗洛伊德没有看出不妥之处,他同意让自己的出版社出版此书,不过略微缩短了手稿的篇幅。然而,那篇名为《受虐性格》(1932)的作品就完全不中弗洛伊德的意了,因为弗洛伊德认为它在试图"为布尔什维克宣传"(给艾丁格的信,1932年1月9日)。确实,在这篇文章里,赖希认为"死亡本能[是]资本主义制度的活动"(弗洛伊德给费伦齐的信,1932年1月24日),而坚持自己的概念具有超验性的弗洛伊德肯定不会接受这种以具体现象为概念来源的说法,即认为政治是精神疾病源头的想法。

弗洛伊德在1932年11月20日写给艾丁格的一封信中将赖希说成"一个祸害"……之后,弗洛伊德的出版社拒绝出版赖希的《性格分析》一书。最后,在弗洛伊德的首肯下,精神分析学的官方机构与民族社会主义政权就精神分析在法西斯政权统治下继续开展活动的方式进行了协商，而赖希则因为参与左翼政治被驱逐！事实上，与做维也纳大资产阶级生意的弗洛伊德不同，赖希在自己工作的精神分析诊所中会**免费**为工厂的工人、家政用人、失业者及农业从业人员提供咨询。安娜·弗洛伊德为赖希曾于共产主义集会上谈精神分析感到遗憾……在给艾丁格的一封信中，作为父亲的好女儿，她写道："爸爸会为赖希离开协会而异常高兴"（1933年4月17日）。赖希于同年7月被驱逐。与纳粹妥协，可以；与共产主义者妥协，绝不……

赖希的看法如下：有实施性解放的必要；赞美由性高潮带来的狂喜；向所有人推广性教育，尤其从青年开始；将法西斯主义和资本主义作为千年以来力比多被压抑的源头来批判；直击家庭制度的要害，将家庭看作一种压抑的规训人、使神经症产生的机器；贬低一夫一妻父权制；强烈攻击犹太基督教，将其看作那种导致了一切疾病病因出现的性道德的推广者；后弗洛伊德的精神分析学和后苏维埃的马克思主义之间有结合的必要；认为通过政治行动是有可能在世间达成幸福的；将精神分析用于享乐主义的、集体的和极端自由主义的目标——1968年的五月风暴怎么可能忽视这样的思想炸弹？

第二枚弗洛伊德式的马克思主义的意识形态炸弹是在二战后的欧洲爆炸的：它与赫伯特·马尔库塞有关。再一次地，在弗洛伊德去世后的四分之一个世纪内，那些不知晓弗洛伊德全集具体内容的人，如果读了这个流亡美国的德国哲学家的著作，就会发现精神分析可以是一门崇尚解放的、极端自由主义的、享乐主义的学科，也可以是一种炸毁基督教的、一种强烈批判黑色纳粹或斯大林主义的，以及一种为实现另一种政治选择提供了手段的思想。

马尔库塞没有隐瞒自己乃是受益于赖希而成为一名弗洛伊德式的马克思主义者。在《爱欲与文明》一书的前言里，他向赖希的《性道德的突破》一书致敬，认为此书成功地将弗洛伊德和马克思这两个不太可能结合在一起的作者结合了起来！更中肯地说，这本书将下面两种思想结合了起来：一种是认为存在着被社会压抑的力比多；另一种认为有终结这种压抑的可能，其方法则是建立这样一种社会——在其中，快感原则没有被那个被现实原则绝对统治的社会所摧毁，而是滋养出一种新的现实原则。

《爱欲与文明》出版于1955年，副标题是"对弗洛伊德理论的哲学探讨"……书的内容？不是去进一步发展精神分析学，而是发展出一种精神分析哲学。马尔库塞在这部作品中论述了下面这些思想：批判工业社会；放松控制本能需求的缰绳；取消性压抑；让力比多脱离资本主义机器；通过完全满足个人需求而解放个人；为生命做斗争，因此也是为了快感和欢乐而斗争；推进文化的政治用途，在这种文化政治中快感原则变成了现实原则的现实；终止追求收益的做法，终结消费社会和异化人的工薪工作。1964年发表的《单向度的人》更加坚定地表明了马尔库塞的立场，这本书在1968年时于法国出版……

显然，如果弗洛伊德还健在，他是无法在这种左派的尼采主义言论中认出自己的，这种言论将他认作理论之父，去呼唤终结一个他的学说没有想过要终结的旧世界。不要忘记，弗洛伊德秉持的可是极端悲观主义的立场，而且他把精神分析看作一种针对个体的疗法甚或是个人主义的疗法，他的所有那些文学性质的假想都没有关心过历史。他完全不想改变世界。治疗躺椅是从理论上教会人如何在一个不可能改变的世界中更好地生活。

弗洛伊德式的马克思主义给弗洛伊德带来了吸引人的一面，从理论上给弗洛伊德主义带来了自由主义的名声，给精神分析带来了革命性的维度，这点我们通过对赖希和马尔库塞思想的简短描述已经看见了。不过，弗洛伊德生前与赖希之间几乎毫无联系，这一事实显示了弗洛伊德式的马克思主义（就我个人而言，我更偏向于弗洛伊德式的马克思主义……）是如何与弗洛伊德主义截然相左，而且我们也可以想象，如果弗洛伊德在世，马尔库塞的观点会让这位维也纳医生多么地愤慨。那些把弗洛伊德与切·格瓦拉、马克思和毛泽东并列起来的做法，在 20 世纪为精神分析带来了很多的好名声，但这必须要在人们没有读过弗洛伊德作品的情况下才会奏效……

以上就是可能存在的用以部分解释精神分析为何会在一个世纪里取得成功的原因。其一，**性**：通过僭越方式让性进入千年以来为禁欲理想所支配的思想世界；其二，**战斗**：为了让学科支配欧洲文化领域、进而支配世界文化领域，在十分强烈且不可动摇的坚定意愿下去积极建设和组织学科；其三，**宗教**：按照救赎论的宗教模式去建构弗洛伊德的生平经历；其四，**机缘**（kaïros）：换言之就是这个学说的虚无主义与 20 世纪末那个时代的虚无主义甚或千年末期的虚无主义相吻合；其五，对既不属于弗洛伊德主义也不属于马克思主义的**弗洛伊德式的马克思主义**的误解，在这个已经厌倦了现状的世界中，为弗洛伊德、弗洛伊德主义和精神分析带来一种极端自由主义的氛围。

讽刺的是，我们可以用弗洛伊德自己的三个观点为本书作结。**首先**，在《一个幻觉的未来》中，弗洛伊德已经解释了如何区分幻觉和错误。错误代表的是在因果关系上的纰漏，比如认为寄生虫会自发从一堆垃圾中简单变化出来，又或是用纵欲过度来解释神经方面的疾病。至于幻觉，它反映的是一种深刻愿望：比如，当克里斯托弗·哥伦布发现美洲时他自己却以为找到了去往印度的新航线；比如，一些德国民族主义者确信，只有印欧语系的人才有能力拥有文化；又比如，炼金术士相信能够点石成金。因为幻觉植根于极端强烈的愿望之中，所以它看起来就像是一种"精神病的妄想"（XVIII. 171）。

弗洛伊德接着谈到了宗教，他说："所有这些宗教教义统统都是幻觉，都是无法证明的，决不能强迫任何人认为它们是真实可信。其中有些观点简直就是不可能的，它们同我们辛辛苦苦发现的关于现实世界的一切简直就是背道而驰，因此我们可以——在同时注意各种心理差异的条件下——把这些宗教教义比作是妄想。对于其中的大多数观点，我们是无法判断它们的现实价值的，正如人们无法证明这些观点一样，人们也同样无法驳斥它们。"（XVIII. 172）

现在来博君一笑：为了对必会招来的众多批评和攻击做预防（因为我们无法在不惹来虔信者的愤怒和仇恨的情况下撕碎幻觉的面纱），我将引用一句弗洛伊德说的话。他说："就宗教问题而言，对于每一种可能的不诚实和思想上的不端行为，人们都会自觉有罪。"（XVIII. 173）为什么我们不把弗洛伊德的这番分析应用到对精神分析的分析中呢？

因为对于那些尽心阅读作品的人而言，对于那些不满足于精神分析行业内人士所编纂传播的弗洛伊德"圣经"和教理书的人而言，他们会看见真正的弗洛伊德主义：它看起来的确就像是无法证明的幻觉，建立在似是而非之上，与依靠理性得出的常识判断背道而驰。精神分析是一种不依靠思索的信仰，是一种牵动身心的依附状态，是一种发自内心的赞同，是调适生命或解决思想存续问题的生存必需，它遵循着与宗教一样的法则：它让人得到宽慰，它如同对彼岸世界的信仰一般可以卸下生活的重负，正是我们心中的那些最不以现实为念的欲望造就了这个彼岸世界。在精神分析中，欲望占据了所有位置，现实毫无地位……挂在卢尔德（Lourdes）洞穴中的拐杖见证了水也能够治疗人，只要这些水是被祝福过的——既然如此，为什么话语就不行呢？只要这些话语是在有着治疗能力的萨满在场的情况下被郑重地说出来的。不过，作为奇迹的见证而被挂在洞穴里的那些义肢，它们的数量是否真的就能证明上帝的存在或保证教会的一切学说都是真理呢？我实在很难相信对这个问题的回答会是肯定的……

第二处对弗洛伊德的引用，让我第一次能够在认为他说得有道理的情况下以他的话来为本书作结，那是他在 1937 年出版的《有终结的分析与无终结的分析》中写的一段话："是否有可能通过治疗来最终持续瓦解本能冲动和自我之间的冲突，或病态冲动提出的要求与自我之间的冲突？为了避免误解，对'持续瓦解冲动提出的要求'这一说法做进一步说明还是有必要的：持续瓦解冲动提出的要求并不是要让这种冲动销声匿迹到完全无法表达的地步，一般情况下这是不可能办到的，而且它也完全不是合乎希望的恰当之举。"（240）让我们用更加简短和直接的方式把这段话的意思表达出来。问题：精神分析能治疗人吗？回答：不能。补充：即便它真的能够治疗人，治愈也不符合希望……让我们去找找原因——疾病的好处？很有可能……

还有**第三处弗洛伊德的文字**也可以为本书作结。我们已经根据弗洛伊德自己的分析提出我们可以想到的两点：一是，精神分析如同一种幻觉，它可以被定义为一种充满了欲望的愿望在经历现实存在甚至与现实相悖的情况下的全面获胜；二是，81岁时的弗洛伊德，这个即将于几个月后在流亡中死去的弗洛伊德，这个不再操心名声、荣誉、金钱、诺贝尔奖、奖章、雕塑和纪念石板而只关心真相的弗洛伊德，承认了精神分析无法治疗人，因为人们永远也无法消解本能冲动提出的要求。我们认为对这位深知自己将死的老人最后萌发的想法加以考察还是有必要的，我们将引用《精神分析纲要》中的一段话来进行论述。

弗洛伊德清楚明白地为他的治疗方法能够取得的效果给出了极限，他知道他的方法并非万能，也无法彻底治疗人，它不应该被说成是灵丹妙药，它已经失败过，抵抗分析的现象很频繁："让我们承认我们的胜利并不是确定无疑的，不过我们至少知道，在一般情况下，为什么我们会遭遇失败。那些只从疗法角度评价我们研究的人，很可能会在看到上面的坦言后对我们心生蔑视或转头去拒绝精神分析。而我们呢，现在的我们只因为这种疗法运用了心理学方法而对它感兴趣，而且到目前为止心理学方法是它仅有的方法。或许将来，我们能够明白如何在某些化学物质的帮助下去直接干预精神装置能量的数量和分配。或许我们会发现就今天而言是全新的治疗方法。然而，目前我们只有精神分析这项技术，这也是为什么尽管这种疗法有着自身的局限性，蔑视它依然属于不当之举。"（51）

弗洛伊德全集的最后一卷就是这样一本极端言简意赅、十分精细、凝练、严谨、直接且直击要害的书，就像是一个行将就木的人毫无惧色地接近着自己的坟墓。这本书，这个有着他因为死亡而未能写完的悬而未决的句子的地方，才应该决定着我们看待他全集的态度。**蔑视**——如果用他的词汇来说的话——他的全集？绝对不。不过，我们要将弗洛伊德全集从传奇中拉出来，在等待未来出现新思想的过程中——当然，未来的新思想也一定会像弗洛伊德思想那样有过时的一天——将弗洛伊德纳入他在一个世纪里占据了一席之地的历史里。**这就是这部尼采式的关于弗洛伊德的心理传记的真意所在。**

不要忘记尼采曾对弗洛伊德的朋友露·莎乐美说，他在巴塞尔大学（Université de Bâle）给学生授课时说过，哲学体系之间的关系可以归结到哲学体系作者之间的个人行为："这个体系被驳倒了，而且死去了——但体系后面的人格是无法被驳倒的，它是不可能被杀死的。"昔日对形容柏拉图思想有效的话，在今日也对形容弗洛伊德有效。对逝者的忠诚并不在对他们的骨灰的崇拜中，而在因为他们而变得可能的、继他们之后的生命活动中。

——冬至，于阿让唐

参考文献

一

按照顺序阅读全部作品……我研究的版本是以让·拉普朗什（Jean Laplanche）为学术主编、由法国大学出版社出版的《弗洛伊德全集》。既然我无意去为弗洛伊德立圣人传记，那么我宁愿选择新翻译出版的这套全集。这套全集由于同一个概念在各处都以同样的方式被翻译而在整体上具有一致性。因为，不少其他译本都处在精神分析行业的诡辩封锁逻辑之下，这让翻译使用的词汇必然会被弄得艰深而学究，因为只有这样才能让弗洛伊德的信奉者们解释说这个或那个德语词在法语中没有直接可译成的对应词，于是让翻译更精确、更现代、更中肯、更合适就成了一种借口，让他们可以在翻译时使译文脱离文本的原意。

比如，我观察到，安娜·伯曼（Anna Berman）在翻译《精神分析技术》（62）时用到了"悬浮注意力"（attention flottante）一词，这个翻译其实很成问题，因为这种翻译方式让我们觉得，由于精神分析师是在用自己的无意识与被分析者的无意识接触，因此在"悬浮注意力"下，分析师大可以在咨询期间打盹甚至睡着，然而即便如此，分析工作又奇怪地完全不受影响，顺利开展了下去。因此，应该将这个词翻译为

"同等注意力"（attention égale），这样的翻译才能消弭这个概念背后隐藏的分析师的睡觉丑闻——即便弗洛伊德创立这个概念的目的确是为了合法化这种我称之为"三心二意地听"（oreille distraite）的分析丑闻……具体而言，弗洛伊德指出，"悬浮注意力"必不可少，这样"我们就不会滥用注意力，因为注意力是无法每天都长时间地保持集中的"……如果读者想更好了解这些人是如何通过在词汇上做手脚来掩盖真相的，可以去读阿兰·阿伯豪斯（Alain Abelhauser）的文章《我的母狗的公狗》，它发表在弗洛伊德主义者开办的《领地？》（*Ornicar ?*）杂志上。

当我第一次阅读弗洛伊德的著作时，我是一个身无分文的青少年，而后又是个没什么钱的穷学生，因此我读的是便宜的口袋书版本。在这个版本中，《性学三论》是由诗人茹弗的伴侣布朗夏·勒韦肖－茹弗（Blanche Reverchon-Jouve）翻译的，《精神分析学引论》《图腾与禁忌》《日常生活心理病理学》《精神分析五讲》是由著名哲学家弗拉基米尔·扬科列维奇的父亲西蒙·扬科列维奇博士（Dr Simon Jankélévitch）翻译的，《我的一生和精神分析》《精神分析文论》及《詹森的〈格拉迪沃〉中的幻觉与梦》是由弗洛伊德的近友玛丽·波拿巴翻译的，我觉得这些翻译版本都不至于让我们误读弗洛伊德的著作……

但是，我还是不想落人口实，说我读的其实不是最好的版本：正宗的全集共有 20 卷，还要外加词汇注释和索引构成的附一卷。我是在 2009 年 6 月到 12 月之间读的这套全集。当时还有一些重要的文章没有被收录进来，比如后来才被收入第 5 卷的《日常生活心理病理学》，被收入第 7 卷的《诙谐及其与无意识的关系》，被收入第 20 卷的《摩西与一神教》和《精神分析纲要》。因此，这些未被收入的文章，我是在口袋书版本中读到的……除此之外，我还读了一些著作的其他译本，只是译文的语言更加矫揉造作、故作风雅，比如在翻译时用"désirance"代替"désir"来指欲望。就《诙谐及其与无意识的关系》一书而言，让·拉普朗什团队将玛丽·波拿巴所译题目"Le Mot d'esprit et ses rapports avec l'inconscient"（妙语及其与无意识的关联）变成了更加平实的"Le Trait de l'esprit et sa relation avec l'inconscient"（诙谐及其与无意识的关系）。西蒙·扬科列维奇所译题目"Psychopathologie de la vie quotidienne"（日常生活心理病理学）变成了更加中肯的"Sur la psychopathologie de la vie quotidienne"（论日常生活心理病理学）。《摩西与一神教》的书名也从安娜·伯曼的"Moïse et le monothéisme"（摩西与一神教）变成了更中立的"L'Homme Moïse et la religion monothéiste"（人类摩西与一神宗教）。这种在翻译上的改变更好地反映了著作的面目，是完全恰当的……

那些读过玛丽·波拿巴翻译的《我的一生和精神分析》一书的人可能还不知道，自己其实已经读了《西格蒙德·弗洛伊德的自我介绍》一书，这是费尔南·康朋（Fernand Cambon）在翻译同一本书时采用的新书名。更妙的是，他们肯定也不知道，他们其实还读过了《"自述"》（自述还是打了引号的!）一书。因为这三本书根本就是一本书，此书于 1925 年第一次出版，当时的书名是《自述中的医学现状》……书名的频繁变化无疑会把真心实意想去阅读的读者们搞得心烦意乱。事实上，这部作品是弗洛伊德个人宣传的丰碑。这本书应该至少被加注出版一次，因为只有通过加注才能让我们更好地看见弗洛伊德是如何建造自己的传奇的：这本书中有很多不符合事实的地方。然而，圣人传记的思路和禁止批评弗洛伊德的态度已经支配了对弗洛伊德著作的出版，因此编辑们宁愿搞出多个翻译版本，也不去做一个真正的评注版本。

我也参考了在法国大学出版社文章合集中出现的弗洛伊德的文章，它属于"精神分析图书"（Bibliothèque de psychanalyse）书系。比如，在安娜·伯曼翻译的《精神分析技术》一书中，我们可以读到下面这些文章：《弗洛伊德的精神分析方法》《论心理治疗》《分析疗法的未来前景》《论所谓的"野蛮"精神分析》《精神分析的梦境解析操作》《移情动力学》《给医生的精神分析治疗建议》《论分析治疗中（对已讲述信息）的误认》《治疗的开端》《回想、重复和心理疗效》《对爱情移情的观察》《精神分析疗法新道路》。这本建构严密的论文集让人能够真正了解其书名所指的内容。弗洛伊德写了大量的文章，而且他的很多作品在先前出版时早已采用了论文集的形式。因为，6000多页的全集难免会存在论点分散的问题，当人们不准备按照写作时间顺序——阅读弗洛伊德的所有作品时，合集的确不失为解决之道。不过，我本人还是按照顺序读完了弗洛伊德的全集，正因如此，我才明白了如果没有进行完整阅读，就很可能依然在长时间里无法跳出弗洛伊德及其信奉者们所编造的神话……

在我看来，有一部作品尤为重要，因为它是西格蒙德·弗洛伊德一生的总结，不仅是对他作品的总结，还是对他从事了半个多世纪之久的精神分析实践的总结。这部作品就是《有终结的分析与无终结的分析》，它由雅尼纳·阿尔图尼安（J. Altounian）、安德烈·布吉尼翁（A. Bourguignon）、皮埃尔·科泰（P. Cotet）和阿兰·罗泽（A. Rauzy）翻译，属于法国大学出版社"精神分析图书"书系《结果、思想、问题（1921~1938）》一书的第二卷。在《弗洛伊德全集》中，它是第 20 卷。

我还读了《托马斯·伍德罗·威尔逊总统：心理肖像》一书，这部作品是弗洛伊德与威廉·克里斯蒂安·布利特（William C. Bullitt）合作写的，由玛丽·塔迪耶（Marie Tadié）翻译，10/18 出版社出版。

二

没有传记只有圣人传记。当我在大学里读精神分析学书籍时，欧内斯特·琼斯的《西格蒙德·弗洛伊德的生活与工作》被说成理解精神分析学科谱系必不可少的补充读物。这部作品共有三卷：《第一卷：青年时期（1856~1900）》、《第二卷：成熟时期（1910~1919）》和《第三卷：最后时期（1919~1939）》，它们为后来的大部分传记提供了基础——因为对于传记作家这行而言，通常情况下，剪刀和胶水是职业活动中不可或缺的工具……

这部篇幅巨大的著作（由利利亚纳·弗卢努瓦翻译成法语）是一部实实在在的关于弗洛伊德的传奇：它充斥着遗忘、谎言、虚构、歪曲和先入之见。这本书也没有加注版本。比如，弗利斯和弗洛伊德之间的通信让我们了解到爱玛·埃克斯坦曾在一段时间内被弗利斯和弗洛伊德治疗过这一事实——而且琼斯也认识她，因为他在自己书中有意删除了这位病人的信息——那么，为什么爱玛·埃克斯坦的名字在琼斯这本长达 1500 页的著作里却连一次也没有出现呢？回头想想，弗利斯和弗洛伊德这对搭档如何摧残牺牲者的事情的确是不可能在圣人传记里有一席之地的。

欧内斯特·琼斯的这部厚书可谓是错误信息的典范，又或是隐藏信息的典范。它为传奇的确立提供了原型：一个为了发现尚未被人探索过的新大陆而奉献了一生的英雄的生与死。这位英雄的动力是什么？是他的天资，别无他因……琼斯在这本厚著上写下了这样的献词："献给不朽天才的高贵女儿安娜·弗洛伊德。"我们不得不说，光看献词，就已经知道这本书是一部圣人传记，而不是客观历史……在这点上，再一次地，为这本著作加注将是一项意义非凡的认识论工作：如何绑架科学来制造一部神话？我们知道，《图腾与禁忌》让弗洛伊德可以大谈"科学神话"，《摩西与一神教》让他可以大谈"历史小说"……琼斯，在这点上如同在其他地方一样，一直都是一个弗洛伊德的亦步亦趋的好学生……

来自大西洋彼岸的评议其实很早就开始破坏有关弗洛伊德的传奇，那是20世纪70年代的事。这让彼得·盖伊写的《弗洛伊德传》——它由蒂娜·若拉（Tina Jolas）翻译成法语，阿歇特出版社（Hachette）出版——开始委婉地提到一些实在是无法被忽略的人和事……对于那些有争议的地方和被欧内斯特·琼斯有意不提的弗洛伊德的犯错之处，彼得·盖伊都有模糊提及——只是对于不知道事实真相的人而言，盖伊在某些地方实在是过于轻描淡写，甚至可以说是视而不见——他这么做的目的是在有所更新的同时保持与琼斯著作在基调上的一致。在这本800多页的书中，我们没有看到任何革命性的变化。这本书的法语序言表明了编辑对这本书的想法。这是一篇由凯瑟琳·戴维（Catherine David）作的序，其题目为"凭什么？"，我们从序言的第 8 行起就开始看见下面这类的句子："弗洛伊德知错就改，这是成就其荣誉的品质之一。"……对于所有清楚弗洛伊德真正为人的人而言，他们一看这些句子就知道，这是在拧紧弗洛伊德传奇雕像的螺栓，在这本书里我们不会看到偶像被拆除。而对于不知道有关弗洛伊德的无稽之谈是如何得以扩展的人而言，他们还需要花更多时间才能搞懂这点：因为目前还不存在一部真正的带有评注的弗洛伊德传……最新的传记巨著为精神分析师热拉尔·于贝尔（Gérard Hubert）所写，书名为《如果这才是真正的弗洛伊德：精神分析传记》（共 920 页，由 Éditions Le Bord de l'eau 出版），它同样属于圣人传记一派。此书第一章的第一句话就是"当我们描述圣经族长①的谱系时"。

三

以仇恨为方法。在这本《一个偶像的黄昏》中，我开篇就叙述了，弗洛伊德的传奇如何俘获了青少年时期的我，这种传奇又如何由在巴黎占有重要地位的以严肃著称的那些出版社（伽利玛出版社、法国大学出版社），口袋书的编辑们，法国会考对哲学一门的要求（这影响到当时还是高三学生的我以及在 20 年里身负高中老师教职的我），以及大学课程共同维持的。现在我必须谈谈让我告别了这种错误认识的那些著作……

《精神分析黑皮书：在没有弗洛伊德的情况下生活、思考

---

① 此处是一个比喻，比喻弗洛伊德是精神分析之父，在精神分析谱系中有着如同圣经中三大族长（亚伯拉罕、以撒和雅各）般的地位。

和康复》(简称《黑皮书》)由 Éditions Les Arènes 于 2005 年出版,这本书在报纸杂志上引发了大量评论。我读了这些书评中的一些,尤其是那些发表在我经常阅读的报刊上的书评。所有这些评论都把这本书说成一部反对弗洛伊德和精神分析的抨击文论,此书的目的是给著名的认知行为疗法(TCC: thérapies comportementales cognitives)造势、做宣传;它是一部文章大杂烩,其中一些文章的作者还与反犹主义者过从甚密;它是一部对弗洛伊德抱有个人仇恨的作品;它是一个不准确性和事实错误的大集合。在报纸杂志上读到的这些评论让我连买这本书的欲望都没有,就更别说去读它了:即便我有想法去翻开这本长达 832 页的书以便验证这本书是否真的如此不堪、值得媒体如此贬低,然而一想到读它的过程肯定会是一场自虐,我就放弃了,因为自虐可不是我的口味。

比如,在我读到过的糟糕书评中,有一篇是伊丽莎白·卢迪内斯库写的。她写道:"在这本书里,弗洛伊德成了撒谎者、作假者、抄袭者、城府很深的人、宣传造势者和乱伦的父亲。"(《快报》,2005 年 9 月 5~14 日)她的这通猛烈抨击,的确会让人觉得此书的内容十分低俗,以至于让人完全不想翻开——而且还是让人在没有读的情况下就已经这么觉得了。后来,有一次我在广播电台为某本书做节目——我已经记不清楚具体是哪本书了——在节目的末尾,别人问我对那个把弗洛伊德说成是撒谎者、宣传造势者、执着追求性、金钱和名誉的人的"黑皮书事件"有什么看法。我在总结自己的观点时说了这么一句话,我说,这么评论弗洛伊德很荒谬可笑……**我很后悔当时说了这句话**:因为这本书对弗洛伊德的那些指责全都合理,而且,那些赞同这些指责的人拿得出论据和证据来——拒绝接受这些指责的人却什么也拿不出来。仇恨并不是在反弗洛伊德的阵营中，而是在维护精神分析的一方。

在雅克-阿兰·米勒（Jacques-Alain Miller）的组织下，维护精神分析的一方出版了一本名为《反精神分析黑皮书》（简称《反黑皮书》）的书，这一利用传媒的动作表明了他们的态度：这本出版于 2006 年 2 月的书声称是在对《黑皮书》做集体回应。按常理来讲，一部发表于 2006 年 2 月以评论另一本出版于 2005 年 9 月的书为目的的作品，它的写作时间应该是介于这两个日期之间。然而，在《反黑皮书》所包含的 47 篇文章中，一大部分已经在 2005 年 4 月 9 日举行的"反认知行为疗法论坛"中被当众讲读过了，这本书是对那些文字的重新发表……也就是说，这个论坛召开于《黑皮书》问世的 5 个月前！所以说，这次研讨会的主办者——弗洛伊德事业学派（L'École de la Cause freudienne）——其实是在**以反对他们从来就没有阅读过的一本书为借口**来让反对行为疗法积极分子的作品得以重新发表……在这本《反黑皮书》中，《黑皮书》几乎完全没被提到，在长达 300 页的篇幅里它仅仅被提到过四次，至于原因，那当然是文章作者们根本就没有读过《黑皮书》。

精神分析师因为健康和医学研究国家研究所的报告而感到不快。这份报告表明，2004 年 2 月，精神分析师们在精神疗法领域的成功率排名上位居末位，而认知行为疗法则取得了头名，于是他们便将《反黑皮书》的出版作为契机来为那些在 2005 年 8 月的内部研讨会上发表的文章做广告：他们的《反黑皮书》因此具备着广告的特征，当然这是客气的说法——真正说起来的话，应该说是具备了宣传造势的特征。

而在撰写《黑皮书》的 47 名作者中，只有 9 名自称属于认知行为疗法派——其中之一便是我的朋友迪迪埃·普勒（Didier Pleux）……因此，我们没有理由把这本书看作捍卫认知行为疗法的论战机器。但是，在将人们的注意力引到这点的同时，在让争论聚焦到这个话题的同时，人们也错过了真正的讨论，即便正是这样的讨论才能让弗洛伊德主义者有机会摆出证据论证为什么弗洛伊德不是"一个撒谎者、作假者、抄袭者、城府很深的人、宣传造势者和乱伦的父亲"——尽管（在我看来）他的确就是。

如果这些对弗洛伊德的指认的确都是恶意中伤或谎言，那么只要摆出论据去一一指出它们的错误之处就足以将恶言驳倒，这一过程既不需要仇恨，也不需要轻蔑。然而，《反黑皮书》却没有触及这些话题中的任何一个……原因我们在上文中已经说明了。《黑皮书》建议展开健康而且有益的讨论，但他们的对手却决定不去跟他们讨论。

如果大家读过《为什么有如此多的憎恨？对〈精神分析黑皮书〉的解剖》一书，定会觉得它很好玩。这本小书是由伊丽莎白·卢迪内斯库所写，Navarin Éditeur 于 2005 年出版。之所以说它很好玩，是因为我们可以从这本书里看到，精神分析主要发现的运行法则[①]与人们在儿童游乐场里经常听见的那句小孩耍无赖的话"是谁说的谁就是"简直如出一辙……事实上，憎恨的确来自捍卫传奇的那方，比如我们在这本小书里就看见了这种仇恨，而我们在那些做的是历史学家工作的人那里却没有看到任何仇恨。

媒体上有关《黑皮书》的众多评论——搜集起来有超过

---

① 这里指的是"谁拒绝精神分析，谁就有病"。

200页之多——不但让法国媒体蒙羞,也为法国知识界的某些代表人物带来了耻辱,这些人再一次丧失了信誉……不过,他们对此早已习以为常。这点倒是为开展一种布尔迪厄式的分析提供了素材,我们可以去分析集体错觉是如何在所谓的"大型媒体"的帮助下维持下去的……

我想特别向洛朗·若弗兰(Laurent Joffrin)的学术诚意和《新观察者》这本新闻周刊致敬,他们就此书和这场论战做了作为新闻工作者真正应该做的工作,挽救了新闻行业的声誉。比如2005年9月15~21日的那期杂志,伊丽莎白·卢迪内斯库在其中对洛朗·若弗兰的文章做了回应:她先是批评了一番若弗兰的文章,之后又提醒说"对引发了这场论战的那本书还需要进行根本的考察评论"。而直到2010年,这项工作都还无人完成。我同意伊丽莎白·卢迪内斯库的看法,必须在有朝一日停止侮辱、谩骂和论战,像成人一样将注意力集中到真正应该讨论的东西上。

四

"后弗洛伊德时代的启蒙者"。关于这个话题,需要去看国家健康和医学研究院(Inserm)在2004年出版的文章合集《精神分析疗法:对三种方法的评估》。这本书因为具有官方报告的特征而不那么好读,它发表了焦虑问题、情绪障碍、进食行为障碍(厌食症或暴食症)、人格障碍、酒精依赖和精神分裂症领域中的相关研究结果。

弗洛伊德主义者出版了另一本书来反对由科学家们写成的这份沉甸甸的报告,该书的作者是雅克-阿兰·米勒和让-克洛德·米尔纳(Jean-Claude Milner),题目是《您想被评估吗?》,由格拉塞出版社(Éditions Grasset)出版,属于贝尔纳－亨利·列维(Bernard-Henri Lévy)主编的"形状"(Figures)书系。与菲利普·索勒(Philippe Sollers)同属一方的贝尔纳－亨利·列维对弗洛伊德事业的支持可谓不遗余力,对此,我们可以去读贝尔纳－亨利·列维在第29年(2004年)第51期《领地?》杂志发表的言论。

我不会对《黑皮书》的内容详加叙述——即便我可以这么做。此书包含了47篇文章,因此很难在所有议题上都完全保持一致。这些文章并非处于同一研究水平或具有同样的思想水准,不过这也正是用一本著作收录如此多篇文章的用意所在。凯瑟琳·梅耶尔(Catherine Meyer)对此书的编辑工作,在被我命名为"后弗洛伊德时代的启蒙者"的历史中,无论以过去、现在还是未来的眼光看,都是值得一提的。

米凯尔·博尔奇－雅各布森(Mikkel Borch-Jacobsen)的著作让我保持清醒的头脑,我想就他的作品说几句。他首先于1995年通过奥比耶出版社(Éditions Aubier)出版了《安娜·欧的回忆:一场百年骗局》一书,之后又与索努·山达萨尼(Sonu Shamdasani)合著《弗洛伊德档案:对精神分析历史的调查》一书,由发现出版社(Éditions La Découverte)于2006年出版,属于"思想界的反从众者"(Les Empêcheurs de penser en rond)书系。他在第一本书里讲述了"精神分析的第一个谎言"——这是作者的原话——是如何建构的:弄虚作假、篡改歪曲、故弄玄虚,这些都是真的,而且其中的傲慢无以复加……第二本书揭露了那些对弗洛伊德最不利的事实:作为学科谱系源头的自我分析其实全为文学杜撰;所谓的治愈病例其实都未真正被治愈;为了阻止历史学家开展工作而封存文档；以及欧内斯特·琼斯做的其实是为圣人立传的工作，精神分析实为"一个人的科学"却被说成是普遍实用的真理。我们从这本书中得知的信息可真是触目惊心啊。

我在读了米凯尔·博尔奇-雅各布森的书以后又有幸认识了他本人。他在本书尚未出版前仔细阅读了其手稿，而且还认真地修改了手稿中的错误。而且我也见到了雅克·范·里拉尔（Jacques Van Rillaer），他不但屈尊阅读了我的手稿，还就此提出了宝贵意见。我在此对他们二位表达真诚的谢意。

雅克·范·里拉尔的《精神分析的幻觉》（皮埃尔·马尔达伽出版社，1980）是这方面的权威著作。这位作者为了阅读弗洛伊德的原版著作而专门学习了德语，他在博士论文答辩后，成了精神分析师，也做过教学式分析，在认为精神分析的最大特征就是幻觉之前，他曾在10年时间里属于精神分析比利时学派……这部作品的开头无论从哪个意义上讲都很轻松，然而，**最终**，一旦烟花散尽，在作者那不乏幽默和讥讽的论调下，我们便能从书中发现弗洛伊德传说的真相。

就概括性和大众性而言，也可以去读里夏尔·韦伯斯特（Richard Webster）的《不为人知的弗洛伊德：精神分析的发明》，由题铭出版社（Éditions Exergue）于1998年出版。

另有两本厚著能被归入批判精神分析一脉：亨利·F. 艾伦伯格（Henri F. Ellenberger）的《无意识发现史》［由约瑟夫·费斯托埃（Joseph Feisthauer）英译法，法雅尔出版社（Éditions Fayard）于2001年出版］以及弗兰克·J. 萨洛韦（Frank J. Sulloway）的《精神的生物学家弗洛伊德》［由让·勒莱迪耶（Jean Lelaidier）从美国版翻译过来，法雅尔出版社于1998年出版］。与传奇的立场相反，这两位作者表明精神分析的确属于历史,而且它也对其他思想借鉴颇多,这些描述冲淡了弗洛伊德一个人干出革命性伟业的这种说法。

事实上,艾伦伯格从史前的仪式性痊愈开始讲述,将弗洛伊德纳入一个于他之前就已存在的流派之中,麦斯麦的木桶、皮斯格(Puységur)的通磁、沙可的催眠、浪漫派医学(médecine romantique)、皮埃尔·让内的心理分析都属于这一流派;而在弗洛伊德之后,流派的传承还在继续,比如阿德勒和荣格。因此,弗洛伊德并非一个居于历史之外且无法逾越的特殊天才,而是居于历史之中的**治疗术士**一脉的一个历史人物。

萨洛韦展示了弗洛伊德如何从他那个时代的科学上获益甚多,他不是什么英雄,相反,他读过很多科学著作而且进行了大量剽窃,给别人的发现冠上自己的名字,从而让原发现人寂寂无闻。此书的第13章中有一个9页篇幅的"有关弗洛伊德主要神话的目录"(pp. 467 – 475),一共26项,它们以表格形式展现了弗洛伊德的传奇是怎样建立起来的,以及我们可以用怎样的方式去摧毁这个传奇:将弗洛伊德说成是英雄的神话、有关精神分析奇迹般治疗效果的神话、与生物学决裂的神话、自我分析的神话,等等。

五

书信的珍贵性。论述精神分析的作品汗牛充栋。解释、叙述、理论化、简化、复杂化、评论、分析、概述、精炼、发展、深奥化弗洛伊德理论的著作数不胜数……其数量并不输基督教注疏的数量……在这些成吨的废纸里,没什么是真正值得保留的。精神分析师们发表的所谓思考,就像是中世纪基督教教士印刷出版的长篇空谈。

相反，弗洛伊德的信件则封封珍贵，每一封信都揭露了一些事情的内情，我们发现弗洛伊德会竭尽全力地将某些事情塑造成事实，但实际上完全是他在演戏。如果我们想选择一本这方面的书籍去阅读的话，那就一定要读读《给威廉·弗利斯的信（1887~1904）》。这本书在 2006 年出版时，其封面印有"全本"二字，腰封上则印有"不一样的弗洛伊德？"这句话。说它是"全本"是因为，欧内斯特·琼斯和安娜·弗洛伊德的确曾对这些信件——这些展示了作为"一个撒谎者、作假者、抄袭者、城府很深的人、宣传造势者和乱伦的父亲"的弗洛伊德的信件（如果我们使用前面提到过的伊丽莎白·卢迪内斯库的长串形容来说的话）——进行大肆删改。

于是，我们可以除去书名中的那个问号：因为这个新全本——换言之，这个没有遭到审查的版本——确实展示了一个**不一样的弗洛伊德**。它展示的是一个在爱玛·埃克斯坦病情上极度自欺欺人的弗洛伊德；一个希望快速致富且声名鹊起的弗洛伊德；一个相信蠢事的弗洛伊德——他相信数秘术、心灵感应、玄奥主义、迷信……；一个表明自己想与母亲上床的弗洛伊德；一个兴高采烈地给朋友讲述自己做了一个与女儿做爱的性梦的弗洛伊德；一个从弗利斯那里借用了双性恋理论的弗洛伊德。这是一个任何精神分析学信奉者都没有描绘过的弗洛伊德，一个符合《黑皮书》里某些作者的描绘的弗洛伊德，一个《反黑皮书》的作者们出于傲慢而不愿知道的弗洛伊德……我们很容易就能明白，这些信件的出版，至少，弗洛伊德所写信件的出版——弗洛伊德为了避免留下痕迹曾经销毁了弗利斯给他写的信——为什么会让安娜·弗洛伊德和欧内斯特·琼斯以及弗洛伊德本人那么歇斯底里。当弗洛伊德知道这些信件被一家书店公开出售后就马上要求店主悉数销毁。以前的那个版本是被删改过的，是用挑选过的信件片段精心制造出来的，其目的是展示关于弗洛伊德的传奇，这个以"精神分析的诞生"为标题的老版本长久霸占着权威著作的位置……

关于弗洛伊德的青年时代：西格蒙德·弗洛伊德的《青年时代的信件》，由科尔内留斯·海姆（Cornélius Heim）翻译，伽利玛出版社于1990年出版——这些信件展现了被年轻女孩吸引的弗洛伊德爱的其实是这个女孩的母亲（1872年9月4日）。在轶事方面，读者还可以去读《西格蒙德·弗洛伊德一家和曼彻斯特弗洛伊德诸家庭的家信（1911～1938年）》，由克洛德·樊尚（Claude Vincent）翻译，法国大学出版社于1996年出版。

弗洛伊德在1895～1923年写成的旅行信件由法雅尔出版社于2005年以《我们心向南方》为书名出版——在这本书中，我们可以读到弗洛伊德在与妻妹旅行期间寄给自己妻子的明信片……我们在第57页上还能找到弗洛伊德旅游的时间、地点和陪同人。最经常陪他旅游的人还是米娜……我们应该惊讶于这个结果吗？

《信件（1908～1938年）》，写信人为西格蒙德·弗洛伊德和路德维希·宾斯旺格，由吕特·梅那昂（Ruth Menahem）和玛丽安娜·斯特劳斯（Marianne Strauss）翻译，卡尔曼-列维出版社（Éditions Calmann-Lévy）于1995年出版。从中我们可知道，尽管弗洛伊德声称精神分析是全能的，他还是在1910年4月9日开出处方去采用冷却导管（向阴茎里插入导管以注入冰水……）治疗被认为是疾病的手淫！同样，如果我们想知道精神分析在怎样的程度上根本治不好病，可以去看下面这句写在1911年5月28日信里的话："我们把精神分析疗法叫作'将黑人漂白'"……同样是在这本书里，我们看到弗洛伊德想让自己的"无意识"概念与康德的"物自体"搭上关系——而宾斯旺格拒绝了他的这种做法……

露·安德烈亚斯·莎乐美所写的《与西格蒙德·弗洛伊德的通信（1912~1936年）》和《一年的日记（1912~1913年）》[由莉莉·朱梅尔（Lily Jumel）翻译]——从中我们可以看到一个自由女性如何在弗洛伊德的影响下放弃了令她高尚的自由精神，最终让自己变成一个没有底线的信徒。弗洛伊德在这些信件中大量透露了与安娜有关的事情。

弗洛伊德与卡尔·古斯塔夫·荣格的通信构成了《信件（1906~1914年）》，这些信件很值得注意，因为它们显示了弗洛伊德和与他亲近的众多分析师之间的相处关系存在着一种模式，而弗洛伊德与荣格之间的关系也遵循了这种模式——以一种类似于升华的爱恋关系为开端，以情感悲剧惨淡收场。他对荣格的称呼，最开始是"我尊敬的同事"（1906年4月11日），最后是标志了决裂的"尊敬的主席先生！"（1913年1月3日）——关于他们之间的决裂，弗洛伊德写道："所以，我建议，完全断绝我们之间的私人关系。"而在这两个日期之间，弗洛伊德曾对荣格用过下面这些称呼："我亲爱的朋友"（1908年6月21日）及稍后的"亲爱的朋友和继承人"（1908年10月15日）。弗洛伊德以爱恋模式体验这些关系，然而，一旦关系结束，他就会肆意攻击自己曾经喜爱过的人，把他们说成是有病……

在1931年6月25日写给斯蒂芬·茨威格的信中，弗洛伊德指出音乐家们与自己的屁之间存在着一种奇怪的关联，这是一条可以深挖的线索。关于此事，读者可以参见《信件》一书，它由吉塞拉·休尔（Gisela Hauer）和迪迪埃·普拉萨尔（Didier Plassard）翻译，Rivages poche 书系于1991年出版。在这本书中，我们还可以看见，弗洛伊德因为斯蒂芬·茨威格在《以精神来治疗》（由阿尔齐·海拉和朱丽叶·帕里翻译，口袋书出版社于2003年出版）一书中将自己与麦斯麦和玛丽·巴克·埃迪（Mary Baker Eddy）相提并论并对他不满。不过弗洛伊德并没有向茨威格直接表露自己的不满，而是写信给与茨威格同名的另一个人——阿诺德·茨威格——表达自己对斯蒂芬·茨威格的不满。关于这封信（1930年9月10日）可参见《信件（1927~1939年）：西格蒙德·弗洛伊德—阿诺德·茨威格》一书，由吕克·韦贝尔（Luc Weibel）和让-克洛德·格林（Jean-Claude Gehring）翻译，伽利玛出版社于1973年出版。

最后，关于政治问题及精神分析与民族社会主义之间的关系问题，在弗洛伊德给艾丁格写的某些信件中也藏着金矿，它们被收录在《信件（1906~1939年）》中，由奥利维耶·马诺尼（Olivier Mannoni）翻译，阿歇特出版社于2009年出版。这些信件对理解精神分析团体的运作而言必不可少。

六

陶尔斐斯、墨索里尼、戈林与弗洛伊德。至于弗洛伊德的政治立场，现有的直接就这一主题写成的著作，情况令人沮丧：没有任何著作是关于弗洛伊德与墨索里尼或陶尔斐斯之间的关系的，没有任何书籍是有关弗洛伊德和马蒂亚斯·戈林之间的合作的——尽管艾丁格和弗洛伊德负责的协会因这一合作才找到了继续维持下去的办法。完全不用去读保罗·罗森（Paul Roazen）的《弗洛伊德的政治社会思想》（Éditions Complexe 出版），又或者去读既无用又废话连篇的热拉尔·波米耶（Gérard Pommier）的《不问政治的弗洛伊德?》[弗拉马里翁出版社"视野"书系（Champs-Flammarion）出版]。相反，一定要读的是杰弗里·科克斯令人瞩目的著作《第三帝国下的心理治疗：戈林研究中心》，由 Éditions Les Belles Lettres 出版，克洛德·卢梭 – 答弗内（Claude Rousseau-Davenet）和让 – 卢普·鲁瓦（Jean-Loup Roy）翻译，莫尼卡·罗马尼（Monica Romani）审校。这本书在谈到精神治疗师（精神分析师也在其中）时，有这么一段话："即便在纳粹迫害最严重的时期，精神治疗师都还有继续从业的可能。而且，从 1933 年开始，占主导的那些特殊条件让某些精神治疗师获得了在机构中工作的身份，拥有了从未拥有过的能力，在那以后，他们再也没有在德国获得同样的地位"（p. 16）。还有一点，这本书所属的书系是"精神分析合流"（Confluents Psychanalytiques），由阿兰·德·米若拉（Alain de Mijolla）主编。与书写传奇的作者截然相反，通过出版这本书，这位主编完成了一项真正的关于精神分析历史的工作。

在这方面，只字不提弗洛伊德曾选择《为什么有战争?》一书送给墨索里尼并为他题词这件事，乃是相关作者所做的最糟的选择。不去谈它，这件事就不成问题了。很可能这就是法国大学出版社最近出版的、由保罗 – 劳伦·阿苏编撰的大部头著作《精神分析著作辞典》（2009）避免提到这件极为重要事情的原因。这本书共有 1468 页，以统一形式罗列了弗洛伊德的所有著作（而且还谈到了其他一些人的作品，比如梅兰妮·克莱因、拉康、琼斯、兰克等），包含的信息有：原标题、翻译情况、版本、出版时间、出版地、全集中的对应章节、对作品标题的解释、作品的诞生、作品写作的背景、结构、论点和论题、论据、概念上的进展、临床实践、形式特征、反响与影响、引用过的作者及相关关系……其中有 6 页（pp. 956 - 961）涉及《为什么有战争？》一书（全集中则是 13 页），在"反响与影响"一栏，我们看到这本辞典提到丹尼斯·德·鲁热蒙（Denis de Rougemont）在四分之一个世纪之后为此书写过书评，并发表在了《现实》（Réalité）杂志第 147 期（1958 年 1 ~ 4 月期）上……不过，我们依然无法从叙述中得知，应精神分析协会意大利分会创始人爱德华多·魏斯的要求，弗洛伊德曾为领袖墨索里尼挑选过书并在扉页写下了颂扬之词。

我们无法将这一奇怪的遗忘行为归因于丹尼斯·德·鲁热蒙不知道这件事，因为在这个作者的前一部作品——《弗洛伊德之悟：逻各斯与必然性》中，属于让 - 贝特朗·蓬塔里（Jean-Bertrand Pontalis）主编的"无意识的知识"（Connaissance de l'Inconscient）书系（无意识首字母是大写的……），由伽利玛出版社于 1984 年出版，也就是说它是在著名的《精神分析著作辞典》出版四分之一个世纪后出版的——弗洛伊德题词赞美墨索里尼这件事出现在了"弗洛伊德和墨索里尼"一节（pp. 253 - 256）中。鲁热蒙认为弗洛伊德是在通过题词从政治哲学方面教训这位意大利独裁者！通过把墨索里尼说成是"文化伟人"来教训他？通过向他表达"一个老人的致敬"来教训他？怪不得丹尼斯·德·鲁热蒙可以毫无愧色地大谈"弗洛伊德秉持的政治立场带有无政府主义色彩"（p.244，在p.260又被提到）……

因此，真正让我们感兴趣的不是上面这些书，而是那本副标题为"葆拉·菲赫特尔的回忆"的书［由德特勒夫·贝尔特莱森（Detlef Bertehlsen）结集出版，其主标题为"弗洛伊德一家的日常生活"］。圣人传记作家肯定会蔑视这本书，因为它出自一位用人之口，尽管这位用人先后在维也纳和伦敦服侍了弗洛伊德一家53年之久……在一些人眼里，这份证言纯属无足轻重的闲话，我们想提醒这些人，这些陈述出版于让·拉普朗什主编的"精神分析图书"书系，而让·拉普朗什就是那位与让-贝特朗·蓬塔里共同写成《精神分析词汇》的人，他们的这本书自1967年由法国大学出版社出版以来一直就是这方面的权威著作。《弗洛伊德一家的日常生活》这本书属于"精神分析图书"书系之下名为"精神分析的策略"（Stratégie de la psychanalyse）的子书系。我曾经引用书中的一段话，它位于该书的第75页："弗洛伊德曾对他的医生朋友马克斯·舒尔这样说：'毫无疑问，奥地利政府或多或少是一个法西斯政权。'尽管如此，据弗洛伊德的儿子马丁在十多年以后的回忆，'这个政权在当时获得了我们所有人的好感'。弗洛伊德也确实对奥地利保安团屠杀维也纳工人无动于衷。"而热拉尔·波米耶的书《不问政治的弗洛伊德？》却还在给"弗洛伊德不问政治"这句话打问号。

七

附录与补遗（Parerga & Paralipomena）。现在，我将在

这个评论式参考文献的最后部分不按顺序地谈谈下面这些书籍。《第一批精神分析师：维也纳精神分析协会会议纪要》共四卷，由尼娜·施瓦布-巴克曼（Nina Schwab-Bakman）翻译，伽利玛出版社于1976年出版。具体来说：第一卷，1906~1908年；第二卷，1908~1910年；第三卷，1910~1911年；第四卷，1912~1918年。这些材料让读者得以像出没于夜晚的小老鼠一样一窥弗洛伊德历险的制造过程。我们可以看见，精神分析协会的聚会是如何无休止地讨论反对手淫，它就像是宗教教理会议，这些材料的确值得我们一读⋯⋯

保罗-劳伦·阿苏撰写的由法国大学出版社出版的两本著作——《弗洛伊德、哲学和哲学家》和《弗洛伊德和尼采》——还是在遵照弗洛伊德定下的基调写作⋯⋯因此，我们不可能从这两本书里看到弗洛伊德抑制哲学的事实。这两本书仅仅满足于剪切-粘贴导师弗洛伊德对哲学的看法，然后以学术著作的方式将这些看法呈现出来。因此，我们还须等待，等待一部超越了弗洛伊德控制的真正著作的出现——换言之，就是一个自由之人所写的自由之作的出现⋯⋯

弗洛伊德声称，他用精神分析治疗且治愈了多少多少人，但事实却完全不是这样。为了对这两者之间的差距心中有数，读者可以参见谢尔盖·潘克耶夫的例子，它被收录在凯琳·奥布霍尔泽（Karin Obholzer）的书里，书名为《对狼人的访谈：一则精神分析案例以及后续情况》，由罗曼·迪加（Romain Dugas）翻译，伽利玛出版社于1981年出版。比如，此书的第149页上写着："精神分析师给我带来了痛苦而非好转。"这是被弗洛伊德声称治好了的狼人的原话，在他将近90岁时，还一直在接受治疗⋯⋯关于狼人的案例，还可以再加一本书，那就是帕特里克·马翁里（Patrick Mahony）的《狼人的嚎叫》，由贝特朗·维西恩（Bertrand Vichyn）翻译，法国大学出版社于1995年出版。

奥利弗·杜维尔（Olivier Douville）的《弗洛伊德时代的精神分析年谱（1856~1939年）》[杜诺德出版社（Éditions Dunod）于2009年出版] 一书的内容完全反映了它的题目。我们可以从这本书中看出弗洛伊德的传奇根本站不住脚。传奇把弗洛伊德形容成一个孤立无援、孤独寂寞、不被人爱、才华不为人赏识的人。而事实却是，世界各地的人很快且很早地就开始谈论他的研究。这本书以中立的方式给出了这些信息，平实地用表格罗列事实，随着列表的进展，这本书也跟着完成了一项真正的去神话化的工作。

关于为弗洛伊德女儿所立的传记，"政治上"正确的有：U. H. 彼特（U. H. Peters）的《安娜·弗洛伊德》，由简·埃托赫（Jeanne Etoré）翻译，Éditions Balland 于 1987 年出版。依循同样思路的书还有杰拉德·巴杜（Gérard Badou）的《弗洛伊德夫人》，Éditions Payot 于 2006 年出版，又或者加布里埃尔·罗宾（Gabrielle Rubin）的《弗洛伊德的家庭罗曼史》，Éditions Payot 于 2002 年出版。主题都是让人兴奋的好话题，但这些书的处理却常常难以令人满意：实际上，这些作品采用的视角还是圣人传记的视角，它们全都是欧内斯特·琼斯著作的延伸或附录而已。在弗洛伊德的、安娜的、玛尔塔的和米娜（她是弗洛伊德的女人兼妻妹）的传记方面，还缺乏提供真正历史学研究的非明信片式的著作。严格禁止非弗洛伊德虔诚信徒的研究者们调阅档案，这种做法可以说阻止了真正历史传记的诞生。只要弗洛伊德主义者还在禁止人们自由查阅档案，我们就无法不去设想他们有事想隐瞒——他们想隐瞒的正是那些对批判精神分析而言十分有价值的事……比如，一些档案会被锁在华盛顿国会图书馆里，一直到 2103 年。他们到底深藏了多少事，才使得针对弗洛伊德主义这一 20 世纪传奇**进行历史研究工作的可能性**终究成了一种不可能啊！

八

站在有理的右派还是与左派一起犯错误？ 阿尔贝·加缪曾在《反抗者》中就苏维埃政权的性质说了真话。萨特却对加缪说，加缪的书在右派那里很受欢迎这一事实反倒让这本书失去了价值。这表明在萨特看来，真理总在左派手中，错的总是右派。加缪揭发了劳改营的罪恶，萨特则仅仅因为加缪的观点受到了"资本家和资产阶级"的赞同而反对他……西蒙娜·德·波伏瓦在《今日右派思想》一文（出自《要焚毁萨德吗》一书，伽利玛出版社"思想"书系出版，p. 85）中写道："真理只有一个，错误却有很多。右派主张多元，这绝非偶然"。加缪回答萨特说："我们不能根据思想是左还是右来决定它的真理性，我们更不能根据左派或右派对它所抱的态度是赞同还是反对来判定它是不是真理。如果某一天我觉得真理在右派手中，我也会跟随。"

或左或右的偏瘫状态总会带来诸多问题，而我们总是处于偏执一方的状态，从而相信真理属于一方政治阵营、错误必在另一方——正因为我自己属于左派，所以我必须清楚指出这一点……当我们选择双方阵营中的其中之一时，无论选择的是哪个阵营，它们都会阻止我们成为一个自由的人。不过这些都不重要，因为加缪已为我们指明了道路，即"如果某一天我觉得真理在右派手中，我也会跟随"，我十分赞成这一至理名言。

这就是为什么必须深入分析右派对精神分析所做的评论。如果一个右派作者说弗洛伊德毁灭了证明是他处方出错导致弗莱施尔·马克索夫死亡的证据，那么，**因为说这话的人是右派人士，我们就必须认为他的话是错误的吗？**有那么一些研究精神分析的所谓的"历史学家"，他们实为精神分析的信徒，面对上面这个问题时，他们会毫不犹豫地回答"是"，因为在他们眼中，右派作者总是谎话连篇，左派作者说的则总是真理……可以想见，这样的愚蠢想法会对法国思想界的学术讨论造成怎样的坏影响！它还会阻碍真正的历史研究，让其无法前进……许多以前支持过共产党的人——无论他们维护的是斯大林时期的共产党，还是1968年五月风暴中的马列主义，抑或1970年高等师范学院的毛主义风潮——头脑里依然还是教条主义意识形态那一套，他们没有区分事物的能力，他们反对所有来自右派的东西，即便是毋庸置疑的历史真相也不例外。

因此，我也阅读了右派作者所写的批判精神分析的书，我不用它们是以哪种政治观点写成这点来判断良莠，我看的是作品本身的质量。比如，当我读热拉尔·茨旺（Gérard Zwang）的《弗洛伊德的雕像》（Éditions Robert Laffont 出版，1985）时，发现了两点：一是，书的大部分内容，也就是在几百页的篇幅里，作者都做到了在重建弗洛伊德思想的过程中坚持客观性；二是，作者具有过激的政治倾向性，以至于我们无法将这本书作为最终参考。比如，在书的第840页，作者批判弗洛伊德主义催化了道德风俗的败坏和我们文明的腐朽，为此，他刻画了1968年的运动人士。他描述说，这些人读的是马尔库塞、瓦·内热（Van Eigem）[原文如此]① 及福柯，他们"满脸胡茬、不修边幅，把在公共场所的不文明行为、'团体情爱'和在资产阶级客厅里拉屎提升到了崇高水平，把这些行为看作是**具有革命性和解放性的发泄**"……茨旺还让其中一个角色说了下面这番话："脱下你的内裤吧，狗日的女人，我们要向你展示什么才是性革命；你给我闭嘴，肮脏的资产阶级女人，你们都是剥削家的同谋，我们想要你，你应该对此感到无比荣幸。"……写下本书的作者，这位性学家（！），这位艺术爱好者，这位音乐爱好者——他激烈地攻击喜欢巴洛克音乐的人——就算他在这本书的其他地方提出了可以代替精神分析的其他心理学路径，（由于那些过激段落的影响）我们也很难再平静地接受他的观点……

皮埃尔·德布雷-里森（Pierre Debray-Ritzen）的《弗洛伊德的经院哲学》（法雅尔出版社出版，1972）在出版时也出现了类似的激烈言论。这本书的序言由亚瑟·凯斯特勒（Arthur Koestler）所写——就是那个皮埃尔·德布雷-里森在自己主编的埃尔纳论文集（Cahiers de l'Herne）中为他做过专集的那个凯斯特勒。皮埃尔·德布雷-里森写《弗洛伊德的经院哲学》一书的目的在于谴责弗洛伊德的观点，他把这些观点视为同中世纪经院哲学差不多的已经过时了的连篇空话。而且，这位精神医学领域的学术权威还补充说，弗洛伊德一直强调精神分析具有科学性，事实却正相反，精神分析根本不科学。最后，他还表明，反对别人是件让人不舒服的事，因此他

---

① 疑为拉乌尔·范内格姆（Raoul Vaneigem）的姓 Vaneigem 被错误地分开写成了 Van Eigem。

不会再写书批判弗洛伊德。不过，到了 1991 年，他又坦承自己没有遵守诺言，因为他通过阿尔班·米歇尔出版社（Éditions Albin Michel）又出版了一本名为《精神分析是一种欺骗》的书，他这么做的目的是强化自己的论点，因为在他上一本书出版 17 年后，弗洛伊德主义还在继续制造幻相。德布雷-里森也是《小学生给家长的公开信》一文的作者，每当他在电视节目《引号》（Apostrophes）里出现时，都是一个打着蝴蝶结的医生，他抨击自己所处的时代，而且以神经心理学的名义去咒骂精神分析学。德布雷-里森曾为捍卫试验性方法的克洛德·贝尔纳（Claude Bernard）写过传记，他在节目里批评精神分析把孩子患厌食症的责任归咎于他们的父母。他在厌食症与遗传学之间建立了联系，并以此攻击贝特尔海姆（Bettelheim）。他的这些言论一直都在"欧洲文明研究集团"（Groupe de recherche et d'étude pour la civilisation européenne）的网站上。尽管德布雷-里森是（著名左派人士）吉斯·德布雷（Régis Debray）的叔叔，但他在去世前夕还是接受了库图瓦西电台（Radio Courtoisie）的邀请去主持一档文学节目。这是一家政治立场十分鲜明的电台，它是右派中的右派。再一次地，对弗洛伊德的批判看起来像是右派反动分子的专长……既然知识阶层中的大多数秉持的都是教条主义而非真正的左派思想，那么在这样的环境中，怎么才能不带派别偏狭地给予好的批判论据应有的承认呢？

勒内·波米耶（René Pommier）在以《罗兰·巴特，我们受够了！》（1987）一书与罗兰·巴特这位左岸知识界偶像战斗后，又于 2008 年通过法洛瓦出版社（Éditions de Fallois）出版了《西格蒙德疯了，弗洛伊德错了》一书。勒内·波米耶是法国高等师范学院的高才生（Normalien），通过了法国教师资格国家会试（agrégé），拥有博士学位，是索邦大学的教授，还是一位在理性论者联盟（Union rationaliste）的无神论圈子里也发表过文章的理性主义者。他在2008年那本书的开篇就说，他是德布雷－里森的朋友，不过他觉得自己在有关儿童性欲的问题上比身为儿童精神分析师的德布雷－里森更加反对弗洛伊德……他写的这本反对弗洛伊德的书，虽然副标题为"对弗洛伊德梦境理论的评注"，但取了一个感情色彩十分强烈的主标题，这是出于出版社对这本书商业运作的需要，然而这本书却正因为有了这样的主标题而被归为论战文章——而论战文章是不具备真正打击弗洛伊德偶像金身的能力的……

最后，我还不得不就雅克·贝内斯托（Jacques Bénesteau）的《弗洛伊德的谎言》说几句，这本书由Éditions Mardaga于2002年出版。它的副标题为"一个百年谎言的历史"。在这本书的主体内容中完全不存在前述作品中的那些问题，不存在让人联想到二战前右派论战传统的内容；没有对弗洛伊德进行人身攻击；作者将精神分析导致我们时代或文明腐朽的这种观点与对现代历史的阐释区分了开来；他也没有为了维护一派而反对另一派——尽管这本书的作者是从事科学领域工作的临床心理学家。这本书不过是对各种批判弗洛伊德和精神分析的著作做了个归纳，尽管如此，它依然成了众矢之的：对它的攻击要么是以对其不予理睬的方式进行（他在法国没有找到任何愿意出版这本书的出版社……），要么攻击它是反犹主义。在这本书中，贝内斯托批评弗洛伊德滥用反犹主义，批评他用反犹主义去解释自己为何会被同事孤立，为何不为大学体系所承认，取得成功的速度又为何会那么慢。为了证明自己的观点，贝内斯托解释说，在当时的维也纳，有很多犹太人都在司法、政治、新闻、出版这些行业占据重要职位——他的这一论据致使他被伊丽莎白·卢迪内斯库归入"伪装过的反犹主义者"阵营：所谓"伪装过的"，也就是"让人看不到的"，而这正说明这位作者是一个实实在在的反犹主义者。卢迪内斯库的这一断言无法不令人拍手称妙，因为它是如此强词夺理以至于无论怎么说都是它有理。

但事实上，在这部长篇巨著中，并不存在任何反犹太人的地方，也没有一处体现了作者的政治偏向。这本书的软肋其实在别处……实际上，这本书附有一个简短序言，它由雅克·科拉兹（Jacques Corraze）所写，这位序言作者在书中被很谦虚地介绍为"多个大学的荣誉教授"。其实不尽然，在现实中，雅克·科拉兹是一个通过了法国教师资格哲学会试和医学会试的精神科医生，他是雅克·贝内斯托的老师。而且，他还是（极右政党）国民阵线（Font national）的积极支持者，他曾在国民阵线的暑期大学里组织过圆桌研讨会，还被保守自由主义派组织——时钟俱乐部（Club de l'Horloge）邀请参加他们的学术研讨会。这个人还在主张恢复死刑的委员会中，而且参加了一个主张严格控制法国国籍身份的民间协会……当雅克·贝内斯托因为自己的著作被指控反犹而需要与伊丽莎白·卢迪内斯库对簿公堂时，他聘用的辩护律师居然是瓦勒朗·德·圣-朱斯特（Wallerand de Saint-Just）……要知道，这位律师也是让-玛丽·勒庞（Jean-Marie Le Pen）的律师，此人还于2001年在苏瓦松（Soissons）代表国民阵线参加地方选举。比如，与泽维尔·德尔古（Xavier Delcourt）合著了《反对新哲学》一书的弗朗索瓦·奥布雷（François Aubral）在为雅克·贝内斯托的这本书辩护时，就声明自己完全不想与这本书的序言作者扯上关系。

因此，要想把真正的、配得上"批判性著作"称号的良种，从**政治稗子**尤其是从政客稗子里区分出来，实在是件困难的事情……在揭发弗洛伊德的无稽之谈上，那些中肯的著作被论战的、保守的、右派的、极右派的大环境所包围，大众因此没有看到真正的好作品。对弗洛伊德、弗洛伊德主义及精神分析的批评，很容易就被误认成不清不白的带有政治偏向的批评，"右派"独霸对弗洛伊德批判的做法阻止了真正的讨论的进行……

九

站在有理的左派……值得庆幸的是，依然存在着不属于政治稗子类型的对精神分析的批判，在读这些书时，读者不必花精力去区分哪些内容属于中肯评论，哪些内容又属于右派言论。这些著作的存在本身就证明了，对精神分析的评判不一定就是保守的、右派论战型的，以及隐藏或活跃着极右派分子的专有领域。

比如，弗洛伊德式马克思主义者就得到了我的肯定。赖希的《性欲高潮的功能》（Éditions Arché 出版）以及他的《法西斯主义的群众心理学》（Éditions Payot 出版）和《性道德的突破》（Éditions Payot 出版）照亮了我的青少年时期。热拉尔·加什（Gérard Guasch）所写的传记《威廉·赖希：为激情立传》（Éditions Sully 出版）并没有隐瞒赖希疯癫死去的悲剧结局……我们还可以去读威廉·赖希写的自传《青年激情》（Éditions Arché 出版）和《赖希谈弗洛伊德》（Éditions Payot 出版），以了解赖希在哪些地方赞同弗洛伊德精神分析的必要性，在哪些地方实现了对弗洛伊德的超越（弗洛伊德的非历史主义），在哪些地方又提出了自己的东西（积极参与政治行动）。让－米歇尔·普拉米耶（Jean-Michel Palmier）的著作《威廉·赖希》（10/18 出版社出版）对了解赖希而言是一个很好的开始。

1959 年，埃里希·弗洛姆在《西格蒙德·弗洛伊德的任务》（Éditions Complexe 出版）一书里完成了一项很有意义的清点工作，他没有隐瞒弗洛伊德倾向独裁政权的事实："在希特勒还未取得胜利的前一年，［弗洛伊德］就已经对民主完全丧失了希望，他把由勇敢且愿意奉献的精英人物所建立的独裁统治视为唯一希望。"（p. 93）他的《弗洛伊德思想的伟大和局限》一书（Éditions Robert Laffont 于 1980 年出版）很清楚地解释了我们能就哪些点对精神分析发出指责：从它异想天开的认识论到对弗洛伊德重要概念的批判性考察——比如无意识、俄狄浦斯、移情、自恋、梦的解析等概念，再到精神分析如何把自己转化成"一种适应性理论"（une théorie de l'adaption）的过程。埃里希·弗洛姆维护"自保本能"（biophilie），攻击"自毁本能"（thanatophilie）——这是他的两个重要概念。对于第一个概念，我们可以去读《热爱生活》，由 Éditions de l'Épi 出版；对于第二个概念，我们可以读《毁灭的激情：人类摧毁解剖学》，由 Éditions Robert Laffont 出版。

最后，还有赫伯特·马尔库塞，除了他的其他重要著作，他还于 1955 年发表了《爱欲与文明：对弗洛伊德思想的哲学探讨》［午夜出版社（Éditions de Minuit）出版］，于 1964 年发表了《单向度的人：发达工业社会意识形态研究》（午夜出版社出版），最后又在 1969 年发表了《论解放：超越单向度的人》（午夜出版社出版）。他批判了资本主义和马列主义，批判了消费社会和列宁主义之官僚主义，他维护根据快乐原则来组织的社会。这些重要著作被"法国理论派"（French theory）（！）的某些法国哲学家大量使用。这个派别的人一心想要隐藏自己理论的思想来源，他们做的不过是去抄袭别人的立论基础并加以粉饰——这是 1970 年代典型的抄袭手法，他们在引用别人的思想时从不列出被引用者的名字……让－米歇尔·普拉米耶的《论马尔库塞》（10/18 出版社出版）是一本很好的概述之作。我在《哲学的反历史》中用了一卷来介绍上面提到的三位作者。

十

哲学批评。我们也能在优秀的哲学家笔下找到对弗洛伊德精神分析的评论，它与论战毫不相干，它唯一关心的是以精神分析这一新的反哲学形式来为对象完成一项堪比 18 世纪启蒙运动的工作。在这项工作中体现了启蒙精神的作者有阿兰、雅斯贝尔斯、波利泽尔、萨特、波普尔、维特根斯坦、德勒兹、瓜塔里和德里达，这些哲学家向那些反对批判精神分析的人证明了这样一点：当批判之人是以理智和理性去反对批判弗洛伊德的无稽之谈时，那么他不一定就是右派的、极右派的、贝当派的、维希派的、反犹主义的或支持焚书的纳粹的。

在法国唯灵论大传统里，以阿兰为例，他在《哲学的要素》里拒绝把无意识想成是自主结构，也不认为无意识对人本身及其意识有着完全的支配力。为了论证这点，他将"无意识"像人名一样首字母大写（Inconscient），并像谈论一位"神话人物"一般去谈论它（《关于无意识的笔记》，伽利玛出版社"思想"书系出版，p. 149）。

卡尔·雅斯贝尔斯在《我们时代的精神状况》一书中写道，弗洛伊德的力比多理论并不足以概括人的全部方面，人是不可能简单地被概括为本能和冲动的。作为哲学家兼医生、精神分析师兼临床医生和存在主义思想家，雅斯贝尔斯发表了《普通精神病理学》[属于"珍本书库"（Bibliothèque des introuvables）书系]，这部作品于1928年由阿尔冈出版社（Éditions F. Alcan）组织翻译成了法语，译者中有两个年轻的高等师范学院毕业生，其中一个是著名的让-保罗·萨特，另一个是他的朋友保罗·尼赞（Paul Nizan）。这部作品在吉尔·德勒兹看来意义重大……

乔治·波利泽尔（Georges Politzer）是一个才华横溢的年轻哲学家，1942年5月，时年39岁的他被德国人枪杀于瓦勒里昂山（Mont-Valérien），他的天才止于纳粹暴行。他给我们留下了《心理学基础批评》（法国大学出版社出版）一书。这部作品于1928年发表，当时他不过25岁，他反对那种体现在弗洛伊德无意识定义中的精神分析的神话特征和前科学性质，支持被人们不公正地忽视了的"具体心理学"（psychologie concrète）①。我们也可以去读《作品2：心理学基础》一书，

---

① 具体心理学由波利泽尔提出，是一种将建构心理能动性与实践活动相结合的心理学，他反对抽象的意识内省心理学。

这是一部作品集，由社会出版社出版，雅克·德布泽（Jacques Debouzy）主编。这本书让我们看见了这位年轻哲学家的思想历程：他先被弗洛伊德的学说诱惑——他喜欢这门新学科，因为精神分析让资产阶级芒刺在背，后来却纠正了自己的道路；再后来，他写出了一些很有前途的优秀文章，但最终没能继续下去……

萨特，他的很多作品都没有完成。他在《存在与虚无：现象学的本体论》（伽利玛出版社于 1943 年出版）里用了一章来讨论"存在的精神分析法"（psychanalyse existentielle）——这是《存在与虚无》的第四卷（名为"拥有、作为和存在"）第二章（名为"作为和拥有"）的第一个论述部分。《波德莱尔》《圣热奈——演员和殉道者》《家中的低能儿》，这三部没有完成作品加起来也有 1500 页，它们都是对精神分析革命的具体实践。在我看来，萨特正是因为掀起了这场革命才在哲学上青史留名。如果除去他的那些因为科利德蓝（Corydrane）①、酒精和其他兴奋剂的作用而思维不够清晰的段落，如果除去他作为高等师范学院高才生而拥有赋予文字以崭新面貌的能力，我们依然能够察觉出他是一个具有超凡直觉的人，只不过他的很多潜力最后都没有被发掘出来：他创建了一种没有弗洛伊德式无意识的精神分析学，把支撑自我建构这一功能也赋给"意识"——在萨特那里，它被称为"自为"（le pour-soi）。

卡尔·波普尔（Karl Popper）著有《开放社会及其敌人》[塞伊出版社（Éditions du Seuil）于 1945 年出版]一书，他

---

① 一种苯丙胺类药物。

因这本书而被认为是 20 世纪反极权主义的奠基人。他还在 1972 年发表了《客观知识》一书。在此书中，他视精神分析学为占星术或玄学的同一类型，换句话说它们的世界观都是以非科学的命题为基础，而这又是因为它们的认识论过程不允许自身可证伪性的存在：不可能针对弗洛伊德主义去以重复试验、验证真伪的方式来做假设检验。

路德维希·维特根斯坦提出了一种对弗洛伊德的特别解读。他认为，弗洛伊德虽然自称要为世界去神话化，但实则是在神话之上再添神话。他的这个看似悖论的结论为将弗洛伊德的作品和精神分析学划归为后现代神话提供了论据。对此，大家可以去参看《关于弗洛伊德的谈话》，它被收录在《课程与谈话》中（《课程与谈话》和《伦理学讲座》共同构成了一本书，它属于伽利玛出版社"思想"书系）。拉什·雷（Rush Rhees）在谈及书中的一次谈话时，解释说："他〔维特根斯坦〕认为，精神分析在美国和欧洲所拥有的巨大影响力构成了一种危险——'不过，还需要很长时间，我们才会不再在它的面前卑躬屈膝。'如果想要了解弗洛伊德，我们就必须采取一种批判的态度，而且在一般情况下精神分析会阻止我们的这种努力……"（p. 88）

吉尔·德勒兹，这位在《德勒兹的 ABC》中以激烈言辞反对过维特根斯坦及其追随者的人，就精神分析这一话题读过雅斯贝尔斯、萨特、波普尔、波利泽尔和维特根斯坦的著作……他还读过赖希和马尔库斯，并在《反俄狄浦斯》（午夜出版社于 1972 年出版）中经常引用他们。《反俄狄浦斯》一书出众的地方与其说是在思想上，不如说是在论述组织方式上，其体现的是类似于偶发（Happening）的、表演（Performance）的、激浪派（Fluxus）

的和叙事具象派（Figuration narrative）的方式；此外，还在于它创造了一种特殊的语言，这在当时是一种十分流行的趋向。德勒兹和瓜塔里对弗洛伊德和精神分析的批判集中在欲望问题上。德勒兹和瓜塔里的欲望哲学是以"组织结构"（construction d'agencements）为原则的，而不是一种有关阉割、"父亲"和"母亲"或"阴茎"的思想。德勒兹在一次采访中就欲望说了这样的话："不要去搞精神分析，还是去寻找适合您自己的自我组织方式吧……"

最后还有雅克·德里达，在 2001 年时，他对摇身一变成为法国精神分析楷模的伊丽莎白·卢迪内斯库做过一次访谈。在《明天会怎样：雅克·德里达与伊丽莎白·卢迪内斯库对话录》[法雅尔出版社与加利利出版社（Éditions Galilée）联合出版]中，我们可以看见这样一个内容与题目相悖的章节题目："对精神分析的赞歌"。德里达在其中表达了下面的观点："弗洛伊德定义大型概念，毫无疑问这是必要的，我对此表示同意。这对在既定科学历史背景下让精神分析脱离心理学而言，的确必要。但我很难相信此种概念机制能够长期存在。或许是我错了，然而，本我、自我、超我、理想自我（le moi idéal）、自我理想（l'idéal du moi）及抑制的第二过程和第一过程，等等——总之就是这些弗洛伊德的概念大机器（其中还包括了无意识这个概念和这个词！）——在我看来，统统不过是暂时的武器，甚至可以说它们不过是修补过的修辞工具而已，其目的是反对一种意志清醒且需要负责的以'意识'为中心的哲学。我很难相信这些东西会有什么前途，我也不认为形而上学经得起长期考验。就拿现在来说，我们几乎已经不会再提到它了。"（pp. 279 - 280）立此为证……

索 引

(以下页码为原书页码，即本书页边码)

ECONOMIE

capitalisme, 17, 477, 570, 598
Marx K., 16-19, 21, 23, 24, 93, 536, 537, 567, 571, 572
Proudhon P.-J., 18, 19, 21, 24

EPISTEMOLOGIE FREUDIENNE (voir aussi MORALE)

Errances théoriques

Freud scientifique, 71, 81, 84, 85, 98, 192, 274
échecs thérapeutiques, 186, 262, 263, 269, 280, 288, 334, 341, 395, 413-417, 423, 436, 437, 445, 446, 457, 458, 465-471, 485, 554, 576
mythe scientifique, 199-208, 217-219, 223, 224, 228, 231, 232, 293, 302, 313, 455, 502, 584
Freud et ses patients, 414-420
preuves, 54, 262, 263, 301, 302, 342, 413
psychologie scientifique
   Anna O., 35, 55, 139, 170, 184-187, 189, 236, 411, 413, 418, 445, 446, 562, 565, 587
   Dora, 25, 412, 416, 418-424, 428, 446, 466, 562
   Emma Eckstein, 102, 160, 330, 335, 338-343, 370, 447, 469, 589
   Fleischl-Marxow, 46, 102, 261-263, 334-336, 344, 594
   Petit Hans, 25, 412, 416, 418, 424-428, 446, 487, 558, 559, 562
   Homme aux loups, 25, 35, 155, 343, 393, 412, 416, 418, 433-437, 446, 447, 467, 468, 562, 565, 593
   Homme aux rats, 25, 412, 416, 418, 427-430, 446, 560, 562, 565
   Le cas Mathilde, 335, 336
   Président Schreber, 25, 416, 428, 430-432
   autres cas, 283, 284, 336, 337, 344, 370, 371, 384, 385
volte-face, 256, 291-300

Errances thérapiques

balnéothérapie, 268, 272, 285
cocaïne, 35, 46, 102, 258, 261-263, 268, 270-272, 285, 290, 299, 300, 334-336, 344
électrothérapie, 46, 257, 263-268, 271, 272, 285, 299, 334
hypnose, 55, 88, 140, 170, 173, 174, 185, 256, 257, 264-274, 285, 290, 299, 334, 390, 405, 412, 441, 443, 450, 504, 543, 568, 588
imposition des mains, 257, 268-270, 272, 274, 290, 299, 440, 504
massages, 269, 271
psychrophore, 264, 268, 272, 273, 299, 339, 504, 512, 590

ESTHETIQUE

Musique

Mahler, G., 56
Strauss, R., 56
Wagner, R., 55

Peinture
Bosch, J.
L'Excision de la pierre de folie, 442, 443
L'Escamoteur, 442, 443
Brouillet, A., *Une leçon de médecine avec le Dr Charcot à la Salpêtrière*, 266
Vinci (de) L., *La Vierge, l'Enfant Jésus et sainte Anne*, 321

Sculpture
Michel-Ange, *Moïse*, 220-222, 306, 321

HAGIOGRAPHIE
archives contrôlées, 35, 36, 139, 163, 562, 587, 593
construction d'une légende dorée, 19, 34, 35, 36, 43, 44, 49, 61, 272, 304, 305, 309, 314, 361, 418, 446, 561-563, 593
correspondance expurgée, 34, 35, 45, 49, 139-141, 340, 589
disciples du freudisme
Gay, P., 145, 163, 165, 167, 228, 406, 420, 523, 584
Jones, E., 49, 50, 62, 63, 65, 99, 101, 128, 142, 145, 164, 304, 343, 457, 523, 526, 547, 583, 584, 589, 593
Roudinesco, E., 547, 585, 586, 589, 600

LIBERTE
esprit libertaire, 16
libido libertaire, 58
psychanalyse libertaire, 571
socialisme libertaire, 19, 21
libre arbitre, 68, 537, 542, 563

MORALE
affabulation, 9, 32, 50, 189, 302, 352, 354, 381, 417, 583, 584, 597, 598
cartes postales freudiennes, 28-31, 37, 47, 50, 309, 361, 406, 476, 520
contre-cartes postales freudiennes, 37-39, 50
mensonges freudiens, 9, 34, 35, 36, 43, 44, 49, 50, 62, 102, 141, 171, 185, 197, 206, 246, 262, 263, 282, 411-417, 437
preuves (détruites ou absentes), 35, 54, 60, 83, 102, 223, 262, 263, 280, 281, 283, 301, 302, 309, 316, 336, 413, 457, 510, 511, 553, 594
sexuelle, 17, 78, 298, 363, 490-492, 519, 571
vérité, 7, 48, 70, 71, 145-147, 197, 280, 326, 417, 446, 455
vice, 18, 309, 479

OUVRAGES ET ARTICLES CITES
Les 120 journées de Sodome, D. A. F. Sade, 555.

A
Abécédaire, G. Deleuze, 600.
Abrégé de psychanalyse, S. Freud, 256, 296, 319, 326, 333, 349, 375, 381, 458, 460, 509, 513, 565, 575, 582.
Aimer la vie, E. Fromm, 598.
Ainsi parlait Zarathoustra, F. Nietzsche, 55, 56, 77, 276, 377, 542.
A la recherche du temps perdu, M. Proust, 295.
L'Analyse avec fin et l'analyse sans fin, S. Freud, 73, 103, 235, 274, 329, 343, 408, 411, 467, 470, 487, 565, 575, 583.
Analyse de la phobie d'un garçon de cinq ans, S. Freud, 412, 424.
Analyse du caractère, W. Reich, 570.
Anna Freud, U. H. Peters, 593.
Annales de recherches psychanalytiques et psychopathologiques, 559, 560.
L'Antéchrist, F. Nietzsche, 16, 17, 40, 77, 213.
L'Anti-livre noir de la psychanalyse, sous la direction de Jacques-Alain Miller, 585, 586, 589.
L'Anti-Œdipe, G. Deleuze, 600.
A partir de l'histoire d'une névrose infantile, S. Freud, 412, 435.
A propos de la psychanalyse dite « sauvage », S. Freud, 264, 582.
L'Art d'échapper à l'affliction, Antiphon d'Athènes, 440.

Au-delà du principe de plaisir, S. Freud, 31, 59, 73, 294, 298, 318, 331, 525.
L'Auto-analyse de Sigmund Freud, D. Anzieu, 145.
Autobiographie, W. Stekel, 558.
Autoprésentation, S. Freud, 36, 43, 171, 177, 186, 199, 219, 255, 257, 268, 272, 289, 295, 303, 306, 314, 334, 461, 521, 553, 582.
L'Avenir d'une illusion, S. Freud, 25, 59, 151, 209, 213, 217, 298, 355, 573.

B
Le Banquet, Platon, 76, 500.
Baudelaire, J.-P. Sartre, 599.
Bible, 80, 116, 118, 179, 225, 226, 388, 396, 501, 537.
Bibliothèque, Pseudo-Apollodore, 195.

C
Le Caractère masochiste, W. Reich, 570.
Caractère et érotisme anal, S. Freud, 129, 131.
Les Chances de l'avenir de la thérapie psychanalytique, S. Freud, 395.
Chronologie de la psychanalyse du temps de Freud (1856-1939), O. Douville, 463, 593.
Cinq leçons sur la psychanalyse, S. Freud, 264, 387, 582.
Cinq psychanalyses, S. Freud, 25, 388, 414, 418, 422, 430, 446, 487.
La Clé des songes, Artémidore, 75, 373, 376, 384.
Le Clivage du moi dans le processus de défense, S. Freud, 343.
Confessions, saint Augustin, 99.
Les Confessions, J.-J. Rousseau, 99.
La Connaissance objective, K. Popper, 599.
Conseils aux médecins sur le traitement analytique, S. Freud, 241, 299, 382, 391, 582.
Conséquences psychiques de la différence des sexes, S. Freud, 510.
Considérations actuelles sur la guerre et sur la mort, S. Freud, 317, 521.
Contrat social, J.-J. Rousseau, 23.
Contre-histoire de la philosophie, M. Onfray, 30, 598.
Contre la Nouvelle Philosophie, F. Aubral et X. Delcourt, 597.
Contribution à l'histoire du mouvement psychanalytique, S. Freud, 52, 79, 100, 170, 171, 263, 271, 272, 419, 451, 457, 459, 462, 521, 553.
Contribution à la psychologie de la vie amoureuse, S. Freud, 142, 154.
Correspondance, S. Freud et L. Binswanger, 303, 589.
Correspondance, S. Freud et S. Zweig, 590.
Correspondance (1927-1939), S. Freud et A. Zweig, 590.
Correspondance (1906-1914), S. Freud et C. G. Jung, 590.
Correspondance (1906-1939), S. Freud et M. Eitingon, 590.
Correspondance avec Sigmund Freud (1912-1936), L. Andreas-Salomé, 590.
Le Crépuscule des idoles, F. Nietzsche, 313, 555.
Critique des fondements de la psychologie, G. Politzer, 599.
Critique de la raison pure, E. Kant, 310.

D
Le Début du traitement, S. Freud, 298, 383, 390, 394, 403, 407, 466, 583.
Délire et rêves dans la « Gradiva » de Jensen, S. Freud, 582.
De quoi demain..., J. Derrida et E. Roudinesco, 600.
Deuil et mélancolie, S. Freud, 294.
Dictionnaire des œuvres psychanalytiques, P.-L. Assoun, 224, 263, 381, 591.
Discours de la méthode, R. Descartes, 22.
Discours sur l'origine et les fondements de l'inégalité parmi les hommes, J.-J. Rousseau, 23.
Doctrine transcendantale du jugement, E. Kant, 312.
Le Dossier Freud. Enquête sur l'histoire de la psychanalyse, M. Borch-Jacobsen et S. Shamdasani, 587.

Le Dr Reik et la question du bousillage de la cure, S. Freud, 398.
La Dynamique de transfert, S. Freud, 582.

E

Ecce Homo, F. Nietzsche, 60, 62, 71, 99.
Ecrits 2. Les fondements de la psychologie, G. Politzer, 599.
Eléments de philosophie, Alain, 598.
Encyclopédie, d'Alembert et Diderot, 475.
L'Entendement freudien. Logos et anankè, P.-L. Assoun, 591.
Entretiens avec l'Homme aux loups. Une psychanalyse et ses suites, K. Obholzer, 412, 593.
Eros et civilisation. Contribution à Freud, H. Marcuse, 571, 598.
Esquisse d'une psychologie scientifique, S. Freud, 260, 273-276.
Esquisse d'une théorie générale de la magie, M. Mauss, 363, 444, 445.
Essai de psychologie scientifique, S. Freud, 101.
Essai sur les femmes, J. Stuart Mill, 157.
Essais, M. de Montaigne, 31, 99.
Essais de psychanalyse, S. Freud, 582.
Etudes sur l'hystérie, S. Freud et J. Breuer, 170, 171, 184, 256, 269, 270, 274, 299, 411, 415, 463.
L'Etre et le Néant. Essai d'ontologie phénoménologique, J.-P. Sartre, 599.

F

La Famille Freud au jour le jour. Souvenirs de Paula Fichtl, Paula Fichtl, 522, 592.
Fantasme d'être battu et rêverie, A. Freud, 242.
De la fausse reconnaissance (déjà raconté) au cours du traitement psychanalytique, S. Freud, 582-583.
Faust, J. W. von Goethe, 183.
Faut-il brûler Sade ?, S. de Beauvoir, 594.

La Fonction de l'orgasme, W. Reich, 568, 569, 597.
Fondements de la métaphysique des mœurs, E. Kant, 23.
La Formation de l'esprit scientifique, G. Bachelard, 23.
Fragment d'une analyse d'hystérie, S. Freud, 412, 419, 466.
Freud apolitique ?, G. Pommier, 591, 592.
Freud biologiste de l'esprit, F. J. Sulloway, 76, 588.
Le Freud inconnu. L'invention de la psychanalyse, R. Webster, 588.
Freud et Nietzsche, P.-L. Assoun, 592.
Freud, la philosophie et les philosophes, P.-L. Assoun, 592.
Freud. Une vie, P. Gay, 145, 523, 584.

G

Le Gai Savoir, F. Nietzsche, 32, 55, 57, 69, 77, 94.
Généalogie de la morale, F. Nietzsche, 56-58, 64, 77, 204, 479.
Grandeur et limites de la pensée freudienne, E. Fromm, 597.
La Guérison par l'esprit, S. Zweig, 590.
Gymnastique médicale de chambre, D. G. M. Schreber, 432.

H

L'Hérédité et l'étiologie des névroses, S. Freud, 184, 449.
Histoire de la découverte de l'inconscient, H. F. Ellenberger, 76, 241, 588.
L'Homme unidimensionnel. Essai sur l'idéologie de la société industrielle avancée, H. Marcuse, 572, 598.
L'Homme Moïse et la religion monothéiste, S. Freud, 150, 179, 209, 213, 217, 219, 222, 223, 226, 229, 230, 291, 300, 313, 460, 513, 546, 565, 582, 584.
L'Homme révolté, A. Camus, 594.
Humain, trop humain, F. Nietzsche, 76.
Les Hurlements de l'Homme aux loups, P. Mahony, 593.

L'Hypnotisme, A. Forel, 450.
Hystérie, S. Freud, 186.

I

L'Idiot de la famille, J.-P. Sartre, 599.
Iliade, Homère, 385.
Les Illusions de la psychanalyse, J. Van Rillaer, 587.
Inhibition, symptôme et angoisse, S. Freud, 91.
L'Intérêt que présente la psychanalyse, S. Freud, 39, 93, 393, 413.
L'Interprétation du rêve, S. Freud, 55, 71, 75, 79, 81, 84, 98, 99, 104, 106, 107, 110, 112, 115, 120, 124, 125, 147, 153, 175, 194, 197, 249, 261, 267, 291, 298, 309, 315, 319, 326, 335, 358-360, 365, 366, 368, 373, 376, 377, 384, 445, 463, 524.
Introduction à la psychanalyse, S. Freud, 23, 582.
L'Irruption de la morale sexuelle, W. Reich, 571, 597.

J

Journal clinique, S. Ferenczi, 414.
Journal d'une année (1912-1913), L. Andreas-Salomé, 590.

L

Leçons et conversations, L. Wittgenstein, 599.
Leçons d'introduction à la psychanalyse, S. Freud, 186, 245, 256, 299, 317, 394, 402, 414, 464, 487, 489, 490.
Leçons sur les maladies du système nerveux faites à la Salpêtrière, J.-M. Charcot, 173.
La Légende dorée, J. de Voragine, 555.
Lettre ouverte aux parents des petits écoliers, P. Debray-Ritzen, 595.
Lettres à Wilhelm Fliess (1887-1904), S. Freud, 51, 54, 82, 84, 87, 104, 106, 107, 119, 122, 126, 127, 135, 142, 145, 152, 155, 181, 184, 192, 206, 209, 258, 263, 279, 280, 282, 285, 288, 302, 306, 308, 338, 375, 387, 391, 490, 494, 589.
Lettres de famille de Sigmund Freud et des Freud de Manchester (1911-1938), 589.
Lettres de jeunesse, S. Freud, 589.
Le Livre noir de la psychanalyse, sous la direction de Catherine Meyer, 585-587, 589.
La Lutte sexuelle des jeunes, W. Reich, 569.

M

Madame Edwarda, G. Bataille, 555.
Madame Freud, G. Badou, 593.
Malaise dans la civilisation, S. Freud, 25, 59, 77, 90, 151, 209, 213, 217, 296, 298, 355, 397, 475, 479, 484, 521, 527, 539.
Le Maniement de l'interprétation du rêve en psychanalyse, S. Freud, 582.
Manifeste du Parti communiste, K. Marx, 16, 18.
Manifestes du surréalisme, A. Breton, 16.
Manuel sexologique, M. Marcuse, 452.
Ma rencontre avec Josef Popper-Lynkeus, S. Freud, 186.
Ma vie et la psychanalyse, S. Freud, 44, 52, 582.
La Médecine du présent en autoprésentation, S. Freud, 582.
Mémoires d'un névropathe, D. P. Schreber, 430.
Mensonges freudiens, J. Bénesteau, 596.
Métapsychologie, S. Freud, 23, 31, 59, 256, 294, 310, 320, 327, 330, 525.
La Méthode psychanalytique de Freud, S. Freud, 264, 393, 582.
La Mission de Sigmund Freud, E. Fromm, 597.
Le Moi et le ça, S. Freud, 214, 319, 325, 328, 332, 468.
Le Moïse de Michel-Ange, S. Freud, 220-222, 306, 321.
Le Monde comme volonté et comme représentation, A. Schopenhauer, 52, 68, 276, 311.
La Morale sexuelle « culturelle » et la nervosité moderne, S. Freud, 157, 158, 293, 298, 492.

索 引 / 593

La Morale sexuelle dominante, S. Freud, 245.
Le Motif du choix des coffrets, S. Freud, 239.

N

La Naissance de la psychanalyse, S. Freud, 589.
La Naissance de la tragédie, F. Nietzsche, 55.
La Nature, J. W. von Goethe, 52, 562.
De la nature des choses, Lucrèce, 24.
La Négation, S. Freud, 381, 422.
« *Notre coeur tend vers le Sud* ». *Correspondance de voyage*, S. Freud, 149, 166, 589.
Nouvelle suite des leçons d'introduction à la psychanalyse, S. Freud, 89, 256, 455, 536, 538, 540, 542.

O

Observations sur l'amour de transfert, S. Freud, 583.
OEdipe Roi, Sophocle, 236.
L'Onanisme, S. Tissot, 497.
L'Origine des espèces, C. Darwin, 80.

P

Par-delà le bien et le mal, F. Nietzsche, 7, 55, 57, 68, 70, 76, 77, 343, 428.
La Passion de détruire. Anatomie de la destructivité humaine, E. Fromm, 598.
Passion de jeunesse, W. Reich, 597.
La Pensée politique et sociale de Freud, P. Roazen, 523, 591.
Perspective d'avenir de la thérapeutique analytique, S. Freud, 264.
Philosophie de l'inconscient, E. von Hartmann, 52.
Poésie et vérité, J. W. von Goethe, 82.
Pour introduire le narcissisme, S. Freud, 128, 293, 330, 515.
Pourquoi la guerre ?, S. Freud, 476, 525, 527, 528, 531-533, 536, 591.
Pourquoi tant de haine ? Anatomie du « Livre noir de la psychanalyse », E. Roudinesco, 586.

Première considération inactuelle, F. Nietzsche, 55.
Les Premiers Psychanalystes. Minutes de la Société psychanalytique, collectif, 59, 460, 497, 557, 559, 564, 565, 592.
Le Président Thomas Woodrow Wilson. Portrait psychologique, S. Freud et W. C. Bullitt, 48, 150, 209, 583.
La Psychanalyse, L. Frank, 449.
La Psychanalyse, cette imposture, P. Debray-Ritzen, 595.
Psychanalyse de l'humour érotique, G. Legman, 19.
Psychanalyse et télépathie, S. Freud, 298, 352, 354.
Psycho-analyse, S. Freud, 186.
Psychologie de l'amour, S. Freud, 506.
La Psychologie de masse du fascisme, W. Reich, 569, 597.
Psychologie des masses et analyse du moi, S. Freud, 199, 200, 222, 293, 521, 527, 535, 541, 546.
Psychopathia sexualis, R. von Krafft-Ebing, 144, 306.
Psychopathologie générale, K. Jaspers, 598.
Psychopathologie de la vie quotidienne, S. Freud, 25, 75, 104, 120, 164, 166, 180, 194, 201, 262, 287, 336, 338, 354, 356, 357, 360, 361, 411, 419, 460, 464, 524, 565, 582.
De la psychothérapie, S. Freud, 264, 298, 393, 434, 439, 582.
La Psychothérapie sous le IIIe Reich, G. Cocks, 549, 591.
Psychothérapie. Trois approches évaluées, O. Canceil, J. Cottraux et altri, 586.

Q

Quelques conséquences psychiques de la différence des sexes au niveau anatomique, S. Freud, 293, 508.
Qu'est-ce que la propriété ?, P.-J. Proudhon, 19.
La Question de l'analyse profane, S. Freud, 176, 296, 332, 388, 389, 395, 398, 441, 445, 507.

R

Du rabaissement généralisé de la vie amoureuse, S. Freud, 154, 298, 489, 491, 505, 506.
Reich parle de Freud, W. Reich, 519, 597.
Les Relations entre le nez et les organes sexués féminins, W. Fliess, 399.
Remarques psychanalytiques sur un cas de paranoïa décrit sous forme autobiographique, S. Freud, 431.
Remarques sur la théorie freudienne du rêve, R. Pommier, 596.
Remarques sur un cas de névrose de contrainte, S. Freud, 412, 427, 560.
Remémoration, répétition et perlaboration, S. Freud, 583.
La République, Platon, 22.
Retour sur la question juive, E. Roudinesco, 547.
Le Rêve et son interprétation, S. Freud, 23.
Rêve et télépathie, S. Freud, 193, 298, 354.
La Révolution sexuelle, W. Reich, 569.
Des révolutions des sphères célestes, N. Copernic, 80.
Revue internationale de psychanalyse, 559.
Résistances à la psychanalyse, S. Freud, 463.
Résultats, idées, problèmes (1921-1938), S. Freud, 583.
Roland Barthes, ras le bol!, R. Pommier, 595.
Le Roman familial de Freud, G. Rubin, 593.
Le Roman familial des névrosés, S. Freud, 122.

S

Saint Genet comédien et martyr, J.-P. Sartre, 599.
La Scolastique freudienne, P. Debray-Ritzen, 595.
La Sexualité dans l'étiologie des névroses, S. Freud, 298, 306, 503.
De la sexualité féminine, S. Freud, 126, 183, 293, 508, 512.
Si c'était Freud. Biographie psychanalytique, G. Huber, 145, 584.
Sigmund est fou et Freud a tout faux, R. Pommier, 595.
Sigmund Freud présenté par lui-même, F. Cambon, 582.
La Signification de la génitalité, W. Reich, 569.
La Situation spirituelle de notre temps, K. Jaspers, 598.
La Société ouverte et ses ennemis, K. Popper, 599.
Des souvenirs-couverture, S. Freud, 137.
Souvenirs d'Anna O. Une mystification centenaire, M. Borch-Jacobsen, 587.
Souvenirs de Sigmund Freud, L. Binswanger, 414.
La Statue de Freud, G. Zwang, 594.
De la suggestion et de ses applications à la thérapeutique, H. Bernheim, 269.
Suppléments à l'interprétation du rêve, S. Freud, 371.
Sur la cocaïne, S. Freud, 261-263, 271, 299.
Sur Démocrite, F. Nietzsche, 386.
Sur l'étiologie de l'hystérie, S. Freud, 281, 282, 286, 358.
Sur Marcuse, J.-M. Palmier, 598.
Sur le rêve, S. Freud, 464.
Sur la psychanalyse, S. Freud, 169, 171.
Sur les transpositions pulsionnelles, en particulier de l'érotique anale, S. Freud, 129.

T

Le Tabou de la virginité, S. Freud, 506.
La Technique psychanalytique, S. Freud, 256, 299, 581, 582.
Théogonie, Hésiode, 385.
Théorie et pratique de la psychanalyse, E. Jones, 245.
D'un type particulier de choix d'objet chez l'homme, S. Freud, 506.
Totem et tabou, S. Freud, 23, 147, 154, 200, 201, 204, 212, 217, 223, 293, 313, 363, 369, 444, 461, 502, 527, 541, 582, 584.
Le Mot d'esprit et ses rapports avec l'inconscient, S. Freud, 23, 308, 524, 582.

Traité d'athéologie, M. Onfray, 40.
Traumatisme de la naissance, O. Rank, 400.
Les Triomphes de la psychanalyse, P. Daco, 19
Trois essais sur la théorie de la sexualité, S. Freud, 15, 16, 20, 76, 130, 182, 292, 329, 460, 512-514, 516, 555, 556, 565, 581.

U
Une difficulté de la psychanalyse, S. Freud, 79.
Un enfant est battu, S. Freud, 242, 510.
Un souvenir d'enfance de « Poésie et vérité », S. Freud, 82, 97, 124, 126.

V
Vers la libération. Au-delà de l'homme unidimensionnel, H. Marcuse, 598.
La Vie et l'œuvre de Sigmund Freud, E. Jones, 49, 145, 523, 526, 547, 583.
Vocabulaire de la psychanalyse, J. Laplanche et J.-B. Pontalis, 315, 592.
Les Voies nouvelles de la thérapie psychanalytique, S. Freud, 298, 401, 405, 583.
La Volonté de puissance, F. Nietzsche, 63.
Voulez-vous être évalué ?, J.-A. Miller et J.-C. Milner, 587.

W
Wilhelm Reich, J.-M. Palmier, 597.
Wilhelm Reich. Biographie d'une passion, G. Guasch, 597.

PHILOSOPHES

Sigmund Freud

antiphilosophe, 39, 475, 477, 519, 538, 541, 545, 554, 567, 598
archives freudiennes, 35, 36, 139, 163, 223, 237, 249, 526, 562, 587, 593
et l'argent, 46, 47, 84, 85, 102, 128, 129, 157, 257, 258, 307, 310, 387, 394, 403-408
son auto-analyse, 29, 39, 75, 98-101, 103, 104, 112-114, 128, 129, 135, 136, 142, 178, 255, 444, 452, 562, 563, 587, 588
et la biographie, 48, 49, 94, 102
et le bonheur, 166, 420, 479-485, 536, 538, 539, 571
et J. Breuer, 55, 169-172, 176, 182-187, 256, 258, 265, 390, 441, 449-453, 504
caractère, 47, 81, 82, 84, 86, 102, 156, 305, 341
cocaïne, 47, 102, 173, 257-262, 272, 273, 276, 368
conquistador, 84-86, 98, 99, 119, 126, 139, 162, 291, 300-302, 345, 375, 414, 437, 451, 456, 457
et le corps, 325, 345
face aux critiques, 456-471
cryptomnésie, 39, 72-78, 84, 170, 206, 444
écriture, 255, 256
enfance, 104, 125-127, 191
ses enfants, 169, 172, 174, 176, 178
études, 45, 52, 156, 169, 170, 172, 173
extrapolation, 46, 80, 82, 83, 114, 123, 124, 126, 146, 147, 154, 196-198, 279, 280, 372, 373, 433
sa famille, 44, 46, 104, 119, 120, 122, 125-127, 135, 138, 140, 152, 158, 183, 188, 191, 204, 206, 225, 258, 338, 592
et les femmes, 505-517
et la guerre, 527-533
et les honneurs, 52, 79, 80, 83, 169, 170
sa maladie, 241, 246-248
ses mariages, 118-120, 156, 258, 558
et sa mère, 45, 83, 104, 115-125, 127, 129, 133-137, 143-145, 160, 191, 192, 225
monde magique, 340-351, 353-361
et la mort, 47, 102, 241, 248
naissance, 45, 124, 125
et Nietzsche, 51, 53-65, 67-71, 76, 77, 87, 92, 93, 192, 213, 22, 276, 296, 343, 402, 488, 495, 542, 543, 555
occultisme, 35, 102, 141-143, 297, 353-361, 363, 383, 400, 476, 589

pensée et autobiographie, 33, 40, 43-45, 69, 72, 98, 104, 192, 239, 255, 256, 334, 456, 457
pensée magique, 38, 82, 360, 363-386, 389, 425, 441, 444-447
et son père, 45, 105-113, 116-125, 135-138, 152, 191, 192, 207, 225, 279-281, 288
et la philosophie, 39, 52, 54, 71, 72, 87-94, 97, 98, 476
philosophe, 22, 23, 50, 51, 72, 98
et le plaisir, 53, 83, 158, 210, 214, 292, 318, 332, 479, 480, 482, 483, 488-492, 499, 500, 512, 571, 572, 598
et la politique, 521-533, 590-592
et Reich, 568-570
et la religion, 91, 178, 179, 209-213, 217-219, 225-227, 363, 573, 574
et la réputation, 46, 51, 85, 282, 307, 308, 310
sa santé, 47, 99, 100, 102, 103, 127-129, 132, 246, 367, 508
et la sexualité, 47, 152-168, 494, 566
et Schopenhauer, 31, 37, 52, 53, 56, 58, 67, 68, 87, 93, 158, 178, 276, 296, 311, 312, 327, 328
ses sources, 37, 51, 52, 53, 59, 60, 72, 73, 75, 76, 170, 171
et le succès, 46, 47, 79, 83
théorie de la séduction, 102, 141, 192-194, 279, 280, 285-290, 299, 370, 382, 502
et son travail, 47, 48
vitaliste, 31, 328, 329, 332, 333

Frédéric Nietzsche

christianisme dépassable, 16, 17
contemporain de Freud, 55, 56
et le couple, 159
éternel retour, 68
homme à abattre, 51-53, 58, 62, 63, 65, 69, 87, 92, 192
et l'idéal ascétique, 495, 556, 557
inconscient, 32, 37
matérialiste, 383, 386
et la morale, 50, 317
et la philosophie, 52

philosophie et autobiographie, 576
sagesse, 21, 31
source de Freud, 39, 54, 56-61, 63, 64, 67-78, 93, 99, 213, 276, 296
surhomme, 12, 26, 31, 68, 222, 510, 535, 542-544, 568
vérité, 7, 117, 343, 402
vision du monde, 40
volonté de puissance, 64, 68, 71, 76, 87, 266

PHILOSOPHIE

et autobiographie, 43, 51, 69, 72, 94, 99, 576
classe, 22, 23
Freud philosophe, 22, 23, 50, 51, 72, 98
Freud et la philosophie, 39, 52, 54, 71, 72, 87-94, 97, 98, 476
vérité pratique, 17

POLITIQUE

austro-fascisme, 477, 522, 532, 535, 542, 546, 568
bolchevisme, 478, 521, 524, 532, 536-540, 545
communisme, 478, 521, 532
Dollfuss, 477, 522-525, 532, 535, 542-546, 554, 568, 590, 591
fascisme, 477, 521-533, 535, 546
institut Göring, 477, 549, 590, 591
lutte des classes, 18, 19
Marx K., 16-19, 21, 23, 24, 536, 537
marxisme, 537-539, 545
Mussolini B., 477, 478, 521, 524-533, 536, 541, 542, 545, 546, 554, 564, 568, 590-592
national-socialisme, 478, 521
socialisme, 17, 19, 21, 478, 521, 532

PSYCHANALYSE

Anna Freud
auteur, 242
enfance, 237
naissance, 181, 183, 184, 235
et la légende freudienne, 34, 139, 184
et Marilyn Monroe, 248-251
prénom, 187-189, 236
sexualité, 237, 243, 244, 247, 248

索 引 / 597

Antiphon d'Athènes, 31, 75, 440, 441
et autobiographie, 43, 98, 113
clartés post-freudiennes, 585-588, 598-600
complexe d'Œdipe, 29, 30, 38, 39, 70, 112, 114, 124, 131, 137, 139, 142, 144, 146-149, 195-198, 204, 214, 215, 219, 243, 290, 380, 508, 509
coût d'une analyse, 403-407, 434
déroulement d'une analyse, 387-409
devenir, 567, 568
divan, 389-391
émancipatrice, 30, 39
et erreur, 573, 574
et guérison, 575, 593
hiérarchisée, 557-561
historiens de la psychanalyse, 33, 34, 36, 420
inconscient, 29, 37, 68, 77, 87-90, 98, 303, 310-323, 326, 327
invention, 36, 97, 439-441, 448-453
limites, 38, 272, 285, 413, 425, 576, 597
médiatisation, 568-573
et nihilisme, 461, 564-568, 573
et politique, 593-598
refoulement, 29, 38, 67, 77, 118, 151, 274, 283, 321, 322, 459, 493
et religion, 561-564
rêve, 29, 38, 104, 112, 113, 115, 192-194, 245, 281, 366, 374, 377-386, 434, 435
une science, 29, 388
sublimation, 26, 39, 77, 89, 131, 151, 156, 157, 159, 160, 162, 182, 211, 246, 266, 321, 345, 420, 482, 492, 494, 562, 590
télépathie, 35, 193, 194, 245, 297, 298, 352-356
une thérapie, 23, 27, 29, 30, 387, 388

PSYCHOPATHOLOGIE
hystérie, 25, 99, 100, 170, 185, 187, 265, 266, 281, 286, 303, 304, 336-338, 371, 412, 422
névrose, 20, 25, 30, 67, 77, 128, 133, 137, 213, 343, 344, 427, 428, 459, 469
paranoïa, 25, 89, 92, 157, 182, 250, 414, 416, 430-432, 461, 463, 564, 567

phobie, 25, 47, 89, 102, 139, 185, 284, 351, 400, 412, 414, 416, 424-427, 433, 446, 461, 468, 487
psychopathologie freudienne, 29, 38, 39, 85, 99, 100, 102, 127, 128, 129, 133, 259, 260

RELIGION
antisémitisme, 33, 63, 64, 105, 108-113, 123, 135, 141, 167, 179, 217, 226-228, 233, 320, 452, 457, 461-464, 470, 547-549, 585, 596, 598
athéisme, 151, 211, 217-219, 225, 355, 458, 595
christianisme, 16, 17, 208, 232, 355, 363, 441, 458, 488, 490, 571, 588
Dieu, 17, 24, 81, 146, 151, 173, 175, 179, 208, 209, 211-213, 217, 219, 220, 227, 232, 269, 312, 314, 355, 388, 502, 563, 564, 575
Jésus, 40, 554, 555, 562
Moïse, 106, 146, 149, 150, 179, 217, 219-224, 227, 228, 231, 232, 302, 306, 350, 363, 561
une névrose, 78, 363
saint Paul, 24, 232, 557
péché, 18, 476, 497, 502, 538, 545
prêtre, 18, 20, 441
et sexualité, 17, 555, 556
Vatican, 18

SEXUALITE
adultère, 152, 158, 160-164, 421, 494, 565
amorale, 17,
analyse philosophique, 555
bisexualité, 76, 101, 132, 182, 183, 500, 512, 513, 556, 589
chasteté, 18, 184, 458
éducation sexuelle, 487, 488, 570
enfantine, 20, 596
Freud, 47, 85, 152-168, 494, 566
homosexualité, 20, 26, 61, 62, 90, 132, 151, 158, 182, 183, 293, 298, 432, 498, 505, 506, 510-519, 556
inceste, 69, 122, 127, 149-154, 163, 180, 192-195, 203, 229, 235, 236, 247, 279-281, 497, 501, 502

libération sexuelle, 477-479, 487-495
onanisme, 17, 20, 158, 160, 243, 244, 264, 265, 307, 339, 368, 492, 497-504
et religion, 17, 555, 556
troubles, 20, 293, 462, 492

VIE PHILOSOPHIQUE
argent, 46, 47, 84, 85, 102, 128, 129, 157, 257, 258, 307, 310, 387, 394, 403-408
autobiographie, 38-49, 98, 113, 576
famille, 44, 46, 162, 258, 483-485
honneurs, 52, 79, 80, 83, 169, 170
mariage, 160-162, 203, 230, 492, 495
et pensée, 17,
réputation, 46, 51, 85, 282, 307, 308, 310
succès, 46, 47, 79, 83
vérité biographique, 43, 48

图书在版编目(CIP)数据

一个偶像的黄昏:弗洛伊德的谎言/(法)米歇尔·翁福雷著;王甦译. --北京:社会科学文献出版社,2020.7
 ISBN 978-7-5201-2031-9

Ⅰ.①一… Ⅱ.①米… ②王… Ⅲ.①弗洛伊德(Freud,Sigmmund 1856-1939)-精神分析-研究 Ⅳ.①B84-065

中国版本图书馆CIP数据核字(2017)第314610号

一个偶像的黄昏:弗洛伊德的谎言

著　　者 / [法]米歇尔·翁福雷(Michel Onfray)
译　　者 / 王　甦

出 版 人 / 谢寿光
组稿编辑 / 董风云
责任编辑 / 张金勇　张冬锐
文稿编辑 / 甘欢欢　白淑芳

出　　版 / 社会科学文献出版社·甲骨文工作室(分社)(010)59366527
　　　　　 地址:北京市北三环中路甲29号院华龙大厦　邮编:100029
　　　　　 网址:www.ssap.com.cn
发　　行 / 市场营销中心(010)59367081　59367083
印　　装 / 三河市东方印刷有限公司

规　　格 / 开　本:889mm×1194mm　1/32
　　　　　 印　张:19　字　数:440千字
版　　次 / 2020年7月第1版　2020年7月第1次印刷
书　　号 / ISBN 978-7-5201-2031-9
著作权合同登记号 / 图字01-2013-7473号
定　　价 / 98.00元

本书如有印装质量问题,请与读者服务中心(010-59367028)联系

版权所有 翻印必究